计算机类技能型理实一体化新形态系列

计算机网络

项目驱动教程

（微课视频版）

主　编　刘春红　张同光
副主编　洪双喜　王亚丽
　　　　田乔梅

清华大学出版社
北京

内 容 简 介

本书是一本以项目为导向，结合微课视频资源的计算机网络技术教材。本书主要包括项目准备及网线制作与双机直连、组建局域网、添加静态路由、配置动态路由、实现 VLAN 间通信、部署网络服务器、网络地址转换、协议分析、无线局域网搭建以及接入广域网等内容，涵盖了计算机网络领域的多个关键主题。本书旨在通过一系列精心设计的项目和实验，让读者在动手操作中深入理解和掌握计算机网络的基本原理、关键技术和实际操作技能。

本书既可作为高校计算机相关专业网络课程的教材，也可直接作为网络课程的实训用书。

图书在版编目（CIP）数据

计算机网络项目驱动教程：微课视频版 / 刘春红，张同光主编；洪双喜，王亚丽，田乔梅副主编. -- 北京：清华大学出版社，2024.9. --（计算机类技能型理实一体化新形态系列）. -- ISBN 978-7-302-67002-5

Ⅰ. TP393

中国国家版本馆 CIP 数据核字第 2024L9U930 号

策划编辑： 张龙卿
责任编辑： 李慧恬
封面设计： 刘代书　陈昊靓
责任校对： 李　梅
责任印制： 丛怀宇

出版发行： 清华大学出版社
　　网　　址： https://www.tup.com.cn，https://www.wqxuetang.com
　　地　　址： 北京清华大学学研大厦 A 座　　**邮　　编：** 100084
　　社 总 机： 010-83470000　　**邮　　购：** 010-62786544
　　投稿与读者服务： 010-62776969，c-service@tup.tsinghua.edu.cn
　　质量反馈： 010-62772015，zhiliang@tup.tsinghua.edu.cn
　　课件下载： https://www.tup.com.cn，010-83470410
印 装 者： 三河市天利华印刷装订有限公司
经　　销： 全国新华书店
开　　本： 185mm×260mm　　**印　　张：** 18.5　　**字　　数：** 425 千字
版　　次： 2024 年 9 月第 1 版　　**印　　次：** 2024 年 9 月第1 次印刷
定　　价： 59.00 元

产品编号：107561-01

前　言

在当今这个数字化、信息化快速发展的时代，计算机网络已经渗透到社会的各个领域，成为现代社会不可或缺的基础设施。无论是家庭生活还是企业运营，都离不开稳定、高效的计算机网络支持。因此，掌握计算机网络的基本知识和实践技能，对于现代社会的个人和组织都显得尤为重要。为了满足广大读者对计算机网络技术的学习需求，我们编写了本书。

本书以设计一个类似因特网的多场景复杂网络项目为贯穿始终的情境载体，将家庭网、无线校园网、企业网（包括公司总部和分公司）、移动网、网络服务器等相关知识融合为一个有机的整体。本书以项目驱动的方式呈现，通过一系列精心设计的实验，帮助读者加深对计算机网络的理解，从而提高实践能力。书中每个实验都围绕一个具体的主题展开，引导读者逐步理解和掌握计算机网络的基本原理、关键技术以及实际应用。本书通过项目实践帮助读者将理论知识与实际操作相结合，提高解决实际问题的能力。

本书注重层次性和系统性，遵循由浅入深、循序渐进的原则，从基础概念入手，逐步深入到高级应用，引导读者走进计算机网络的世界。全书共分为十个项目，涵盖了从项目准备到网络服务器部署、从局域网搭建到广域网接入等多个方面。每个项目都围绕一个或多个核心实验展开，通过背景知识、实验目的、实验步骤等多个环节，帮助读者逐步掌握相关知识和技能。通过项目1的学习，读者可以对计算机网络有一个整体的认识，为后续的学习打下坚实的基础。接着，通过学习“组建局域网”“添加静态路由”等内容，读者可以逐步掌握计算机网络的构建和管理技能。学习“配置动态路由”“实现VLAN间通信”等内容则可以帮助读者深入理解计算机网络的内部机制和工作原理。

本书注重实用性和可操作性。在介绍网络设备和协议时，不仅讲解了其基本原理和工作机制，还提供了大量的实际案例和操作步骤，帮助读者更好地理解和应用所学知识，让读者能够在实际操作中巩固理论知识，提高实践能力。本书设计的所有实验均在Cisco Packet Tracer网络仿真系统上进行。

本书提供了配套电子课件、教学大纲、习题及答案等多种教学资源。

本书还提供了46个教学视频、112张命令详解图片。读者在学习的过程中,扫描二维码可以观看视频,帮助读者更加直观地理解和掌握相关知识和技能。

本书由河南师范大学教师刘春红和新乡学院教师张同光担任主编,两人均为北京邮电大学计算机科学与技术专业毕业的博士;由河南师范大学教师洪双喜、苏州城市学院王亚丽和新乡学院田乔梅担任副主编。洪双喜、王亚丽和田乔梅共同编写项目1～项目5,刘春红和张同光共同编写项目6～项目10。全书最后由刘春红和张同光统稿和定稿。

本书得到了河南省高等教育教学改革研究与实践重点项目(No. 2021SJGLX355、No. 2021SJGLX106)、河南省科技攻关项目(No. 242102321148)、网络与交换技术国家重点实验室开放课题(SKLNST-2024-1-11)的支持,在此表示感谢。

由于编者水平有限,书中欠妥之处敬请广大读者和同行批评指正。

编　者

2024年4月

目　录

项目1 项目准备及网线制作与双机直连

本章学习目标

- 理解类似因特网的多场景复杂网络的布局和结构。
- 了解 Cisco Packet Tracer 软件的基本功能和用法,能够进行简单的网络模拟和实验。
- 理解计算机网络的基本知识,包括网络的基本概念、组成部分和工作原理。
- 掌握网线制作的基本步骤和注意事项。
- 理解双机直联的概念和操作方法,能够进行简单的通信测试。

1.1 项目导入

本书要实现的项目是使用 Cisco Packet Tracer 网络模拟软件设计一个类似因特网的多场景复杂网络,如图 1.1 所示,包含家庭网、校园网、企业网(包括公司总部和分公司)、移动网、网络服务器等,要用到各种网络协议,如 TCP/IP、RIP、OSPF、BGP 等,以实现不同网络场景之间的互联互通。通过完成这个项目,使得读者深入了解不同场景下网络的

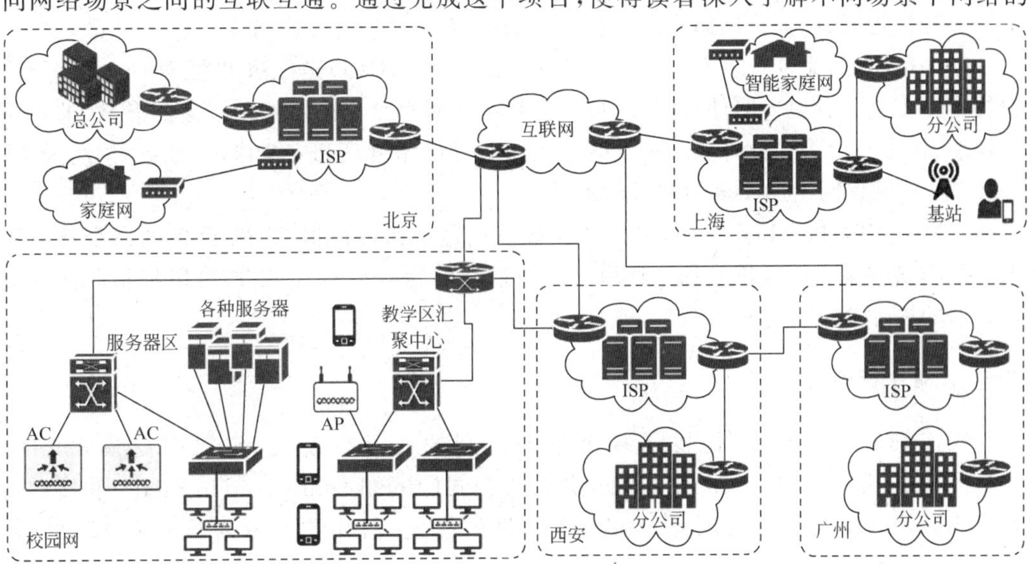

图 1.1　类似因特网的多场景复杂网络

组成、设备配置、协议交互以及网络安全等方面的知识。通过将计算机网络的理论知识和实践操作紧密结合,使得读者深入且较全面地理解和掌握计算机网络的理论知识,进而提高计算机网络的实践能力和解决各种网络问题的能力。

实现这个宏观项目需要一些具体的步骤。首先,由于这个宏观项目包含的内容太多,因此,采用化整为零的方法,将其拆分成相对独立的网络。其次,要明确项目的需求和目标,制订详细的项目计划。对企业网、校园网、家庭网和移动网等不同场景进行需求调研,了解各场景的网络规模、拓扑结构、设备数量、协议要求等方面的需求。本书也是按照这一思路来安排后续章节内容的。最后,将这些相对独立的网络互联起来构成类似因特网的多场景复杂网络。

1.2 Cisco Packet Tracer

Cisco Packet Tracer 是一款由 Cisco 公司开发的网络仿真软件,用于模拟网络设备和进行网络实验。Cisco Packet Tracer 软件可以从 Cisco 官网下载。本书使用 8.2.1 版本的 Cisco Packet Tracer,建议读者使用的 Cisco Packet Tracer 版本不低于 8.2.1。

Cisco Packet Tracer

Cisco iOS(Cisco internetwork operating system)是由 Cisco 公司专为其网络设备(如路由器和交换机)设计的操作系统。它是一个与硬件分离的软件体系结构,具备强大的网络互联和路由选择功能。Cisco iOS 提供了一组丰富的网络协议和功能,支持各种网络设备之间的连接和通信。作为网络设备的核心软件,Cisco iOS 具有高度的可靠性和安全性,并且可以通过不断升级来适应新的网络技术和应用需求。它提供了灵活的配置选项和强大的管理功能,使网络管理员能够轻松地配置、监控网络设备和排除设备故障。

Cisco iOS 的命令行界面(command line interface,CLI)是配置和管理 Cisco 网络设备的主要工具。通过 CLI,网络管理员可以执行各种命令来配置网络设备的参数、监控网络状态、排查故障等。此外,Cisco iOS 还支持各种网络管理和安全协议,如 SNMP、SSH、ACL 等,以确保网络的安全性和可管理性。

在 Cisco Packet Tracer 中,iOS 命令行模式是指通过模拟 Cisco 设备的命令行界面来进行网络配置和故障排除的一种模式。通过 iOS 命令行模式,用户可以模拟与实际设备相似的操作和配置过程。

1. 命令行模式

Cisco Packet Tracer 提供了多个不同级别的命令行模式,包括用户模式(user mode)、特权模式(privileged mode)、全局配置模式(global configuration mode)和接口配置模式(interface configuration mode)等。每种模式下,用户具有不同的权限和操作范围。

(1) 用户模式是默认的进入模式,它提供基本的设备监视功能。在该模式下,用户可以运行基本命令查看一些设备的基本状态和信息，不能修改配置。用户模式的提示符通常是“>”。

(2) 特权模式提供更高级别的设备访问权限，用户可以执行更多的监视和管理命令，但仍然不能直接修改配置。要从用户模式切换到特权模式，可以输入 enable 命令并提供特权级密码。特权模式的提示符通常是“#”。

(3) 全局配置模式是最高级别的命令行模式，用户可以对设备进行全局配置和管理，包括修改主机名、配置接口、路由协议、访问控制列表、创建 VLAN 等。要从特权模式切换到全局配置模式，可以输入 configure terminal 命令。全局配置模式的提示符通常是“(config)”。全局配置模式下执行 exit 命令可以退回特权模式。

(4) 接口配置模式允许用户对特定接口进行配置，例如设置接口的 IP 地址、子网掩码、启用协议和配置安全特性等。要从全局配置模式切换到接口配置模式，可以输入 interface GigabitEthernet0/0 命令。接口配置模式的提示符通常是“(config-if)”。接口配置模式下执行 exit 命令可以退回全局配置模式；接口配置模式下执行 end 命令可以退回特权模式。

2. 命令辅助功能

对于 Cisco Packet Tracer 软件中的 iOS 命令行模式，可以借助一些命令辅助功能来提高工作效率和准确性。以下是一些常用的命令辅助功能。

(1) 命令历史记录：在命令行模式下，可以随时按上/下箭头键来浏览和重复使用之前输入过的命令。这可以帮助用户快速重新执行相同的命令，而无须重新输入。

(2) 自动补全：当在命令行中输入命令的一部分时，可以按 Tab 键来自动补全命令或参数。

(3) 命令查询：在命令行模式下，可以随时按“?”键来查看当前模式下可用的命令列表和简短的描述。这有助于用户快速找到所需的命令并了解其功能。

(4) 参数帮助：当用户输入一个命令后，可以按“?”键来查看该命令的参数列表和描述。通过输入参数名称，用户可以快速查看参数的详细信息和使用方法。

1.3 计算机网络概述

1.3.1 计算机网络的定义

计算机网络是指将地理位置不同的具有独立功能的多台通用的、可编程的硬件，通过通信线路连接起来，在网络操作系统、网络管理软件及网络通信协议的管理和协调下，实现资源共享和信息传递的计算机系统。通用的、可编程的硬件表明这些硬件一定包含有 CPU(中央处理器)。这些硬件能够用来传送多种不同类型的数据，并能支持广泛的和日益增长的应用。通过计算机网络，用户可以远程访问其他计算机上的文件、数据库、应用程序等。

Internet(因特网)是指全球性的、覆盖范围极广的、由众多网络互联而成的全球最大、最重要的计算机网络。因特网不仅包括了各种不同类型的网络,还采用了各种协议和标准,使得各种设备和系统都可以互相通信和交换信息。因特网已经成为现代社会不可或缺的基础设施之一。有些教材将 Internet 翻译为互联网。

internet(互联网)是指将多个计算机网络互联起来构成的更大的计算机网络,Internet(因特网)是 internet(互联网)的一个特例。

互联网具有两个重要特点:①连通性,使上网用户之间可以非常便捷、经济地交换各种信息;②资源共享,实现信息共享、软件共享、硬件共享。由于网络的存在,这些资源好像就在用户身边一样被方便地使用。

计算机网络由若干节点和连接这些节点的链路组成。节点可以是计算机、交换机或路由器等。互联网也称为网络的网络,是许多网络通过路由器连接而成,如图 1.2 所示,图的两侧分别是单个网络,图的中间部分表示由路由器连接多个网络,每个网络使用网云表示,一个网云可以表示单个网络,也可以表示互联网。与网络相联的计算机常被称为主机。

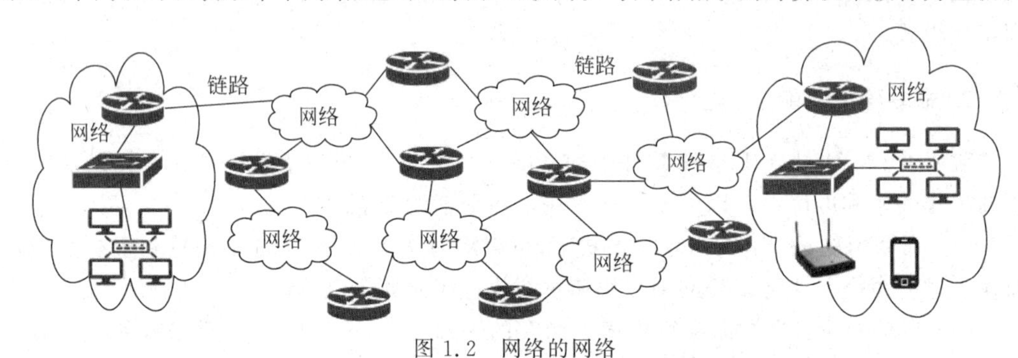

图 1.2　网络的网络

互联网基础结构的发展经历了以下三个阶段:

(1) 1969—1990 年。从单个网络 ARPANET 向互联网发展。ARPANET 最初只是一个单个的分组交换网,不是一个互联网。1983 年,TCP/IP 成为 ARPANET 上的标准协议,使得所有使用 TCP/IP 的计算机都能利用互联网相互通信。通常把 1983 年作为现代因特网的诞生时间。1990 年,ARPANET 完成了其历史使命,正式宣布关闭。

(2) 1985—1993 年。建成了三级结构的互联网,包括主干网、地区网和校园网(或企业网),覆盖了全美国主要的大学和研究所,并且成为互联网中的主要组成部分。

(3) 1993 年至今。出现了众多的 ISP(Internet service provider,因特网服务提供商),ISP 提供接入因特网的服务(需要收取费用),形成了全球范围的多层次 ISP 结构(主干 ISP、地区 ISP 和本地 ISP)的互联网。此阶段按照指数级增长的速度出现了大量的内容提供商,这些公司在网络上提供各种类型的内容服务。这些内容可以包括文字、图片、音频、视频等各种形式的数字信息。内容提供商的角色是收集、整理、创作和发布这些内容,以供用户消费和享受。内容提供商通过提供高质量的内容吸引用户,并通过广告、付费订阅、内容付费等方式获得收益。20 世纪 80 年代末和 90 年代初诞生的万维网(world wide web,WWW)成为互联网指数级增长的主要驱动力,极大地推动了因特网的发展和普及,使得信息可以更加便捷地传播和共享,促进了全球范围内的交流与合作。同时,WWW 也催生了许多新兴行业，如电子商务、在线社交、远程教育等，对现代社会产生了深远的影响。

1.3.2 计算机网络的组成

计算机网络的组成包括以下内容。

(1) 计算机和网络设备。包括计算机、服务器、路由器、交换机、调制解调器等设备，它们通过通信线路相互连接，构成一个互联的网络。计算机是实现数据处理和通信的主要设备，通过网络与其他计算机和设备进行信息交换和资源共享。路由器、交换机等网络设备则是连接计算机和其他网络设备的中间设备。

(2) 通信线路。可以是有线的用于传输数据的物理媒介，包括双绞线、同轴电缆、光纤等，也可以是无线信道，例如无线电波、红外线等。通信线路可以以不同的方式传输数据，如通过电信号、光信号或者无线信号传输。

(3) 通信协议。通信协议是一套规则、约定和标准，用来规范数据传输和共享的格式和顺序，以及解决网络通信过程中可能遇到的各种问题。常见的通信协议包括 TCP/IP 套件、HTTP、FTP 等。

(4) 软件。包括操作系统、应用软件等，用于实现网络管理和应用的各种功能，包括电子邮件、文件传输、网页浏览、视频会议等。这些服务和应用程序依赖网络来实现数据传输和通信。

互联网从工作方式上可以划分为边缘部分和核心部分，如图 1.3 所示。

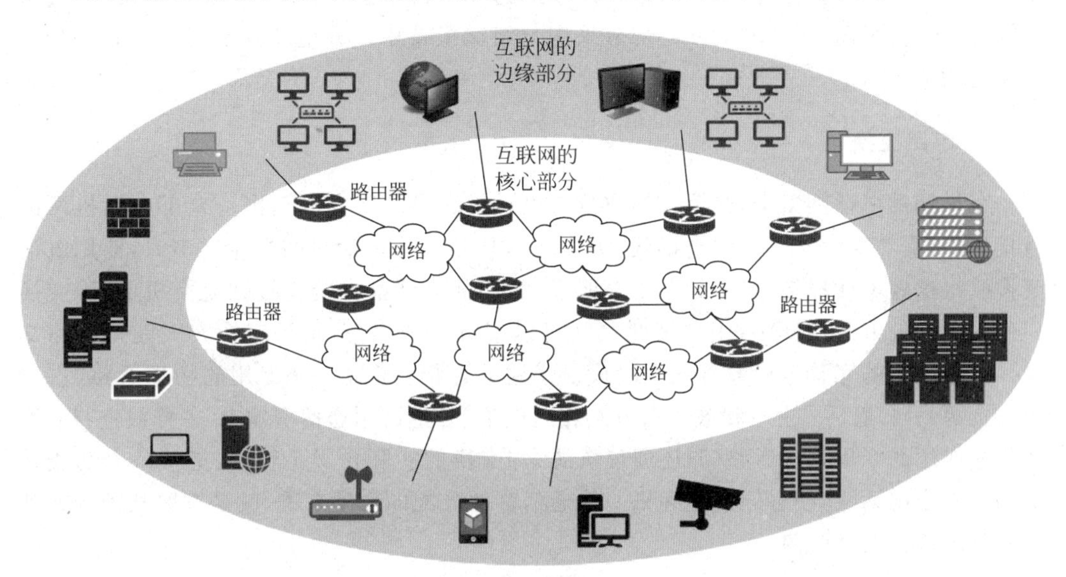

图 1.3 互联网的边缘部分和核心部分

(1) 边缘部分由所有连接在互联网上的主机组成，由用户直接使用，用来进行通信（传送数据、音频或视频）和资源共享。

(2) 核心部分由大量网络和连接这些网络的路由器组成，为边缘部分提供服务（提供连通性和分组交换）。

互联网边缘部分包含连接到互联网上的所有主机。这些主机又称为端系统。端系统在功能上可能有很大差别,有小的端系统(普通个人计算机、智能手机、网络摄像头等)和大的端系统(大型计算机、超级计算机、服务器)。端系统的拥有者可以是个人、单位或某个ISP。

端系统之间的通信实际上是指一台主机的某个进程和另一台主机上的某个进程进行的通信。端系统之间的通信方式有两种:客户端(client)/服务器(server)方式、对等方式。

(1) 客户端/服务器方式简称为C/S方式,描述的是进程之间服务和被服务的关系,客户端是服务的请求方,服务器是服务的提供方。客户端与服务器的通信关系建立后,通信可以是双向的,客户端和服务器都可以发送和接收数据。客户端程序被用户调用后运行,需主动向远地服务器发起通信(请求服务)。客户端程序必须知道服务器程序的地址,不需要特殊的硬件和很复杂的操作系统。服务器程序专门用来提供某种服务的程序,可同时处理多个客户请求,需要一直不断地运行着,被动地等待并接收来自各地的客户端的通信请求。服务器程序不需要知道客户程序的地址,一般需要强大的硬件和高级的操作系统支持。

(2) 对等连接(peer to peer)方式简称为P2P方式,表示两个端系统在通信时不区分服务请求方和服务提供方,只要都运行了P2P软件,就可以进行平等的、对等连接通信。对等连接方式从本质上看仍然是使用客户端/服务器方式,只是对等连接中的每一个主机既是客户又是服务器。

互联网的核心部分是互联网中最复杂的部分,向网络边缘中的主机提供连通性,使任何一台主机都能够与其他主机通信。在网络核心部分起特殊作用的是路由器。路由器是实现分组交换的关键构件,其任务是转发收到的分组。典型交换技术包括电路交换、分组交换、报文交换等。互联网的核心部分采用分组交换技术。分组转发是网络核心部分最重要的功能。

1. 电路交换

在早期的电话网络中,电话线的数量与电话机数量的平方成正比。N 部电话机两两直接相连,需 $N(N-1)/2$ 根电话线,如图1.4所示。当电话机的数量增多时,使用电话交换机将这些电话连接起来,如图1.5所示,每一部电话都直接连接到交换机上,而交换机使用交换的方法,让电话用户彼此之间可以很方便地通信,这种交换方式就是电路交换。电路交换的完整过程包含三个阶段。①建立连接:建立一条专用的物理通路(占用通信资源);②通话:主叫和被叫双方互相通电话(一直占用通信资源);③释放连接:释放刚才使用的专用物理通路(归还通信资源)。交换的实际含义是转接,把一条电话线转接到另一条电话线,使它们连通起来。从通信资源分配的角度来看,就是按照某种方式动态地分配传输线路资源。

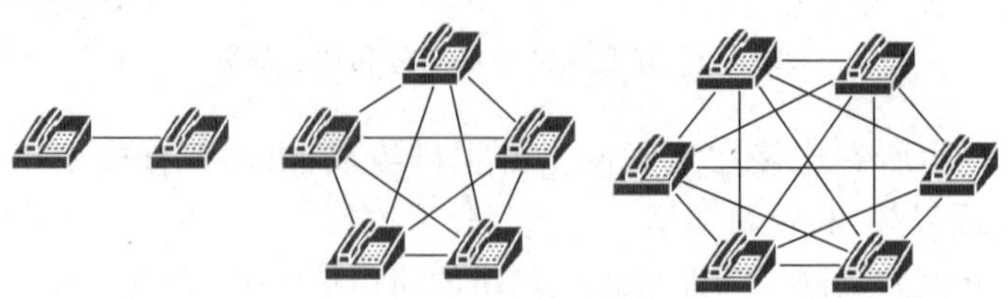

图1.4 早期的电话网络

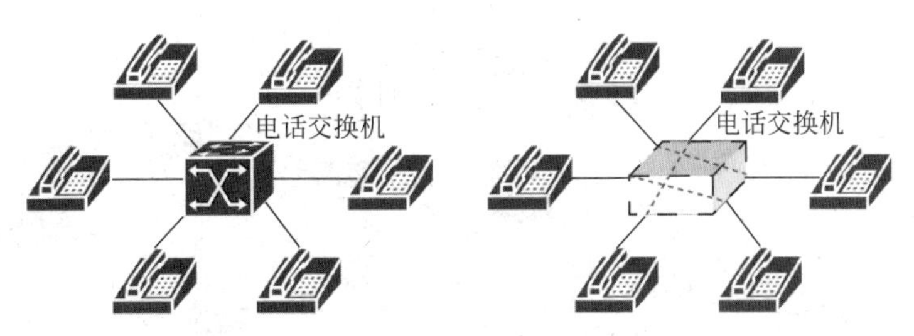

图1.5　电路交换网络

电路交换的特点是通话的两个用户始终占用端到端的通信资源，这种技术如果用在计算机网络中，由于计算机数据具有突发性，将会导致在传送数据时通信线路的利用率很低，真正用来传送数据的时间往往不到10%甚至不到1%，已被用户占用的通信线路资源在绝大部分时间里都是空闲的。

2. 分组交换

分组交换采用存储转发技术。在发送端，先把较长的报文划分成更小的等长数据段。数据段前面（左边）添加首部就构成了分组（packet），分组又称为包，而分组的首部也称为包头。分组交换以分组作为数据传输单元。互联网采用分组交换技术，发送端依次把各分组发送到接收端。接收端收到分组后剥去首部，还原成原来的报文。分组交换网络中数据的发送与接收如图1.6所示。这里假设分组在传输过程中没有出现差错，在转发时也没有被丢弃。

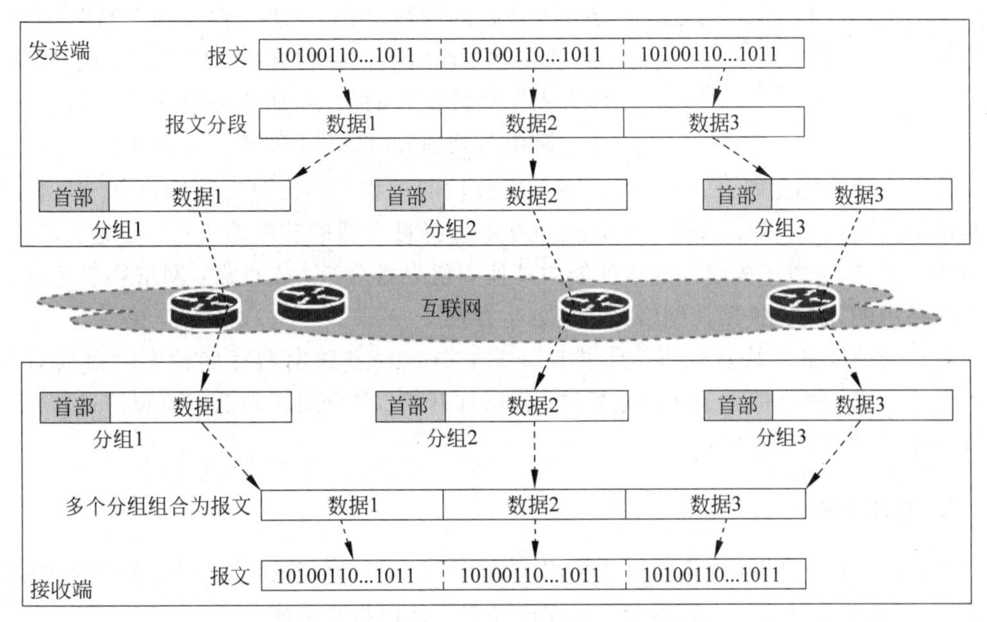

图1.6　分组交换网络中数据的发送与接收

分组在互联网中的转发过程如图1.7所示，每一个分组在互联网中独立选择传输路径。位于网络核心部分的路由器负责转发分组，即进行分组交换。

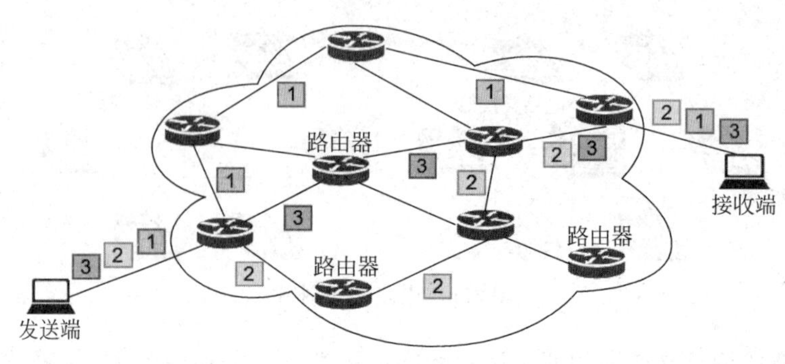

图 1.7　分组在互联网中的转发过程

路由器的转发表(基于路由表)是路由器进行分组转发的重要依据。转发表中的每一项都包含了要到达的某个目的地的信息,这些信息帮助路由器确定如何将接收到分组转发到下一个目的地。

当分组到达一个路由器时,路由器会首先从收到分组的首部提取目的 IP 地址,然后在转发表中查找相应的表项。一旦找到匹配的表项,路由器就会根据表项中的下一跳 IP 地址信息,将分组转发到下一个路由器。如果转发表中没有匹配的表项,那么路由器可能会将分组丢弃,向发送端报错,或者根据默认路由进行转发。由于互联网中的主机数目庞大,路由器中的转发表不能按目的 IP 地址来直接查出下一跳路由器。因此,通常的做法是先查找目的网络(网络前缀),在找到了目的网络之后,就在这个网络上把分组直接交付目的主机,这样可以大大压缩转发表的大小,加速分组在路由器中的转发。路由器处理分组的过程如图 1.8 所示。

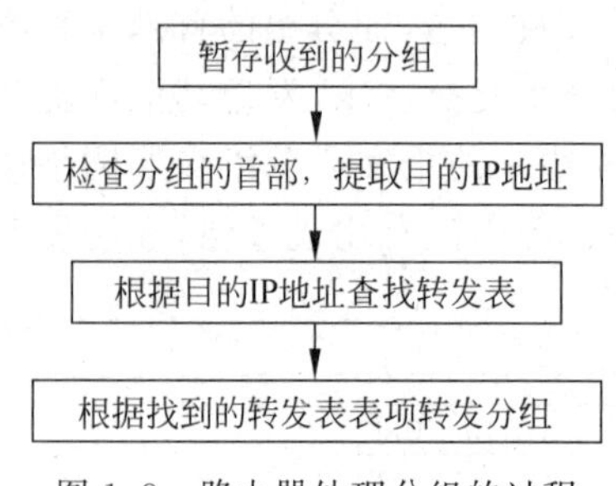

图 1.8　路由器处理分组的过程

分组交换的优点如下。①高效:在分组传输的过程中动态分配传输带宽,对通信链路是逐段占用;②灵活:为每一个分组独立地选择最合适的转发路由;③迅速:以分组作为传送单位,可以不先建立连接就能向其他主机发送分组;④可靠:网络协议可靠,分布式多路由的分组交换网使网络有很好的生存性。

分组交换带来的缺点如下。①排队延迟:分组在各路由器存储转发时需要排队;②不保证带宽:网络带宽是动态分配的;③增加开销:各分组必须携带控制信息,路由器要暂存分组,维护转发表等。

3. 报文交换

在 20 世纪 40 年代,电报通信就采用了基于存储转发原理的报文交换,但报文交换的时延较长,从几分钟到几小时不等。现在已经很少使用报文交换。

4. 三种交换方式的比较

三种交换方式传输数据的时序图如图 1.9 所示,A 为发送端,D 为接收端,B 和 C 为中间设备(交换机或路由器)。

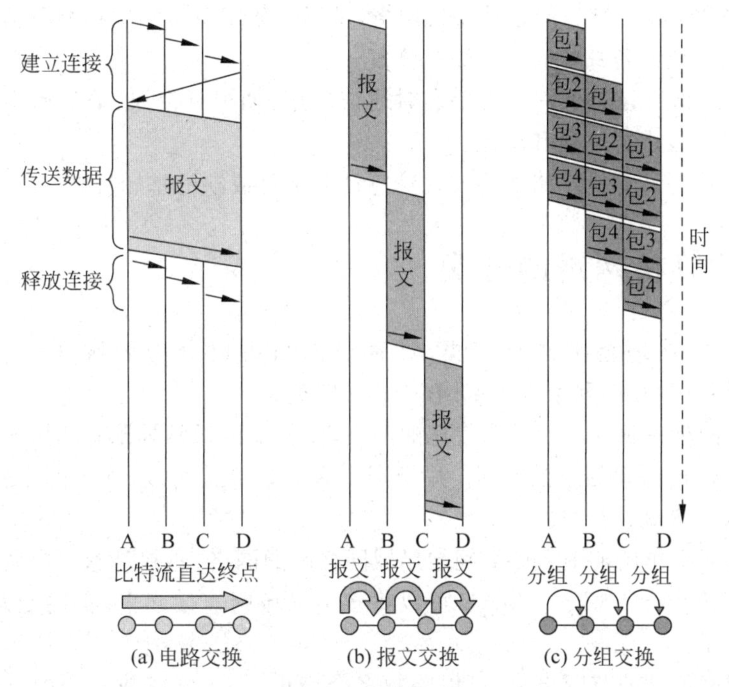

图 1.9 三种交换方式传输数据的时序图

若要连续传送大量的数据,且其传送时间远大于连接建立时间,则电路交换的传输速率较快。报文交换和分组交换不需要预先分配传输带宽,在传送突发数据时可提高整个网络的信道利用率。由于一个分组的长度往往远小于整个报文的长度,因此分组交换比报文交换的时延小,同时也具有更好的灵活性。

1.3.3 计算机网络的功能

计算机网络有多种功能。

(1) 数据通信。计算机网络使不同设备之间可以进行数据通信和信息交换。用户可以通过网络发送和接收数据,实现远程传输文件、电子邮件、即时消息等。

(2) 资源共享。通过网络,多台计算机可以共享硬件设备(如打印机、扫描仪)和软件程序(如数据库、应用软件),提高资源的利用率。

(3) 远程访问。计算机网络允许用户通过远程访问方式连接到其他计算机或远程服务器,实现远程控制、远程文件访问和远程协作。

(4) 信息存储与检索。网络存储技术允许将数据存储在远程服务器上,用户可以通过网络将数据上传至服务器,也可以通过网络访问和检索存储在远程服务器上的数据。

(5) 分布式处理。计算机网络可以将任务和计算负载分配给多台计算机上的处理单元,实现分布式计算,提高计算效率和处理能力。

(6) 因特网访问。计算机网络联接到因特网上,使得用户可以浏览网页、获取在线信息、进行在线购物、使用社交媒体等。

(7) 数据备份和恢复。通过计算机网络,可以将数据备份到远程服务器或云存储中,以便在数据丢失或设备故障时进行数据恢复。

(8) 实时通信。计算机网络支持实时通信应用,如视频会议、语音通话和即时消息,使得用户可以实时进行沟通和交流。

这些功能使得计算机网络成为现代信息社会不可或缺的基础设施。

1.3.4 计算机网络的分类

按照覆盖的地理范围进行分类,计算机网络可以分为局域网(LAN)、城域网(MAN)、广域网(WAN)和个人区域网(PAN)四类。

(1) 局域网是一种在小区域内使用的网络,覆盖范围通常局限在 10km 范围之内,属于一个单位或部门组建的小范围网。局域网由多台计算机组成,连接速率较高。局域网通常使用以太网等高速传输技术。

(2) 城域网是作用范围在广域网与局域网之间的网络,通常跨越一个城市的范围,其覆盖范围一般为 10～100km。MAN 可以将多个局域网连接起来,实现更大范围的资源共享和信息传输。

(3) 广域网覆盖的范围更大,可以跨越多个城市、一个国家或多个国家,甚至整个世界。最著名的广域网就是因特网,它连接了全球的计算机和网络设备。

(4) 个人区域网范围很小,在 10m 左右。有时也称为无线个人区域网(WPAN)。

按照传输介质进行分类,计算机网络可以分为有线网、光纤网和无线网三类。

(1) 有线网是采用同轴电缆或双绞线来连接的计算机网络。双绞线网是目前最常见的联网方式,价格便宜,安装方便。

(2) 光纤网采用光导纤维作为传输介质,具有传输距离长、传输速率高、抗干扰能力强等优点。光纤网广泛应用于城域网和广域网中。目前的多数家庭网已经是光纤入户。

(3) 无线网采用空气作为传输介质,用电磁波作为载体来传输数据。

计算机网络的拓扑结构是指网络中各个节点之间的物理或逻辑连接方式。按照网络拓扑结构进行分类,计算机网络可以分为星形网络、树形网络、总线型网络、环形网络、网状网络和无线网络(无线局域网)六类,如图 1.10 所示。

(1) 星形网络中的所有计算机节点都连接到一个中心设备(如交换机、路由器或集线器)。所有数据传输都经过中心设备进行转发。这种结构简单、易于管理和扩展,并且故障隔离性好。但如果中心设备发生故障,整个网络将受到影响。

(2) 树形网络是星形网络的一种扩展形式,类似于树的枝干和分支,它利用星形结构来构建网络的骨干部分,而在星形结构的分支处可以再连接其他节点。树形网络的优点是灵活方便、易于扩展、故障隔离较容易等,但是维护和管理较为复杂,如果根节点发生故障,可能会影响整个网络。

(3) 总线型网络中的所有计算机节点都连接到一根共享的传输线(如同轴电缆或主干电缆)。数据通过总线进行传输,节点根据目标地址选择接收数据。总线型网络的优点

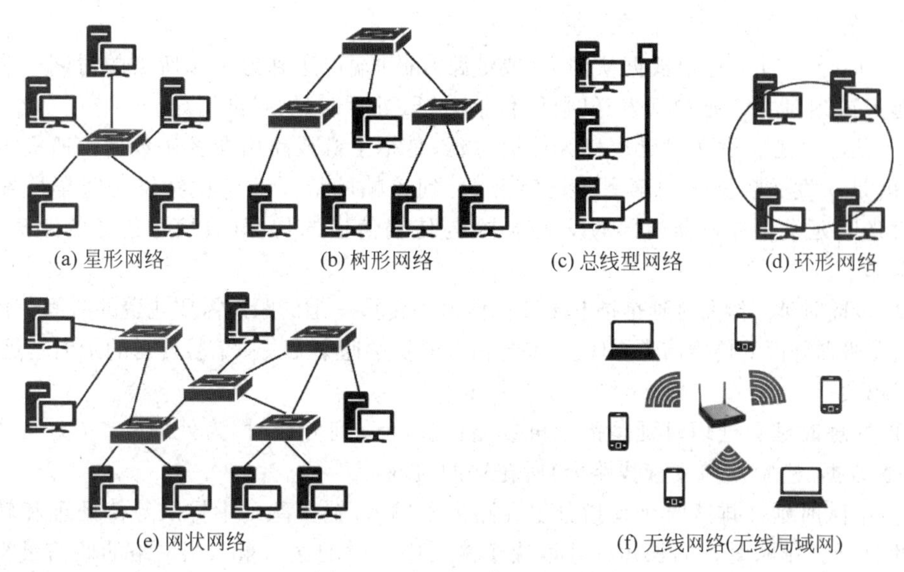

图 1.10　六类网络拓扑结构

是结构简单、成本低廉、易于扩展和维护，但传输速度较慢，且容易受到干扰和冲突，其中一个节点的故障可能会导致整个网络中断。

(4) 环形网络中的每台计算机节点都与相邻的两台计算机节点直接相连，形成一个闭合的环。数据通过环形路径单向传输，每个节点依次将数据转发到下一个节点，直到达到目标设备。环形网络的优点是连接简单、稳定可靠，但扩展和维护较为困难。

(5) 网状网络中的节点(比如交换机)之间的连接是任意的，没有固定的结构和形状。网状网络可以提供更高的容错性和冗余性，但实现和维护较为复杂，成本较高。

(6) 无线网络(无线局域网)是利用无线通信技术在一定的局部范围内建立的网络，是计算机网络与无线通信技术相结合的产物。这种网络具有安装便捷、使用灵活、经济节约、易于扩展等优点。

按照网络的使用者进行分类，计算机网络可以分为公用网和专用网：①公用网可称为公众网，是指按规定缴纳费用的人都可以使用的网络；②专用网是为特殊业务工作需要而建造的网络。公用网和专用网都可以传送多种业务。

1.3.5　计算机网络的性能指标

通常从以下方面衡量计算机网络的性能。

(1) 速率。速率是最重要的一个性能指标，是指数据的传送速率，也称为数据率或比特率，单位是 bit/s、kbit/s、Mbit/s、Gbit/s 等。

(2) 频域与带宽。频域是指某个信号具有的频带宽度，单位是赫兹、千赫兹、兆赫兹、吉赫兹等。某信道允许通过的信号频带范围称为该信道的带宽。一条通信链路的带宽越宽，其所能传输的最高数据率也越高。

(3) 吞吐量。吞吐量是指单位时间内通过某个网络(或信道、接口)的实际数据量。

受网络带宽或网络额定速率的限制。

(4) 时延。时延是指数据从网络(或链路)的一端传送到另一端所需的时间。有时也称为延迟或迟延。时延包括发送时延、传播时延、处理时延、排队时延。

① 发送时延。发送时延也称为传输时延,是指主机或路由器发送数据帧所需要的时间,也就是从发送数据帧的第一个比特开始,到该帧的最后一个比特发送完毕所需的时间。发送时延发生在机器内部的发送器中,与传输信道的长度(或信号传送的距离)没有任何关系。

② 传播时延。传播时延是指电磁波在信道中传播一定的距离需要花费的时间。传播时延发生在机器外部的传输信道媒体上,而与信号的发送速率无关。信号传送的距离越远,传播时延就越大。

③ 处理时延。处理时延是指主机或路由器在收到分组时,为处理分组(例如分析首部、提取数据、检验差错或查找路由)所花费的时间。

④ 排队时延。排队时延是指分组在路由器输入/输出队列中排队等待处理和转发所经历的时延。排队时延的长短往往取决于网络中当时的通信量。当网络的通信量很大时会发生队列溢出,使分组丢失,这相当于排队时延为无穷大。

总时延＝发送时延＋传播时延＋处理时延＋排队时延

(5) 时延带宽积。链路的时延带宽积又称为以比特为单位的链路长度。管道中的比特数表示从发送端发出但尚未到达接收端的比特数。只有在代表链路的管道都充满比特时,链路才得到了充分利用。

(6) 往返时间。往返时间(round-trip time,RTT)表示从发送方发送完数据,到发送方收到来自接收方的确认总共经历的时间。在互联网中,往返时间还包括各中间节点的处理时延、排队时延以及转发数据时的发送时延。

(7) 信道利用率。信道利用率是指在一定时间内信道繁忙的时间占用的比例,用公式表示为

信道利用率＝传输时间/(传输时间＋空闲时间)

1.3.6 计算机网络传输介质

计算机网络传输介质是网络中发送方与接收方之间的物理通路,它对网络的数据通信具有一定的影响。常用的传输介质有双绞线、同轴电缆、光纤、无线传输媒介等。

(1) 双绞线是目前最普遍的传输介质,分为屏蔽双绞线和非屏蔽双绞线。非屏蔽双绞线适用于网络流量不大的场合中,而屏蔽双绞线则具有较好的抗干扰性能。

(2) 同轴电缆由一对导体组成,分为粗同轴电缆和细同轴电缆。细同轴电缆安装容易,造价低,但受网络布线结构的限制,日常维护不太方便。

(3) 光纤是软而细的、利用内部全反射原理来传导光束的传输介质,有单模和多模之分。光纤可提供极宽的频带且功率损耗小、传输距离长、传输率高、抗干扰性强,是构建安全性网络的理想选择。单模光纤适用于长距离高速传输,它能够传输更多的数据,并具有较低的信号衰减。多模光纤适用于短距离传输,由于光信号在光纤的多个模态中传播,因此具有较高的信号衰减。

（4）无线传输媒介利用无线电波在自由空间的传播来实现多种无线通信。在自由空间传输的电磁波根据频谱可将其分为无线电波、微波、红外线、激光等，信息被加载在电磁波上进行传输。比如，Wi-Fi 使用无线电波进行数据传输，通过无线局域网实现设备之间的无线通信；蓝牙技术主要用于近距离通信，例如连接手机、耳机、键盘等设备；红外线通信可以实现近距离无线数据传输，常用于红外遥控器等设备；卫星通信使用人造卫星作为中继站，传输数据信号，可以覆盖较大范围，适用于遥远地区或移动通信需求。

另外，还有其他传输介质，比如电力线通信，利用电力线进行数据传输，使得电力线成为传输媒介，可以应用于家庭网络和智能电网。

1.3.7　数据交换技术

数据交换技术是实现不同设备或系统之间数据传输的重要技术。根据不同的分类标准，数据交换技术可以分为多种类型。

（1）根据通信方式的不同，数据交换技术可以分为单向数据交换技术和双向数据交换技术。单向数据交换技术是指数据只能从一个设备流向另一个设备，而双向数据交换技术则可以实现两个设备之间的双向通信。

（2）根据应用场景的不同，数据交换技术可以分为异步数据交换技术和同步数据交换技术。异步数据交换技术适用于非实时系统或低延迟应用，而同步数据交换技术则适用于实时系统或交互式应用。

（3）根据传输介质的不同，数据交换技术可以分为有线数据交换技术和无线数据交换技术。有线数据交换技术主要包括电路交换、报文交换和分组交换，而无线数据交换技术则包括无线电波、微波、红外线等传输方式。

① 电路交换是早期出现的一种交换方式，电话网络则是最早、最大的电路交换网络。在通信两端设备间，通过一段一段相邻交换设备间线路的连接，实际建立了一条专用的物理线路，在该连接被拆除前，这两端的设备单独占用该线路进行数据传输。电路交换的优点是连接建立后，数据以固定的传输率被传输，传输延迟小，由于物理线路被单独占用，因此不可能发生冲突，适用于实时通信和持续传输大量数据的应用场景。缺点是对资源占用较高，且电路的利用率低，双方在通信过程中的空闲时间，电路不能得到充分利用。

② 报文交换也称为消息交换，是一种以报文为单位进行存储转发的交换方式。报文交换的优点是不需要两个通信节点之间建立专用通路，只有当报文被转发时才占用相应的信道，交换机需要缓冲存储，报文需要排队，增加了延时。缺点是不适用于实时系统或交互式应用。

③ 分组交换是将数据分割成若干个小的数据包（分组），并通过网络独立地传输。分组传输过程通常也采用存储转发的交换方式。分组长度与延迟时间、误码率都有关。每个分组带有完整的控制信息，如源地址、目的地址和序号等。分组可以通过不同路径独立传输，并在目的节点处重新组装。分组交换广泛应用于现代互联网，在效率和灵活性方面具有优势。分组交换的优点是能更公平地利用线路资源，网络资源利用率高，能更好地处理突发性数据传输问题，能够提供更灵活和多样的服务，如实时和交互式应用。缺点是增

加了额外的开销,如分组头、校验码等,相比分组交换技术带来的优点,这些缺点微不足道。

ATM(异步传输模式)是一种面向连接的快速分组交换技术,它基于固定长度的信元进行异步传输。ATM 使用统计时分复用方式进行数据传输,将信息适配成固定长度的信元(通常为 53 字节),并在信道上异步地、按序地、一个接一个地传输。ATM 技术可以支持高带宽和低时延的数据传输。通过优化信元长度和复用方式,ATM 可以在高速网络中实现高效的数据传输和交换。随着互联网技术的发展,IP 技术逐渐取代了 ATM 技术。

1.3.8 计算机网络体系结构

计算机网络体系结构是指计算机网络层次结构模型和各层协议的集合。它定义了计算机网络中各个组成部分的功能、协议和交互方式,确保不同设备和系统能够相互通信和协作。

计算机网络体系结构采用分层设计理念,将复杂的网络通信过程划分为若干个相对独立的层次,每个层次完成特定的功能。这些层次包括物理层、数据链路层、网络层、传输层、会话层、表示层和应用层等,层次之间的协议和功能相互协作,共同完成网络通信任务。

在计算机网络体系结构中,不同层次的通信过程采用不同的协议。协议是控制各层之间数据交换规则的集合,规定了通信过程中数据的格式和传输控制等要求。计算机网络体系结构的各层协议是相互独立的,使得各种硬件和软件可以根据需要进行组合,提高了网络的灵活性和可扩展性。

通常讲的计算机网络体系结构主要有三种:ISO/OSI 七层协议体系结构、TCP/IP 四层协议体系结构、理论教学的五层协议体系结构。这三种计算机网络体系结构如图 1.11 所示。

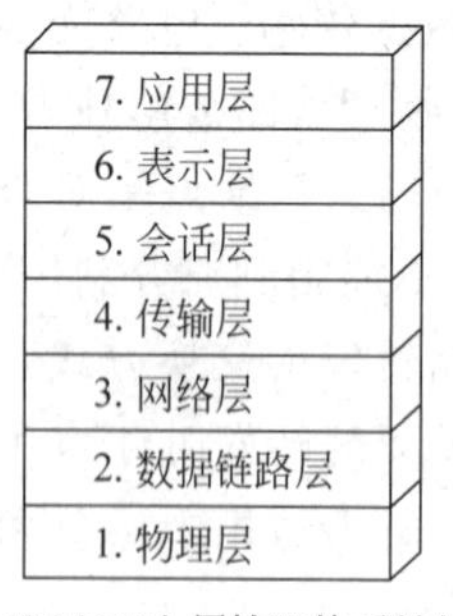

(a) ISO/OSI七层协议体系结构

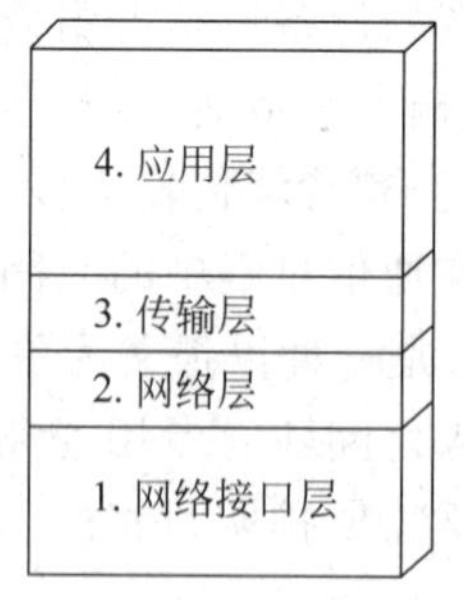

(b) TCP/IP四层协议体系结构

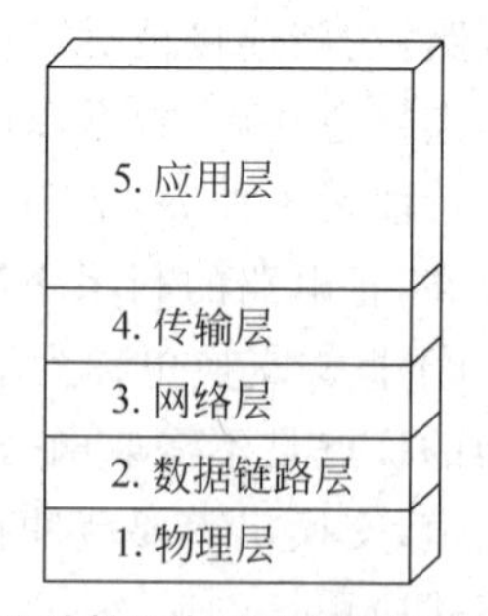

(c) 理论教学的五层协议体系结构

图 1.11 三种计算机网络体系结构

计算机网络是一个非常复杂的系统。最初的 ARPANET 设计时提出了分层的设计方法,将庞大而复杂的问题,转化为若干较小的局部问题。1974 年,IBM 按照分层的方法制定并提出了系统网络体系结构(system network architecture,SNA)。此后,其他一些公司也相继推出了具有不同名称的体系结构。但由于网络体系结构的不同,不同公司的设备很难互相连通。为了解决该问题，ISO（国际标准化组织）提出了开放系统互连参考模型（open systems interconnection reference model，OSI/RM），试图达到一种理想境界：全球计算机网络都遵循这个统一标准，因而全球的计算机将能够很方便地进行互连和交换数据。1983年，形成了著名的ISO 7498国际标准，即七层协议体系结构。最终OSI/RM失败了。因为基于TCP/IP的互联网已抢先在全球相当大的范围成功地运行了。另外，OSI/RM本身也存在问题，OSI/RM的协议实现起来过分复杂，且运行效率很低；OSI/RM标准的制定周期太长，使得按OSI/RM标准生产的设备无法及时进入市场；OSI/RM的层次划分也不太合理，有些功能在多个层次中重复出现。目前存在两种国际标准：①法律上的国际标准是OSI/RM，但并没有得到市场的认可；②事实上的国际标准是TCP/IP模型，获得了最广泛的应用。

1. 七层协议体系结构

七层协议体系结构，也称为OSI参考模型，是一种网络通信的体系结构。它将网络通信过程划分为七个独立且相互依存的层次，分别是物理层、数据链路层、网络层、传输层、会话层、表示层和应用层。

（1）物理层：为物理介质上传输原始比特流而设计的，负责比特流的传输，定义网络设备之间或网络设备与电缆之间的接口，如电压、线路规格、传输速率、接口标准等。注意，传递信息所使用的一些物理介质，如双绞线、同轴电缆、光纤、无线信道等，并不在物理层协议之内，而是在物理层协议的下面。

（2）数据链路层：负责在物理层的基础上，通过使用特定的协议和算法，将网络层交下来的IP分组组装成帧，在两个相邻节点的链路上进行传输。每一帧包括数据和必要的控制信息。数据链路层负责建立逻辑连接、进行物理地址（如MAC地址）寻址、差错校验、数据帧的发送和接收等功能。

（3）网络层：负责将数据包从源地址发送到目的地址，包括逻辑地址寻址和路由选择等功能。它通过使用IP等协议，将数据包从一个网络节点传送到另一个网络节点，直到到达目的地。

（4）传输层：提供端到端的通信服务，保证数据传输的可靠性、有序性和流量控制等功能。它通过使用TCP和UDP等协议，实现不同主机进程之间的通信。

（5）会话层：建立、管理、终止会话，对应主机进程，指本地主机与远程主机正在进行的会话。通过传输层（端口号：源端口与目的端口）建立数据传输的通路。

（6）表示层：数据的表示、安全、压缩。可确保一个系统的应用层所发送的信息可以被另一个系统的应用层读取。

（7）应用层：为操作系统或网络应用程序提供访问网络服务的接口。它负责处理特定的应用程序细节，包括文件传输、电子邮件和网络服务等。

每层完成一定的功能，各层之间的协议和功能相互协作，共同完成网络通信任务。这种分层结构使得计算机网络体系结构更加清晰和易于理解，并且有助于不同系统之间的互操作性和标准化工作。

2. 四层协议体系结构

TCP/IP模型(四层协议体系结构)定义了计算机通过网络互相通信及协议族各层之间的规范,包括应用层、传输层、网际层(网络层)和网络接口层。TCP/IP模型与OSI参考模型相比,减少了表示层和会话层,只关注网络通信的核心功能。

(1) 应用层:是体系结构中的最高层,直接面向用户提供应用程序的通信服务。应用进程之间的交互是通过应用协议来实现的,例如HTTP、SMTP、FTP等。应用层协议定义了应用进程间通信和交互的规则。

(2) 传输层:负责向两台主机中进程之间的通信提供通用的数据传输服务。传输层的主要协议是TCP和UDP。TCP提供无连接的、尽最大努力的数据传输服务,而UDP则提供无连接的不可靠的数据传输服务。传输层负责数据传输的可靠性、顺序和流量控制等功能。

(3) 网际层(网络层):负责为分组交换网上的不同主机提供通信服务。在网络层中,使用IP来管理网络地址和实现路由选择功能。此外,网络层还负责数据包的封装和解封,以及数据包的转发和传输。

(4) 网络接口层:最低的一层,负责接收IP数据包并进行传输。它包括操作系统中的设备驱动程序和计算机中对应的网络接口卡。网络接口层负责将数据包转换为可以在物理媒介上传输的格式,并负责物理层的管理,定义如何使用实际网络(如以太网、串口线等)来传送数据。

TCP/IP模型与OSI参考模型在网络协议栈的某些方面是相似的,但它们之间存在一些差异。TCP/IP模型更注重实际应用和实现,而OSI参考模型则更注重理论化和标准化。在实际应用中,TCP/IP模型广泛应用于互联网和局域网中,成为现代计算机网络的重要组成部分。

3. 五层协议体系结构

五层协议体系结构是为了学习方便而结合OSI参考模型和TCP/IP模型而成的体系结构,包括物理层、数据链路层、网络层、传输层和应用层。这种体系结构没有表示层和会话层,因为它们的功能被合并到了应用层中。数据在各层之间的传递过程如图1.12所示。各层包含的主要协议在后续章节中介绍。

对等层之间传送的数据单位称为该层的协议数据单元(protocol data unit,PDU),PDU即是将上层传下来的PDU作为本层的数据部分,然后加上控制信息(比如首部)。PDU通过水平虚线直接传递给对方。这就是所谓的对等层之间的通信。各层协议实际上就是在各个对等层之间传递数据时的各项规定。

实体表示任何可发送或接收信息的硬件或软件进程。协议是控制两个对等实体进行通信的规则的集合。在协议的控制下,两个对等实体间的通信使得本层能够向上一层提供服务。要实现本层协议,还需要使用下层所提供的服务。

协议和服务在概念上是不一样的。协议保证了能够向上一层提供服务。对上面的服务用户是透明的。协议是水平的。上层使用服务原语获得下层所提供的服务。上面的服

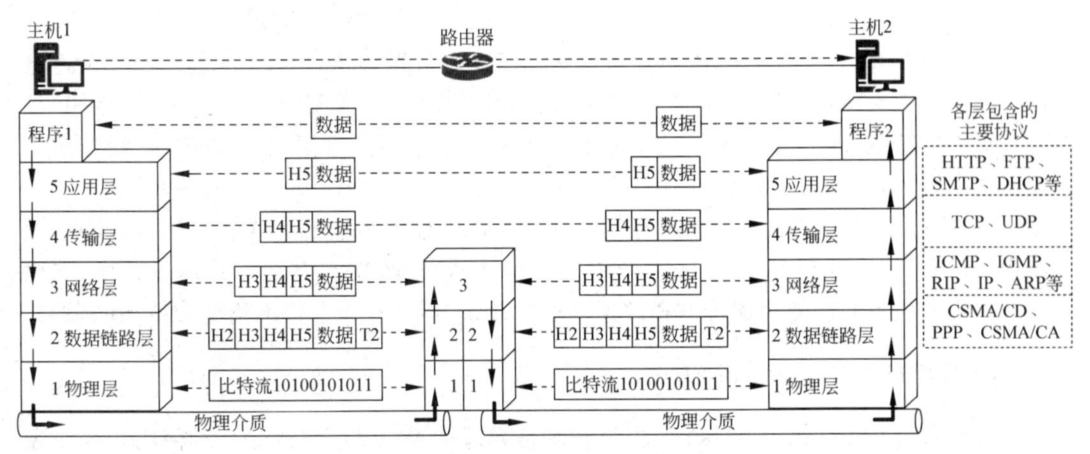

图 1.12　数据在各层之间的传递过程

务用户只能看见服务，无法看见下面的协议。服务是垂直的。在同一系统中相邻两层的实体进行交互（即交换信息）的地方，通常称为服务访问点（service access point，SAP）。SAP 是一个抽象的概念，它实际上就是一个逻辑接口。层与层之间交换的数据单位称为服务数据单元（service data unit，SDU）。SDU 可以与 PDU 一样。SDU 也可以与 PDU 不一样。例如，可以是多个 SDU 合成为一个 PDU，也可以是一个 SDU 划分为几个 PDU。

1.3.9　接入 Internet 方式

接入 Internet 方式有很多种，每种方式都有其独特的特点和适用场景。

1. 早期家庭接入 Internet 方式

家庭接入 Internet 是指家庭用户通过电信运营商提供的宽带服务，使用调制解调器（例如光纤、DSL 等）将计算机或其他终端设备与网络连接起来。这种方式使得家庭用户可以享受高速稳定的互联网连接。早期家庭接入 Internet 方式有 PSTN、ISDN、DDN、DSL、同轴电缆接入等。

（1）PSTN（公共交换电话网络）：一种常用的旧式电话系统，也称为模拟电话网络，通常由电信运营商提供。PSTN 使用模拟信号进行通信，并采用电路交换方式。PSTN 是家庭用户早期接入 Internet 的窄带接入方式。用户通过电话线，利用当地 ISP 提供的接入号码，进行拨号接入 Internet。这种方式的特点是使用方便，只需有效的电话线和自带调制解调器的 PC 就可以完成接入。但是，其速率通常不超过 56kbit/s，所以相对较慢，适合简单的网页浏览和邮件发送。

（2）ISDN（综合业务数字网）：一种数字化的电话网络，提供更稳定的数据服务和连接速度，可以同时传输语音、视频和数据。它使用数字信号传输数据，并提供了更快的传输速度和更高的通信质量。ISDN 可以提供较高（144kbit/s）的数据传输速率。

（3）DDN（数字数据网）：一种专用的高速数据传输网络，最初用于美国国防部的军事通信。它提供了高速、可靠的数据传输，用于连接分布在全球各地的计算机和通信设备。然而,随着 Internet 的发展,DDN 在民用方面逐渐被更先进的技术所取代。

(4) DSL(数字用户线):使用普通电话线路传输数据的宽带接入技术。DSL 通过电话线路提供上网接入,其中 ADSL(非对称数字用户线)是最常见的 DSL 形式。ADSL 具有非对称的特点,即上行速度和下行速度不对称,下行速度通常更快。ADSL 广泛应用于家庭宽带接入,提供了相对较快的上网速度。

(5) 同轴电缆接入:一种利用有线电视网络进行数据传输的方式。它使用同轴电缆作为传输介质,通过 Cable Modem(线缆调制解调器)将数据和电视信号进行转换,实现上网和观看电视的功能。这种方式的速度通常较快,但受有线电视网络覆盖范围的限制。

2. 目前家庭接入 Internet 方式

目前家庭宽带接入 Internet 的主流技术是光纤接入。光纤接入是一种使用光纤作为传输介质的接入方式。光纤传输的速度快、容量大、抗干扰能力强。光纤接入通常分为 FTTH(fiber to the home,光纤到户)和 FTTB(fiber to the building,光纤到楼)两种方式。

FTTH 是将光纤直接接入用户家中,取代原有电缆线路;而 FTTB 则是将光纤接入楼道的交换机中,再通过网线连接到用户家中。光纤接入速度更快,传输速度可以满足高清视频流、在线游戏等需求。

PON(无源光网络)是一种新兴的宽带接入方式,可向客户提供更稳定的接入和更高速率的带宽。PON 利用无源的光网络进行数据传输,不需要电源供电,因此具有更高的可靠性和稳定性。

3. 无线局域网接入 Internet 方式

无线接入是一种常见的方式,使用无线技术将设备连接到 Internet。无线接入的优点是无须布设线路,方便灵活,但速度和稳定性可能受到一定限制。

Wi-Fi 是一种局域网无线接入技术。无线局域网(WLAN)是通过 Wi-Fi 路由器或 Wi-Fi 热点建立的无线网络,用户可以通过 Wi-Fi 路由器或公共 Wi-Fi 热点访问 Internet,适用于家庭、办公室、企业、公共场所等。Wi-Fi 路由器和 Wi-Fi 热点是两种常见的无线网络设备,它们都可以提供无线 Internet 接入服务。

Wi-Fi 路由器能够将有线网络连接转换为无线信号,供多台设备(如智能手机、平板电脑、笔记本电脑等)同时使用。Wi-Fi 路由器通常连接到家庭或办公室的宽带网络上,提供高速、稳定的无线 Internet 接入服务。Wi-Fi 路由器通常具有多个以太网端口,可以连接多台有线设备,并且具有更强的信号覆盖范围和更高的数据传输速率。

Wi-Fi 热点(也称为无线接入点或 Wi-Fi 基站)可以将有线网络连接转换为无线信号,供用户通过 Wi-Fi 技术访问 Internet。Wi-Fi 热点通常覆盖范围较小,主要用于公共场所,如咖啡馆、机场、火车站等,供用户免费或付费使用。Wi-Fi 热点通常覆盖范围较小,但足以满足用户在特定区域内的临时上网需求。

WiMAX 是一种更大范围的无线接入技术,旨在提供类似于 Wi-Fi 的高速 Internet 接入服务,覆盖范围更广。

4. 以太网接入 Internet 方式

以太网接入 Internet 方式使用双绞线或光纤作为传输介质。用户设备通过以太网交换机连接到局域网，并通过路由器接入 Internet，适用于家庭、办公室、企业等场所。通过以太网接入 Internet 可以提供高速、稳定的数据传输，并且安全性较高。

5. 移动宽带接入 Internet 方式

移动宽带接入 Internet 方式是指通过移动运营商提供的移动数据网络连接到 Internet，它使用无线通信技术（如 3G、4G、5G 等）将移动设备（如智能手机、平板电脑等）连接到移动数据网络，再通过移动数据网络接入 Internet。移动宽带接入具有灵活性和便捷性，适用于没有固定宽带接入条件的用户。

3G 提供相对较慢的数据传输速度，适用于基本的互联网浏览和通信。4G 提供较快的数据传输速度，支持高清视频流媒体、在线游戏等应用。5G 提供超高速的数据传输速度，具备更低的延迟，适用于大规模物联网设备和高带宽需求。

6. 卫星接入 Internet 方式

卫星接入 Internet 方式是一种在无法使用传统接入方式的地区提供 Internet 连接的解决方案。用户通过卫星接收设备与卫星通信，通过卫星链路与 Internet 连接，卫星接入通常适用于偏远地区或无法接入其他宽带服务的地区。速度可能受到天气等因素影响。

每种接入方式都有其优缺点，适用范围和使用条件也有所不同。不同的入网方式在速度、稳定性、安全性和成本等方面有所不同。这些方式的选择取决于用户的地理位置、网络需求和可用技术基础设施。随着技术的不断发展，新的入网方式也在不断涌现，以满足不同场景和需求的互联网连接需求。

1.3.10 新型网络技术

新型网络技术是指基于最新的技术理念和方法而开发的网络技术。随着科技的不断进步和发展，网络技术也在不断演变和创新。以下是一些新型网络技术。

(1) 5G/6G 网络技术。5G 网络技术是当前最新的移动通信技术，具有高速数据传输、低延迟等特点，能够支持更多设备同时连接，为物联网、大数据、云计算等新兴领域提供更好的支持。6G 网络技术则是未来发展的方向，将实现更高速的数据传输、更低的延迟和更高的可靠性。

(2) 云计算技术。云计算技术是一种基于互联网的计算方式，通过这种方式，共享的软硬件资源和信息可以按需求提供给计算机和其他设备。云计算技术能够提高数据处理能力、降低成本、提高灵活性，为企业提供更好的业务支持。

(3) 物联网技术。物联网(IoT)技术是一种通过互联网实现物与物之间相互通信的技术。通过物联网技术，可以实现设备的智能化管理、远程监控、数据采集等功能，为企业提供更好的业务运营支持。它可以应用于智能家居、智能城市、工业自动化等领域。

(4) 大数据技术。大数据技术是一种处理海量数据的技术,能够从大量数据中提取有价值的信息,为企业提供更好的决策支持。

(5) 人工智能技术。人工智能(AI)技术是一种模拟人类智能的技术,包括机器学习、深度学习等领域。人工智能技术在语音识别、图像识别、自然语言处理、自动驾驶等领域有广泛应用,能够提高自动化水平、降低成本、提高生产效率。

(6) 区块链技术。区块链是一种分布式账本技术,可以实现去中心化的数据存储和交易验证。它在保障数据安全性、实现可信任的交易等方面具有重要应用价值。

(7) 边缘计算。边缘计算将数据处理和存储从中心化的云端转移到接近数据源端的边缘设备,以减少延迟、提高数据处理效率,并支持更广泛的应用场景,如智能车辆、工业自动化等。

1.4 实验 1-1: 网线制作

1.4.1 背景知识

双绞线是由一对或多对绝缘的金属导线(通常为铜线)以一定的规律绞合在一起而成的线缆。这种结构可以降低电磁干扰的程度,提高传输的稳定性。双绞线内部传输的是电信号,根据电磁原理,变化的电流会产生磁场,而双绞线可以两两抵消磁场,降低信号干扰。双绞线在网络中被广泛用作传输数据和通信信号的媒介。双绞线适用于局域网连接,可以连接计算机、交换机、路由器以及其他网络设备。

实验 1-1: 网线制作

根据用途和性能,双绞线可以分为屏蔽双绞线(shielded twisted pair,STP)和非屏蔽双绞线(unshielded twisted pair,UTP)两种。屏蔽双绞线有一层锡箔保护层,能有效防止数据泄密,同时降低外部环境对数据传输的干扰。非屏蔽双绞线价格较低,应用更为广泛。

网线通常是指连接计算机网络设备之间的线缆,其中包括双绞线。网线可以用来连接计算机到网络中心(例如路由器或交换机)、连接网络中心到数据中心等。网线可以是双绞线、同轴电缆或光纤等不同类型的线缆。

本项目中的网线是一根双绞线(包含 4 对线芯)两端分别接上 RJ-45 水晶头。RJ-45 水晶头是用于连接网线与设备(如计算机、路由器、交换机等)端口的组件,通常被用于以太网(Ethernet)连接。

在制作网线时,需要按照一定的标准进行。这些标准规定了线序、线颜色、线芯的截面积等一系列参数,以保证网线的质量和传输性能。常见的网线制作标准有 TIA/EIA 568-A 和 TIA/EIA 568-B。TIA/EIA 568-A 和 TIA/EIA 568-B 线序如图 1.13 所示,交叉线可以使用 4 对线芯。使用 2 对线芯的交叉线的线序如图 1.14 所示。使用 2 对线芯的交叉线最高支持百兆(100Mbit/s)以太网。使用 4 对线芯的交叉线可以支持千兆(1000Mbit/s)以太网或更高速的以太网。

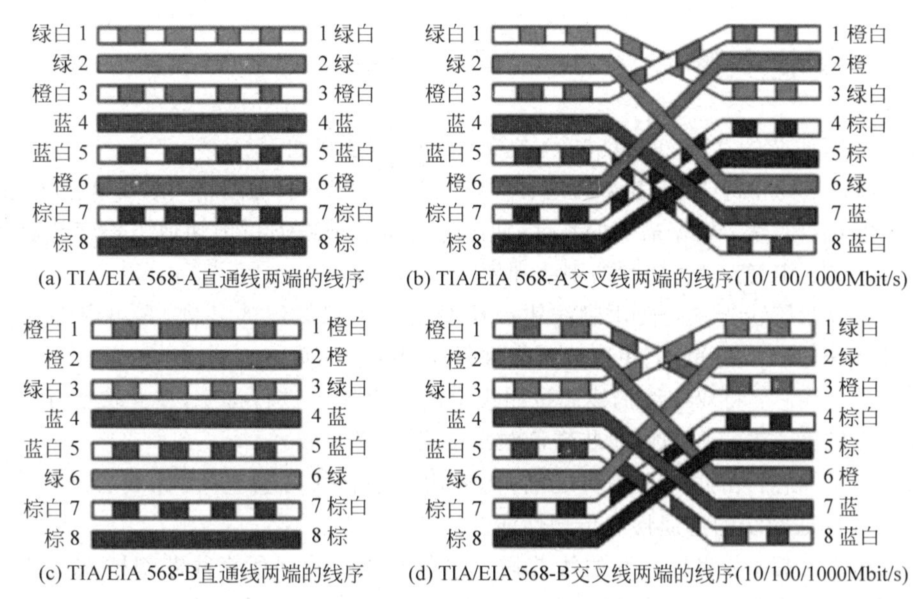

图 1.13　TIA/EIA 568-A 和 TIA/EIA 568-B 线序(交叉线使用 4 对线芯)

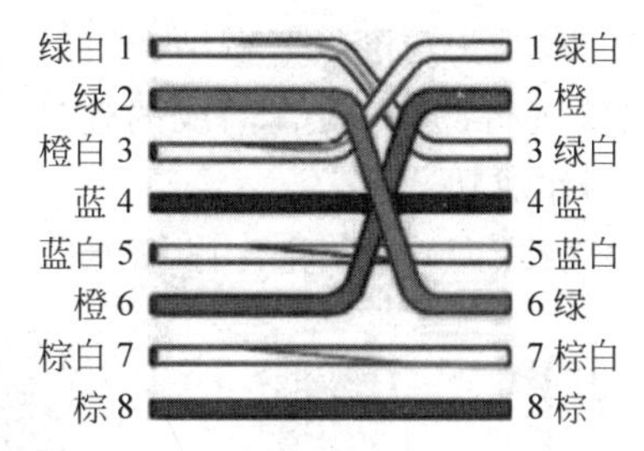

图 1.14　使用 2 对线芯的交叉线的线序

1.4.2　实验目的

通过使用双绞线制作网线的实验达到以下几个目的。

(1) 了解双绞线的种类和特性：了解双绞线的种类、结构和特性，包括屏蔽双绞线和非屏蔽双绞线。了解它们的传输性能和应用场景，有助于选择合适的双绞线材料进行网线制作。

(2) 掌握网线的制作规范和标准：学习并掌握网线的制作规范和标准，如线序、线颜色、线芯截面积等。这些标准对于保证网线的质量和传输性能至关重要。学会按照标准进行网线制作，提高网线制作的准确性和可靠性。

(3) 熟悉网线制作工具和操作技巧：熟悉剥线钳、压线钳等网线制作工具的使用方法和操作技巧，提高网线制作的效率和质量。

(4) 测试网线的连通性和传输性能：使用测线仪对制作的网线进行连通性测试。

1.4.3 实验步骤

使用 2 对线芯的 TIA/EIA 568-A 交叉线的制作步骤如下。

(1) 准备工具和材料：包括双绞线、RJ-45 水晶头、剥线钳(剪线钳)、压线钳、测线仪等。

(2) 剪切双绞线：根据需要的长度，使用压线钳的剪线刀口剪切适当长度的双绞线。注意预留一定的长度，以便后续的剥线和插入水晶头。

(3) 剥离双绞线外皮：使用剥线钳或压线钳剥离双绞线的外皮，露出内部的线芯。注意不要剥离过长或过短，以免影响制作过程和网线的质量。

(4) 排序线芯：将双绞线的线芯按照规定的颜色顺序进行排序，在此按照 TIA/EIA 568-A 标准排序。一定要确保线芯颜色顺序正确，避免出错。

(5) 理顺线芯：在插入水晶头之前，需要用双手将线芯捋直，确保线芯不扭曲或打折。这可以保证网线的连通性和传输性能。

(6) 插入水晶头：将排序好的线芯插入水晶头中。确保所有线芯都插入底部，且线芯的金属部分与水晶头的金属部分接触良好。

(7) 压制水晶头：使用压线钳将水晶头与网线进行压制。在压制过程中，要注意力度适中，避免过紧或过松。确保水晶头与网线紧密结合，保证接触良好。

(8) 测试网线：使用测线仪进行测试，检查网线的连通性和传输性能是否正常。如果测试结果良好，则说明网线制作成功。

双绞线、水晶头、制作好的网线(两端)如图 1.15 所示。

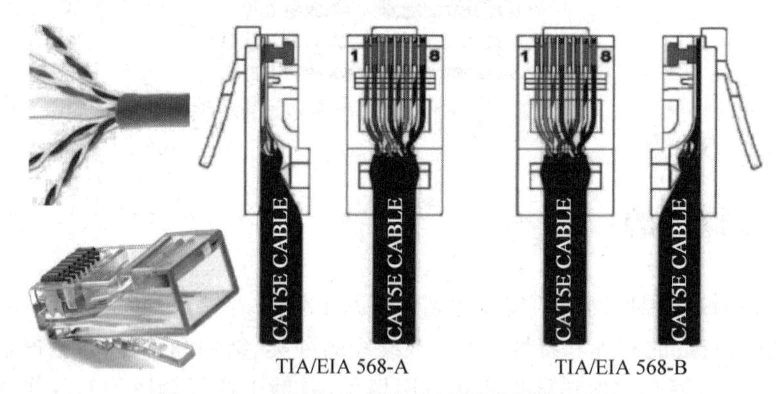

图 1.15　双绞线、水晶头、制作好的网线(两端)

1.5 实验 1-2：双机直连

1.5.1 背景知识

计算机网络实验中，两台计算机直连是一种简单的实验设置，用于研究和测试网络通信的基本原理和功能。两台计算机直连指的是通过物理线路将两台计算机直接连接在一起，形成一个网络。这种连接方式需要使用交叉线将两台计算机的网卡连接起来。

实验 1-2：双机直连

（1）网卡（网络适配器）：计算机与局域网之间的连接设备。网卡可以将计算机连接到局域网中的传输介质上，从而实现计算机之间的数据通信和资源共享。网卡通常分为有线网卡和无线网卡两种类型，有线网卡需要连接物理网线才能上网，而无线网卡则可以通过无线信号连接到网络。无线网卡又可以分为内置式和外置式两种类型。无论是有线网卡还是无线网卡，它们都需要安装相应的驱动程序才能正常工作。驱动程序通常由网卡厂商提供，用于使操作系统能够正确识别和管理网卡设备，从而实现网络连接的稳定性和高效性。

（2）网络拓扑（network topology）：计算机和设备之间连接的物理或逻辑结构。

（3）网络介质（network medium）：两台计算机之间传输数据的物理媒介。常见的网络介质包括以太网网线、无线信号（如 Wi-Fi）等。

（4）IP 地址（IP address）：计算机在网络中的唯一标识。为了使两台计算机能够相互通信，每台计算机需要配置不同的 IP 地址，以便彼此识别和通信。

（5）子网掩码（subnet mask）：用于划分 IP 地址的网络部分和主机部分。需要为每台计算机配置相同的子网掩码，以确保它们处于同一个网段。

为了测试两台计算机是否能够正常通信，可以使用一些网络测试工具，如 ping 命令。ping 命令可以发送 ICMP 的数据包到目的计算机，并等待其响应。如果能够正常响应，说明两台计算机之间的网络连接是通的。

1.5.2　实验目的

使用 Cisco Packet Tracer 模拟一个简单的局域网环境，通过模拟实验达到以下几个目的。

（1）掌握网络硬件的连接：了解并掌握如何使用网线将两台计算机直接连接在一起，形成一个小型局域网。

（2）理解 IP 地址及其配置：需要为每台计算机配置 IP 地址，并理解 IP 地址在计算机网络中的作用。

（3）检测网络设备的可达性：使用 ping 命令检测两台计算机之间的连通性、延迟情况或数据包的丢失情况。

1.5.3　实验步骤

（1）创建网络拓扑。在 Cisco Packet Tracer 中创建一个新的空白拓扑，然后添加两台计算机，使用交叉线连接起来。最终的网络拓扑如图 1.16 所示。

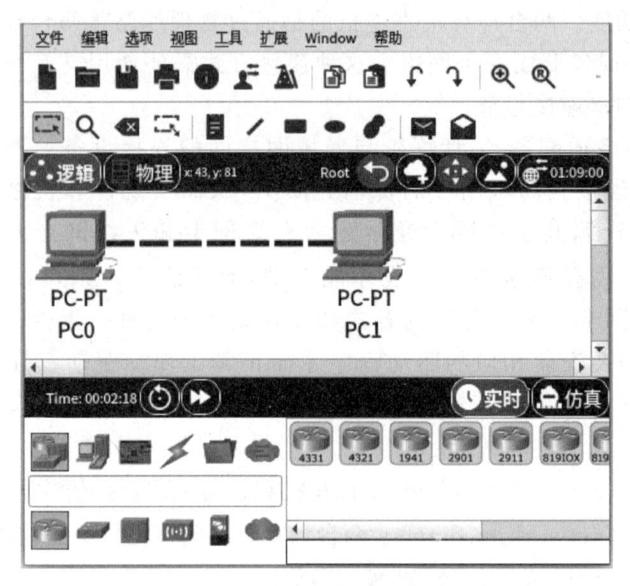

图 1.16　实验 1-2 的网络拓扑

(2) 配置 PC0 和 PC1。单击图 1.16 中的计算机 PC0,然后依次选择 Desktop→IP Configuration 命令,出现网络参数设置窗口,如图 1.17 所示,配置 PC0 的网络参数(IP 地址是 192.168.0.1,子网掩码是 255.255.255.0)。用同样的方法配置 PC1 的网络参数(IP 地址是 192.168.0.2,子网掩码是 255.255.255.0)。

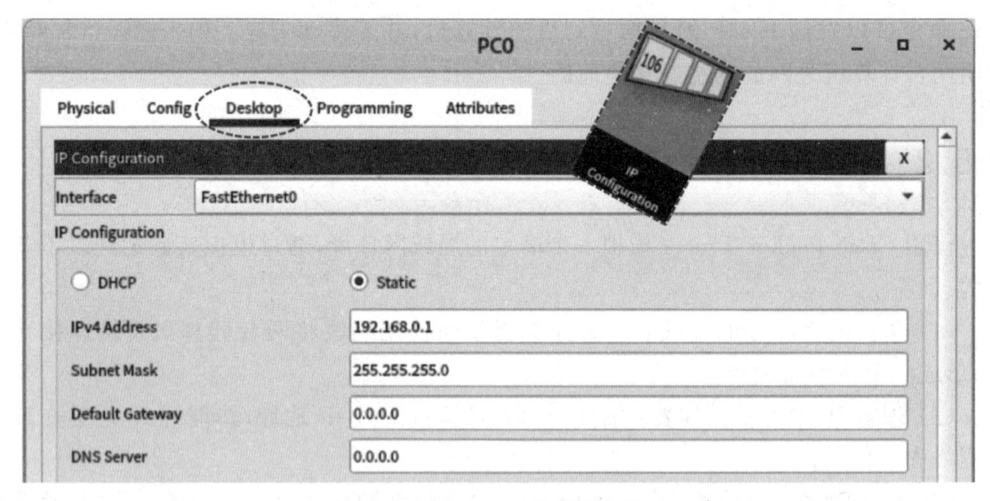

图 1.17　配置 PC0 的网络参数 1

(3) 测试。单击图 1.16 中的计算机 PC1,然后依次选择 Desktop→Command Prompt 命令,出现命令行窗口,如图 1.18 所示,先执行 ipconfig 命令查看网络设置,比如 IP 地址和子网掩码。然后执行 ping 命令测试网络的连通性,结果显示可以 ping 通,说明网络连接正常。

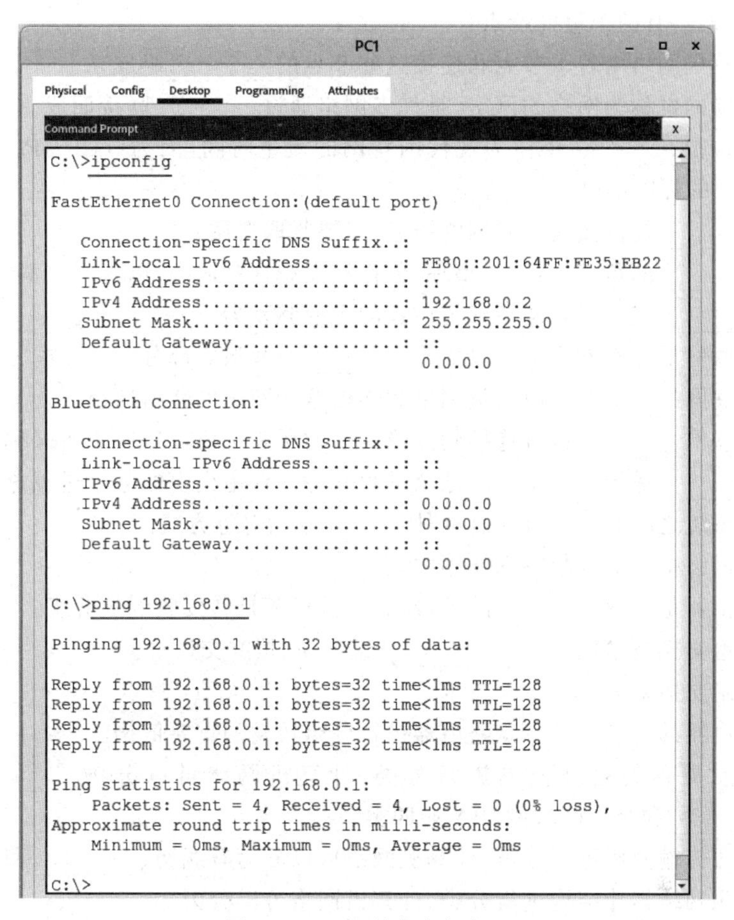

图 1.18　PC1 的命令行窗口

习　题

1. 填空题

(1) Cisco Packet Tracer 是一款由 Cisco 公司开发的________。

(2) Cisco IOS 是由 Cisco 公司专为其网络设备(如路由器和交换机)设计的______。

(3) Cisco IOS 的________是配置和管理 Cisco 网络设备的主要工具。

(4) Cisco Packet Tracer 提供了多个不同级别的命令行模式,________是默认的进入模式,________允许用户对特定接口进行配置。

(5) 在命令行模式下,可以随时按下________来浏览和重复使用之前输入过的命令。

(6) 当在命令行中输入命令的一部分时,可以按下________来自动补全命令或参数。

(7) ________是指全球性的、覆盖范围极广的、由众多网络互联而成的全球最大、最重要的计算机网络。

(8) ________是指将多个计算机网络互联起来构成的更大的计算机网络。

(9) 互联网具有两个重要特点：________、________。

(10) 计算机网络由若干节点和连接这些节点的________组成。

(11) 互联网也称为网络的网络，是许多网络通过________联接而成。

(12) 通常把________年作为现代因特网的诞生时间，因为 TCP/IP 在这一年成为 ARPANET 上的标准协议。

(13) ________提供接入互联网的服务(需要收取费用)。

(14) ________的角色是收集、整理、创作和发布这些内容，以供用户消费和享受。

(15) ________成为互联网指数级增长的主要驱动力。

(16) 互联网从工作方式上可以划分为________和核心部分。

(17) 互联网的________由大量网络和连接这些网络的路由器组成。

(18) 互联网________包含连接到互联网上的所有主机。这些主机又称为端系统。

(19) ________是指一台主机的某个进程和另一台主机上的某个进程进行的通信。

(20) 端系统之间的通信方式有两种：________、对等方式。

(21) 在网络核心部分起特殊作用的是________。

(22) 路由器是实现________的关键构件，其任务是转发收到的分组。

(23) 典型交换技术包括：________、分组交换、报文交换等。

(24) 分组交换采用________技术。

(25) 路由器的__________是路由器进行分组转发的重要依据。

(26) 按照覆盖的地理范围进行分类，计算机网络可以分为________、城域网(MAN)、________和个人区域网(PAN)四类。

(27) 按照传输介质进行分类，计算机网络可以分为有线网、________和无线网三类。

(28) 按照网络拓扑结构进行分类，计算机网络可以分为________、________、总线型网络、环形网络、网状网络和无线网络六类。

(29) 按照网络的使用者进行分类，计算机网络可以分为________和专用网。

(30) 时延是指数据从网络(或链路)的一端传送到另一端所需的时间。

(31) ____________表示从发送方发送完数据，到发送方收到来自接收方的确认经历的时间。

(32) 双绞线是目前最普遍的传输介质，分为屏蔽双绞线和________。

(33) ________是实现不同设备或系统之间数据传输的重要技术。

(34) ________________是指计算机网络层次结构模型和各层协议的集合。

(35) OSI 参考模型包括：物理层、数据链路层、________、________、会话层、表示层和应用层。

(36) TCP/IP 模型包括应用层、传输层、网际层(网络层)和________。

(37) 对等层之间传送的数据单位称为该层的__________。

(38) 目前家庭宽带接入 Internet 的主流技术是________。

(39) ________是通过 Wi-Fi 路由器或 Wi-Fi 热点建立的无线网络。

(40) 网线是一根双绞线(包含 4 对线芯)两端分别接上________。

(41) 网线制作标准有 TIA/EIA 568-A 和________。

2. 简答题

(1) 计算机网络的定义是什么?

(2) 计算机网络的组成包括什么?

(3) 端系统之间的通信方式是什么?

(4) 电路交换的完整过程是什么?

(5) 分组交换的定义是什么?

(6) 路由器处理分组的过程是什么?

(7) 分组交换的优点和缺点是什么?

(8) 计算机网络有哪些功能?

(9) 计算机网络体系结构是什么?

(10) 光纤的优点是什么?

(11) 数据在各层之间的传递过程是什么?

(12) 接入 Internet 方式是什么?

(13) 新型网络技术是什么?

3. 上机题

在 Cisco Packet Tracer 中做双机直连的实验。

项目 2　组建局域网

本章学习目标

- 理解共享式以太网和交换式以太网的基本原理和工作方式。
- 掌握通过 Console 口和 Telnet 远程登录与管理二层交换机的方法。
- 了解以太网交换机的生成树协议。
- 学习如何进行交换机的端口聚合,实现带宽的叠加和冗余。
- 熟悉以太网帧的封装过程,理解数据在以太网通信中的传输和组织方式。
- 掌握交换机端口与 MAC 地址的绑定方法,提高网络安全性和管理效率。

局域网是现代计算机网络的基础组成部分,它连接了同一地理区域内的多台计算机和设备,使得这些设备可以相互通信和共享资源。本章探讨和实践局域网的组建与管理技术。

2.1　实验 2-1：共享式以太网

2.1.1　背景知识

以太网(Ethernet)是一种计算机局域网(LAN)技术,最早由 DEC、Intel 和 Xerox 三家公司在 20 世纪 70 年代共同开发。

实验 2-1：共享式以太网

共享式以太网的特点是所有节点都共享一段传输信道,并且通过该共享信道传输信息。在共享式以太网中,所有用户共享带宽,每个用户的实际可用带宽随网络用户数的增加而递减。它使用 CSMA/CD(载波侦听多路访问/冲突检测)协议来协调各个节点之间的数据传输,以解决多个节点同时发送数据帧导致的碰撞问题。CSMA/CD 是一种争用型的介质访问控制协议,常用于局域网中的数据链路层。

CSMA/CD 的关键技术如下。

(1) 载波侦听：每个节点在发送数据前会先侦听介质上是否存在信号。如果检测到介质上有信号(即其他节点正在发送数据),则节点将等待一段时间,直到介质空闲,并且没有冲突发生。

(2) 多路访问：一旦介质空闲,节点即可开始发送数据帧。多个节点都具备同时发送数据的权限,并且没有中心化的控制。

(3) 冲突检测：节点在发送数据的同时,不断侦听介质上的信号。如果节点检测到发送的数据与其他节点发送的数据产生碰撞(即两个或多个数据帧在同一时间发生冲突),节点会立即停止发送数据,并发送一个特殊的信号来表示冲突的发生。

(4) 冲突解决及退避:当节点检测到冲突后,它会等待一个随机的时间间隔,然后再次尝试发送数据。这个随机的退避时间有助于避免再次发生冲突,因为不同节点的退避时间是随机的。

(5) 重试次数限制:CSMA/CD 还引入了一个重试次数限制机制。如果某个节点多次尝试发送数据但仍然遇到冲突,它将放弃发送并报告传输失败。CSMA/CD 协议的优点在于原理简单,技术上易实现,网络中各工作站处于平等地位,不需集中控制,不提供优先级控制。但在网络负载增大时,发送时间增长,发送效率急剧下降。

共享式以太网通常分为总线型和星形两种拓扑结构。

(1) 总线型拓扑结构:所有设备都连接到同一根传输介质(如同轴电缆),形成一个共享的总线。数据包被发送到总线上,并且每个设备都可以接收总线上传输的数据。总线型拓扑结构是共享式以太网最典型的拓扑结构之一。

(2) 星形拓扑结构:每个设备都通过独立的电缆(通常是双绞线)连接到一个中央设备,如集线器(hub)。集线器会从一个端口接收数据,并将数据传输到其他所有端口进行广播,这也会导致冲突问题。为了解决冲突问题,集线器使用 CSMA/CD 协议。

集线器是局域网中用于连接多台计算机或网络设备的中心设备,如图 2.1 所示。集线器的基本功能是将来自一个端口的数据包广播给所有其他端口,但不会对数据包进行任何筛选或处理。集线器工作在计算机网络的物理层,它只是简单地将电信号从一个端口复制到其他端口,不关心数据包的内容或地址。当一个设备通过一个端口发送数据时,集线器会将该数据包复制到所有其他端口,而每台设备都会接收到这个数据包。这种方式会导致网络中的所有设备都会收到数据包,即广播。集线器工作在一个碰撞域内,这意味着当多个设备同时尝试通过集线器发送数据时,可能会发生碰撞,从而导致数据丢失或传输失败。由于集线器会将数据包广播到所有端口,因此网络中的数据流量会增加,并且可能导致网络拥塞。此外,由于工作在物理层,集线器无法识别地址和端口,也无法提供分段和过滤功能。

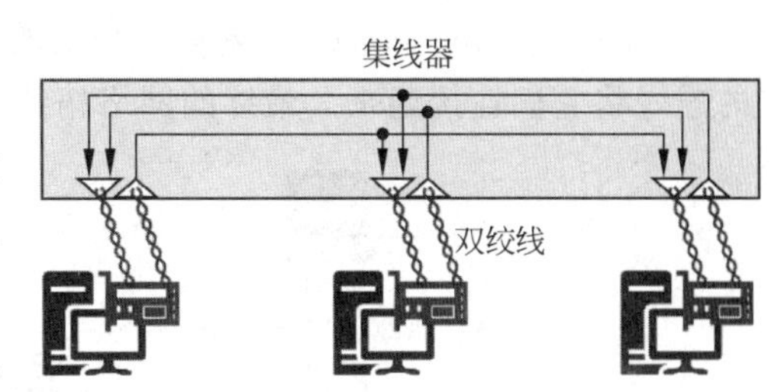

图 2.1　集线器连接多台计算机

20 世纪 90 年代和 21 世纪初,集线器被广泛应用于构建局域网。集线器可以提供简单、可靠的设备连接方式,使得多台计算机能够方便地共享网络资源并进行通信。

随着网络技术的不断发展,交换机逐渐取代了集线器的地位。如今,集线器在局域网中已经非常少见,而交换机早已成为主流的局域网设备。

共享式以太网最初的数据传输速率为 10Mbit/s(以太网标准称为 10BASE-T,其中 10 表示速率为 10Mbit/s,BASE 表示基带传输,T 表示双绞线)。随着技术的进步,共享式以太网逐渐被半双工或全双工交换式以太网所取代。交换式以太网的速率有了大幅提高,如 100Mbit/s(快速以太网)、1Gbit/s(吉比特以太网)和更高速率的以太网。

如今的无线局域网(WLAN)中的媒体访问控制子层(MAC层)采用类似于CSMA/CD协议的CSMA/CA(载波侦听多路访问/冲突避免)协议来避免数据传输冲突。CSMA/CA被广泛应用于IEEE 802.11标准(Wi-Fi)的无线局域网中。

2.1.2 实验目的

使用Cisco Packet Tracer模拟一个共享式以太网环境,通过模拟实验达到以下两个目的。

(1) 了解以太网的工作原理:通过搭建共享式以太网实验环境,可以深入了解以太网的基本原理、数据帧的格式以及以太网的传输机制。

(2) 研究共享介质访问控制方法:共享式以太网采用CSMA/CD作为介质访问控制方法。通过实验,可以观察和分析数据冲突产生的原因、碰撞检测的过程以及冲突解决的机制,从而更好地理解CSMA/CD的工作原理。

2.1.3 实验步骤

1. 创建网络拓扑

在Cisco Packet Tracer中创建一个新的空白拓扑,然后添加计算机、集线器,使用相应的连线将它们连接起来。最终的网络拓扑如图2.2所示。

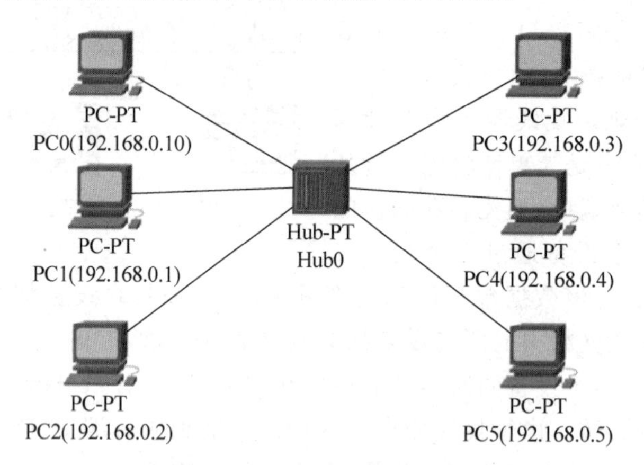

图2.2 实验2-1的网络拓扑

2. 配置PC0～PC5

单击图2.1中的计算机PC0,然后依次选择Desktop→IP Configuration命令,出现网络参数设置窗口,如图2.3所示,配置PC0的网络参数。PC1～PC5网络参数的配置方法类似PC0的配置,只是IP地址不同。

3. 测试

首先在PC0的命令行执行ping 192.168.0.3 -n 1000命令,如图2.4所示。

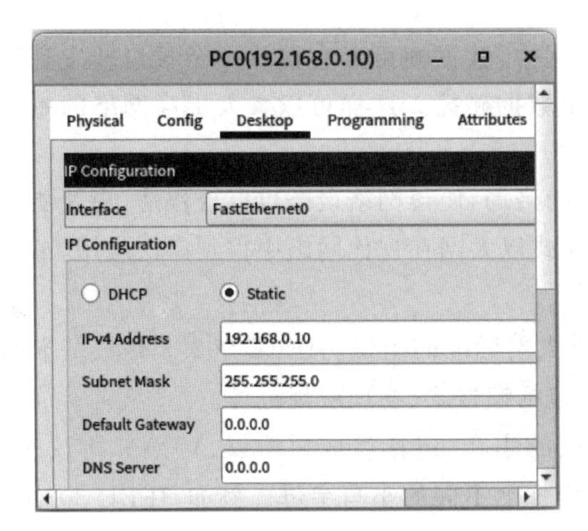

图 2.3 配置 PC0 的网络参数 2

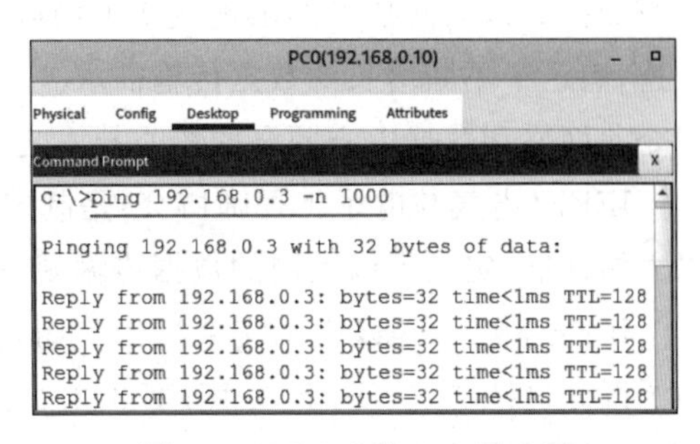

图 2.4 PC0 正常 ping 通 PC3

然后,在另外 5 台计算机中执行 ping 命令,比如:

- 在 PC3 的命令行执行 ping 192.168.0.10 -n 1000 命令;
- 在 PC1 的命令行执行 ping 192.168.0.4 -n 1000 命令;
- 在 PC4 的命令行执行 ping 192.168.0.1 -n 1000 命令;
- 在 PC2 的命令行执行 ping 192.168.0.5 -n 1000 命令;
- 在 PC5 的命令行执行 ping 192.168.0.2 -n 1000 命令。

此时,会发现在 PC3 中,ping 命令执行过程中有丢包现象,如图 2.5 所示。其他计算机中也会出现丢包现象。

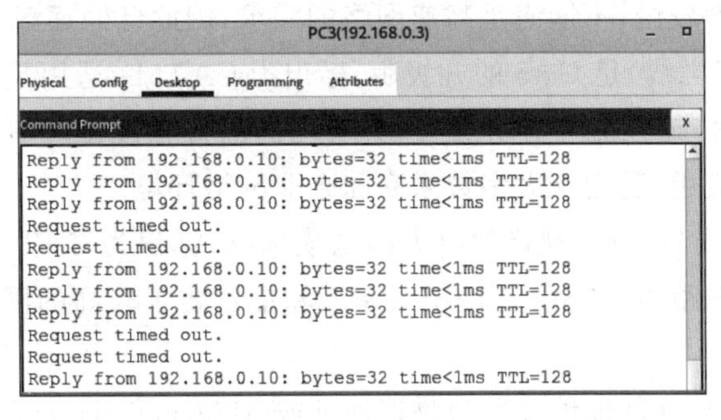

图 2.5 ping 命令执行过程中有丢包现象

2.2 实验 2-2: 交换式以太网

2.2.1 背景知识

实验 2-2: 交换式以太网

交换式以太网是一种星形拓扑结构的网络,使用交换机来连接各种网络设备,并在这些设备之间传输数据。交换式以太网相较于早期以太网技术(如使用集线器的共享式以太网)具有更高的性能、更低的延迟和更佳的网络管理能力。在交换式以太网中,数据帧可以直接从一个端口转发到另一个端口,而无须与其他设备共享带宽或发生数据碰撞。这样可以大大提高网络的效率和性能,同时也增加了网络的可靠性和安全性。

交换式以太网技术的出现改变了局域网的格局,使得网络设备可以更快速、更智能地互连,满足了不断增长的数据传输需求。交换式以太网在现代网络中得到广泛应用,是构建企业网络和数据中心网络的核心技术之一。

IEEE(电气与电子工程师协会)是制定以太网标准的组织。IEEE 802.3 是最基本的以太网标准,定义了以太网的数据传输规范,包括帧格式、物理层规范等。

IEEE 802.1 是以太网交换机的一组协议的集合,包括生成树协议、VLAN 协议等。为了区分这些协议,IEEE 在 IEEE 802.1 后面加上不同的小写字母。例如,IEEE 802.1a 定义局域网体系结构; IEEE 802.1b 定义网际互联、网络管理及寻址; IEEE 802.1d 定义生成树协议; IEEE 802.1p 定义优先级队列; IEEE 802.1q 定义 VLAN 标记协议; IEEE 802.1s 定义多生成树协议; IEEE 802.1w 定义快速生成树协议; IEEE 802.1x 定义局域网安全认证等。

IEEE 定义了多种以太网速率标准,交换式以太网最常见的速率是 100Mbit/s、1Gbit/s、10Gbit/s、25Gbit/s、40Gbit/s、100Gbit/s 等。

IEEE 定义了多种以太网使用的电缆标准,如 Cat5、Cat5e、Cat6、Cat7 等,不同的电缆标准支持不同的传输速率和距离要求。

(1) Cat5(五类线)是最早的以太网电缆标准之一,标识为 CAT5,适用于百兆以下的网络。它的传输速度较慢,不能满足高速网络的需求,因此已经逐渐被淘汰。

(2) Cat5e(超五类线)是 Cat5 的升级版,标识为 CAT5E,适用于 1Gbit/s 以太网。相比于 Cat5,Cat5e 在传输性能上有所提升,具有更高的传输速度和更低的衰减和串扰,因此更适合高速网络应用,适用于大多数家庭和企业网络环境。

(3) Cat6(六类线)是更高规格的以太网电缆标准,标识为 CAT6,可以支持更高的传输速度和更长的传输距离。Cat6 适用于对速度和带宽要求较高的网络环境,如 10Gbit/s 以太网。

在计算机网络中,硬件地址又称为物理地址或 MAC(media access control,媒体访问控制)地址,代表设备在数据链路层使用的唯一地址。IEEE 802 标准为局域网规定了一种 48 位的全球地址,该地址被固化在网络适配器(或网卡)的 ROM 中。MAC 地址是由网卡厂商分配给每个以太网设备的唯一地址。MAC 地址用于在局域网内唯一标识网络设备,以帮助交换机正确地转发数据帧。

常用的以太网 MAC 帧格式有两种标准: DIX Ethernet V2 标准、IEEE 802.3 标准。最常用的 MAC 帧是 Ethernet V2 格式,如图 2.6 所示。网络适配器具有过滤功能,每收到一个 MAC 帧,先用硬件检查帧中的 MAC 地址。如果是发往本机的帧则收下,然后进行后续处理。否则就将此帧丢弃,不再进行其他处理。

以太网交换机内部的帧交换表(又称为 MAC 地址表)是通过自学习算法自动地逐渐

建立起来的。开始时交换表是空的，如图 2.7 所示。假设四台计算机 A、B、C、D 的 MAC 地址分别为 A、B、C、D，并且分别与交换机的接口 1、2、3、4 相连。

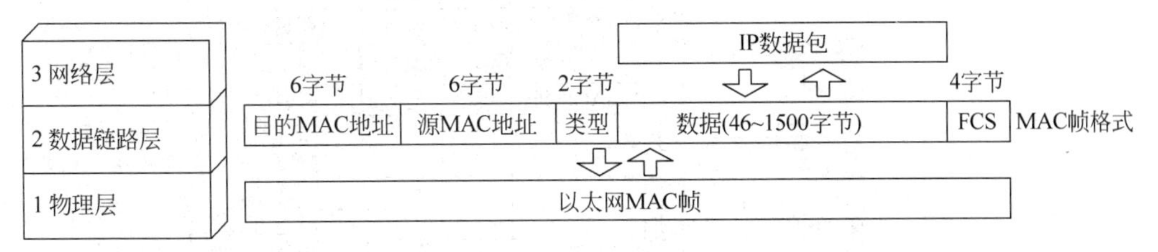

图 2.6　MAC 帧格式

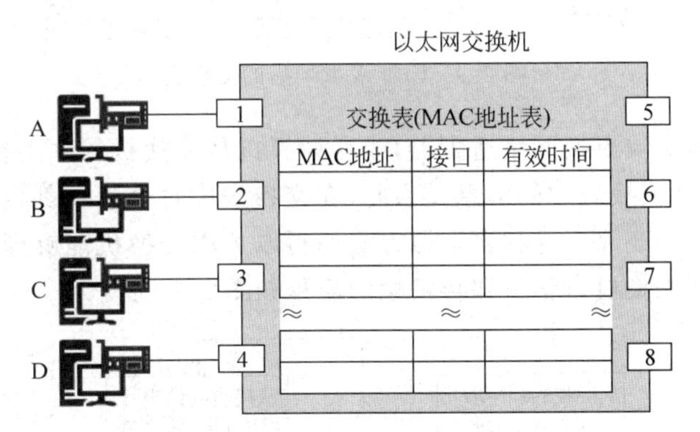

图 2.7　以太网交换机的交换表（初始为空）

如图 2.8 所示，计算机 A 向计算机 C 发送一帧，该帧从接口 1 进入交换机。交换机收到该帧后，先根据帧中的目的 MAC 地址 C 查找交换表，此时交换表为空，肯定没有查到应该从哪个接口将该帧转发给计算机 C。交换机把这个帧的源 MAC 地址 A 和接口 1 写入交换表中，并且向除接口 1 以外的所有接口广播这个帧。由于与该帧的目的 MAC 地址 C 不相符，B 和 D 将丢弃该帧。

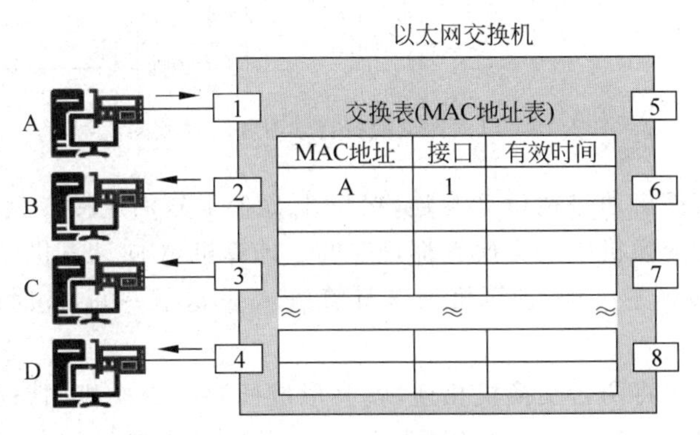

图 2.8　A 向 C 发帧后的交换表

如图 2.9 所示，计算机 C 向计算机 A 发送一帧，该帧从接口 3 进入交换机。交换机收到该帧后，先根据帧中的目的 MAC 地址 A 查找交换表，发现交换表中的 MAC 地址有 A，表明要发送给计算机 A 的帧应从接口 1 转发出去。于是交换机就把这个帧通过接口 1

转发给计算机 A,并且把这个帧的源 MAC 地址 C 和接口 3 写入交换表中。

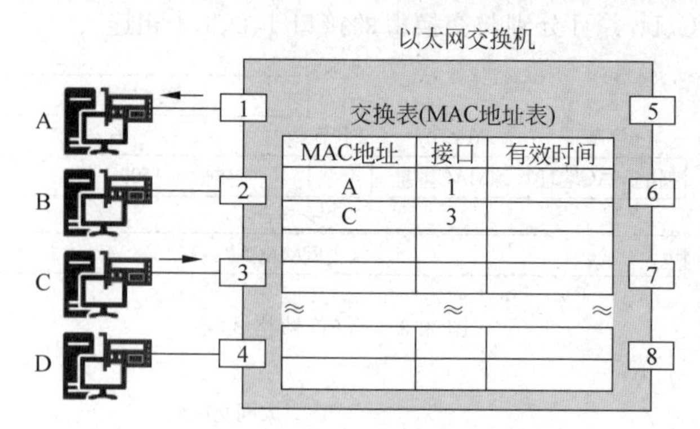

图 2.9　C 向 A 发帧后的交换表

有时候计算机需要更换网络适配器,或者计算机从交换机的一个接口切换到另一个接口,这就需要更新交换表中的信息。为此,在交换表中每个表项都设有一个有效时间。过期的表项会被自动删除。这种自学习方法使得以太网交换机能够即插即用,不必人工进行配置。以太网交换机自学习和转发帧的流程如图 2.10 所示。

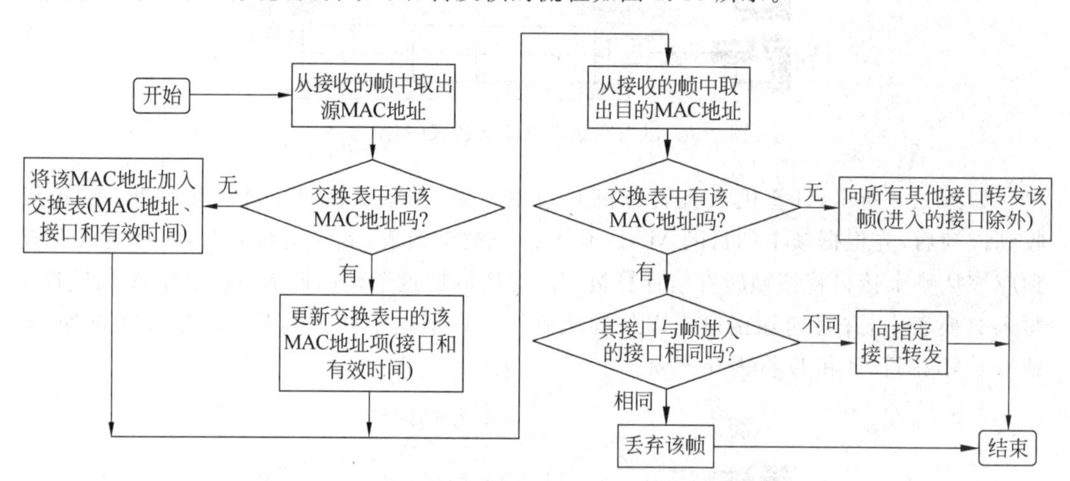

图 2.10　以太网交换机自学习和转发帧的流程

两台以太网交换机通过接口 5 互连,接口 1、2、3、4 分别连接一台计算机,如图 2.11 所示。开始时两台交换机中的交换表都是空的。计算机 A 向计算机 C 发送了一帧,计算机 B 向计算机 E 发送了一帧,计算机 E 向计算机 A 发送了一帧,此时两台交换机中的交换表如图 2.11 所示。

如果通过接口 8 将两台交换机相连,就会形成回路。交换机回路的存在可能会导致网络问题,如广播风暴、MAC 地址表不稳定等。当数据帧在回路中不断循环传输时,会占用大量的网络带宽,导致网络拥塞,甚至使网络瘫痪。此外,交换机回路还可能导致交换机的 MAC 地址表出现错误,影响网络的正常通信。为了避免交换机回路带来的问题,可以采取一些措施。例如,启用生成树协议(STP),该协议可以自动检测并阻塞回路中的某个端口,从而消除回路。

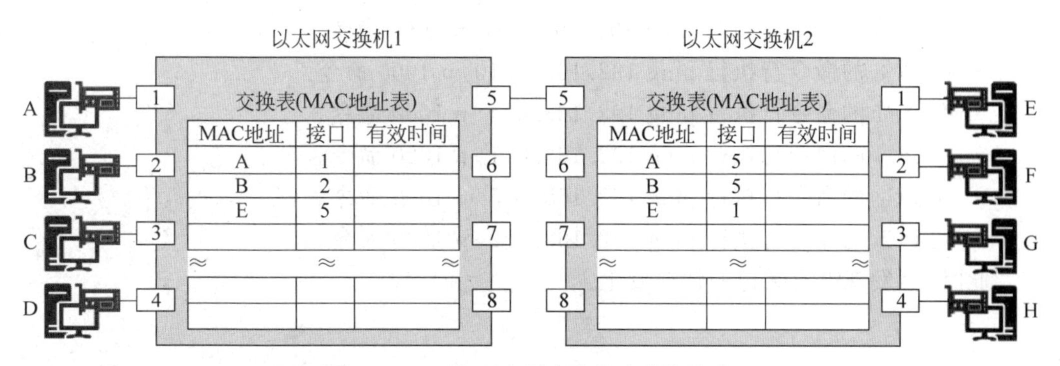

图 2.11 两台以太网交换机中的交换表

2.2.2 实验目的

使用 Cisco Packet Tracer 模拟一个交换式以太网环境，通过模拟实验达到以下几个目的。

(1) 理解交换机工作原理：通过创建交换机和连接多个设备，深入了解交换机是如何根据 MAC 地址进行转发和学习的。

(2) 验证转发表建立过程：观察并理解交换机如何通过学习 MAC 地址，动态地建立和维护转发表，从而实现数据包的正确转发。

2.2.3 实验步骤

(1) 创建网络拓扑。在 Cisco Packet Tracer 中创建一个新的空白拓扑，然后添加计算机、交换机，使用相应的连线将它们连接起来。最终的网络拓扑如图 2.12 所示。

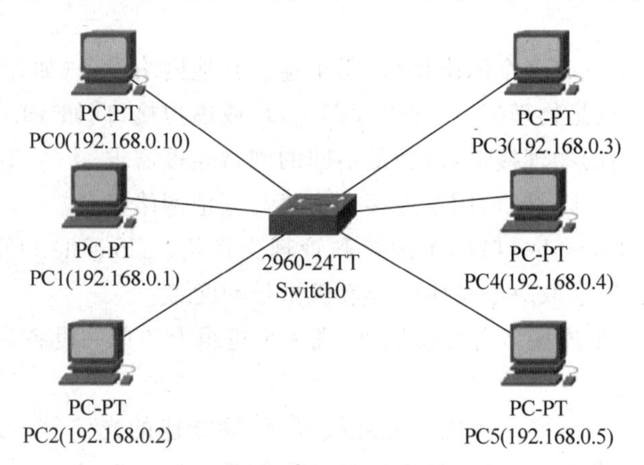

图 2.12 实验 2-2 的网络拓扑

(2) 配置 PC0～PC5。参考前文所示方法，配置 PC0～PC5 的网络参数。

(3) 测试。在 PC0～PC5 的命令行执行 ping 命令，比如：

- 在 PC0 的命令行执行 ping 192.168.0.3 -n 1000 命令。
- 在 PC3 的命令行执行 ping 192.168.0.10 -n 1000 命令。
- 在 PC1 的命令行执行 ping 192.168.0.4 -n 1000 命令。
- 在 PC4 的命令行执行 ping 192.168.0.1 -n 1000 命令。
- 在 PC2 的命令行执行 ping 192.168.0.5 -n 1000 命令。
- 在 PC5 的命令行执行 ping 192.168.0.2 -n 1000 命令。

此时,会发现没有丢包的情况发生。

2.3 实验 2-3: 通过 Console 口管理二层交换机

2.3.1 背景知识

二层交换机工作在数据链路层,可以识别数据帧中的 MAC 地址,并根据 MAC 地址进行转发,同时将这些 MAC 地址与对应的端口记录在自己内部的一个地址表中。由于交换机对多数端口的数据进行同时交换,这就要求具有很宽的交换总线带宽。如果二层交换机有 N 个端口,每个端口的带宽是 M,交换机总线带宽超过 $N \times M$,那么这个交换机就可以实现线速交换。

实验 2-3: 通过 Console 口管理二层交换机

二层交换机一般都含有专门用于处理数据帧转发的 ASIC(专用集成电路)芯片,因此转发速度可以做到非常快。这些交换机通过不断循环学习全网的 MAC 地址信息来建立和维护自己的地址表,这是它们的最基本操作。

二层交换机是最原始的交换技术产品,目前接入型交换机一般属于这种类型。由于所承担的工作复杂性不是很强,又处于交换网络的边缘端,所以只需要提供最基本的二层数据帧转发功能即可。

二层交换机通常具有多个网络接口,用于连接其他网络设备(如计算机、服务器、路由器等)。这些接口可以是物理接口(如以太网端口)或虚拟接口(如 VLAN 接口)。

交换机具有不同的物理接口,以满足不同的网络连接需求。

(1) 网络接口(RJ-45 接口)用于连接交换机与其他网络设备。

(2) 管理接口(Console 口)用于配置和管理交换机。Console 口可以是 DB-9 接口,也可以是 RJ-45 接口,这取决于具体的交换机型号和配置。

(3) 堆叠接口用于连接多台交换机,形成一个逻辑上的单一设备,一些交换机支持堆叠功能。

(4) 光纤接口用于连接交换机与光纤线缆,传输高速的光信号。光纤接口通常用于远距离和高容量的数据传输,具有较高的带宽和较低的传输延迟。

(5) 模块接口用于扩展更多的端口或功能,一些交换机支持插拔的模块。不同的交换机接口具有不同的特点和用途,根据实际需求选择合适的接口类型,可以实现更加灵活和高效的网络连接。

交换机的配置方式基本分为带外管理和带内管理两种。

(1) 带外管理通过交换机的管理接口(Console口)进行管理,这种方式不占用交换机的网络接口,需要使用配置线缆,需要近距离配置,首次配置时必须使用管理接口进行配置。

(2) 带内管理指的是通过交换机上正在转发数据流量的网络通道进行管理和配置交换机的功能。意味着可以通过连接到交换机的LAN端口(以太网口)或无线网络来访问交换机的管理界面,进行配置、监控和管理交换机的各种设置。通过带内管理,可以进行远程或本地管理交换机,而无须额外的专用物理连接。这种管理方式通常是最常见且最便捷的方式,可以配置交换机、更新固件、监视网络流量等。在设置带内管理时,确保网络连接安全,并设置合适的认证和访问控制措施,以防止未经授权的用户访问交换机管理界面并对网络进行恶意操作。

2.3.2 实验目的

使用Cisco Packet Tracer模拟一个简单的交换机配置环境,通过模拟实验达到以下几个目的。

(1) 熟悉交换机管理界面:学习如何进入交换机的管理界面,探索各种配置选项和管理功能。

(2) 掌握交换机基本配置命令:学习如何设置交换机的基本配置,如设置主机名、配置特权模式密码、设置控制台线路密码等。

(3) 了解交换机的管理方式:了解带外管理和带内管理两种管理模式的区别。

2.3.3 实验步骤

1. 创建网络拓扑

在Cisco Packet Tracer中,交换机的Console口可以是DB-9接口,也可以是RJ-45接口。

(1) 对于DB-9接口的Console口,它通常是通过一条DB-9到DB-9的串行线连接到计算机的串口上。这条线通常被称为Console线(串口线),用于将计算机与交换机连接起来,以便进行配置和管理。

(2) 对于RJ-45接口的Console口,情况略有不同。由于RJ-45接口通常用于以太网连接,因此需要使用一个RJ-45到DB-9的转接线将RJ-45接口的Console口连接到计算机的串口上。这样,计算机才能通过串口与交换机进行通信。无论是DB-9接口还是RJ-45接口的Console口,它们的主要目的都是将计算机与交换机连接起来,以便通过串口进行配置和管理。

在Cisco Packet Tracer中创建一个新的空白拓扑,然后添加计算机、交换机,使用串口线将交换机的Console口和计算机的串口连接起来。最终的网络拓扑如图2.13所示。

2960-24TT
Switch0

Laptop-PT
Laptop0

图2.13　实验2-3的网络拓扑

2. 通过 Console 口配置二层交换机

单击图 2.13 中的笔记本电脑 Laptop0,然后依次选择 Desktop→Terminal 命令,出现串口设置窗口,如图 2.14 所示,使用默认值,单击 OK 按钮。在随后的窗口中按 Enter 键,进入串口命令行环境,如图 2.15 所示,在此可以执行命令对交换机进行操作,比如,修改交换机名字,设置串口登录密码,设置特权模式密码。再次通过串口登录交换机时,需要输入串口登录密码。如果要进入特权模式,需要输入特权模式密码,如图 2.16 所示。

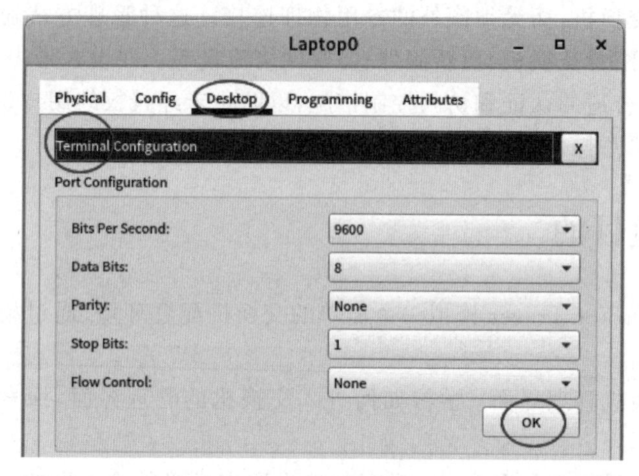

图 2.14 串口设置窗口

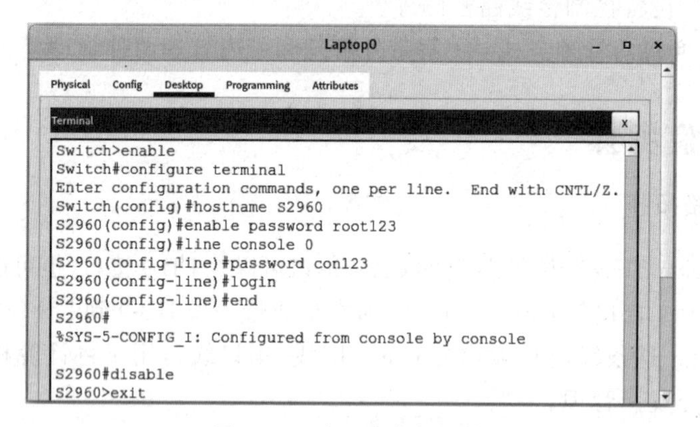

图 2.15 串口命令行环境

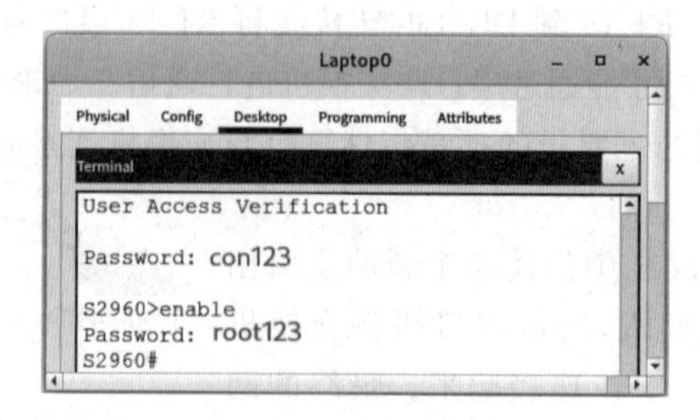

图 2.16 输入串口登录密码和特权模式密码

3. 命令详解

通过交换机的 Console 口管理交换机属于带外管理，这种管理方式不占用交换机的网络端口，第一次配置交换机必须利用 Console 口进行配置。交换机的命令行操作模式主要包括：用户模式、特权模式、全局配置模式、端口模式。

```
Switch>                    //用户模式,是最基本的模式,可以进行简单的命令操作
Switch#                    //特权模式,可以进行更高级的配置和管理
Switch(config)#            //全局配置模式,可以配置交换机的全局参数
Switch(config-if)#         //端口模式,可以进入某个端口视图模式进行配置
```

交换机命令行中一些基本的命令和操作如下，包括命令简写、命令自动补全、快捷键以及恢复出厂设置等。

```
Switch>enable                       //从用户模式进入特权模式,可以使用简写命令 en
Switch#conf t                       //configure terminal 命令的简写形式
Switch#conf<TAB>                    //按 Tab 键自动补全命令
Switch#configure terminal           //从特权模式进入全局配置模式
Switch(config)#hostname S2960       //修改交换机的主机名
S2960(config)#interface FastEthernet0/1              //选择网络端口,进入特定端口模式
S2960(config)#interface range FastEthernet0/1-8     //选择多个网络端口
S2960(config-if)#speed 100          //修改网络端口速率
S2960(config-if)#duplex full        //将网络端口改成全双工模式
S2960(config-if)#exit               //返回上级模式
S2960(config)#end                   //从全局配置模式返回特权模式,也可以使用 Ctrl+Z 快捷键
S2960#?                             //帮助信息,如? 、en?、tr?
S2960#write erase                   //清除或重置设备的启动配置文件(startup-config),恢复
                                      出厂设置或默认配置
S2960#reload                        //重启
S2960#show interface                //查看端口信息
S2960#show mac-address-table        //查看交换机的 MAC 地址表
S2960#show version                  //查看交换机版本信息
S2960#show running-config           //查看当前生效的配置信息,可以使用简写命令 sh r
S2960#show startup-config           //查看保存在 NVRAM 中的启动配置信息
S2960#disable                       //退出特权模式,进入用户模式
S2960>
```

在配置交换机时，要注意交换机端口的单双工模式(half/full/auto)的匹配，通常链路两端设置为相同的模式，否则会造成链路响应差和高出错率，丢包现象会很严重。

端口配置命令 interface 的格式如下：

```
interface type mod/port
```

其中，type 为端口类型，通常有 Ethernet、FastEthernet、GigabitEthernet、range、VLAN 等；mod 为端口所在的模块；port 为端口在该模块中的编号。

首次登录交换机，默认情况下是没有密码的，建议设置密码来保护设备。一旦成功登录交换机，就可以对交换机进行各种设置。设置交换机特权模式密码和控制台线路密码的命令如下：

```
Switch>enable                           //从用户模式进入特权模式
Switch#configure terminal               //从特权模式进入全局配置模式
Switch(config)#enable password root123     //设置进入特权模式的密码为 root123,以确保交
                                           //换机的安全
Switch(config)#no enable password       //取消特权模式密码
Switch(config)#line console 0           //选择控制台线路,0 是控制台线路编号
Switch(config-line)#                    //控制台线路模式
Switch(config-line)#password con123     //设置该控制台线路密码为 con123
Switch(config-line)#login               //打开控制台登录认证功能
Switch(config-line)#no password         //取消该控制台线路密码
```

2.4 实验 2-4：Telnet 远程登录与管理二层交换机

2.4.1 背景知识

通过交换机的 Console 口管理交换机属于带外管理方式，这种方式不占用交换机的网络端口，第一次配置交换机必须使用 Console 口进行。之后就可以使用 Telnet 远程登录交换机进行管理了，通过 Telnet 管理交换机则属于带内管理方式。

实验 2-4：Telnet 远程登录与管理二层交换机

Telnet 是一种基于文本的远程终端协议，用于远程登录和管理网络设备(如路由器、交换机)，通常用于连接到远程设备的命令行界面，并在远程终端上执行各种操作，如配置接口、查看和修改路由表、进行故障排除等，就像直接在网络设备上进行操作。

要使用 Telnet 连接到网络设备，需要知道网络设备的 IP 地址和 Telnet 端口号(通常为 23)。命令语法如下：

```
telnet <设备 IP 地址> <端口号>
```

如果未指定端口号，则默认为 23。

Telnet 连接是不加密的，因此不建议在公共网络上使用 Telnet 来传输敏感信息。

IP 地址是网络层的概念，而二层交换机工作在物理层和数据链路层，但是可以为二层交换机配置交换机的管理 IP 地址，这个 IP 地址仅用于远程登录管理交换机，对于交换机的正常运行不是必需的，若没有配置管理 IP 地址，则交换机只能通过 Console 口进行本地配置和管理。

默认情况下，交换机的所有端口均属于虚拟局域网 VLAN1，VLAN1 是交换机自动创建和管理的。每个 VLAN 可以有一个活动的管理地址，因此对二层交换机设置管理地址之前，首先应选择 VLAN1 接口，然后利用 ip address 配置命令设置交换机的管理 IP 地址。

2.4.2 实验目的

使用 Cisco Packet Tracer 模拟一个简单的交换机配置环境，通过模拟实验达到以下

几个目的。

(1) 理解 Telnet 协议：理解 Telnet 协议的基本概念、工作原理以及在网络中的作用。Telnet 是一种基于文本的远程终端协议，了解如何通过 Telnet 与远程设备进行通信和控制。

(2) 远程登录和配置：掌握如何在交换机上设置 Telnet 登录密码。通过 Telnet 远程登录和配置交换机。使用 Telnet 客户端连接到目标设备并执行基本的操作命令。

2.4.3 实验步骤

1. 创建网络拓扑

在 Cisco Packet Tracer 中创建一个新的空白拓扑，然后添加计算机、交换机，使用串口线(配置线)将交换机的 Console 口和计算机 Laptop0 的串口连接起来，使用网线(直通线)将交换机与计算机 PC0 相连。最终的网络拓扑如图 2.17 所示。

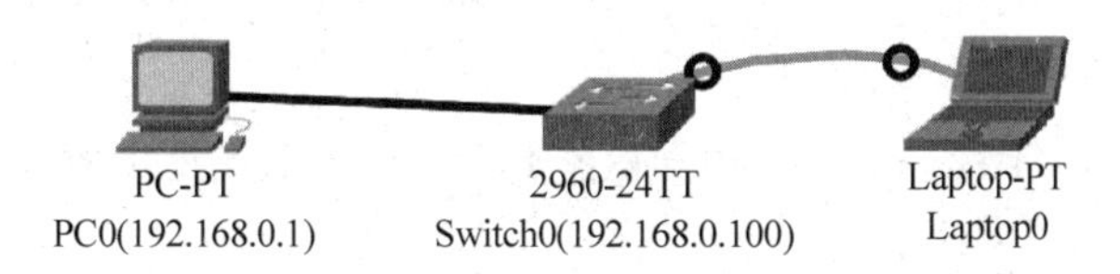

图 2.17　实验 2-4 的网络拓扑

2. 在交换机上设置 Telnet 登录密码

在计算机 Laptop0 上通过 Console 口配置二层交换机，设置 Telnet 登录密码和 VLAN1 的 IP 地址，在串口命令行环境执行命令的过程如图 2.18 所示。

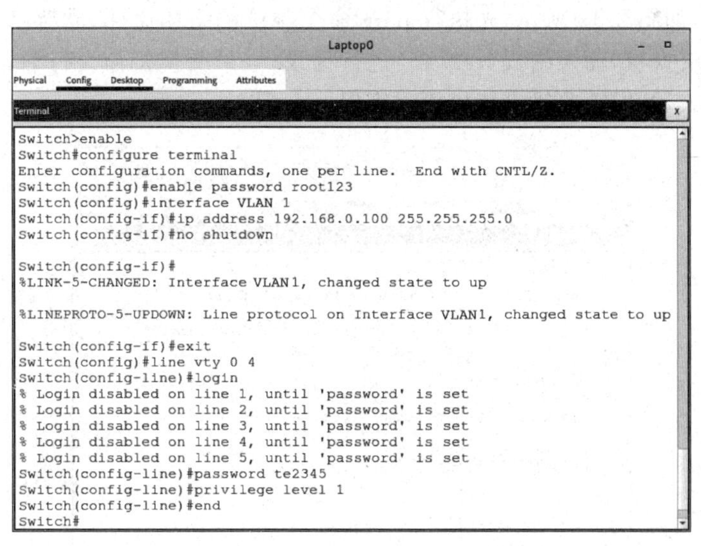

图 2.18　在串口命令行环境执行命令的过程

图 2.18 中命令的详细解释如下。

```
1: Switch > enable                    //进入特权模式
```

```
2: Switch# configure terminal                  //进入全局配置模式
3: Switch(config) # enable password root123    //设置进入特权模式的密码为 root123,以确保交换机的安全
4: Switch(config) # interface VLAN 1           //选择 VLAN1 接口
5: Switch(config - if) # ip address 192.168.0.100 255.255.255.0   //在 VLAN1 接口配置交换机的管理 IP 地址
6: Switch(config - if) # no shutdown           //开启 VLAN1 接口
7: Switch(config - if) # exit                  //返回上级模式
8: Switch(config) # line vty 0 4   //进入虚拟终端(VTY)线路配置模式,对第 0～4 个 VTY 线路进行配置,意味着有 5 个 VTY 线路可用,可同时允许 5 个远程用户通过 Telnet 连接到交换机
9: Switch(config - line) # login               //打开登录认证功能,允许 Telnet 远程登录
10: Switch(config - line) # password te2345    //配置远程登录的密码为 te2345,密码明文显示在进行 Telnet 之前必须保证交换机上已经设置了 VTY 密码
11: Switch(config - line) # privilege level 1  //配置远程登录用户的权限,1 为最低权限,15 为最高权限.如果设置为 1,Telnet 远程登录后,进入用户模式;如果为 2～15,Telnet 远程登录后,进入特权模式
12: Switch(config - line) # end   //从线路配置模式返回特权模式,也可以使用 Ctrl + Z 快捷键
```

3. 配置 PC0

参考前文所示方法,配置 PC0 的网络参数(IP 为 192.168.0.1,掩码为 255.255.255.0)。

4. 远程登录交换机

单击图 2.17 中的计算机 PC0,然后依次选择 Desktop→Command Prompt 命令,出现命令行窗口,如图 2.19 所示,先执行 ping 命令测试网络连通性,成功以后,执行 telnet 命令远程登录交换机,输入密码(te2345)进行登录,登录交换机命令行后,可以从用户模式进入特权模式,此时需要输入特权模式密码(root123)。

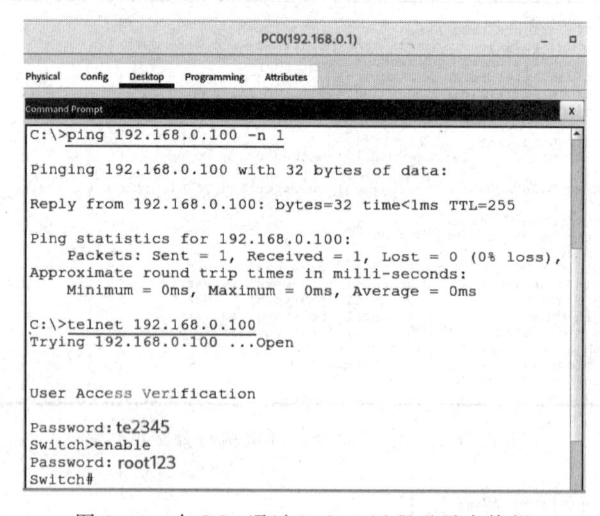

图 2.19 在 PC0 通过 Telnet 远程登录交换机

5. 在 Cisco Packet Tracer 中配置交换机的 3 种方法

在 Cisco Packet Tracer 中配置交换机有 3 种方法。第一种方法是通过 Console 口进行配置。第二种方法是通过 Telnet 远程登录后进行配置。以上这两种方法同样适用于真实的交换机。第三种方法只能在 Cisco Packet Tracer 仿真环境中使用,方法是单击交换机,在弹出窗口中选择 CLI 标签页,出现交换机的命令行窗口,如图 2.20 所示。本书后面所有实验中对交换机的配置都采用第三种方法。

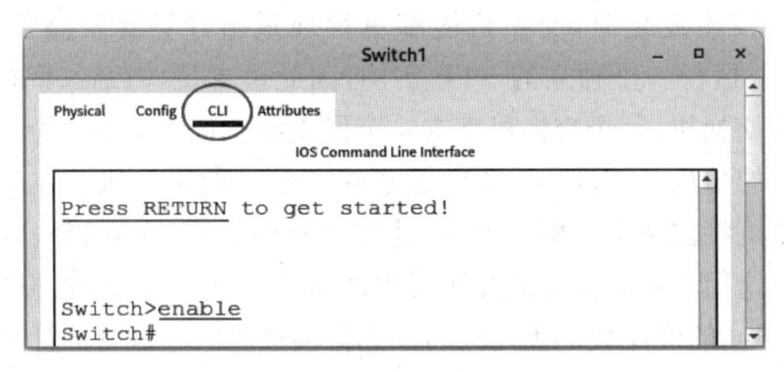

图 2.20　交换机的命令行窗口

2.5 实验 2-5：以太网交换机的生成树协议

2.5.1 背景知识

在以太网交换机网络中,存在环路(即多个交换机或网络设备之间相互连接形成的环路拓扑)。当数据包在这样的环路中循环传送时,可能导致网络拥塞、广播风暴等问题。为了解决这个问题,生成树协议(spanning tree protocol,STP)通过选择一条主干路径,并禁用其他冗余路径,从而构建一棵逻辑上无环的生成树,确保数据在网络中的正常传输。这有助于提高网络的可靠性和性能。

实验 2-5:以太网交换机的生成树协议

生成树协议是一种工作在数据链路层的通信协议,在以太网交换机网络中提供冗余备份链路,并且解决网络中的环路问题。生成树协议主要有 3 个版本:STP、RSTP(快速生成树协议)、MSTP(多生成树协议)。STP 的收敛时间长,从主链路出现故障到切换至备份链路需要 50s 时间。RSTP 在 STP 的基础上增加了两种端口角色,即替换端口和备份端口,分别作为根端口和指定端口。当根端口或指定端口出现故障时,冗余端口不需要经过 50s 的收敛时间,可以直接切换到替换端口或备份端口,从而实现 RSTP 小于 1s 的快速收敛。MSTP 是另一种生成树协议,它结合了 STP 和 PVST 的特点,可以在多个 VLAN 上运行生成树实例,并提供更精细的流量控制和更高的网络性能。

在 Cisco Packet Tracer 中,PVST(per-VLAN spanning tree)和 Rapid-PVST(per-VLAN rapid spanning tree)是两种生成树协议的模式,用于防止网络中的环路并确保数据在交

换机之间的正确转发。这两种模式都支持在每个 VLAN 上独立运行 STP,从而实现 VLAN 间的负载均衡。

PVST 是传统的 STP 模式,它在每个 VLAN 上运行一个独立的 STP 实例。这意味着每个 VLAN 都有自己的根桥(root bridge)和指定桥(designated bridge),从而确保在 VLAN 内部的数据转发是环路自由的。PVST 可以很好地处理 VLAN 间的负载均衡,但因为它在每个 VLAN 上都运行 STP,所以收敛速度可能较慢。

Rapid-PVST 是 PVST 的一个快速版本,也称为 RSTP,提供了更快的收敛速度,这意味着在网络拓扑发生变化时,交换机能够更快地重新计算转发路径。Rapid-PVST 同样在每个 VLAN 上运行一个独立的 STP 实例,因此也支持 VLAN 间的负载均衡。

如果存在多个交换机,每个交换机都有一个优先级。优先级是一个值,用于确定在生成树协议中的交换机的角色。较低的优先级值意味着较高的优先级。在生成树协议中,优先级决定了哪个交换机将被选举为根交换机,并将影响整个网络的拓扑。交换机上的每个端口也都有优先级。这用于决定在生成树协议中的端口角色。通常,根据接口的类型、速度、带宽等因素,分配不同的优先级。优先级的设置将直接影响生成树的计算和决策。

2.5.2 实验目的

使用 Cisco Packet Tracer 模拟一个简单的局域网环境,通过模拟实验达到以下几个目的。

(1) 理解生成树协议的基本原理:理解生成树协议在以太网交换机网络中的工作原理和作用,熟悉生成树协议的配置,观察交换机在生成树计算中的角色。

(2) 学习交换机冗余路径:使用交换机冗余路径提高网络的可靠性和容错性。配置多个交换机并设置交换机和端口优先级,观察生成树协议是如何决定冗余路径和备份交换机的使用。

(3) 处理网络变化:模拟链路故障或交换机添加/移除等拓扑变化,并观察生成树协议如何自动适应这些变化,重新计算生成树,并确保网络的连通性。

2.5.3 实验步骤

(1) 创建网络拓扑。在 Cisco Packet Tracer 中创建一个新的空白拓扑,然后添加计算机、交换机,使用相应的连线将它们连接起来。最终的网络拓扑如图 2.21 所示。拓扑结构中存在一个环路。

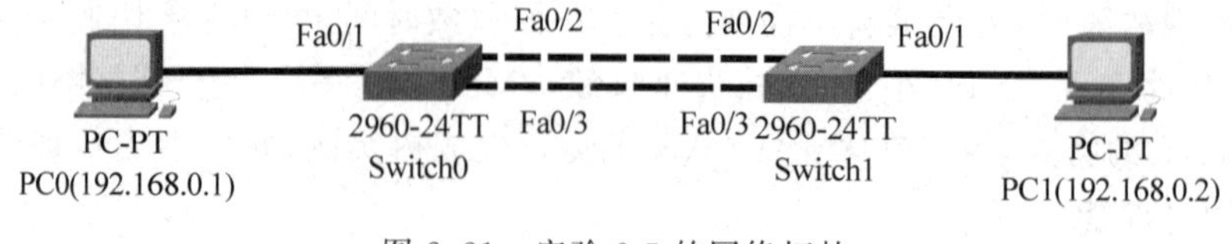

图 2.21 实验 2-5 的网络拓扑

（2）配置 PC0 和 PC1。参考前文所示方法，配置 PC0 的网络参数（IP 为 192.168.0.1，掩码为 255.255.255.0），配置 PC1 的网络参数（IP 为 192.168.0.2，掩码为 255.255.255.0）。

（3）配置交换机。如图 2.22 所示，对交换机 Switch0 和 Switch1 进行配置。

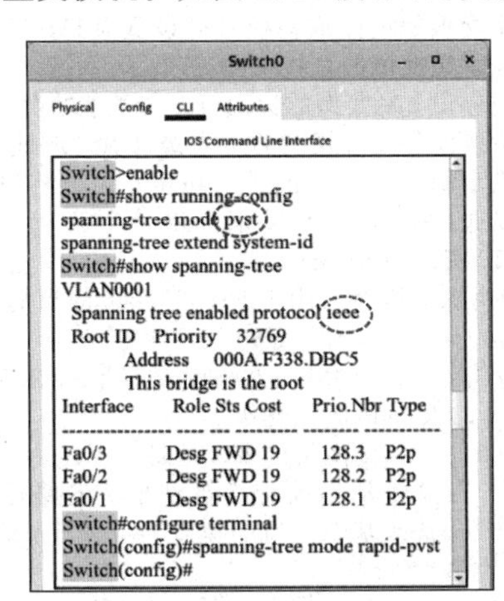

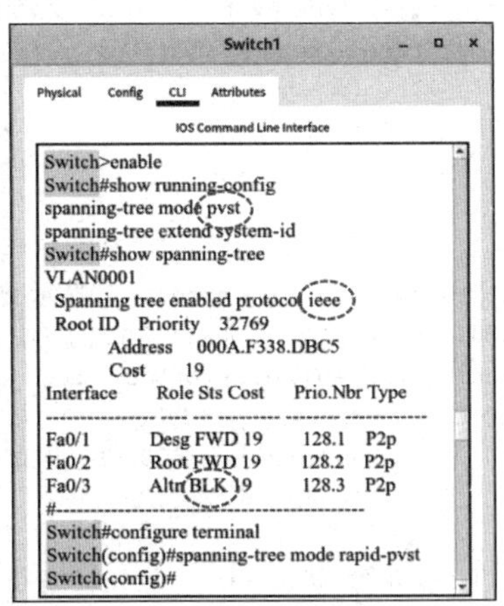

图 2.22　对交换机 Switch0 和 Switch1 进行配置 1

交换机 Switch0 中执行的命令及其输出的详细解释如下

```
1: Switch> enable                        //从用户执行模式切换到特权执行模式
2: Switch# show running-config           //显示交换机当前正在运行的配置
3: spanning-tree mode pvst               //表示交换机的生成树模式被设置为 PVST
4: spanning-tree extend system-id        //表示交换机的系统 ID 被扩展了,系统 ID 是一个用于
                                           唯一标识 STP 实例的标识符。在某些情况下,如果有
                                           多个桥接设备具有相同的优先级和 MAC 地址,STP 可
                                           能无法确定哪个设备应该成为根桥。为了解决这个
                                           问题,可以通过扩展系统 ID 来提供一个额外的标识
                                           符,确保 STP 实例的唯一性
5: Switch# show spanning-tree            //显示交换机上所有启用了 STP 的 VLAN 的当前 STP 状态
                                           信息
6: VLAN0001 //这部分显示的是 VLAN1 的 STP 信息。VLAN1 通常是默认 VLAN
7:   Spanning tree enabled protocol ieee   //表示 VLAN1 上的 STP 是基于 IEEE 802.1D 标准的
8:   Root ID     Priority     32769        //交换机的优先级,STP 使用优先级和 MAC 地址来确
                                             定哪个桥接设备将成为根桥。默认情况下,优先级
                                             是 32768,但可以通过配置进行修改
9:           Address     000A.F338.DBC5    //交换机的 MAC 地址
10:          This bridge is the root       //表示当前交换机是 VLAN1 的根桥
11: //接口 角色 状态 成本 优先级编号 类型
12: Interface Role  Sts  Cost  Prio.Nbr Type
13: ------   ---   --   ---  ------   ---    ------------------------------
14: Fa0/3       Desg  FWD  19   128.3    P2p   //Desg 表示该接口是指定桥接,FWD 表示接口
                                               处于转发状态
15: Fa0/2       Desg  FWD  19   128.2    P2p   //19 是接口的成本,128.2 是接口的优先级和
                                               编号
16: Fa0/1       Desg  FWD  19   128.1    P2p   //P2p 表示接口类型是点对点
17: Switch# configure terminal
18: Switch(config)# spanning-tree mode rapid-pvst    //将生成树模式更改为 rapid-pvst
```

交换机 Switch1 中执行的命令及其输出的详细解释如下。

```
1: Switch> enable                         //从用户执行模式切换到特权执行模式
2: Switch# show running-config            //显示交换机当前正在运行的配置
3: spanning-tree mode pvst                //表示交换机的生成树模式被设置为 PVST
4: spanning-tree extend system-id          //表示交换机的系统 ID 被扩展了,系统 ID 是一个用于唯
                                            一标识 STP 实例的标识符。在某些情况下,如果有多个
                                            桥接设备具有相同的优先级和 MAC 地址,STP 可能无法
                                            确定哪个设备应该成为根桥。为了解决这个问题,可
                                            以通过扩展系统 ID 来提供一个额外的标识符,确保
                                            STP 实例的唯一性
5: Switch# show spanning-tree     //显示交换机上所有启用了 STP 的 VLAN 的当前 STP 状态信息
6: VLAN0001 //这部分显示的是 VLAN1 的 STP 信息.VLAN1 通常是默认 VLAN
7:   Spanning tree enabled protocol ieee      //表示 VLAN1 上的 STP 是基于 IEEE 802.1D 标准的
8:   Root ID     Priority     32769           //交换机的优先级
9:                Address      000A.F338.DBC5      //交换机的 MAC 地址
10:                Cost          19               //这是从当前交换机到根桥的路径成本.成本通
                                                    常是基于接口的速度和带宽计算得出的
11: //接口      角色  状态  成本  优先级编号 类型
12: Interface Role  Sts  Cost  Prio.Nbr  Type    //Cost 是从当前接口到根桥的路径成本;Type
                                                   是接口的类型,对于点对点连接,通常是 P2p
                                                   (point-to-point); Prio.Nbr 是接口的优
                                                   先级和编号,由接口的优先级(可以配置)
                                                   和接口编号组成
13: ------  ---  --  ---  ------  ---     --------------------------------
14: Fa0/1     Desg  FWD  19    128.1    P2p     //Desg 是指定端口,是通往指定桥接设备的
                                                   最佳路径
15: Fa0/2     Root  FWD  19    128.2    P2p     //Root 是根端口,是通往根桥的最佳路径。
                                                   FWD 是转发状态,表示接口正在转发数据
16: Fa0/3     Altn  BLK  19    128.3    P2p     //Altn 是备用端口,是根端口或指定端口失
                                                   效时的替代路径。BLK 是阻塞状态,表示
                                                   接口不转发数据,用于防止环路
17: Switch# configure terminal
18: Switch(config)# spanning-tree mode rapid-pvst    //将生成树模式更改为 rapid-pvst
```

2.6 实验 2-6: 交换机的端口聚合

2.6.1 背景知识

端口聚合(又称链路聚合)是一种在以太网交换机中组合多个物理接口,形成一个逻辑上的聚合端口的技术。这个聚合端口表现为单一的逻辑端口,提供更高的带宽和冗余性。当多个物理接口被聚合时,它们的带宽会被合并,提供更大的总带宽。例如,聚合两个 1Gbit/s 的接口将提供 2Gbit/s 的带宽。通过聚合多个物理接口,可以提供冗余性。如果一个物理接口发生故障,其他聚合的接口可以接管流量,保持连通性。端口聚合技术还可以在一定程度上实现负载均衡,将数据流量分摊到多个物理接

实验 2-6:
交换机的
端口聚合

口上。这有助于提高整体性能和吞吐量。

在进行端口聚合之前，需要创建一个聚合组。聚合组是一种逻辑实体，用于将多个物理接口绑定成一个逻辑聚合端口。在Cisco设备中，聚合组被称为EtherChannel或端口通道。

链路聚合控制协议(LACP)是一种通信协议，用于在网络设备之间协商和管理端口聚合。它允许交换机之间自动配置和管理聚合组，确保链路的正确绑定和冗余。

除了使用LACP外，还可以通过手动配置来创建静态端口聚合。此方法在交换机之间的配置必须相互匹配，并手动指定要聚合的物理接口。

1. 交换机两种主要端口

在交换机中，有两种主要类型的端口：Trunk端口和Access端口。

(1) Trunk端口是一种特殊的端口，主要用于连接两个交换机或交换机与上层设备(如路由器)。这种端口的特点是它允许多个VLAN的数据帧同时通过这个端口，而不需要对每个VLAN的数据帧进行剥离或重新标记。这意味着，当数据从一个VLAN传输到另一个VLAN时，VLAN的标记(或称为标签)会保持不变，从而确保数据能够正确地到达目的地。

(2) Access端口通常用于连接单个用户设备，如计算机或打印机。每个Access端口只能属于一个VLAN，并且只能传输该VLAN的数据帧。当数据帧从交换机通过Access端口发送到用户设备时，数据帧的VLAN标记会被剥离。当数据帧从用户设备经过一个Access端口进入交换机时，数据帧会被重新标记为Access端口所属VLAN的标记。这种机制确保了连接到Access端口的设备只能与其所在VLAN内的其他设备通信。

一台S2000系列以太网交换机只能有1个汇聚组，1个汇聚组最多可以有4个端口。在一个端口汇聚组中，端口号必须连续，但对起始端口无特殊要求，端口号最小的作为主端口，其他的作为成员端口。同一个汇聚组中成员端口的链路类型与主端口的链路类型保持一致，即如果主端口为Trunk端口，则成员端口也为Trunk端口；如主端口的链路类型改为Access端口，则成员端口的链路类型也变为Access端口。所有参加聚合的端口都必须工作在全双工模式下，且工作速率相同才能进行聚合。并且聚合功能需要在链路两端同时配置方能生效。

2. 端口聚合的应用场所

端口聚合的主要应用场合如下。

(1) 交换机与交换机之间的连接：包括汇聚层交换机到核心层交换机或核心层交换机之间。

(2) 交换机与服务器之间的连接：集群服务器采用多网卡与交换机连接，提供集中访问。

(3) 交换机与路由器之间的连接：交换机和路由器采用端口聚合解决广域网和局域网的连接瓶颈。

(4) 服务器和路由器之间的连接：集群服务器采用多网卡与路由器连接，提供集中访问。

2.6.2 实验目的

使用 Cisco Packet Tracer 模拟一个简单的局域网环境，通过模拟实验达到以下几个目的。

(1) 理解端口聚合的原理和工作方式：理解端口聚合技术是如何将多个物理接口组合成一个逻辑端口，并提供高带宽和冗余性的。

(2) 学习配置和管理聚合组：学习如何在交换机上创建聚合组并配置相关参数。

(3) 掌握链路冗余和故障转移：演示当一个物理接口失效时，其他聚合的接口如何自动接管流量，保证网络的连通性和可靠性。

(4) 深入了解负载均衡和性能优化：演示端口聚合如何实现负载均衡，将数据流量均匀分配到聚合组中的物理接口，提高整体性能和吞吐量。

2.6.3 实验步骤

(1) 创建网络拓扑。在 Cisco Packet Tracer 中创建一个新的空白拓扑，然后添加计算机、交换机，使用相应的连线将它们连接起来。最终的网络拓扑如图 2.23 所示。

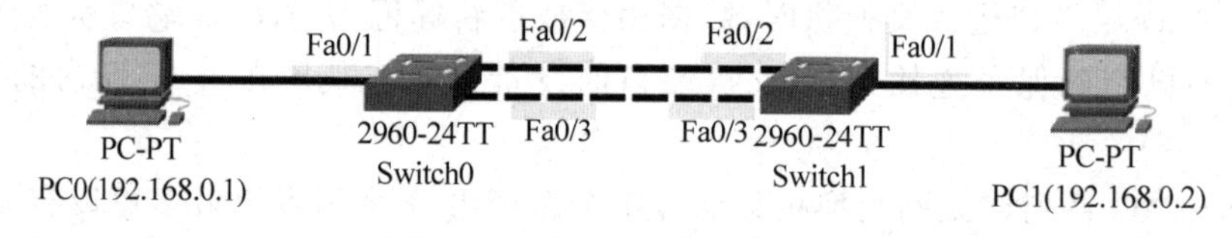

图 2.23 实验 2-6 的网络拓扑

(2) 配置 PC0 和 PC1。参考前文所示方法，配置 PC0 的网络参数(IP 为 192.168.0.1，掩码为 255.255.255.0)，配置 PC1 的网络参数(IP 为 192.168.0.2，掩码为 255.255.255.0)。

(3) 配置交换机。如图 2.24 所示，对交换机 Switch0 和 Switch1 进行配置。选择两个物理接口用于端口聚合，这些接口被聚合成一个逻辑端口(图 2.24 中矩形内所示)。

下面对交换机 Switch0 和 Switch1 中执行的部分命令进行解释。

```
Switch(config) # interface range fastEthernet 0/2 - 3   //同时选择端口 fastEthernet0/2 和
                                                          fastEthernet0/3
Switch(config - if - range) # switchport mode trunk      //设置端口模式为 trunk
Switch(config - if - range) # channel - group 1 mode on  //加入链路组 1 并开启
Switch(config - if - range) # exit
Switch(config) # port - channel load - balance dst - ip  //按照目标主机 IP 地址来实现以太
                                                          网通道组负载平衡
Switch(config) # exit
Switch # show etherchannel summary                       //显示汇聚端口组的信息
```

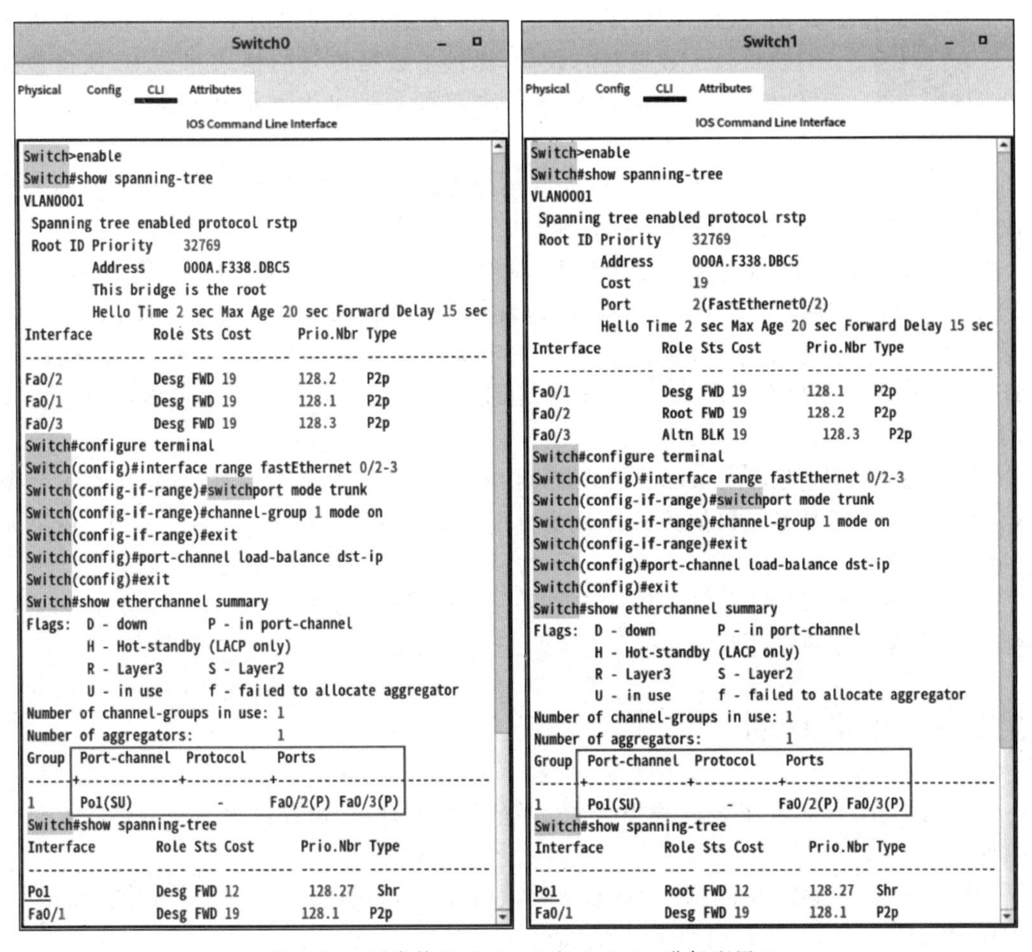

图 2.24　对交换机 Switch0 和 Switch1 进行配置 2

(4) 测试。在 PC0 的命令行执行 ping 192.168.0.2 -n 1000 命令,测试网络连通性,确保端口聚合正常工作。在 ping 的过程中,断开图 2.23 中两台交换机之间的一条连线,观察 ping 命令是否受影响。

当学完部署 FTP 服务器后,建议再做一次这个实验。此时,将 PC1 替换为一台 FTP 服务器,在 PC0 上从 FTP 服务器下载一个大文件,单击 Cisco Packet Tracer 主界面右下角的"仿真"按钮,由实时模式切换至仿真模式,单击 Play 按钮,开始捕获数据包,观察数据流量是否被均匀分配到聚合组中的物理接口。

2.7　实验 2-7:以太网帧的封装

2.7.1　背景知识

数据帧(frame)也称为以太网帧,是数据链路层的协议数据单元。以太网帧的封装

实验2-7：以太网帧的封装

是网络通信中的重要概念,它涉及数据如何在网络中进行传输。以太网帧封装了数据包的载荷,提供了数据传输的格式和结构,使得数据可以在网络中正确地传输到目的地。以太网帧主要包括以下几个部分。

(1) 前导码:以太网帧的起始部分,通常由7字节的重复模式组成,用于使接收端的时钟与发送端的时钟同步。

(2) 帧开始符:一个特殊的字节序列(通常是10101011),标志着以太网帧的开始。

(3) 以太网帧头:包含目的MAC地址(6字节)、源MAC地址(6字节)、帧类型/长度(2字节)等信息。MAC地址是用于唯一标识网络设备(如网卡)的硬件地址,每个网络设备都有一个唯一的MAC地址。2字节的类型字段用于指示上层协议的类型。

(4) 数据负载:包含了实际传输的数据内容,这些数据来自上层协议,可以是IP数据包、ARP请求/应答等。数据负载的长度可以为46～1500字节,这是最大的传输单元(MTU)的限制。

(5) 帧校验序列(FCS):一个4字节的冗余校验码,用于验证数据包的完整性和正确性,确保数据包在传输过程中没有发生错误。

2.7.2 实验目的

使用Cisco Packet Tracer模拟一个简单的局域网环境,通过模拟实验达到以下两个目的。

(1) 理解以太网帧的结构:分析以太网帧的各个字段,例如目的MAC地址、源MAC地址、类型字段等,以及它们的作用和位置。

(2) 学习以太网帧的封装过程:了解数据如何在以太网帧中进行封装,加深对以太网帧结构和通信过程的理解。

2.7.3 实验步骤

(1) 创建网络拓扑。在Cisco Packet Tracer中创建一个新的空白拓扑,然后添加计算机、交换机,使用相应的连线将它们连接起来。最终的网络拓扑如图2.25左侧所示。

(2) 配置PC0和PC1。参考前文所示方法,配置PC0的网络参数(IP为192.168.0.1,掩码为255.255.255.0),配置PC1的网络参数(IP为192.168.0.2,掩码为255.255.255.0)。

(3) 测试。在PC0的命令行执行ping 192.168.0.2 -n 1000命令。

如图2.25所示,单击Cisco Packet Tracer主界面右下角的"仿真"按钮,由实时模式切换至仿真模式,单击Play按钮,开始捕获数据帧。

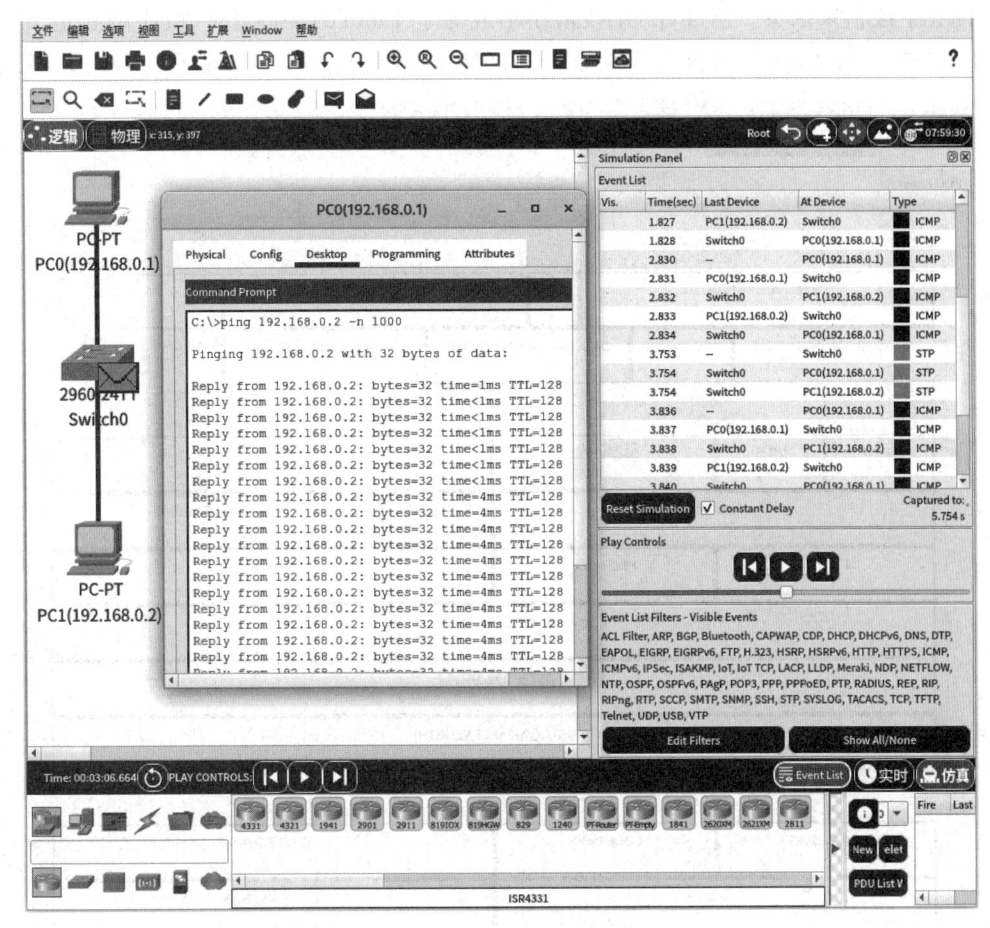

图 2.25 实验 2-7 的网络拓扑及仿真

在图 2.25 右侧 Event List 子窗口中单击一个 ICMP 报文，报文格式如图 2.26 所示。查看以太网帧的各个字段，例如目的 MAC 地址、源 MAC 地址、类型字段、数据载荷、帧校验序列等。以太网帧封装格式中前导码字段的取值是 101010...10，用来进行时钟同步和帧定界。源 MAC 地址为 0004.9A3A.3CBB（PC0），目的 MAC 地址为 0010.11E0.08CE（PC1）。Type 字段的值为 0x0800。

DIX Ethernet V2 标准和 IEEE 802.3 标准是以太网的两个主要标准。DIX Ethernet V2 是世界上第一个局域网产品（以太网）的规约，由 DEC、Intel 和 Xerox 共同开发，因此有时也被称为 DIX 标准。IEEE 802.3 则是第一个由 IEEE 制定的以太网标准。这两个标准在帧格式上有所不同，但差别很小，因此人们常常将 802.3 局域网简称为以太网。严格来说，以太网应当是指符合 DIX Ethernet V2 标准的局域网。具体来说，两者的主要区别在于帧格式。DIX Ethernet V2 使用 Ethernet II 格式，其中包含一个 Type 字段，用于标识以太网帧处理完之后将被发送到哪个上层协议进行处理。而 IEEE 802.3 格式中，同样位置是长度字段。同时，IEEE 802.3 的 DATA 字段比 DIX Ethernet V2 少 8 字节，为保证长度相同，在长度字段后增加了填充字节。在识别两种不同帧时，可以从 Type/

Length 字段值来区分。当 Type 字段值小于或等于 1500(0x05DC)时,帧使用的是 IEEE 802.3 格式;当 Type 字段值大于或等于 1536(0x0600)时,帧使用的是 Ethernet II 格式。

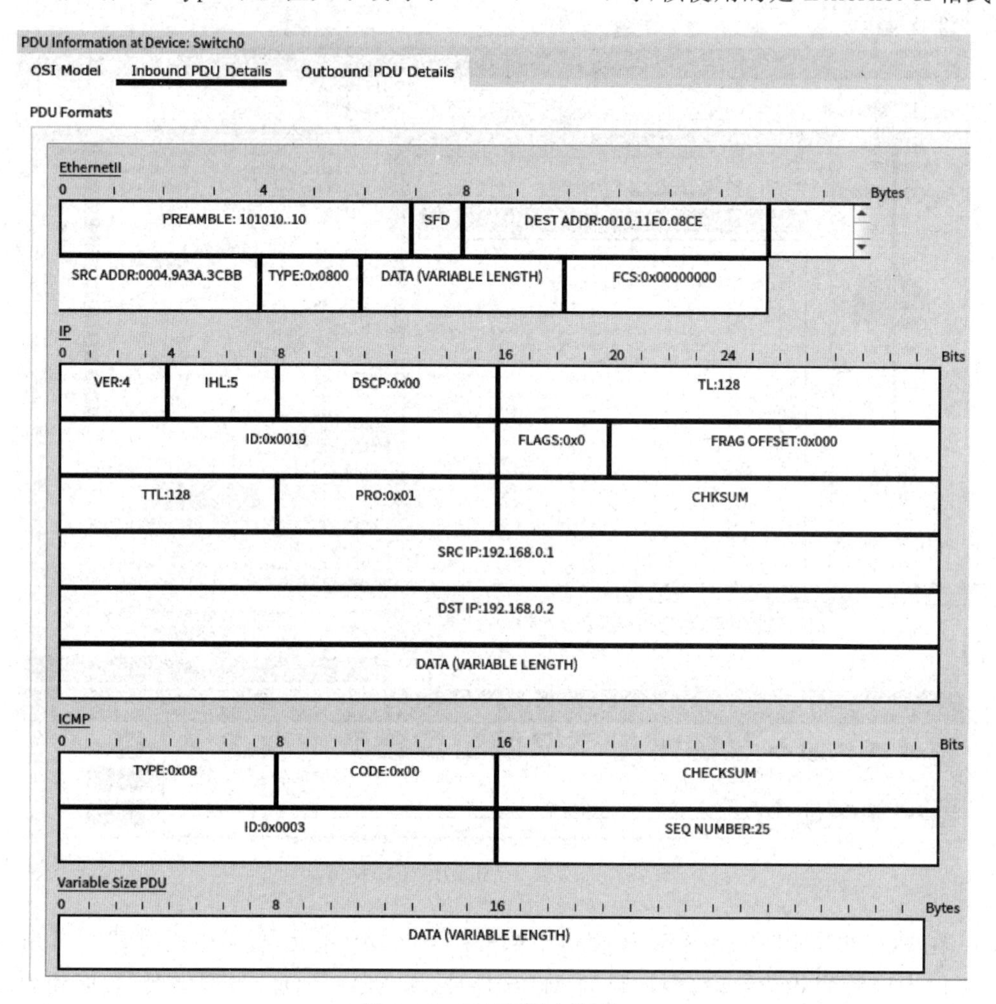

图 2.26 ICMP 报文格式

2.8 实验 2-8: 交换机端口与 MAC 地址绑定

2.8.1 背景知识

MAC 地址也称为局域网地址或以太网地址,是一个用于唯一标识网络设备的地址。MAC 地址属于数据链路层,用于在网络中唯一标识一块网卡。每个网络设备,如计算机、路由器等,都有一个或多个网卡(网络接口),每个网卡都需要一个唯一的 MAC 地址。MAC 地址由 48 位二进制数组成,通常表示为 12 个十六进制数,以冒号或连字符或点号分隔。例如,一个 MAC 地址为 00:1A:2B:3C:4D:5E。其中,前 24 位是组织唯一标识符

实验 2-8：交换机端口与 MAC 地址绑定

(OUI)，由 IEEE 的注册管理机构分配给不同的制造商，用于区分不同的设备制造商。后 24 位由制造商分配给每个网卡，确保在同一制造商生产的网卡中，每个网卡的 MAC 地址都是唯一的。

物理网卡也称为网络接口卡(NIC)或网络适配器，是计算机与外部局域网连接的关键组件。它工作在数据链路层和物理层，负责将计算机与传输介质(如双绞线、光纤等)连接起来，实现计算机与局域网之间的数据传输。物理网卡上烧录有唯一的 MAC 地址，用于在网络中进行识别和通信。

交换机端口是交换机上用于连接网络设备的接口。交换机用于在局域网中转发数据帧，通过学习目的 MAC 地址来识别连接在其端口上的设备。端口绑定是指将特定的 MAC 地址与交换机的特定端口进行关联，这是一种网络安全策略，用于防止未经授权的设备访问网络。通过将特定的 MAC 地址与交换机端口绑定，可以确保只有具有绑定 MAC 地址的设备能够通过该端口访问网络。这样，当交换机接收到一个数据帧时，它将根据目的 MAC 地址查找绑定的端口，并只将数据帧发送到目标设备所在的端口，从而实现数据帧交换。

2.8.2　实验目的

使用 Cisco Packet Tracer 模拟一个简单的局域网环境，通过模拟实验达到以下几个目的。

(1) 理解 MAC 地址的概念：理解 MAC 地址在网络中的作用和意义，以及 MAC 地址的唯一性和识别设备的重要性。

(2) 掌握端口绑定的方法：掌握如何在交换机上配置端口与 MAC 地址的绑定。

(3) 提高网络安全性：通过配置交换机端口与 MAC 地址的绑定，可以学习到提高网络安全性的一种有效方法，从而更好地保护网络免受未经授权的访问和潜在的安全威胁。

(4) 验证配置的有效性：通过配置并测试绑定规则，验证绑定规则是否正确，以及数据包是否按预期转发到目标设备。

2.8.3　实验步骤

1. 创建网络拓扑

在 Cisco Packet Tracer 中创建一个新的空白拓扑，然后添加计算机、交换机，使用相应的连线将它们连接起来。最终的网络拓扑如图 2.27 左侧所示。

2. 配置 PC0～PC2

参考图 2.2 所示方法，配置 PC0 的网络参数(IP 为 192.168.0.10，掩码为 255.255.255.0)，配置 PC1 的网络参数(IP 为 192.168.0.1，掩码为 255.255.255.0)，配置 PC2 的网络参数(IP 为 192.168.0.2，掩码为 255.255.255.0)。

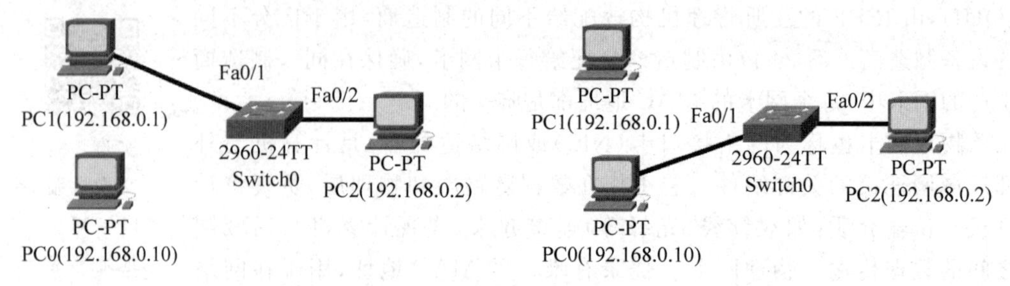

图 2.27　实验 2-8 的网络拓扑

注意：计算机或网络设备的以太网接口通过网线连接到对端设备后，该接口状态才能成为 UP，否则处于 DOWN 状态。在 PC0 的命令行执行 ping 192.168.0.10 命令，会发现 PC0 不能 ping 通自己。

如图 2.28 所示，查看 PC1 的 MAC 地址为 0090.21CA.096C。

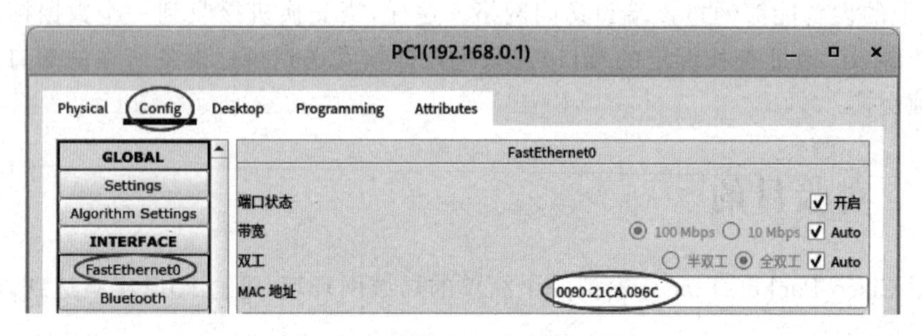

图 2.28　查看 PC1 的 MAC 地址

3. 对端口 1 设置 MAC 地址绑定

如图 2.27 左侧所示，PC1 与交换机的端口 1(fastEthernet0/1)相连。执行如图 2.29 所示的命令对交换机端口 1 设置 MAC 地址绑定。

4. 测试及部分命令说明

第 1 步：在交换机 Switch0 命令行执行如下命令。

```
Switch(config)# interface fastEthernet 0/1              //选择网络端口,进入特定端口模式
Switch(config-if)# switchport mode access               //将该端口设置为访问模式
Switch(config-if)# switchport port-security             //启用端口安全
Switch(config-if)# switchport port-security mac-address 0090.21CA.096C
                                                        //将端口与 PC1 的 MAC 地址绑定
```

第 2 步：在 PC1 的命令行执行 ping 192.168.0.2 -n 1000 命令，发现 PC1 可以 ping 通 PC2。

第 3 步：断开 PC1 与交换机的连接，让 PC0 与交换机的端口 1(fastEthernet0/1)相连，如图 2.27 右侧所示。此时，PC1 不能 ping 通 PC2，PC0 也不能 ping 通 PC2。

第 4 步：在交换机 Switch0 命令行接着执行如下命令。

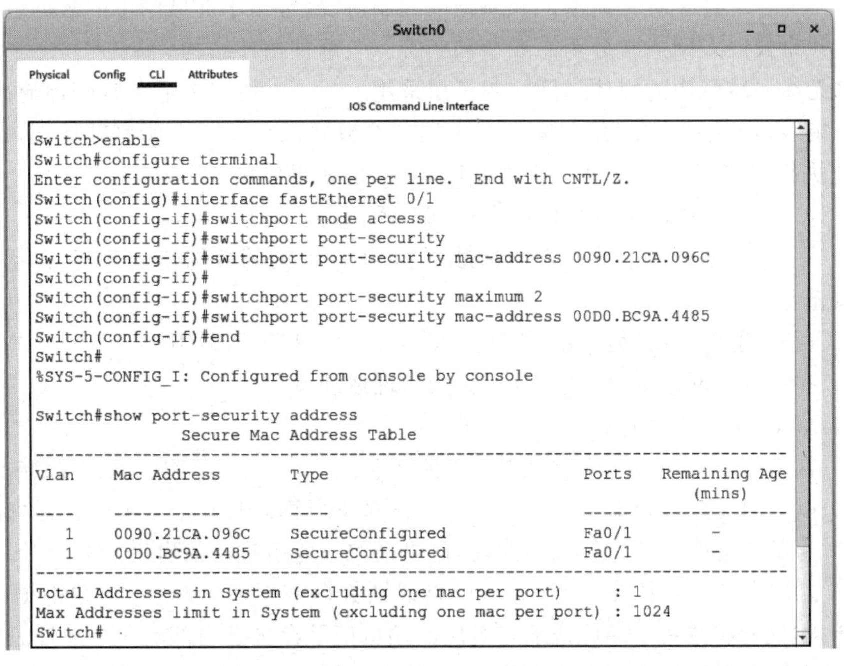

图2.29 对交换机端口1设置MAC地址绑定

Switch(config-if)# switchport port-security maximum 2 //配置端口允许的最大安全地址数量为2,这样可以在一个端口上绑定2个MAC地址

Switch(config-if)# switchport port-security mac-address 00D0.BC9A.4485 //将端口与PC0的MAC地址绑定

Switch(config-if)# end

Switch# show port-security address //查看端口安全性地址绑定配置信息,验证MAC地址是否已成功绑定到端口

第5步:此时,发现PC0可以ping通PC2了。断开PC0与交换机的连接,让PC1与交换机的端口1(fastEthernet0/1)再次相连,发现PC1可以继续ping通PC2了。

如果交换机端口无法绑定MAC地址,需要检查交换机端口是否运行了生成树协议、802.1X、端口汇聚或端口配置为Trunk端口,端口绑定与这些配置是互斥的,所以在端口绑定之前必须先取消端口的这些配置。

习 题

1. 填空题

(1) ________是一种计算机局域网(LAN)技术,最早由DEC、Intel和Xerox三家公司在20世纪70年代共同开发。

(2) 共享式以太网的特点是所有节点都共享________。

(3) ________是一种争用型的介质访问控制协议,常用于局域网中的数据链路层。

(4) 共享式以太网通常分为总线型和________两种拓扑结构。

(5) 无线局域网中的媒体访问控制子层采用________协议来避免数据传输冲突。

(6) 集线器的基本功能是将来自一个端口的数据包________所有其他端口,但不会对数据包进行任何筛选或处理。集线器工作在计算机网络的________。

(7) ________以太网在现代网络中得到广泛应用。

(8) ________是最基本的以太网标准,定义了以太网的数据传输规范,包括帧格式、物理层规范等。

(9) Cat5e(超五类线)是Cat5的升级版,标识为CAT5E,适用于________以太网。

(10) 在计算机网络中,硬件地址又称为物理地址或________。

(11) MAC地址被固化在________的ROM中。

(12) 常用的以太网MAC帧格式有两种标准:________、IEEE 802.3标准。

(13) 以太网交换机内部的________是通过自学习算法自动地逐渐建立起来的。

(14) 为避免交换机回路带来的问题,可以采取一些措施。如启用________。

(15) 二层交换机工作在________,可以识别数据帧中的________,并根据MAC地址进行转发,同时将这些MAC地址与对应的端口记录在自己内部的一个地址表中。

(16) 二层交换机具有多个网络接口,可以是物理接口或________(如VLAN接口)。

(17) 交换机的配置方式基本分为两种:带内管理和________。

(18) 带外管理通过交换机的________进行管理,这种方式不占用交换机的网络接口。

(19) ________是通过交换机上正在转发数据流量的网络通道进行管理和配置交换机。

(20) ________是一种基于文本的远程终端协议,用于远程登录和管理网络设备。

(21) 默认情况下,交换机的所有端口均属于虚拟局域网________。

(22) 对二层交换机设置管理地址之前,首先应选择VLAN1接口,然后利用________配置命令设置交换机的管理IP地址。

(23) 生成树协议是一种工作在________的通信协议。

(24) 生成树协议主要有3个版本:STP、________、MSTP。

(25) ________是一种在以太网交换机中组合多个物理接口,形成一个逻辑上的聚合端口的技术。

(26) 在进行端口聚合之前,需要创建一个________。

(27) 在交换机中,有两种主要类型的端口:________和Access端口。

(28) 数据帧(frame)也称为以太网帧,是数据链路层的________。

(29) 以太网帧中2字节的类型字段用于指示________。

(30) MAC地址由48位二进制数组成,表示为12个冒号分隔的________。

(31) 物理网卡也称为网络接口卡(NIC)或网络适配器,工作在________和________。

(32) 交换机用于在局域网中转发________。

(33) ________是指将特定的MAC地址与交换机的特定端口进行关联。

2. 简答题

(1) CSMA/CD 的工作原理是什么?

(2) 网络适配器的过滤功能是什么?

(3) 以太网交换机内部的帧交换表的建立过程是什么?

(4) 以太网交换机自学习和转发帧的流程图是什么?

(5) 两台以太网交换机互连时帧交换表的建立过程是什么?

3. 上机题

(1) 在 Cisco Packet Tracer 中做共享式以太网的实验。

(2) 在 Cisco Packet Tracer 中做交换式以太网的实验。

(3) 在 Cisco Packet Tracer 中做通过 Console 口管理二层交换机的实验。

(4) 在 Cisco Packet Tracer 中做 Telnet 登录与管理二层交换机的实验。

(5) 在 Cisco Packet Tracer 中做以太网交换机 STP 的实验。

(6) 在 Cisco Packet Tracer 中做交换机端口聚合的实验。

(7) 在 Cisco Packet Tracer 中做以太网帧封装的实验。

(8) 在 Cisco Packet Tracer 中做交换机端口与 MAC 地址绑定的实验。

项目 3　添加静态路由

本章学习目标

- 掌握路由器的基本配置。
- 理解 PPP 的作用和运作原理，掌握 PPP 的配置方法。
- 掌握如何配置路由器的静态路由，学会通过设置路由表项来指定数据包的下一跳。

在现代网络环境中，路由是确保数据包从源地址正确传输到目的地址的关键机制。静态路由是一种手动配置的路由方式，它允许网络管理员根据网络拓扑和需要，明确地指定数据包应该如何从一个网络段路由到另一个网络段。

3.1　实验 3-1：路由器的基本配置

3.1.1　背景知识

1. 路由器

路由器（router）工作在网络层，是连接两个或多个网络的硬件设备，在网络间起网关的作用，用于在不同网络之间转发数据包。路由器可以根据 IP 地址进行数据包的转发和路由选择。路由器具备隔离广播、指定访问规则、支持不同的数据链路层协议、连接异构网络等功能。

实验 3-1：路由器的基本配置

路由器的基本结构与功能包括控制卡（带 CPU）、背板、接口卡。CPU 进行路由计算，维护路由表，传递路由信息。背板负责在路由器的板卡之间转发报文。路由器有两大典型功能，即数据通道功能和控制功能。数据通道功能包括转发决定、背板转发以及输出链路调度等，一般由特定的硬件来完成；控制功能一般用软件来实现，包括与相邻路由器之间的信息交换、系统配置、系统管理等。

路由器具有不同的接口，用于与其他设备进行连接。接口可以是物理接口（如以太网端口）或逻辑接口（如虚拟接口）。物理接口主要可以分为局域网接口、广域网接口和配置端口（Console 口）三类。

（1）局域网接口：有 FDDI（光纤分布数据接口）、ATM（异步传输模式）、AUI（附加单元接口，即粗同轴电缆接口）、BNC（细同轴电缆接口）和 RJ-45（以太网接口）等网络接口。

这些接口用于连接内部网络，如计算机、内部网络打印机等。RJ-45 接口是最常见的一种网络接口，广泛应用于以双绞线为传输介质的以太网中。大多数现代网络设备都支持 RJ-45 接口。RJ-45 接口是 8 芯线，不同于电话线的 4 芯接口(如 RJ-11)。此外，RJ-45 接口在网卡上还自带两个状态指示灯，可以通过这些指示灯的颜色初步判断网卡的工作状态。

(2) 广域网接口：用于与外网相连，即与上级网络相接的网络接口。路由器在连接广域网(WAN)时通常会使用各种不同类型的接口和技术。常见的路由器广域网接口有：①Serial 接口，通常用于连接路由器到 WAN 链路，通过串行线传输数据；②DSL 接口，用于连接路由器到 DSL 互联网服务提供商(ISP)的线路，提供高速上网服务；③Ethernet 接口，通常用于连接路由器到广域以太网网络，提供高速互联网接入；④ATM 接口，用于连接路由器到 ATM 网络，在一些传统的电信环境中仍然使用；⑤Frame Relay(帧中继)接口，用于连接路由器到 Frame Relay 网络，使用基于虚拟电路的数据链接层协议；⑥MPLS 接口，用于连接路由器到 MPLS 网络，提供分组转发和服务质量(QoS)支持。

(3) 配置端口(Console 口)：此端口用于路由器的配置和管理。路由器的配置端口通常指的是通过以太网口进行连接的端口，这是最常见的方式。通过连接路由器的以太网口，可以使用网线将路由器连接到计算机，然后通过浏览器访问路由器的管理界面进行配置和管理。另外，有些路由器还配备有用于串口连接的物理端口。

路由器的配置方式基本分为两种：带外管理和带内管理。

(1) 带外管理通过路由器的 Console 口进行管理，这种方式不占用路由器的网络接口，需要使用配置线缆，需要近距离配置，首次配置时必须使用 Console 口进行配置。

(2) 带内管理指的是通过路由器上正在转发数据流量的网络通道进行管理和配置路由器的功能。意味着可以通过连接到路由器的 LAN 端口(以太网口)或无线网络来访问路由器的管理界面，进行配置、监控和管理路由器的各种设置。通过带内管理，可以进行远程或本地管理路由器，而无须额外的专用物理连接。这种管理方式通常是最常见且最便捷的方式，可以配置路由器、更新固件、监视网络流量等。在设置带内管理时，确保网络连接安全，并设置合适的认证和访问控制措施，以防止未经授权的用户访问路由器管理界面并对网络进行恶意操作。

2. IP

IP(Internet protocol)是 TCP/IP 协议族的核心组成部分，也是因特网中最重要的协议之一。它为互联网中的设备提供了端到端的通信能力，规定了将数据包从一个网络传输到另一个网络所应遵循的规则，负责在计算机网络中实现数据包的发送和路由。

IP 的设计目的是提高网络的可扩展性，解决互联网问题，实现大规模、异构网络的互联互通，并分割顶层网络应用和底层网络技术之间的耦合关系，以利于两者的独立发展。IP 通过 IP 数据包和 IP 地址屏蔽了不同的物理网络(如以太网、令牌环网等)的帧格式、地址格式等各种底层物理网络细节，使得各种物理网络的差异性对上层协议不复存在，从而使网络互联成为可能。

IP 属于网络层协议，负责完成路由寻址和消息传递的功能。它将应用程序的信息

(比如电子邮件或者网页传输的内容)转换为网络可以传输的数据包,并根据 IP 地址将数据包从一个网络节点传送到另一个网络节点。IP 定义了网络地址,即 IP 地址,用于标识互联网上的设备。

IP 数据包格式如图 3.1 所示,由首部和数据部分组成。首部由固定部分和可变部分组成。固定部分是长度固定,共 20 字节,是所有 IP 数据包必须具有的。可变部分是其长度可变。

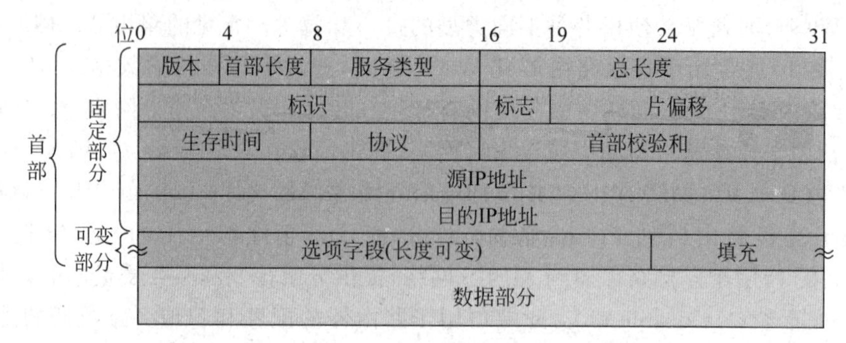

图 3.1　IP 数据包格式

IP 数据包格式包含了多个字段,下面是各字段的含义。

(1) 版本字段占 4 位,指 IP 的版本,通常为 4,表示使用 IPv4。

(2) 首部长度字段占 4 位,最大数值是 15 个单位,一个单位为 4 字节,因此可表示的实际首部长度的最大值是 60 字节。

(3) 服务类型字段占 8 位,用于定义数据包的服务质量要求,如优先级、延迟、吞吐量等。一般情况下不使用该字段。

(4) 总长度字段占 16 位,指首部和数据部分的长度之和,单位为字节,因此数据包的最大长度为 65535 字节。由于数据包要从网络层向下传给数据链路层,因此 IP 数据包的总长度必须不超过数据链路层规定的 MTU(最大传送单元)。

(5) 标识(identification)字段占 16 位,它是一个计数器,用来产生 IP 数据包的标识。

(6) 标志(flags)字段占 3 位,目前只有前两位有意义。标志字段的最低位是 MF(more fragment)。MF=1 表示后面还有分片,MF=0 表示是最后一个分片。标志字段中间的一位是 DF(don't fragment)。只有当 DF=0 时才允许分片。

(7) 片偏移字段占 13 位,指出分片数据包相对于原始数据包起始位置的偏移量。片偏移以 8 字节为偏移单位。

(8) 生存时间(time to live,TTL)字段占 8 位,表示数据包在网络中可通过的路由器数的最大值,每经过一个路由器就会减 1,当 TTL 为 0 时,数据包将被路由器丢弃。

(9) 协议字段占 8 位,指出此数据包携带的数据使用何种协议,以便目的主机的 IP 层将数据部分向上递交给该协议处理,常用的一些协议及其对应的协议字段值有 ICMP(1)、IGMP(2)、IP(4)、TCP(6)、EGP(8)、IGP(9)、UDP(17)、IPv6(41)、ESP(50)、AH(51)、ICMP-IPv6(58)、OSPF(89)。

(10) 首部校验和字段占 16 位,只检测首部字段中是否存在错误,不检测数据部分。

数据包每经过一个路由器，路由器都要重新计算首部校验和。

(11) 源 IP 地址和目的 IP 地址都各占 32 位。

(12) IP 首部的可变部分是一个选项字段，用来支持排错、测量以及安全等措施，内容很丰富。长度可变，从 1 字节到 40 字节不等，取决于所用的选项。可变部分增加了 IP 数据包的功能，但这同时也使得 IP 数据包的首部长度成为可变的，增加了每一个路由器处理数据包的开销。实际上这些选项很少被使用。

(13) 在 IP 数据包中，整个 IP 首部的长度是 32 位字(4 字节)的倍数。如果 IP 首部未能达到这个要求，就需要填充字段来使其满足长度的要求。通常来说，填充字段会用零来填充，直到首部长度达到 32 位字的倍数。填充字段的存在使得数据首部的长度能够被正确解释，确保 IP 数据包在网络中的正确处理，加快路由器对这些数据包的处理速度。

3. 分类的 IP 地址

目前广泛采用的是 IP 的第四版，简称 IPv4。然而，随着互联网的快速发展，IPv4 地址资源已经面临枯竭的问题。因此，IPv6 被提出并逐渐得到应用，以解决 IPv4 地址资源不足的问题。IPv6 采用了更长的地址长度和更高效的地址分配方式，以支持更大规模的互联网应用和发展。

IP 使用 IP 地址来唯一标识网络上的设备。IP 地址分为 IPv4 和 IPv6 两种版本。IPv4 地址是 32 位地址，通常以点分十进制记法表示，如 192.5.3.29。IPv6 地址是 128 位地址，通常以冒号分隔的十六进制表示，如 2001:0db8:85a3:0000:0000:8a2e:0370:7334。

32 位的二进制 IP 地址和点分十进制记法 IP 地址之间的转换关系如图 3.2 所示。点分十进制记法的 IP 地址便于人们理解和记忆，但是计算机内部处理的都是 32 位的二进制 IP 地址。

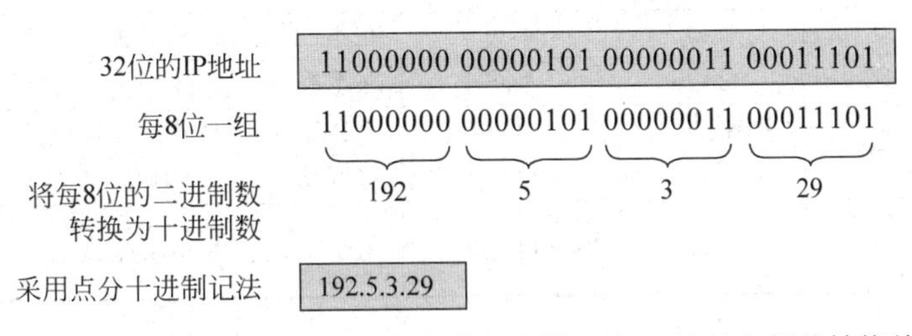

图 3.2 32 位的二进制 IP 地址和点分十进制记法 IP 地址之间的转换关系

IP 地址采用 2 级结构：网络号和主机号。各类 IP 地址的网络号字段和主机号字段如图 3.3 所示。

A 类地址的网络号字段为 1 字节，A 类地址的主机号字段为 3 字节；B 类地址的网络号字段为 2 字节，B 类地址的主机号字段为 2 字节；C 类地址的网络号字段为 3 字节，C 类地址的主机号字段为 1 字节；D 类地址是多播地址；E 类地址保留为今后使用。

各类 IP 地址的指派范围见表 3.1，指派时要扣除全 0 和全 1 的主机号。一般不使用的特殊 IP 地址见表 3.2。

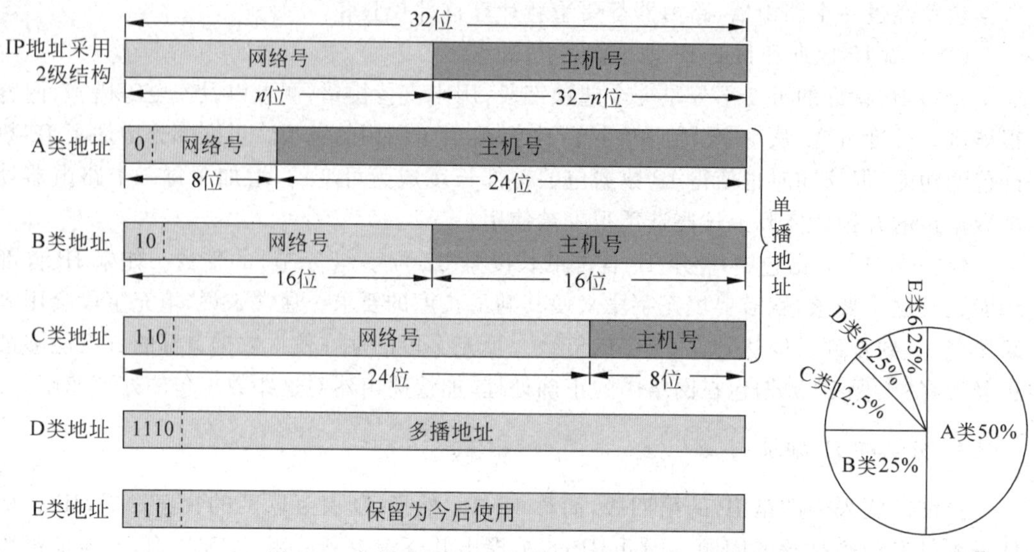

图 3.3 各类 IP 地址的网络号字段和主机号字段

表 3.1 各类 IP 地址的指派范围

网络类别	最大可指派的网络数	第一个可指派的网络号	最后一个可指派的网络号	每个网络中最大主机数
A	126 (2^7-2)	1	126	16777214
B	16383 ($2^{14}-1$)	128.1	191.255	65534
C	2097151 ($2^{21}-1$)	192.0.1	223.255.255	254

表 3.2 一般不使用的特殊 IP 地址

网络号	主机号	源地址使用	目的地址使用	含 义
0	0	可以	不可	在本网络上的本主机
0	H	可以	不可	在本网络上主机号为 H 的主机
全 1	全 1	不可	可以	只在本网络上进行广播(各路由器均不转发)
N	全 1	不可	可以	对网络号为 N 的网络上的所有主机进行广播
127	非全 0 或全 1 的任何数	可以	可以	用于本地软件环回测试

IP 地址用于唯一标识网络上的设备。私有 IP 地址和公有 IP 地址是两种不同类型的 IP 地址,它们在网络中有不同的用途和分配方式。

(1) 私有 IP 地址,也称为局域网 IP 地址或内部网络地址,是为局域网或内部网络中的设备保留的 IP 地址,只能在局域网内部使用,不可直接从 Internet 上访问,通常用于内部通信和资源共享。这些地址由组织机构自行分配,用于管理其内部网络中的设备。私有 IP 地址通常用于企业、学校等机构的内部网络中,用于连接各种设备和服务器。由于私有 IP 地址无法在因特网上被识别,因此需要通过 NAT(网络地址转换)技术将其转换为公有 IP 地址,才能实现与外部网络的通信。

私有 IP 地址可以在局域网中自由使用,多个网络可以使用相同的私有 IP 地址而不会发生冲突。私有 IP 地址范围主要分为 A 类、B 类和 C 类。具体的范围如下。

- A 类私有 IP 地址范围：10.0.0.0 ～ 10.255.255.255。
- B 类私有 IP 地址范围：172.16.0.0 ～ 172.31.255.255。
- C 类私有 IP 地址范围：192.168.0.0 ～ 192.168.255.255。

这些地址主要在局域网内部使用，不会在因特网上被路由，这样可以避免网络安全和路由方面的问题。

(2) 公有 IP 地址，也称为公网 IP 地址，是在 Internet 上唯一标识一个网络设备的 IP 地址。Internet 上的每台主机(或路由器)的每个接口都有一个全球唯一的 IP 地址，每个 IP 地址只能属于一个设备或主机。公有 IP 地址是独一无二的，可以直接从 Internet 上访问。大多数公共网站和服务器使用公有 IP 地址，用户可以通过公有 IP 地址直接访问这些设备，从而实现远程访问、文件传输等功能。公有 IP 地址由互联网名称与数字地址分配机构(ICANN)分配和管理。ICANN 将公有 IP 地址分配给各个国家和地区的因特网服务提供商(ISP)，再由 ISP 分配给其用户。

总体而言，私有 IP 地址用于内部网络中，而公有 IP 地址用于外部通信和 Internet 连接。通常，私有 IP 地址通过路由器或防火墙转换为公有 IP 地址以实现与 Internet 的通信。私有 IP 地址允许内部网络中的设备相互通信，而公有 IP 地址使设备能够与 Internet 上的其他设备进行通信。需要注意的是，私有 IP 地址和公有 IP 地址的划分是相对的，公有 IP 地址既可以用在公网，也可以用在内部网络。即一个公有 IP 地址在局域网内部被当成私有 IP 地址使用，而在公网中就是公有 IP 地址。

4. IP 地址的 CIDR 表示法

CIDR(classless inter-domain routing，无类别域间路由)是一种用于分配 IP 地址和进行路由选择的技术。CIDR 通过消除传统的 A、B、C 类地址及其子网的概念，支持更加灵活有效的 IP 地址分配，有助于解决传统 IP 地址分类方式中存在的地址浪费和不足的问题。在 CIDR 中，IP 地址被划分为两部分：网络前缀和主机标识符。网络前缀用于标识网络地址，而主机标识符用于标识该网络内的具体主机。

CIDR 表示法是一种将 IP 地址和子网掩码结合在一起表示网络的方法，其基本格式为：IP 地址/前缀长度。其中，IP 地址是常规的 IPv4 或 IPv6 地址，前缀长度是一个介于 0 到 32(对于 IPv4)或 0 到 128(对于 IPv6)之间的数字，表示网络前缀的位数。例如，一个 CIDR 表示为 192.168.1.0/24，表示网络前缀为 192.168.1，子网掩码为 255.255.255.0，可以分配 256－2 个主机地址。在这个例子中，/24 表示网络前缀长度为 24，占据了前 24 位，剩下的 8 位用于主机地址的分配。

CIDR 表示法的优点如下。

(1) 简化 IP 地址的表示。通过合并网络前缀和子网掩码，CIDR 使得 IP 地址的表示更加简洁和易于理解。

(2) 提高 IP 地址的利用率。CIDR 通过支持可变长度的网络前缀，允许将 IP 地址空间划分为更小的子网，避免了传统有类别划分方式限制，更加灵活地分配 IP 地址空间，减少了 IP 地址的浪费。

(3) 简化路由表的管理。CIDR 通过将多个连续的网络地址聚合为一个更大的网络地址,可以减少路由表中的条目数量,从而降低路由器的负担,提高了网络的性能。

(4) 提高网络的可扩展性。CIDR 提供了更好的网络可扩展性,因为可以根据实际需求进行 IP 地址的分配,而不需要预先确定网络的大小和范围。

CIDR 地址块是指通过 CIDR 表示法表示的 IP 地址范围。例如,使用 CIDR 地址块的表示形式如 192.168.0.0/24,表示从 192.168.0.0 到 192.168.0.255 的 256 个 IP 地址。CIDR 地址块使网络管理员能够更有效地管理 IP 地址和路由表项。再举三个 CIDR 地址块的具体示例。

(1) 192.168.1.0/24:表示网络地址为 192.168.1.0,子网掩码为 255.255.255.0,有 256−2 个可用 IP 地址。

(2) 10.0.0.0/16:表示网络地址为 10.0.0.0,子网掩码为 255.255.0.0,有 65536−2 个可用 IP 地址。

(3) 172.16.0.0/20:表示网络地址为 172.16.0.0,子网掩码为 255.255.240.0,有 4096−2 个可用 IP 地址。

常用的 CIDR 地址块见表 3.3。

表 3.3 常用的 CIDR 地址块

网络前缀长度	点分十进制	包含的地址数	相当于包含有分类网络的个数
/13	255.248.0.0	512×1024	8 个 B 类或 2048 个 C 类
/14	255.252.0.0	256×1024	4 个 B 类或 1024 个 C 类
/15	255.254.0.0	128×1024	2 个 B 类或 512 个 C 类
/16	255.255.0.0	64×1024	1 个 B 类或 256 个 C 类
/17	255.255.128.0	32×1024	128 个 C 类
/18	255.255.192.0	16×1024	64 个 C 类
/19	255.255.224.0	8×1024	32 个 C 类
/20	255.255.240.0	4×1024	16 个 C 类
/21	255.255.248.0	2×1024	8 个 C 类
/22	255.255.252.0	1×1024	4 个 C 类
/23	255.255.254.0	512	2 个 C 类
/24	255.255.255.0	256	1 个 C 类
/25	255.255.255.128	128	1/2 个 C 类
/26	255.255.255.192	64	1/4 个 C 类
/27	255.255.255.224	32	1/8 个 C 类

三个特殊的 CIDR 地址块/32、/31、/0。

(1) 地址块/32 表示单个 IP 地址,即只包含一个主机,通常用于指定特定的主机。

(2) 地址块/31 在传统的网络中被认为是无效的,因为在一个网络中只能有两个主机(一个用于网络地址,一个用于广播地址)。然而,在一些特殊情况下(如点对点连接),地址块/31 可用于节省 IP 地址。

(3) 地址块/0 表示整个 IPv4 地址空间,即包含所有 IPv4 地址,这通常被用于路由表中的默认路由,即 0.0.0.0/0。

3.1.2　实验目的

使用 Cisco Packet Tracer 模拟一个简单的路由器配置环境，通过模拟实验达到以下几个目的。

(1) 掌握采用 Console 线缆配置路由器的方法：掌握路由器的基本配置命令，能够设置管理 IP 地址、登录用户名和密码等。

(2) 掌握采用 Telnet 方式配置路由器的方法：理解 Telnet 协议和远程管理的基本概念，能够使用 Telnet 客户端连接和管理路由器。

(3) 熟悉路由器不同的命令行操作模式以及各种模式之间的切换。

通过完成这个实验，读者可以深入了解路由器的配置方式和命令行操作模式，掌握 Telnet 配置方法，提高网络设备的配置和管理技能。

3.1.3　实验步骤

网络管理员拿到新购买的路由器后，需要对路由器进行初次配置，然后就可以在办公室或出差在外时对设备进行远程管理。

1. 创建网络拓扑

在 Cisco Packet Tracer 中创建一个新的空白拓扑，然后添加笔记本电脑、路由器、台式机。

(1) 使用串口线将路由器的 Console 口和笔记本电脑的串口连接起来。

(2) 使用直通线将路由器的以太网千兆口 Gi0/0/0 和笔记本电脑的百兆口 Fa0 连接起来。

(3) 使用交叉线将路由器的以太网千兆口 Gi0/0/1 和台式机的百兆口 Fa0 连接起来。

(4) 使用 USB 线将路由器的 USB Console 口和台式机的 USB 口 USB0 连接起来。

最终的网络拓扑如图 3.4 所示。

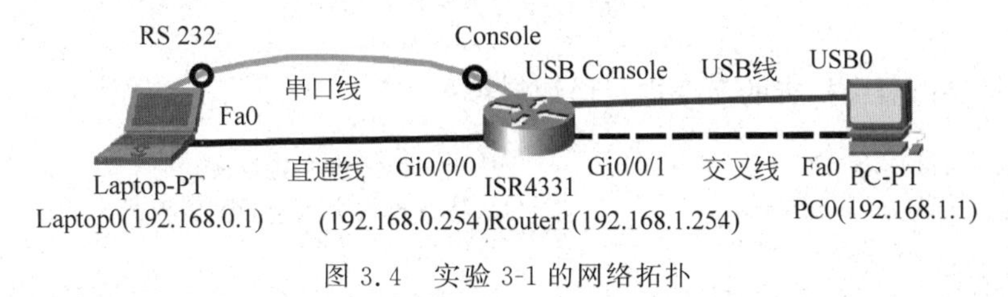

图 3.4　实验 3-1 的网络拓扑

ISR4331 路由器的配置端口有 USB Console 口和 Console 口两种，都可以用于本地配置和管理。Console 口是路由器的一个传统配置接口，USB Console 口是一种较新的接口。目前的计算机通常都不提供串口，新的交换机和路由器都提供 USB Console 口，因此,目前通常通过USB线对交换机和路由器进行初次配置。

图3.4中,路由器通过串口线和USB线分别与笔记本电脑和台式机相连,经测,只能通过台式机对路由器进行初次配置。如果删除USB线,则可以通过笔记本电脑对路由器进行初次配置。

2. 通过USB Console口配置路由器

单击图3.5中的台式机PC0,然后依次选择Desktop→Terminal命令,出现串口设置窗口,使用默认值,单击OK按钮,在随后的窗口中按Enter键,进入串口命令行环境,如图3.5所示,在此可以执行命令对路由器进行操作,比如修改路由器名字、设置串口登录密码、设置特权模式密码。再次通过串口登录交换机时,需要输入串口登录密码,如果要进入特权模式,需要输入特权模式密码。

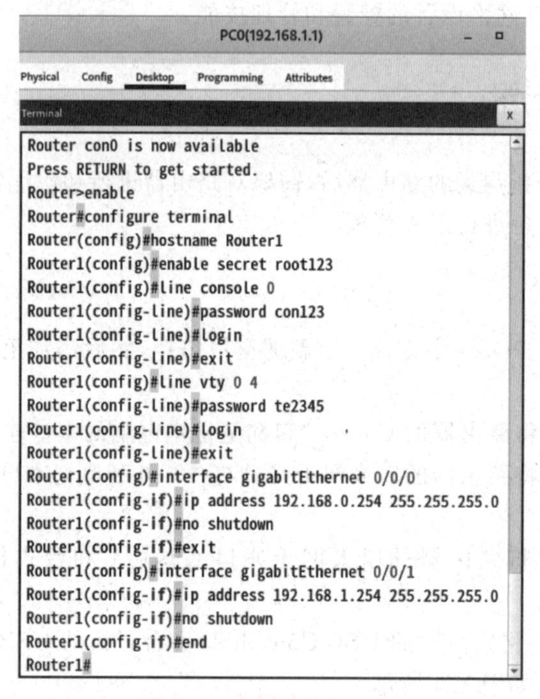

图3.5 串口命令行环境

下面对路由器中执行的命令进行详细解释。

```
Router > enable                          //从用户模式进入特权模式
Router # configure terminal              //从特权模式进入全局配置模式
Router(config) # hostname Router1        //修改路由器名字
Router1(config) # enable secret root123  //设置进入特权模式的密码为root123,以确保路由器
                                           的安全
Router1(config) # line console 0         //选择控制台线路,0是控制台线路编号
Router1(config - line) # password con123 //设置该控制台线路密码为con123
Router1(config - line) # login           //打开控制台登录认证功能
Router1(config - line) # exit
```

```
Router1(config)# line vty 0 4             //进入虚拟终端(VTY)线路配置模式,对第0~4个VTY
                                            线路进行配置,意味着有5个VTY线路可用,可同时
                                            允许5个远程用户通过Telnet连接到路由器
Router1(config-line)# password te2345     //设置Telnet远程登录密码为te2345。在进行Telnet
                                            之前必须保证路由器上已经设置了vty密码
Router1(config-line)# login               //打开Telnet远程登录认证功能
Router1(config-line)# exit
Router1(config)# interface gigabitEthernet 0/0/0                 //选择网络端口,进入特定端
                                                                   口模式
Router1(config-if)# ip address 192.168.0.254 255.255.255.0      //配置接口IP地址
Router1(config-if)# no shutdown                                  //开启接口
Router1(config-if)# exit
Router1(config)# interface gigabitEthernet 0/0/1                 //选择网络端口,进入特定端
                                                                   口模式
Router1(config-if)# ip address 192.168.1.254 255.255.255.0      //配置接口IP地址
Router1(config-if)# no shutdown                                  //开启接口
```

3. 测试

在Laptop0的命令行执行ping 192.168.0.254命令,可以ping通。

在Laptop0的命令行执行ping 192.168.1.254命令,不能ping通,因为还没有设置路由器的路由功能。

单击Laptop0,然后依次选择Desktop→Command Prompt命令,出现命令行窗口,如图3.6所示,执行telnet命令远程登录路由器,输入密码(te2345)进行登录,登录交换机命令行后,可以从用户模式进入特权模式,此时需要输入特权模式密码(root123)。

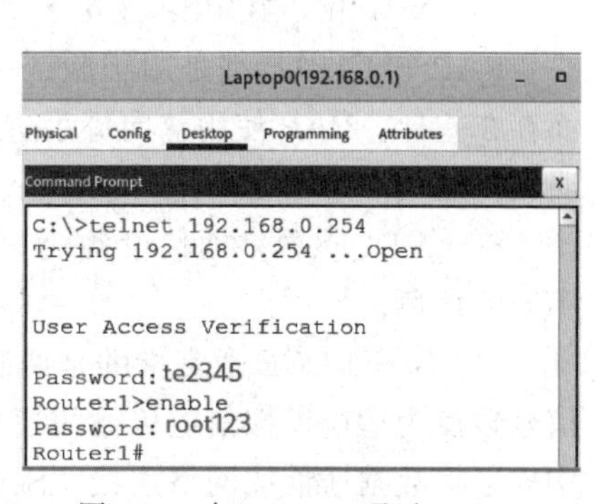

图3.6 在Laptop0通过Telnet远程登录路由器

4. 在Cisco Packet Tracer中配置路由器的3种方法

在Cisco Packet Tracer中配置路由器有3种方法。第一种方法是通过Console口进行配置。第二种方法是通过Telnet远程登录后进行配置。这两种方法同样适用于真实的路由器。第三种方法只能在Cisco Packet Tracer仿真环境中使用,方法是单击路由器,在弹出窗口中选择CLI标签页,出现路由器的命令行窗口。本书后面的所有实验,对路由器的配置都采用第三种方法。

3.2 实验3-2:配置PPP

3.2.1 背景知识

PPP(point-to-point protocol,点对点协议)是一种数据链路层协议,用于在两个网络

实验 3-2:
配置 PPP

节点之间建立可靠的点对点连接。PPP 通常用于在串行链路(如电话线、拨号连接、DSL 连接等)上进行数据传输。PPP 具有简单、灵活、可扩展、可协商等特点。它支持多种网络协议,能够通过协商确定串行通信的参数,从而保证了数据传输的质量和可靠性。

PPP 将数据包封装在 PPP 帧中进行传输。帧包括头部和数据两部分。头部包含帧起始、地址、控制、协议等字段。

PPP 包含三个阶段:建立连接、认证、网络协商。这三个阶段对应于链路控制协议(link control protocol,LCP)、认证协议、网络控制协议(network control protocol,NCP)。

(1) LCP 用于建立、配置和维护 PPP 连接,并在连接中传输连接控制消息。

(2) 认证协议:PPP 支持多种认证方式,如 PAP(password authentication protocol,密码认证协议)和 CHAP(challenge handshake authentication protocol,挑战握手认证协议),用于在建立连接时进行身份认证。

(3) NCP 用于在 PPP 连接上协商和配置网络层协议,如 IP、IPX 等。

PAP 和 CHAP 都是用于验证 PPP 会话的认证协议,但它们在认证方式和安全性方面存在差异。PAP 使用双向握手进行认证,而 CHAP 使用三次握手。另外,PAP 是通过明文传输用户名和密码进行认证,而 CHAP 则是通过加密传输用户名和密码进行认证。

Serial DCE(数字通信设备)和 Serial DTE(数据终端设备)在串行通信中各自扮演着不同的角色。

(1) Serial DCE 通常指的是调制解调器、多路复用器或数字设备,主要功能是将数字信号转换为适应模拟信道传输的模拟信号,并在接收端将模拟信号转换回数字信号,从而实现远程数据通信或网络连接。Serial DCE 负责管理通信会话的各个方面,包括提供时钟信号、处理数据流以及处理通信协议的细节。

(2) Serial DTE 是一个数据源(数据的发送者)或数据宿(数据的接收者),或者两者都是。在串行通信中,Serial DTE 设备通常通过 DCE 设备连接到网络。Serial DCE 和 Serial DTE 在串行通信中相互协作,共同实现数据的传输和通信。DCE 设备负责信号的转换和时钟的提供,而 DTE 设备则负责数据的发送和接收。

3.2.2 实验目的

使用 Cisco Packet Tracer 模拟一个简单的互联网环境,通过模拟实验达到以下几个目的。

(1) 掌握 PPP 的配置方法:理解 DCE 和 DTE 的作用和用法,掌握如何在 Cisco 设备上配置 PPP,包括接口参数、协议类型、验证方式、密码等。

(2) 理解 PPP 的工作原理:包括链路建立、验证和网络层参数协商等。

3.2.3 实验步骤

1. 创建网络拓扑

在 Cisco Packet Tracer 中创建一个新的空白拓扑,然后添加 3 台路由器,使用串口线连接起来。最终的网络拓扑如图 3.7 所示。路由器是网络层设备,主要功能是进行路径选择、分组转发和广域网连接。这个网络拓扑模拟 3 个 ISP 的连接,每台路由器表示一个 ISP。

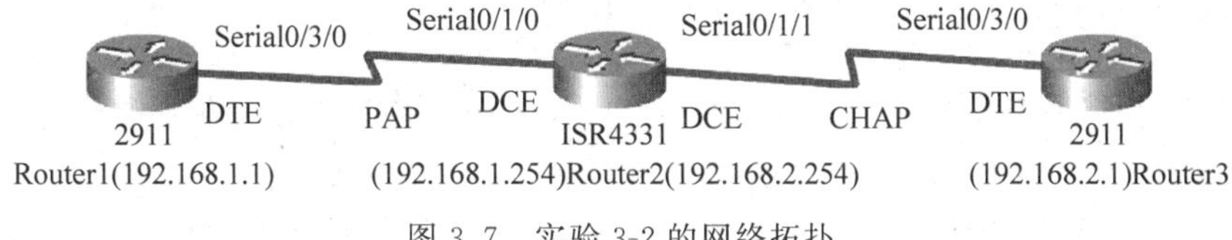

图 3.7 实验 3-2 的网络拓扑

2. 为路由器添加模块

在创建如图 3.7 所示的网络拓扑之前,需要为路由器添加模块。如图 3.8 所示,为路由器 Router1、Router3 添加 HWIC-2T 模块,为路由器 Router2 添加 NIM-2T 模块。HWIC-2T 模块和 NIM-2T 模块都是 2 端口串行广域网接口卡。

注意: 加装和拆卸模块前一定要先关闭电源,然后开启电源。

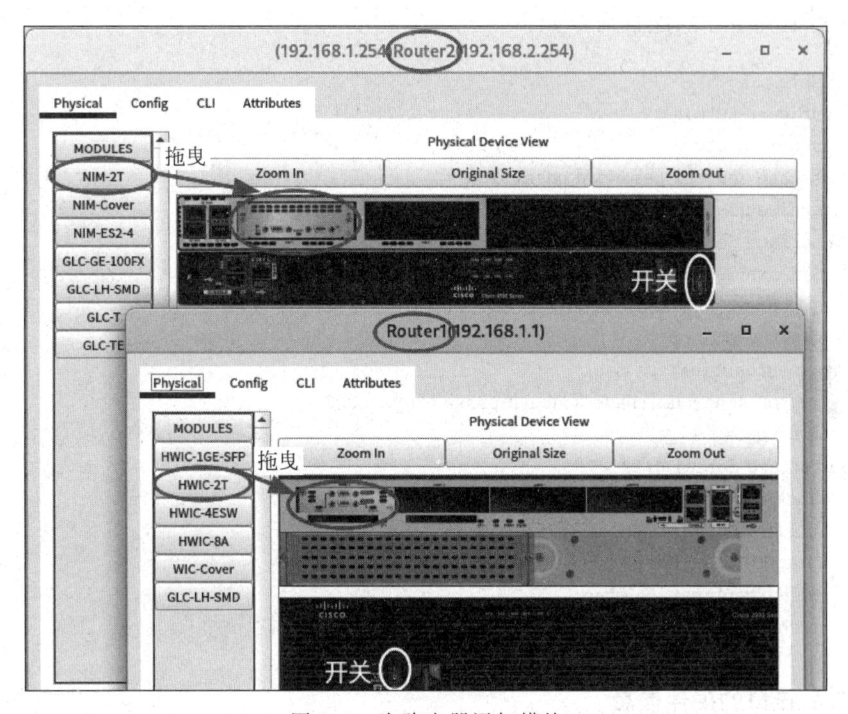

图 3.8 为路由器添加模块

3. Serial DTE 连接线和 Serial DCE 连接线的用法

(1) 使用 Serial DTE 连接线连接两个设备时,先连接的是 DTE 设备,后连接的是 DCE 设备。

(2) 使用 Serial DCE 连接线连接两个设备时,先连接的是 DCE 设备,后连接的是 DTE 设备。

4. 配置路由器

路由器 Router1 和 Router3 的配置命令如下。

路由器 Router1 的配置命令

```
 1: enable
 2: configure terminal
 3: hostname Router1
 4: username Router2 password pass222
 5: interface Serial 0/3/0
 6:   ip address 192.168.1.1 255.255.255.0
 7:   encapsulation ppp
 8:   ppp authentication pap
 9:   ppp pap sent - username Router1 password pass111
10:   no shutdown
```

路由器 Router3 的配置命令

```
1: enable
2: configure terminal
3: hostname Router3
4: username Router2 password CHAP123
5: interface Serial 0/3/0
6:   ip address 192.168.2.1 255.255.255.0
7:   encapsulation ppp
8:   ppp authentication chap
9:   no shutdown
```

路由器 Router2 的配置命令如下。

```
 1: enable
 2: configure terminal
 3: hostname Router2
 4: username Router1 password pass111
 5: username Router3 password CHAP123
 6: interface Serial 0/1/0
 7:   clock rate 4000000
 8:   ip address 192.168.1.254 255.255.255.0
 9:   encapsulation ppp
10:   ppp authentication pap
11:   ppp pap sent - username Router2 password pass222
12:   no shutdown
13: interface Serial 0/1/1
14:   clock rate 4000000
15:   ip address 192.168.2.254 255.255.255.0
16:   encapsulation ppp
17:   ppp authentication chap
18:   no shutdown
```

5. 查看接口的硬件信息

show controllers 命令的功能是查看指定接口的硬件信息，包括该接口的硬件状态、配置和其他相关信息。路由器 Router1～Router3 的接口硬件信息如图 3.9～图 3.11 所示。路由器 Router1 和 Router3 为 DTE 端，路由器 Router2 为 DCE 端，实际工作中，DCE 设备通常由 ISP(因特网服务供应商)配置。

6. 查看接口的详细信息

show interface 命令的功能是显示指定接口的详细信息，包括该接口的配置、状态、流

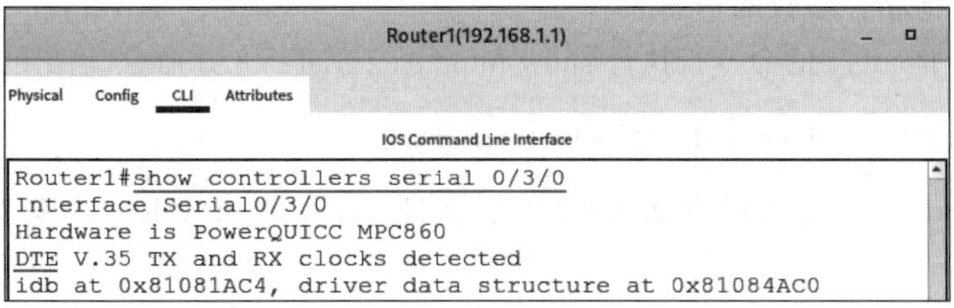

```
Router1(192.168.1.1)
Physical  Config  CLI  Attributes
IOS Command Line Interface
Router1#show controllers serial 0/3/0
Interface Serial0/3/0
Hardware is PowerQUICC MPC860
DTE V.35 TX and RX clocks detected
idb at 0x81081AC4, driver data structure at 0x81084AC0
```

图 3.9 路由器 Router1 的接口硬件信息

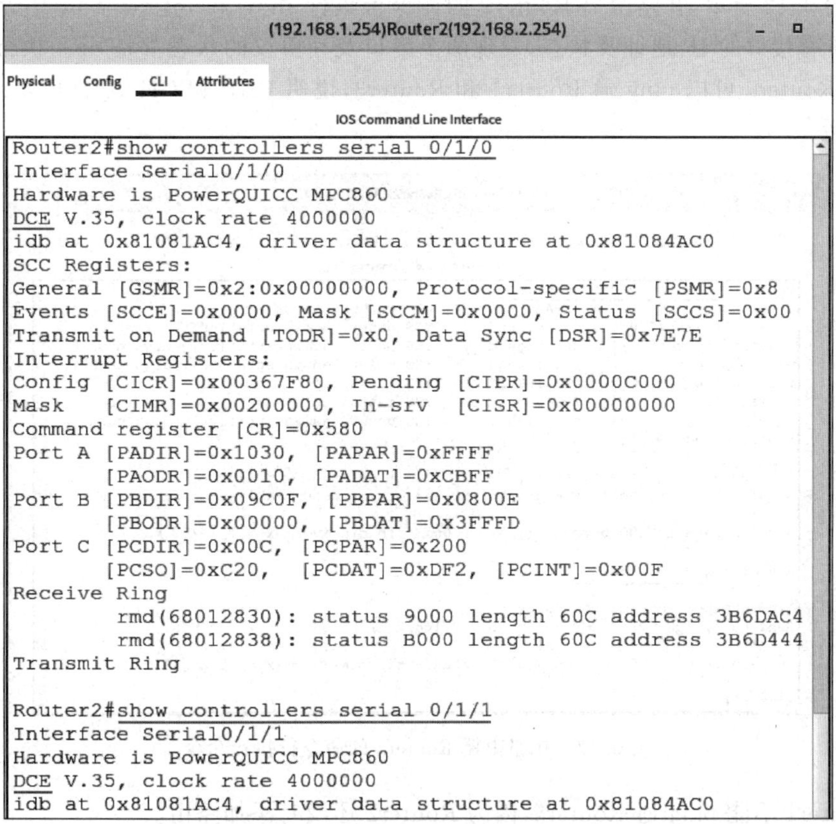

```
(192.168.1.254)Router2(192.168.2.254)
Physical  Config  CLI  Attributes
IOS Command Line Interface
Router2#show controllers serial 0/1/0
Interface Serial0/1/0
Hardware is PowerQUICC MPC860
DCE V.35, clock rate 4000000
idb at 0x81081AC4, driver data structure at 0x81084AC0
SCC Registers:
General [GSMR]=0x2:0x00000000, Protocol-specific [PSMR]=0x8
Events [SCCE]=0x0000, Mask [SCCM]=0x0000, Status [SCCS]=0x00
Transmit on Demand [TODR]=0x0, Data Sync [DSR]=0x7E7E
Interrupt Registers:
Config [CICR]=0x00367F80, Pending [CIPR]=0x0000C000
Mask   [CIMR]=0x00200000, In-srv  [CISR]=0x00000000
Command register [CR]=0x580
Port A [PADIR]=0x1030, [PAPAR]=0xFFFF
       [PAODR]=0x0010, [PADAT]=0xCBFF
Port B [PBDIR]=0x09C0F, [PBPAR]=0x0800E
       [PBODR]=0x00000, [PBDAT]=0x3FFFD
Port C [PCDIR]=0x00C, [PCPAR]=0x200
       [PCSO]=0xC20,  [PCDAT]=0xDF2, [PCINT]=0x00F
Receive Ring
        rmd(68012830): status 9000 length 60C address 3B6DAC4
        rmd(68012838): status B000 length 60C address 3B6D444
Transmit Ring

Router2#show controllers serial 0/1/1
Interface Serial0/1/1
Hardware is PowerQUICC MPC860
DCE V.35, clock rate 4000000
idb at 0x81081AC4, driver data structure at 0x81084AC0
```

图 3.10 路由器 Router2 的接口硬件信息

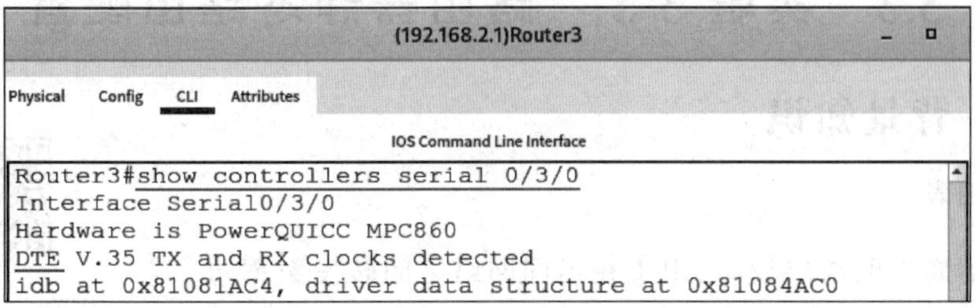

```
(192.168.2.1)Router3
Physical  Config  CLI  Attributes
IOS Command Line Interface
Router3#show controllers serial 0/3/0
Interface Serial0/3/0
Hardware is PowerQUICC MPC860
DTE V.35 TX and RX clocks detected
idb at 0x81081AC4, driver data structure at 0x81084AC0
```

图 3.11 路由器 Router3 的接口硬件信息

量统计以及其他相关参数的信息。

在路由器 Router1 的命令行执行 show interface serial 0/3/0 命令,输出的信息中包含:

```
Serial0/3/0 is up, line protocol is up (connected)
```

其中,connected 说明双方通过了 PPP 认证,如果是 disabled,说明对端没有配置好 PPP。

7. 测试

如图 3.12 所示,在路由器 Router2 的命令行执行 show ip interface brief 命令,显示设备上所有接口的 IP 地址及状态,发现两个串口及其协议的状态都是 up。执行 ping 命令可知,Router2 可以 ping 通 Router1 和 Router3,说明 PAP 和 CHAP 都成功地验证了 PPP 会话。

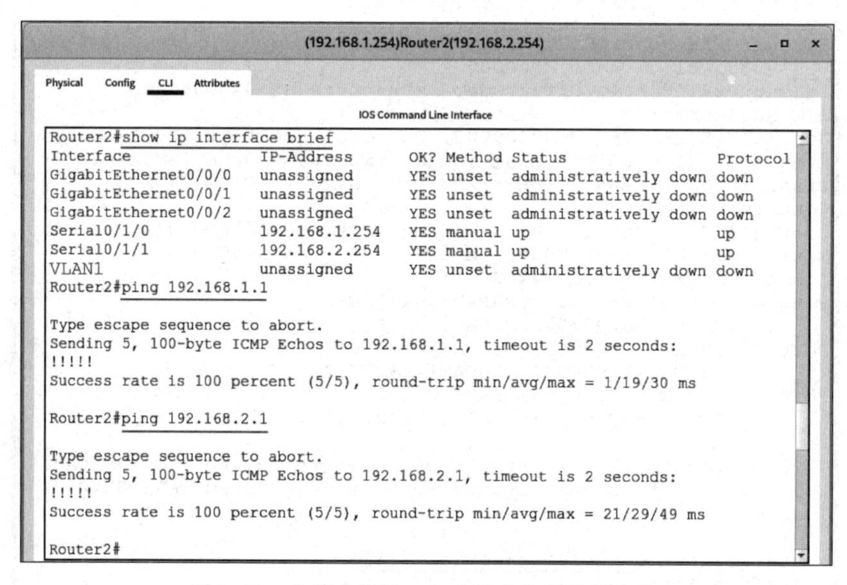

图 3.12 在路由器 Router2 的命令行执行命令

Router1 不能 ping 通 Router3,因为 Router2 还没有添加路由。

3.3 实验 3-3: 路由器静态路由配置

3.3.1 背景知识

1. 路由表

实验 3-3:路由器静态路由配置

路由器属于网络层设备,用于在不同网络之间转发数据包。它可以基于目的 IP 地址来选择最佳路径并将数据包转发到正确的目的地。路由器是根据转发表进行选路和转发的。

路由表(或转发表)是路由器中存储的一张表,它包含了路由器知道的网络和对应的出口接口信息。路由器根据路由表中的信息来决定如何转发数据包。生成路由表主要有两种方法:手动配置和动态配置。

静态路由是一种手动配置的路由方式,管理员需要手动设置路由器上的路由表项。这些路由表项指定了目标网络和对应的下一跳(下一跳是数据包离开当前网络并进入下一个网络的接口)。静态路由具有简单、高效、安全保密性高的特点,适用于小型网络或需要精确控制数据流向的网络。

默认路由是一种特殊的静态路由,是指当数据包中的目的 IP 地址与路由表中的任何表项都不匹配时,数据包将被发送到默认路由所指定的下一跳地址。默认路由通常用于将流量发送到本地网络之外。如果没有设置默认路由,那么目的 IP 地址在路由表中没有匹配表项的数据包会被丢弃。因此,默认路由在某些时候非常有用,特别是在末梢网络,默认路由会极大简化路由器的配置,减轻网络管理员的工作负担。

默认网关是一个网络设备(通常是路由器或防火墙),位于本地网络和其他网络(如互联网)之间,用作本地网络中所有流量的出口点。默认网关通常被设置为本地网络中网络设备的默认路由。

默认路由和默认网关是两个相关但不完全相同的概念。默认路由是指路由表中用于处理未匹配目的地址的规则,而默认网关是一个网络设备,作为本地网络流量的出口点。通常,设置默认路由会指向默认网关。

2. IP 数据包在互联网中的传输过程

这一小节以 IP 数据包在互联网中的传输过程(见图 3.13)为例,介绍路由表的作用、路由器的分组转发、ARP 的作用等理论知识。

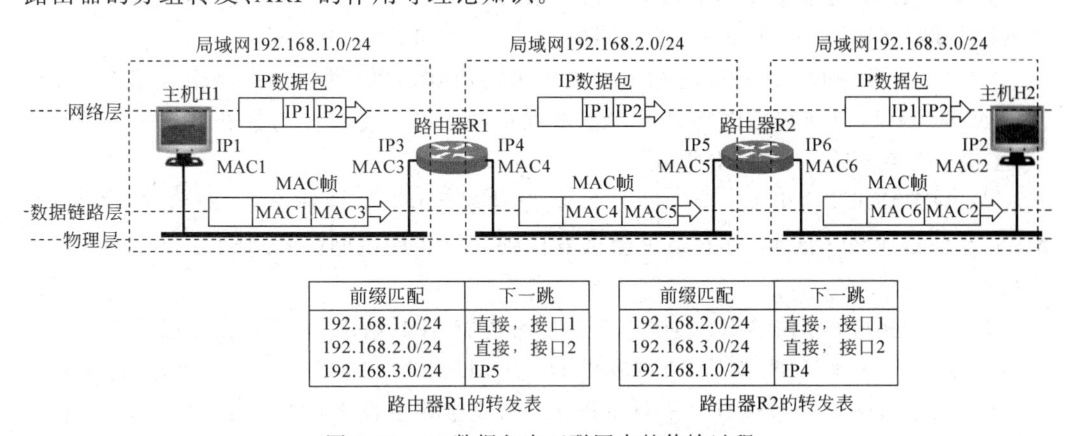

前缀匹配	下一跳
192.168.1.0/24	直接，接口1
192.168.2.0/24	直接，接口2
192.168.3.0/24	IP5

路由器R1的转发表

前缀匹配	下一跳
192.168.2.0/24	直接，接口1
192.168.3.0/24	直接，接口2
192.168.1.0/24	IP4

路由器R2的转发表

图 3.13　IP 数据包在互联网中的传输过程

图 3.13 中计算机和路由器地址分配情况见表 3.4。主机 H1 的默认网关是 192.168.1.254。主机 H2 的默认网关是 192.168.3.254。

表 3.4 计算机和路由器地址分配情况

机器	网络接口	地址符号	具体地址
主机 H1	网卡 1	IP1	192.168.1.1/24
		MAC1	52:05:db:0d:3f:01
主机 H2	网卡 1	IP2	192.168.3.1/24
		MAC2	52:05:db:0d:3f:02
路由器 R1	网络接口 1(左侧)	IP3	192.168.1.254/24
		MAC3	52:05:db:0d:3f:11
	网络接口 2(右侧)	IP4	192.168.2.253/24
		MAC4	52:05:db:0d:3f:12
路由器 R2	网络接口 1(左侧)	IP5	192.168.2.254/24
		MAC5	52:05:db:0d:3f:21
	网络接口 2(右侧)	IP6	192.168.3.254/24
		MAC6	52:05:db:0d:3f:22

当主机 H1 向主机 H2 发送一个 IP 数据包时,整个传输过程涉及多个步骤。

(1) 主机 H1 准备发送 IP 数据包。主机 H1 知道它要发送的数据包的目的 IP 地址是 192.168.3.1(即主机 H2 的 IP 地址)。H1 首先会查看其本地路由表,以确定如何到达这个目的地。

(2) 主机 H1 查询本地路由表。主机 H1 的本地路由表的大致内容如下:

```
Destination        Gateway           Interface
192.168.1.0/24     (none)            Ethernet0
0.0.0.0/0          192.168.1.254     Ethernet0
```

由于目的 IP 地址 192.168.3.1 不在本地网络(192.168.1.0/24)内,因此主机 H1 会查看默认网关(192.168.1.254),这是路由器 R1 的接口 1 的 IP 地址。

(3) 主机 H1 执行 ARP。主机 H1 接下来需要知道默认网关(即路由器 R1 的接口 1)的 MAC 地址,以便它可以将数据包发送到正确的物理地址。为了获取这个 MAC 地址,主机 H1 会发送一个 ARP 请求。

① ARP 请求:主机 H1 会广播一个 ARP 请求,询问 IP 地址 192.168.1.254 对应的 MAC 地址是什么。这个 ARP 请求会被发送到其所在局域网(192.168.1.0/24)中的所有设备。

② ARP 响应:路由器 R1 的接口 1 会收到这个 ARP 请求,并识别出自己的 IP 地址。然后,它会发送一个 ARP 响应,告诉主机 H1 其 MAC 地址是 52:05:db:0d:3f:11。

(4) 主机 H1 发送数据帧。一旦主机 H1 知道了路由器 R1 的接口 1 的 MAC 地址,它就可以构建并发送数据帧。这个数据帧的目的 MAC 地址是 52:05:db:0d:3f:11,目的 IP 地址是 192.168.3.1。

(5) 路由器 R1 查询转发表。路由器 R1 的接口 1 接收到主机 H1 发送来的数据帧,提取出 IP 数据包,根据目的 IP 地址 192.168.3.1 查询路由器 R1 的转发表,匹配到第 3 个表项,知道下一跳 IP 地址为路由器 R2 的接口 1 的 IP 地址 192.168.2.254。

(6) 路由器 R1 执行 ARP。由于 192.168.2.254 和路由器 R1 的接口 2 的 IP 地址

192.168.2.253 属于同一个网段,因此路由器 R1 通过接口 2 发送 ARP 请求。

① ARP 请求:路由器 R1 在局域网(192.168.2.0/24)中广播一个 ARP 请求,询问 IP 地址 192.168.2.254 对应的 MAC 地址是什么。

② ARP 响应:路由器 R2 的接口 1 会收到这个 ARP 请求,并识别出自己的 IP 地址。然后,它会发送一个 ARP 响应,告诉路由器 R1 其 MAC 地址是 52:05:db:0d:3f:21。

(7) 路由器 R1 发送数据帧。一旦路由器 R1 知道了路由器 R2 的接口 1 的 MAC 地址,它就可以构建并发送数据帧。这个数据帧的目的 MAC 地址是 52:05:db:0d:3f:21,目的 IP 地址是 192.168.3.1。

(8) 路由器 R2 查询转发表。路由器 R2 的接口 1 接收到路由器 R1 发送来的数据帧,提取出 IP 数据包,根据目的 IP 地址 192.168.3.1 查询路由器 R2 的转发表,匹配到第 2 个表项,知道目的 IP 地址 192.168.3.1 和接口 2 的 IP 地址 192.168.3.254 属于同一个网段,因此直接交付。

(9) 路由器 R2 执行 ARP。路由器 R2 通过接口 2 发送 ARP 请求。

① ARP 请求:路由器 R2 在局域网(192.168.3.0/24)中广播一个 ARP 请求,询问 IP 地址 192.168.3.1 对应的 MAC 地址是什么。

② ARP 响应:主机 H2 会收到这个 ARP 请求,并识别出自己的 IP 地址。然后,它会发送一个 ARP 响应,告诉路由器 R2 其 MAC 地址是 52:05:db:0d:3f:02。

(10) 路由器 R2 发送数据帧。一旦路由器 R2 知道了主机 H2 的 MAC 地址,它就可以构建并发送数据帧。这个数据帧的目的 MAC 地址是 52:05:db:0d:3f:02,目的 IP 地址是 192.168.3.1。

(11) 主机 H2 收到主机 H1 发来的数据包。主机 H2 接收到路由器 R2 发送来的数据帧,提取出 IP 数据包。

3.3.2 实验目的

使用 Cisco Packet Tracer 模拟一个互联网环境,通过模拟实验达到以下几个目的。

(1) 理解和配置静态路由:理解静态路由的概念,学习如何手动配置路由器上的静态路由表项。手动指定网络和下一跳接口的映射关系,以指导数据包的转发。

(2) 实现网络互联:学习者将通过配置路由器的静态路由,实现不同网络之间的互联。这将使得数据包能够根据目的 IP 地址正确地从一个网络转发到另一个网络。

(3) 验证路由配置的正确性:学习如何验证配置的静态路由是否正确工作。可以使用网络工具(如 ping 命令)来发送测试数据包,并确认数据包是否按预期路径进行转发。

3.3.3 实验步骤

1. 创建网络拓扑

学校有两个校区,每个校区是一个独立的局域网,网段分别为 192.168.0.0/24、192.168.3.0/24。为了使两个校区能够相互通信。每个校区出口利用一台路由器(2911)接到互联网(ISR4331)。

在 Cisco Packet Tracer 中创建一个新的空白拓扑，然后添加计算机、交换机和路由器，使用相应的连线将它们连接起来。最终的网络拓扑如图 3.14 所示。

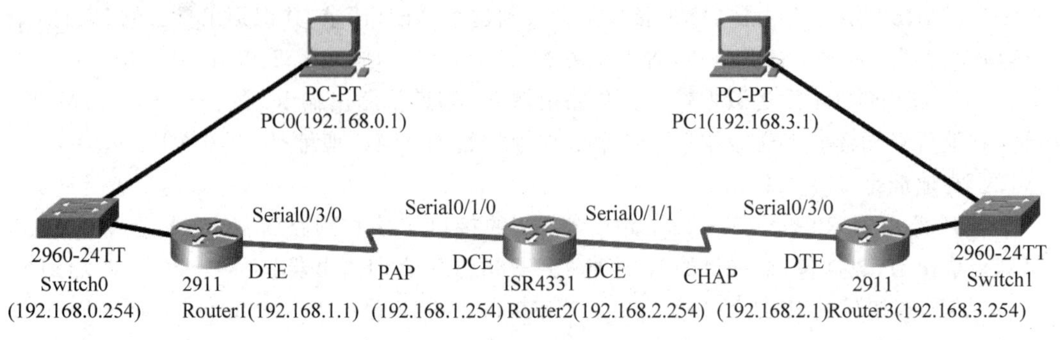

图 3.14 实验 3-3 的网络拓扑

2. 配置 PC0 和 PC1

如前文所述，配置 PC0 和 PC1 的网络参数，如图 3.15 所示。PC0 的默认网关设置为 192.168.0.254。PC1 的默认网关设置为 192.168.3.254。

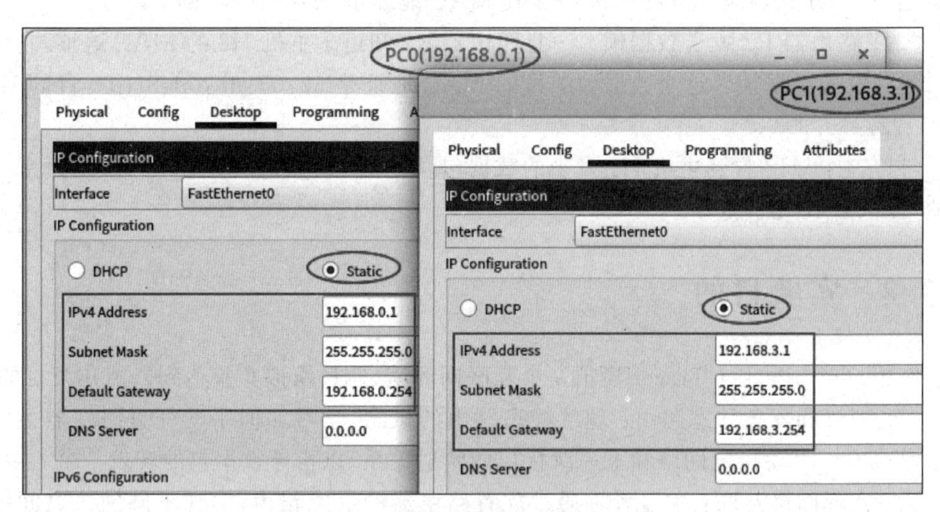

图 3.15 配置 PC0 和 PC1 的网络参数

默认网关(default gateway)，也叫缺省网关，是子网与外网连接的设备，通常是一个路由器。当一台计算机发送数据包时，根据数据包的目的 IP 地址，通过子网掩码来判定目的主机是否在本地子网中。如果目的主机在本地子网中，则直接发送信息；如果目的主机不在本地子网中，则将该信息发送到默认网关(路由器)，由默认网关将其转发到其他网络中，进一步寻找目的主机。一台主机的默认网关必须正确地指定，否则该主机就无法与其他网络的主机通信。

3. 配置路由器

路由器 Router1 和 Router3 的配置命令如下。

路由器 Router1 的配置命令

```
1: enable
2: configure terminal
3: hostname Router1
4: username Router2 password pass222
5: interface Serial 0/3/0
6:   ip address 192.168.1.1 255.255.255.0
7:   encapsulation ppp
8:   ppp authentication pap
9:   ppp pap sent - username Router1
     passw pass111
10:  no shutdown
11: interface GigabitEthernet0/0
12:  ip address 192.168.0.254 255.255.
     255.0
13:  no shutdown
14: ip route 192.168.2.0 255.255.255.0
    192.168.1.254
15: ip route 192.168.3.0 255.255.255.0
    192.168.1.254
```

路由器 Router3 的配置命令

```
1: enable
2: configure terminal
3: hostname Router3
4: username Router2 password CHAP123
5: interface Serial 0/3/0
6:   ip address 192.168.2.1 255.255.255.0
7:   encapsulation ppp
8:   ppp authentication chap
9:   no shutdown
10: interface GigabitEthernet0/0
11:  ip address 192.168.3.254 255.255.
     255.0
12:  no shutdown
13: ip route 192.168.0.0 255.255.255.0
    192.168.2.254
14: ip route 192.168.1.0 255.255.255.0
    192.168.2.254
```

路由器 Router2 的配置命令如下。

```
1: enable
2: configure terminal
3: hostname Router2
4: username Router1 password pass111
5: username Router3 password CHAP123
6: interface Serial 0/1/0
7:   clock rate 4000000
8:   ip address 192.168.1.254 255.255.255.0
9:   encapsulation ppp
10:  ppp authentication pap
11:  ppp pap sent - username Router2 password pass222
12:  no shutdown
13: interface Serial 0/1/1
14:  clock rate 4000000
15:  ip address 192.168.2.254 255.255.255.0
16:  encapsulation ppp
17:  ppp authentication chap
18:  no shutdown
19: ip route 192.168.0.0 255.255.255.0 192.168.1.1
20: ip route 192.168.3.0 255.255.255.0 192.168.2.1
```

4. 测试

在 PC0 的命令行执行命令 ping 192.168.3.1 -n 1,可以成功 ping 通 PC1,说明前面的所有配置是正确的。如图 3.16 所示,在路由器 Router1 的命令行执行 traceroute 192.168.3.1 命令检查从源到目的地所经过路由器的个数,可以看出从 Router1 到达 PC1 经过了 2 个路由器。

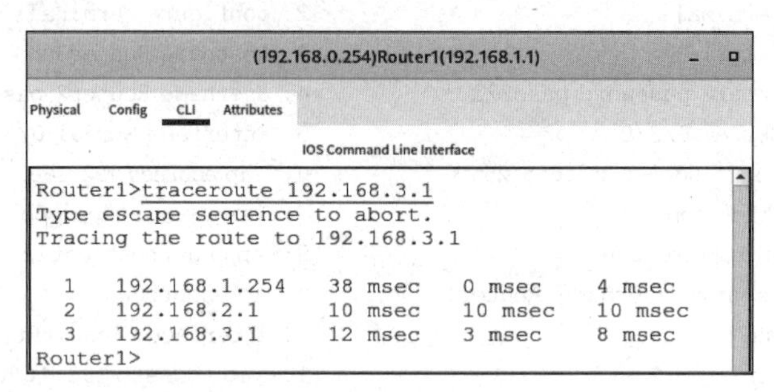

图 3.16 在路由器 Router1 的命令行执行 traceroute 命令

5. 查看路由器上的 IPv4 路由表

在路由器 Router1～Router3 的命令行执行 show ip route 命令,查看路由器上的 IPv4 路由表,如图 3.17～图 3.19 所示。

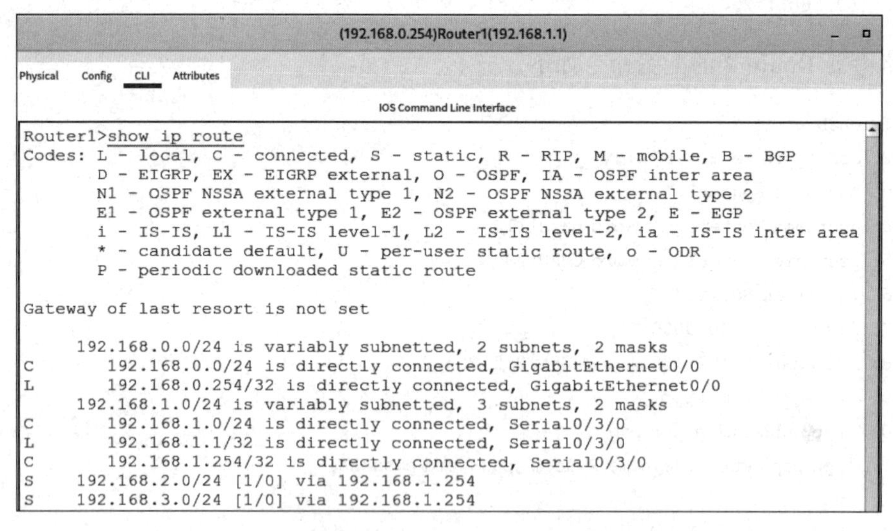

图 3.17 查看路由器 Router1 上的 IPv4 路由表

下面对路由器 Router3 上的 IPv4 路由表表项进行说明。

(1) Gateway of last resort is not set:表示没有设置默认网关。如果路由器在其路由表中找不到特定目的地的路由,它将无法转发数据包。可以在路由器 Router3 的命令行执行命令 ip route 0.0.0.0 0.0.0.0 192.168.2.254 添加一条默认路由,从而将路由器 Router2 设置为默认网关。

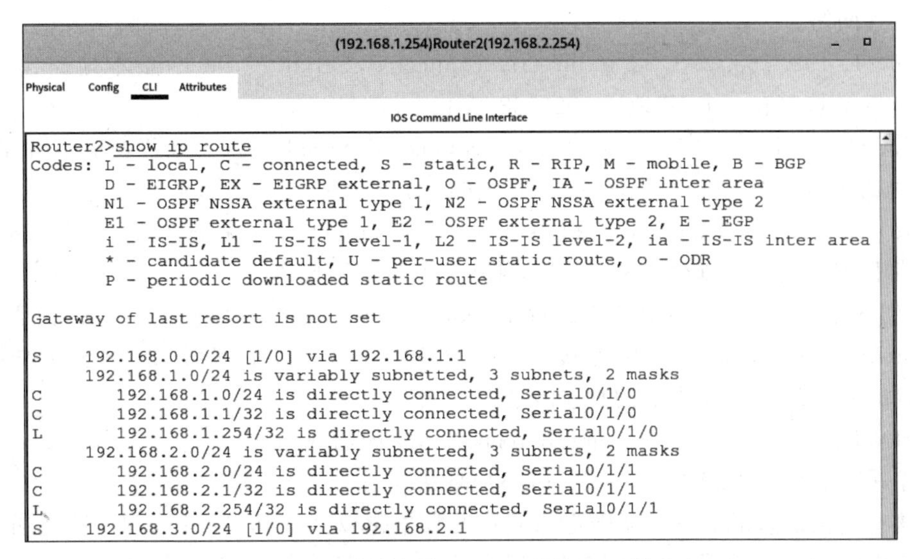

图 3.18　查看路由器 Router2 上的 IPv4 路由表

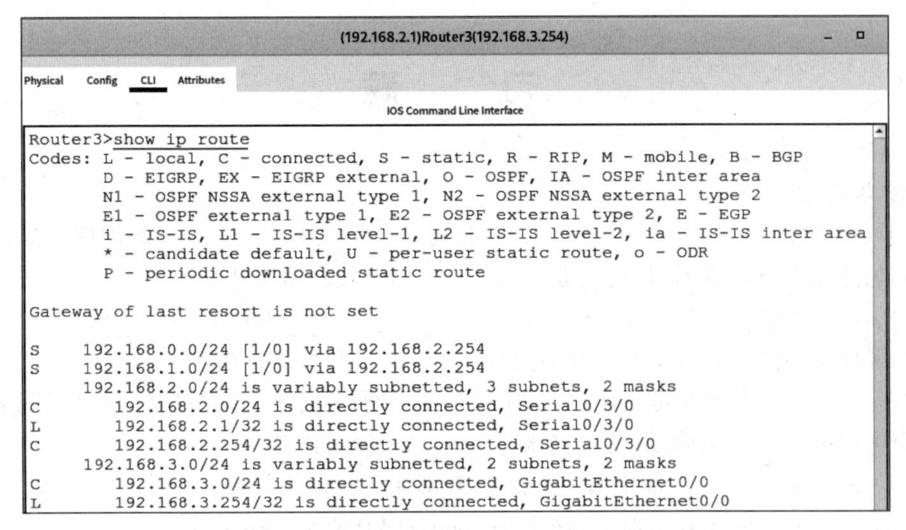

图 3.19　查看路由器 Router3 上的 IPv4 路由表

(2) S 192.168.0.0/24 [1/0] via 192.168.2.254：一条静态路由，指导路由器要到达 192.168.0.0/24 这个网络，应该通过下一跳地址 192.168.2.254。方括号中的 1/0 表示该路由的管理距离和度量值。对于静态路由，管理距离通常为 1。

(3) S 192.168.1.0/24 [1/0] via 192.168.2.254：另一条静态路由，指导路由器要到达 192.168.1.0/24 这个网络，也是通过下一跳地址 192.168.2.254。

(4) 192.168.2.0/24 is variably subnetted，3 subnets，2 masks：表示 192.168.2.0/24 这个网络被进一步划分为 3 个子网，但使用了两种子网掩码。

(5) C 192.168.2.0/24 is directly connected，Serial0/3/0：一条直连路由，路由器上的 Serial0/3/0 接口直接连接到 192.168.2.0/24 这个网络。192.168.2.0/24 是该路由

器的直连网络。

(6) L 192.168.2.1/32 is directly connected,Serial0/3/0:一条本地路由,表示Serial0/3/0接口有一个IP地址192.168.2.1。

(7) C 192.168.2.254/32 is directly connected,Serial0/3/0:一条表示路由器接口IP地址的本地路由。在这里,Serial0/3/0接口的IP地址是192.168.2.254。

(8) 192.168.3.0/24 is variably subnetted,2 subnets,2 masks:表示192.168.3.0/24这个网络被进一步划分为2个子网,使用了两种子网掩码。

(9) C 192.168.3.0/24 is directly connected,GigabitEthernet0/0:路由器上的GigabitEthernet0/0接口直接连接到192.168.3.0/24这个网络,是一条直连路由。192.168.3.0/24是该路由器的直连网络。

(10) L 192.168.3.254/32 is directly connected,GigabitEthernet0/0:表示GigabitEthernet0/0接口有一个IP地址192.168.3.254,是一条本地路由。

这些路由信息帮助路由器确定如何转发数据包以到达其目的地。直接连接的网络(C)和本地路由(L)通常是基于接口配置自动添加到路由表中,而静态路由(S)则需要管理员手动配置。注意:要使用ip route命令对所有非直连网络添加静态路由。

习　　题

1. 填空题

(1) 路由器(router)工作在________,是连接两个或多个________的硬件设备。

(2) 路由器可以根据IP地址进行________的转发和路由选择。

(3) 路由器物理接口主要可以分为________、________和配置端口三类。

(4) 路由器的配置方式基本分为两种:________和带外管理。

(5) ________是数据链路层协议,用于在两个网络节点间建立可靠的点对点连接。

(6) PPP包含三个阶段:建立连接、________、网络协商。

(7) PAP和________都是用于验证PPP会话的认证协议。

(8) ________使用双向握手进行认证,而CHAP使用三次握手。

(9) ________和Serial DTE(数据终端设备)在串行通信中扮演着不同的角色。

(10) 生成路由表主要有两种方法:________和动态配置。

(11) ________是一个网络设备,用作本地网络中所有流量的出口点。

(12) IP为互联网中的设备提供了________的通信能力。

(13) IP通过________、________屏蔽了不同的物理网络的帧格式、地址格式等各种底层物理网络细节。

(14) IP属于________,负责完成路由寻址和消息传递的功能。

(15) IP数据包格式由首部和数据部分组成。首部由________和可变部分组成。

(16) IP数据包中的________字段表示数据包在网络中可通过的路由器数的最大值,每经过一个路由器就会________,当TTL为0时,数据包将被路由器________。

(17) IP 数据包中的________字段指出此数据包携带的数据使用何种协议，以便目的主机的 IP 层将数据部分向上递交给该协议处理。

(18) IP 地址占________位。MAC 地址占________位。

(19) 目前广泛采用的是 IP 的第四版，简称________。

(20) IPv4 地址是 32 位地址，通常以____________表示。

(21) IP 地址采用 2 级结构：________和主机号。

(22) ________也称为局域网 IP 地址或内部网络地址，是为局域网或内部网络中的设备保留的 IP 地址。

(23) Internet 上的每台主机(或路由器)的________都有一个全球唯一的 IP 地址。

(24) ________通过消除传统的 A、B、C 类地址及其子网的概念，支持更加灵活有效的 IP 地址分配。

(25) 在 CIDR 中，IP 地址被划分为两部分：________和主机标识符。

(26) ________是指通过 CIDR 表示法表示的 IP 地址范围。

(27) ________表示整个 IPv4 地址空间，即包含所有 IPv4 地址，这通常被用于路由表中的默认路由，即 0.0.0.0/0。

2. 简答题

(1) 分类的 IP 地址是什么？

(2) 私有 IP 地址范围是什么？

3. 上机题

(1) 在 Cisco Packet Tracer 中做路由器基本配置的实验。

(2) 在 Cisco Packet Tracer 中做配置 PPP 的实验。

(3) 在 Cisco Packet Tracer 中做路由器静态路由配置的实验。

项目4　配置动态路由

本章学习目标

- 理解动态路由的概念和作用，掌握不同路由协议的特点和适用场景。
- 掌握 RIP 的配置方法。
- 熟悉 OSPF 路由协议的配置步骤，了解其在大型网络中的应用和优势。
- 学习配置 HSRP，保证网络中关键设备的高可用性和容错能力。
- 了解 BGP 的配置原理和实践，掌握多自治系统间的路由交换方法。
- 掌握如何划分子网，理解子网划分的原则和方法，以及如何合理规划网络地址空间。

在现代网络中，随着网络规模的扩大和复杂性的增加，静态路由配置往往无法满足高效、灵活的网络通信需求。因此，动态路由协议成为网络设计和管理的核心组件。动态路由协议是路由器之间交换路由信息以自动学习网络拓扑并决定最佳路由的协议。当网络拓扑结构改变时，动态路由协议可以自动更新路由表，并负责决定数据传输最佳路径。在动态路由中，管理员不再需要与静态路由一样，手工对路由器上的路由表进行维护，而是在每台路由器上运行一个路由协议。这个路由协议会根据路由器上的接口的配置（如 IP 地址的配置）及所连接的链路的状态，生成路由表中的路由表项。动态路由协议的作用主要有三点：维护路由信息、建立路由表以及决定最佳路由。

4.1　实验 4-1：RIP 配置

4.1.1　背景知识

1. RIP

RIP 是一种距离矢量路由协议，使用距离矢量算法来计算到达目的地的最佳路径。

实验 4-1：
RIP 配置

路由器到直接连接的网络的距离为 1。路由器到非直接连接的网络的距离等于所经过路由器数加 1。每个路由器都维护一个距离矢量表，其中包含到达网络中所有目的地的最短距离和下一跳信息。路由器通过定期交换这些距离矢量表来更新自己的路由信息，来动态地适应网络拓扑结构的变化。RIP 要求路由器每隔 30 秒向相邻路由器发送一个响应消息，以宣布其路由表中的变化。当路由器接收到邻居的响应消息时，它会比较自己的路由表和收到的路由表，然后更新自己的路由表以反映最新的网络拓扑信息。如果某个路由条目在一段时间内（通常为180秒）没有收到更新，则路由器会认为该路由已不可达，并将其标记为无效。

在RIP中，路径的度量值是基于跳数来计算的。跳数是指从源路由器到目的路由器之间需要经过的路由器数量。RIP认为跳数最少的路径是最佳路径。然而，由于RIP的最大跳数限制为15跳，因此它不适合用于大型网络。

由于网络拓扑结构的变化和路由器之间的信息交换可能存在延迟，因此RIP可能会产生路由环路。为了避免环路，RIP采用了多种技术，包括水平分割、毒性逆转和触发更新等。水平分割是指路由器不会将从某个邻居那里学到的路由信息再发送回该邻居；毒性逆转是指当路由器检测到某个路由已不可达时，它会将该路由的度量值设置为无穷大（16跳），并发送给邻居路由器；触发更新是指当路由器的路由表发生变化时，它会立即向邻居发送更新消息，而不是等待下一个定期更新周期。

路由器在刚刚开始工作时，路由表是空的。然后，得到直接连接的网络的距离（此距离定义为1）。之后，每一个路由器也只和数目非常有限的相邻路由器交换并更新路由信息。经过若干次更新后，所有的路由器最终都会知道到达本自治系统中任何一个网络的最短距离和下一跳路由器的地址。RIP的收敛过程较快。收敛就是在自治系统中所有的节点都得到正确的路由选择信息的过程。

2. 距离矢量算法

对每个相邻路由器（假设其地址为X）发送过来的RIP报文，本路由器执行如下操作。

(1) 修改RIP报文中的所有项目（即路由），把下一跳字段中的地址都改为X，并把所有的距离字段的值加1。

(2) 对修改后的RIP报文中的每一个项目，重复以下步骤。

① 若路由表中没有目的网络N，则把该项目添加到路由表中。

② 若路由表中网络N的下一跳路由器为X，则用收到的项目替换原路由表中的项目。

③ 若收到项目中的距离小于路由表中的距离，则用收到项目更新原路由表中的项目。否则什么也不做。

(3) 若3分钟还未收到相邻路由器的更新路由表，则把此相邻路由器记为不可达路由器，即将距离设置为16（表示不可达）。

(4) 返回。

3. 举例

下面通过一个例子说明距离矢量算法的执行过程。已知路由器R6的路由表，R6在收到相邻路由器R4发来的路由更新信息（路由器R4的路由表）后更新R6路由表，如图4.1所示。

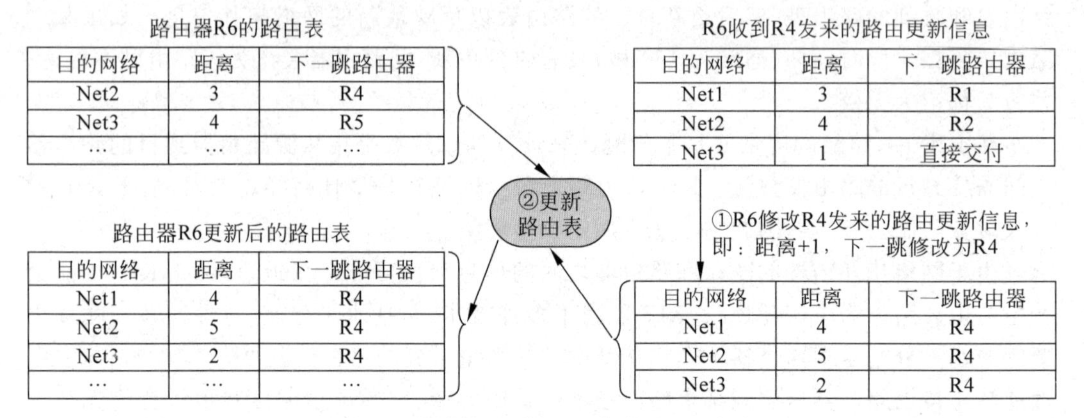

图 4.1　距离矢量算法的执行过程示例

4. 网络层的两个层面

不同网络中的两个主机之间的通信，要经过若干个路由器转发分组来完成。在路由器之间传送的信息有以下两大类：数据和路由信息(为传送数据提供服务)。网络层包括控制层面和数据层面两个层面，如图 4.2 所示。

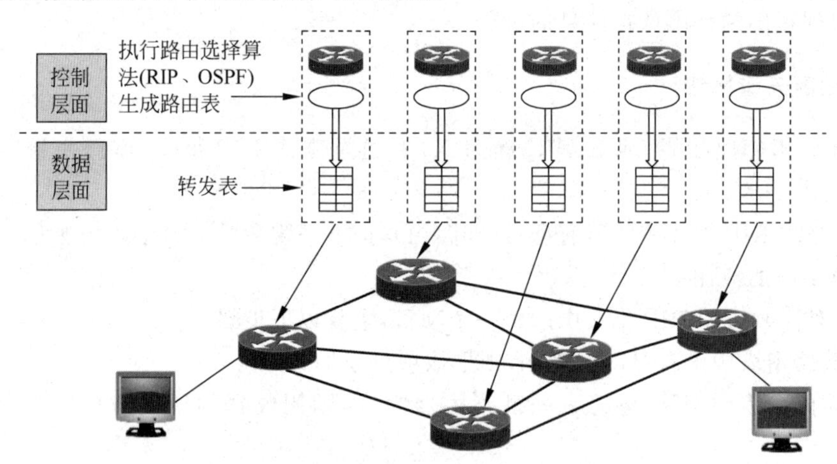

图 4.2　网络层的控制层面和数据层面

路由表和转发表在计算机网络中都扮演着重要的角色，但它们在功能、结构和用途上存在一些区别。

(1) 路由表是由路由选择算法建立的一个表，它通常包含从网络号到下一跳的映射。它主要用于描述网络链路状态和方向，帮助路由器决定数据包应该发送到哪里。路由表是转发表生成的依据，它为转发表提供路由信息。

(2) 转发表是一个指导数据包应该如何从一个端口转发到另一个端口的表。它直接作用于数据包，根据路由表中的信息以及其他主机方面的信息(如网卡等信息)生成。转发表中的一行通常包括从网络号到发出接口的映射以及一些 MAC 信息。除了包含路由表中的目标地址和下一跳信息外，转发表还可能包含更详细的信息，如输出端口信息和标记信息等。

路由表位于路由器的控制平面，而转发表位于数据平面。路由表并不直接指导数据包转发，真正指导数据包转发的是转发表。路由器在查询路由表时，实际上是在查询转发表来决定数据包转发的路径。

5. 自治系统

自治系统（autonomous system，AS）是因特网中的一个重要概念，主要是指一个有权自主地决定在本系统中应采用何种路由协议的网络单位。这个网络单位可以是一个简单的网络，也可以是由多个网络管理员控制的网络群体，例如一所大学的网络、一个企业的网络。在自治系统中，所有的路由器必须相互连接，运行相同的路由协议，并分配同一个自治系统编号。这意味着一个自治系统内部的所有路由器都会采用相同的路由策略，从而确保数据包在该系统内部能够正确地传输。自治系统有时会被称为一个路由选择域。在因特网中，每个自治系统都会被分配一个全局唯一的 16 位号码，这个号码被称为自治系统号（ASN）。这个号码有助于在因特网上唯一地标识每个自治系统，从而确保路由信息的正确交换和传输。

6. 动态路由协议

内部网关协议和外部网关协议是动态路由协议中的两种主要类型。内部网关协议和外部网关协议的主要区别在于它们的作用范围和应用场景。内部网关协议主要关注在单个自治系统内部选择路由，而外部网关协议则主要关注在不同自治系统之间交换路由信息。在实际的网络环境中，这些协议共同协作，使数据包能够从源地址正确地传输到目的地址。

（1）内部网关协议是在一个 AS 内部使用的路由选择协议。这些协议主要用于在单个 AS 内部选择路由，使数据包能够在该自治系统内的主机和路由器之间正确传输。常见的内部网关协议有 RIP（路由信息协议）、OSPF（开放最短路径优先）、IS-IS（中间系统到中间系统）、IGRP（内部网关路由协议）和 EIGRP（增强型内部网关路由协议）。

（2）外部网关协议是用于在两个或多个自治系统（AS）之间交换路由信息的协议。这些协议主要用于在自治系统边界上的路由器之间交换路由信息，以便数据包能够在不同的自治系统之间正确传输。常见的外部网关协议有 BGP（边界网关协议）。

4.1.2　实验目的

使用 Cisco Packet Tracer 模拟一个互联网环境，通过模拟实验达到以下四个目的。

（1）理解 RIP 的工作原理：理解 RIP 的基本原理、工作方式和特点，包括距离矢量路由协议、跳数作为度量标准等。

（2）掌握 RIP 的配置方法：学习如何在路由器上启用和配置 RIP，并设置相应的网络信息。

（3）观察路由表更新：在配置 RIP 后，观察路由表的变化，了解 RIP 是如何根据收到的更新信息进行动态路由调整的。

(4) 验证网络连通性：通过配置 RIP，验证网络设备之间的连通性，并确保数据包能够按照最佳路径在网络中传输。

通过完成这个实验，读者将获得实际配置 RIP 的经验，并加深对 RIP 和网络路由的理解。这将有助于在实际网络环境中设计和配置路由器，以实现可靠的网络通信。

4.1.3 实验步骤

1. 创建网络拓扑

小型校园网通过三个路由器连接了 4 个网络，采用 OSPF 协议实现 4 个网络之间的互通。

在 Cisco Packet Tracer 中创建一个新的空白拓扑，然后添加计算机、交换机和路由器，使用相应的连线将它们连接起来。最终的网络拓扑如图 4.3 所示。

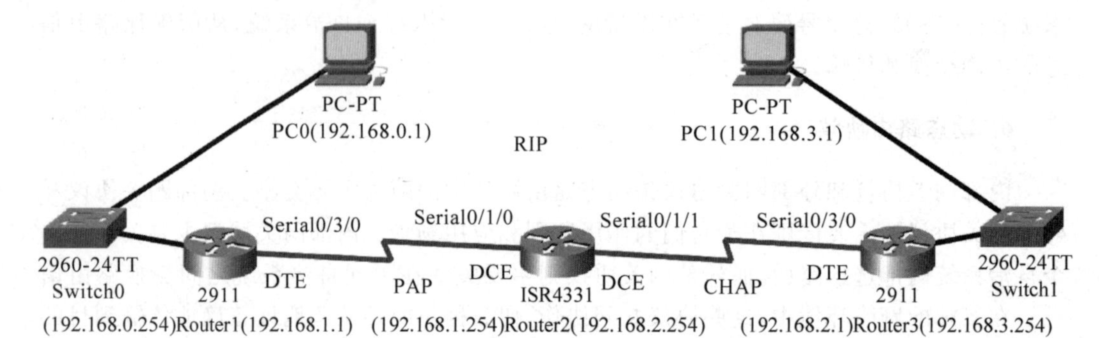

图 4.3　实验 4-1 的网络拓扑

2. 配置 3 个路由器

路由器 Router1 的配置命令如下。

```
 1: enable
 2: configure terminal
 3: hostname Router1
 4: !
 5: username Router2 password pass222
 6: !
 7: interface GigabitEthernet0/0
 8:   ip address 192.168.0.254 255.255.255.0
 9:   no shutdown
10: !
11: interface Serial0/3/0
12:   ip address 192.168.1.1 255.255.255.0
13:   encapsulation ppp
14:   ppp authentication pap
15:   ppp pap sent - username Router1 password pass111
16:   no shutdown
```

```
17: router rip
18:   version 2
19:   no auto-summary
20:   network 192.168.0.0
21:   network 192.168.1.0
```

路由器 Router2 的配置命令如下。

```
 1: enable
 2: configure terminal
 3: hostname Router2
 4: !
 5: username Router1 password pass111
 6: username Router3 password CHAP123
 7: !
 8: interface Serial0/1/0
 9:   clock rate 4000000
10:   ip address 192.168.1.254 255.255.255.0
11:   encapsulation ppp
12:   ppp authentication pap
13:   ppp pap sent-username Router2 password pass222
14:   no shutdown
15: !
16: interface Serial0/1/1
17:   clock rate 4000000
18:   ip address 192.168.2.254 255.255.255.0
19:   encapsulation ppp
20:   ppp authentication chap
21:   no shutdown
22: !
23: router rip
24:   version 2
25:   no auto-summary
26:   network 192.168.1.0
27:   network 192.168.2.0
```

路由器 Router3 的配置命令如下。

```
 1: enable
 2: configure terminal
 3: hostname Router3
 4: !
 5: username Router2 password CHAP123
 6: !
 7: interface GigabitEthernet0/0
 8:   ip address 192.168.3.254 255.255.255.0
 9:   no shutdown
10: !
11: interface Serial0/3/0
12:   ip address 192.168.2.1 255.255.255.0
13:   encapsulation ppp
14:   ppp authentication chap
```

```
15:   no shutdown
16: router rip
17:   version 2
18:   no auto-summary
19:   network 192.168.2.0
20:   network 192.168.3.0
```

3. 配置 PC0 和 PC1

如图 4.4 所示,配置 PC0 和 PC1 的网络参数。

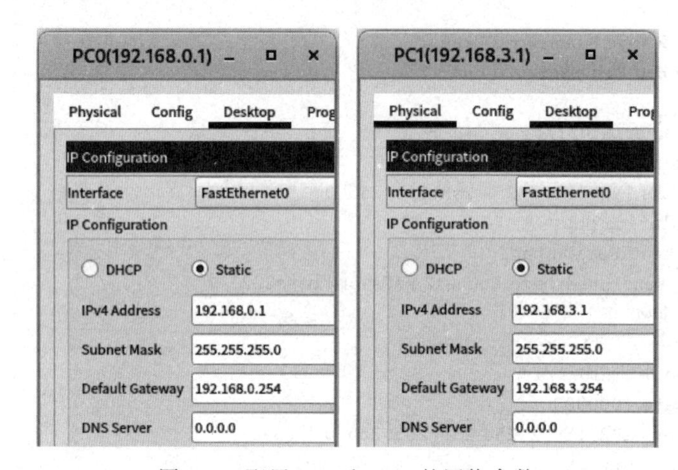

图 4.4 配置 PC0 和 PC1 的网络参数

4. 查看路由表

如图 4.5 所示,在路由器 Router1 的命令行执行 show ip route 命令查看路由表。对图 4.5 中两行进行说明。

(1) C 192.168.1.0/24 is directly connected, Serial0/3/0: 192.168.1.0 是直连网段,24 是 255.255.255.0 的缩写,要转发数据包到 192.168.1.0 网段,通过 Serial0/3/0 接口转发。

(2) R 192.168.3.0/24 [120/2] via 192.168.1.254, 00:00:07, Serial0/3/0: R 标识表示这是一条 RIP 学到的路由,这条路由指向的目标网络是 192.168.3.0/24,[120/2]是管理距离及跳数,下一跳 IP 地址是 192.168.1.254,这条路由已经存在的时长是 00:00:07,它是通过 Serial0/3/0 接口学到的。

RIP 的管理距离值默认为 120。管理距离值越小,表示路由信息越可靠,优先级越高。当路由器同时接收到来自不同协议或不同来源的路由信息时,它会根据管理距离值来决定选择哪条路由。具体来说,管理距离值较小的路由信息会被优先选择。

5. 测试

在计算机 PC0 的命令行执行 ping 命令,结果如图 4.6 所示,PC0 可以 ping 通 PC3。TTL 的值为 125,说明经过了 3 个路由器。

```
(192.168.0.254)Router1(192.168.1.1)
Physical  Config  CLI  Attributes
IOS Command Line Interface

Router1>show ip route
Codes: L - local, C - connected, S - static, R - RIP, M - mobile, B - BGP
       D - EIGRP, EX - EIGRP external, O - OSPF, IA - OSPF inter area
       N1 - OSPF NSSA external type 1, N2 - OSPF NSSA external type 2
       E1 - OSPF external type 1, E2 - OSPF external type 2, E - EGP
       i - IS-IS, L1 - IS-IS level-1, L2 - IS-IS level-2, ia - IS-IS inter area
       * - candidate default, U - per-user static route, o - ODR
       P - periodic downloaded static route

Gateway of last resort is not set

     192.168.0.0/24 is variably subnetted, 2 subnets, 2 masks
C       192.168.0.0/24 is directly connected, GigabitEthernet0/0
L       192.168.0.254/32 is directly connected, GigabitEthernet0/0
     192.168.1.0/24 is variably subnetted, 3 subnets, 2 masks
C       192.168.1.0/24 is directly connected, Serial0/3/0
L       192.168.1.1/32 is directly connected, Serial0/3/0
C       192.168.1.254/32 is directly connected, Serial0/3/0
R    192.168.2.0/24 [120/1] via 192.168.1.254, 00:00:07, Serial0/3/0
R    192.168.3.0/24 [120/2] via 192.168.1.254, 00:00:07, Serial0/3/0
```

图 4.5　查看路由器 Router1 的路由表

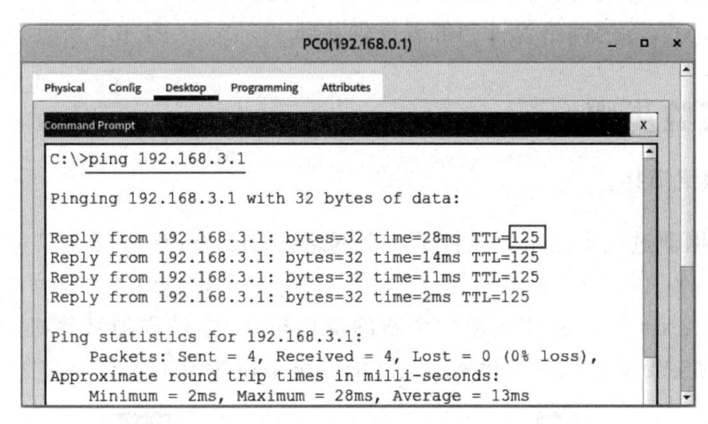

图 4.6　PC0 可以 ping 通 PC3

TTL 是一个在 IP 中使用的字段，用于限制 IP 数据包在网络中传输的时间。每当数据包经过一个路由器时，TTL 值就会减少 1，直到 TTL 值减到 0 时，该数据包就会被丢弃。这有助于防止数据包在网络中无限循环。TTL 的默认值因操作系统和协议的不同而有所不同，TTL 默认值通常为 64、128 或 255。

4.2　实验 4-2：OSPF 路由协议配置

4.2.1　背景知识

OSPF(open shortest path first，开放最短路径优先)是一种广泛使用的内部网关协议，适用于大型网络，提供更快的收敛和更灵活的路由选择。OSPF 是一种链路状态路由

实验 4-2：OSPF 路由协议配置

协议，以链路状态数据库为基础，通过发送 Hello 报文来建立和维护邻居关系，通过向网络中的所有路由器发送链路状态信息，使每台路由器都能建立并维护一个链路状态数据库。这个数据库中包含了网络中所有路由器的链路状态信息。然后，路由器使用最短路径优先算法(Dijkstra 算法)计算出到达所有已知网络的最佳路径，并保存在路由表中。

OSPF 具有收敛速度快、路由信息交换的带宽小、支持可变长子网掩码、能够鉴别链路故障等优点，是当前应用最广泛的路由协议之一。

4.2.2 实验目的

使用 Cisco Packet Tracer 模拟一个互联网环境，通过模拟实验达到以下两个目的。

(1) 熟悉 OSPF 协议：理解 OSPF 的工作原理、协议特性和路由选择算法。

(2) 掌握 OSPF 的配置和管理：掌握如何在路由器上配置 OSPF 协议并管理路由信息。

通过完成这个实验，读者可以加深对 OSPF 路由协议的理解，并具备配置和管理 OSPF 的能力，为实际的网络设计和部署提供基础。

4.2.3 实验步骤

1. 创建网络拓扑

小型校园网通过三个路由器连接了 4 个网络，采用 OSPF 协议实现 4 个网络之间的互通。

在 Cisco Packet Tracer 中创建一个新的空白拓扑，然后添加计算机、交换机和路由器，使用相应的连线将它们连接起来。最终的网络拓扑如图 4.7 所示。

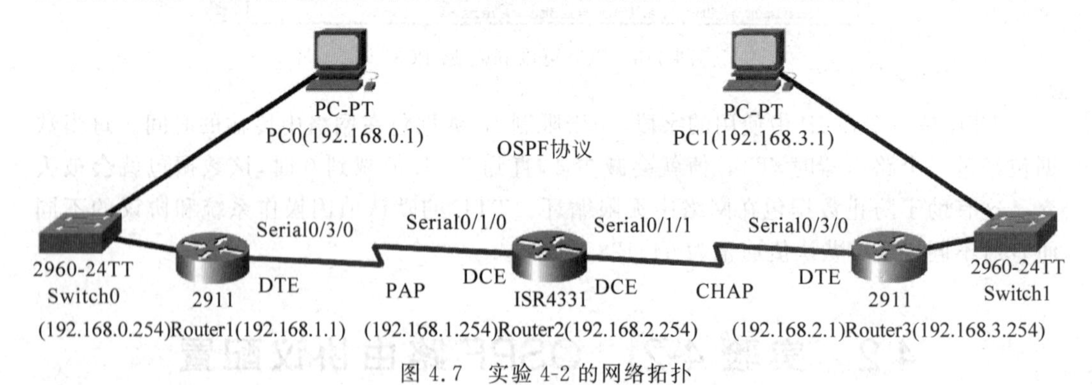

图 4.7　实验 4-2 的网络拓扑

2. 配置 3 个路由器

路由器 Router1 的配置命令如下。

```
1: enable
```

```
 2: configure terminal
 3: hostname Router1
 4: !
 5: username Router2 password pass222
 6: !
 7: interface GigabitEthernet0/0
 8:   ip address 192.168.0.254 255.255.255.0
 9:   no shutdown
10: !
11: interface Serial0/3/0
12:   ip address 192.168.1.1 255.255.255.0
13:   encapsulation ppp
14:   ppp authentication pap
15:   ppp pap sent-username Router1 password pass111
16:   no shutdown
17: !
18: router ospf 1
19:   network 192.168.0.0 0.0.0.255 area 0
20:   network 192.168.1.0 0.0.0.255 area 0
```

路由器 Router2 的配置命令如下。

```
 1: enable
 2: configure terminal
 3: hostname Router2
 4: username Router1 password pass111
 5: username Router3 password CHAP123
 6: interface Serial0/1/0
 7:   clock rate 4000000
 8:   ip address 192.168.1.254 255.255.255.0
 9:   encapsulation ppp
10:   ppp authentication pap
11:   ppp pap sent-username Router2 password pass222
12:   no shutdown
13: !
14: interface Serial0/1/1
15:   clock rate 4000000
16:   ip address 192.168.2.254 255.255.255.0
17:   encapsulation ppp
18:   ppp authentication chap
19:   no shutdown
20: !
21: router ospf 1
22:   network 192.168.1.0 0.0.0.255 area 0
23:   network 192.168.2.0 0.0.0.255 area 0
```

路由器 Router3 的配置命令如下。

```
 1: enable
 2: configure terminal
 3: hostname Router3
 4: !
```

```
 5: username Router2 password CHAP123
 6: !
 7: interface GigabitEthernet0/0
 8:   ip address 192.168.3.254 255.255.255.0
 9:   no shutdown
10: interface Serial0/3/0
11:   ip address 192.168.2.1 255.255.255.0
12:   encapsulation ppp
13:   ppp authentication chap
14:   no shutdown
15: !
16: router ospf 1
17:   network 192.168.2.0 0.0.0.255 area 0
18:   network 192.168.3.0 0.0.0.255 area 0
```

3. 配置 PC0 和 PC1

如前文所示,配置 PC0 和 PC1 的网络参数。

4. 查看路由表

如图 4.8 所示,在路由器 Router1 的命令行执行 show ip route 命令查看的路由表。对图 4.8 中两行进行说明。

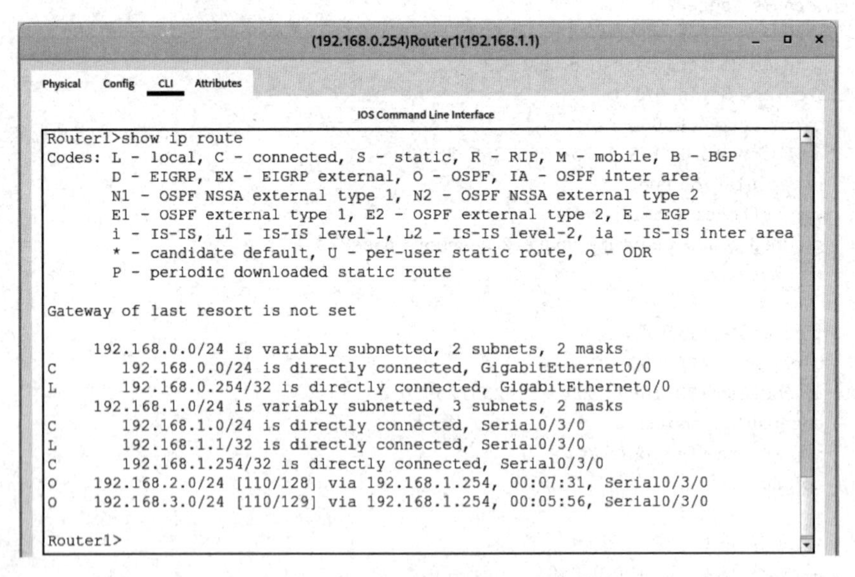

图 4.8　查看路由器 Router1 的路由表

(1) C 192.168.0.0/24 is directly connected,GigabitEthernet0/0:192.168.0.0 是直连网段,24 是 255.255.255.0 的缩写,要转发数据包到 192.168.0.0 网段,通过 GigabitEthernet0/0 接口转发。

(2) O 192.168.3.0/24 [110/129] via 192.168.1.254,00:05:56,Serial0/3/0:O 标

识表示这是一条 OSPF 学到的路由，这条路由指向的目标网络是 192.168.3.0/24，[110/129]是管理距离及度量值，下一跳 IP 地址是 192.168.1.254，这条路由已经存在的时长是 00:05:56，它是通过 Serial0/3/0 接口学到的。

管理距离是一个数值，用于表示路由来源的可信度和优先级。不同的路由协议有不同的管理距离值。例如，在 Cisco 的路由协议中，OSPF 的默认管理距离是 110。管理距离值越小，路由被认为越可靠。当路由器有多个可能的路径到达同一目的地时，它会选择管理距离最小的路径。

度量值用于表示到达特定网络的成本或距离。不同的路由协议使用不同的度量值计算方法。例如，在 RIP 中，度量值是基于跳数的；而在 OSPF 中，度量值是基于链路状态和带宽等因素计算的。当路由器选择路径时，它会倾向于选择度量值较小的路径。

5. 测试

在计算机 PC0 的命令行执行 ping 命令，结果如图 4.9 所示，可以 ping 通 PC3。TTL 的值为 125，说明经过了 3 个路由器。

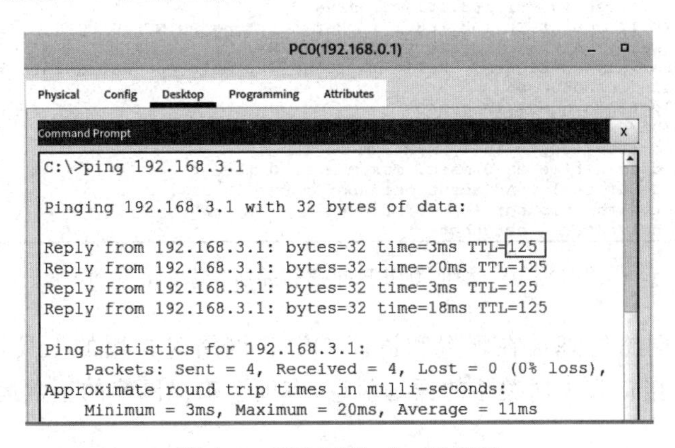

图 4.9　PC0 可以 ping 通 PC3

如图 4.10 所示，在路由器 Router1 的命令行执行命令验证 OSPF 配置和邻居关系的正确性。这些命令将显示与 OSPF 相关的接口、邻居和路由信息。

(1) show ip route ospf 命令：用于显示路由器所知道的 OSPF 路由信息。它列出了通过 OSPF 协议学到的路由条目，这有助于判断本地路由器与互联网络其他部分之间的连接性。命令还有可选参数，可以用来指定显示特定的信息，如 OSPF 的进程 ID 等。

(2) show ip ospf neighbor 命令：用于显示与当前路由器相邻的 OSPF 邻居的信息。它列出了与路由器直接相连的其他路由器及其状态信息，如 UP 或 DOWN。管理员可以了解到设备之间的 OSPF 邻居关系是否正常，以及邻居的状态。

(3) show ip ospf interface 命令：用于显示当前路由器上所有与 OSPF 协议相关的接口信息。它提供了关于接口状态、网络类型、Hello 和 Dead 间隔等详细信息。通过检查这些信息，网络管理员可以了解到哪些接口被正确地加入 OSPF 区域中，以及它们的工作状态是否正常。

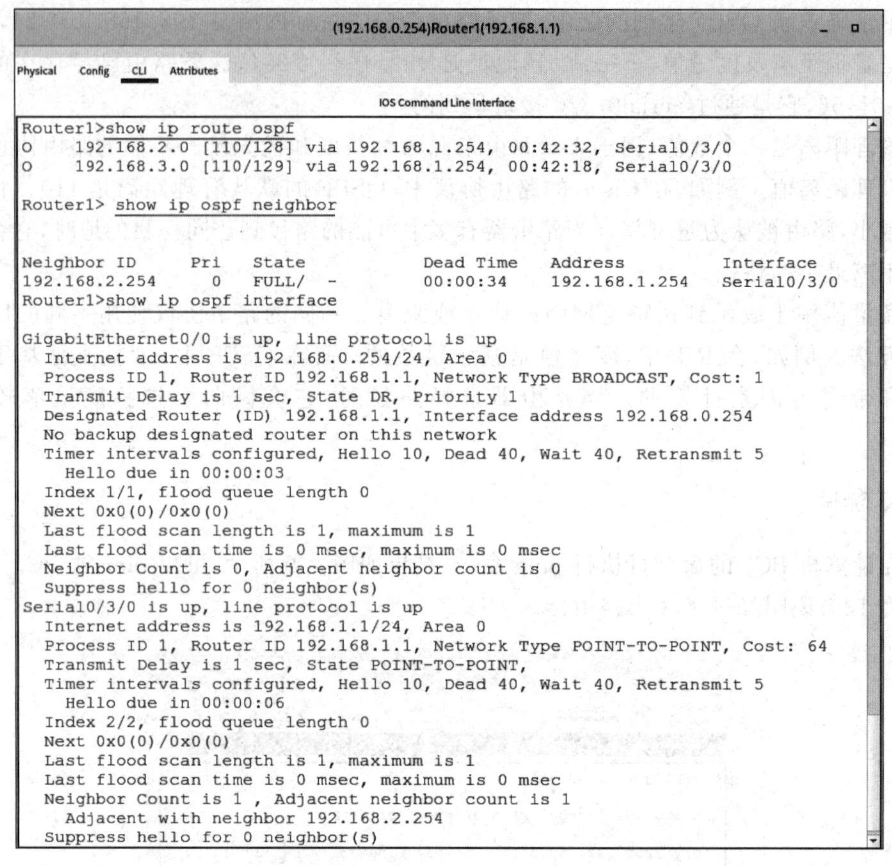

图 4.10　验证 OSPF 配置和邻居关系的正确性

这些命令是网络管理员在配置和诊断 OSPF 网络时常用的工具,它们提供了关于 OSPF 网络状态、接口和邻居关系的详细信息,有助于确保网络的正常运行和故障排除。

4.3　实验 4-3: HSRP 配置

4.3.1　背景知识

HSRP(hot standby router protocol,热备份路由协议)并非动态路由协议,而是一种用于提高网络可靠性的协议。HSRP 是 Cisco 私有协议。HSRP 是一种冗余路由协议,用于提高网络的可用性。HSRP 允许多个路由器共享一个虚拟 IP 地址和 MAC 地址,组成 HSRP 组(热备份组),形成一个虚拟路由器,从而在网络中提供一个高可用网关。HSRP 组中只有一个路由器(主路由器)处于活跃状态,并由它来转发数据包,而其他路由器(备份路由器)处于备用状态,当活跃路由器发生故障失效时,备份路由器接管虚拟 IP 地址和 MAC 地址成为活跃路由器,继续提供网络服务,实现快速故障切

实验 4-3:
HSRP 配置

换,内网的主机并不会发现网络的变化。HSRP路由器有以下6种状态。

(1) Initial(初始化状态):这是HSRP启动时的初始状态。在这个状态下,路由器还没有运行HSRP,一般是在改变配置或端口刚刚启动时进入该状态。

(2) Learn(学习状态):在Learn状态下,路由器已经启动了HSRP并且参与到HSRP组中,但还没有确定虚拟的IP地址。它等待从活跃路由器发来的Hello报文学习当前的HSRP配置信息。

(3) Listen(监听状态):当路由器处于Listen状态时,它已经知道了虚拟IP地址,但它既不是活跃路由器也不是备份路由器。它会监听从活跃路由器和备份路由器发来的Hello报文,以了解当前的HSRP组状态。

(4) Speak(发言状态):Speak状态下的路由器定期发送Hello报文,并积极参与到活跃路由器或备份路由器的选举过程中。如果选出了活跃路由器和备份路由器,它会转变为Listen状态。

(5) Standby(备用状态):处于Standby状态的路由器是下一个可能成为活跃路由器的候选者。它定期发送Hello报文来维持自己的备用角色。

(6) Active(活跃状态):处于Active状态的路由器是当前HSRP组中的活跃路由器。它负责转发该组的所有数据包,并定期发送Hello报文来维持其活跃状态。

HSRP使用2个定时器:Hello间隔和Hold间隔。默认Hello间隔是3秒,默认的Hold间隔是10秒。Hello间隔定义了两组路由器之间交换信息的频率。Hold间隔定义了经过多长时间后,没有收到其他路由器的信息,则活跃路由器或者备用路由器就会被宣告为失败。虽然定时器越小切换时间越短,但定时器设置并不是越小越好。定时器的设置需要和STP等的切换时间相一致。另外,Hold间隔最少应该是Hello间隔的3倍。

实现HSRP的条件是系统中有多台路由器,它们组成一个HSRP组,这个组形成一个虚拟路由器,组内通过优先级判断活跃路由器。

路由器的角色主要有虚拟路由器(必须设置虚拟IP地址)、活跃路由器、备份路由器、其他路由器。HSRP组内的物理路由器都需要给虚拟路由器指定相同的虚拟IP地址。虚拟IP地址由活跃路由器接管并响应终端设备的请求。若活跃路由器发生故障,备份路由器将自动接管虚拟IP地址。

在配置HSRP时,需要为每个虚拟路由器组分配一个唯一的组编号,并为组配置虚拟IP地址。每个路由器还需要配置优先级,用于选择活跃路由器。

组号取值范围是1~225,组号仅是标识符,没有大小之分。

优先级(priority)取值范围是1~255,数值越高,优先级就越高,默认值为100。HSRP组内通过优先级决定哪个路由器作为活跃路由器,哪个作为备份路由器。

抢占权(preempt):当备份路由器检测不到对方或检测到对方优先级比自己低,立即抢占成为活跃路由器。

4.3.2 实验目的

使用Cisco Packet Tracer模拟一个互联网环境,通过模拟实验达到以下三个目的。

(1) 理解 HSRP 的概念和原理：理解 HSRP 如何提供冗余和容错性，以确保网络的连通性和可用性；理解 HSRP 如何使用虚拟路由器组和虚拟 IP 地址来实现路由器的冗余备份。

(2) 学习在网络环境中配置和管理 HSRP：学习如何为虚拟路由器组分配唯一的组编号，如何为虚拟路由器组配置虚拟 IP 地址，如何为每个路由器配置 HSRP 优先级，如何验证 HSRP 配置的正确性和可用性。

(3) 实践配置 HSRP 并测试故障转移：配置路由器之间的 HSRP，并验证活跃路由器和备份路由器的工作状态；模拟活跃路由器故障，观察备份路由器自动接管虚拟 IP 地址的过程；验证故障转移后网络的正常连通性。

通过完成这个实验，读者将能够深入理解 HSRP 的工作原理和配置过程，并在实践中掌握如何配置和管理 HSRP 以提供冗余和容错性的网络服务。

4.3.3 实验步骤

1. 创建网络拓扑

如果校园网只有一个路由器与外网相连，则当该路由器发生故障时，将会导致整个校园网断网。为了避免出现这种单点故障的情况，校园网采用 2 个路由器与外网相连，为内网与外网之间的连接增加冗余性。

在 Cisco Packet Tracer 中创建一个新的空白拓扑，然后添加计算机、交换机和路由器，使用相应的连线将它们连接起来。最终的网络拓扑如图 4.11 所示。主要包含 2 部分：校园网(内网)部分、互联网(外网)部分。

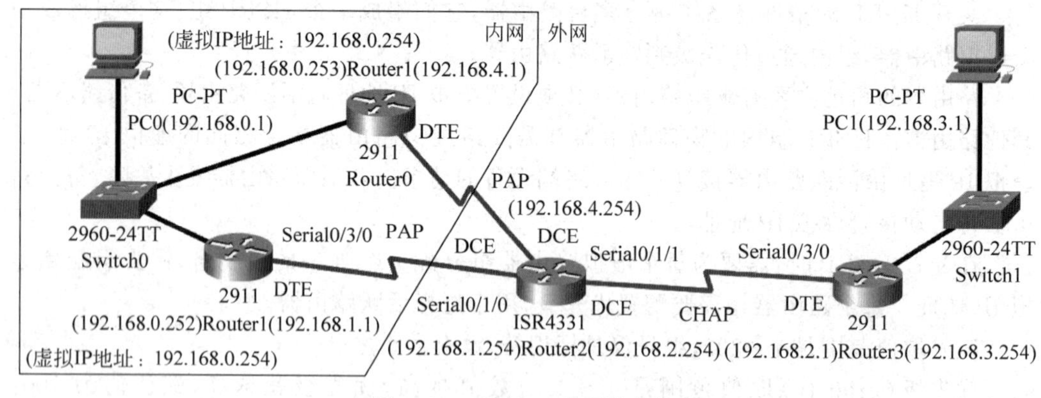

图 4.11 实验 4-3 的网络拓扑

2. 为路由器添加模块

在创建如图 4.11 所示的网络拓扑之前，需要为路由器添加模块。如图 4.12 所示，为路由器 Router0、Router1、Router3 添加 HWIC-2T 模块，为路由器 Router2 添加 NIM-2T 模块。HWIC-2T 模块和 NIM-2T 模块都是 2 端口串行广域网接口卡。注意：加装和拆卸模块前一定要先关闭电源，然后开启电源。

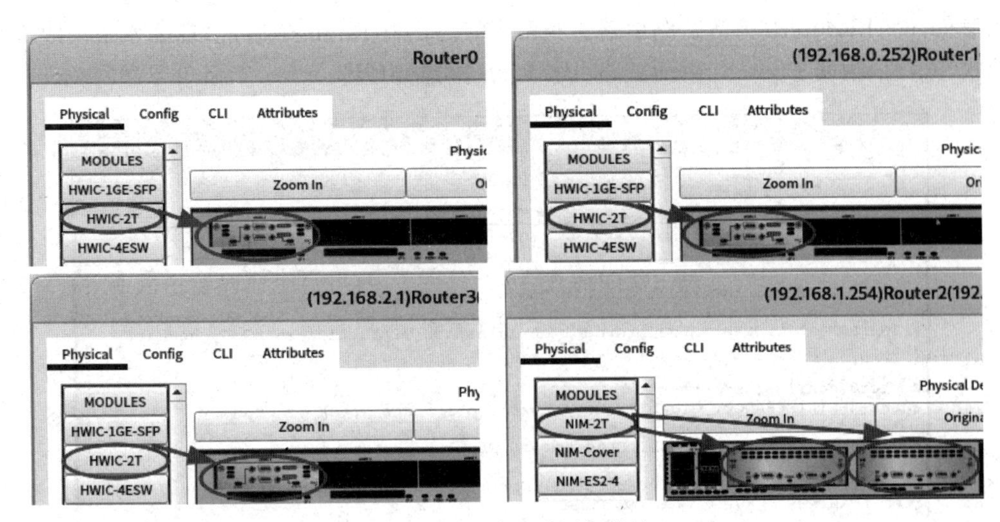

图 4.12　为路由器添加模块

3. 配置校园网(内网)部分

路由器 Router0 的配置命令如下。

```
 1: enable
 2: configure terminal
 3: hostname Router0
 4: username Router2 password pass222
 5: !
 6: interface Serial0/3/0
 7:   ip address 192.168.4.1 255.255.255.0
 8:   encapsulation ppp
 9:   ppp authentication pap
10:   ppp pap sent - username Router0 password pass000
11:   no shutdown
12: !
13: interface GigabitEthernet0/0
14:   ip address 192.168.0.253 255.255.255.0
15:   standby version 2
16:   standby 1 ip 192.168.0.254
17:   standby 1 priority 110
18:   no shutdown
19: !
20: router ospf 1
21:   network 192.168.0.0 0.0.0.255 area 0
22:   network 192.168.4.0 0.0.0.255 area 0
```

注意：本书作者执行命令的方法是将所有命令复制并粘贴到路由器 Router0 的命令行中。

如图 4.13 所示，共有 4 条画线部分，执行完上述命令后，显示了前 3 条画线部分的状态信息,说明 Router0 为活跃路由器。当配置好路由器 Router1 后,出现第 4 条画线部分的状态信息,说明 Router0 由活跃路由器变为备份路由器。

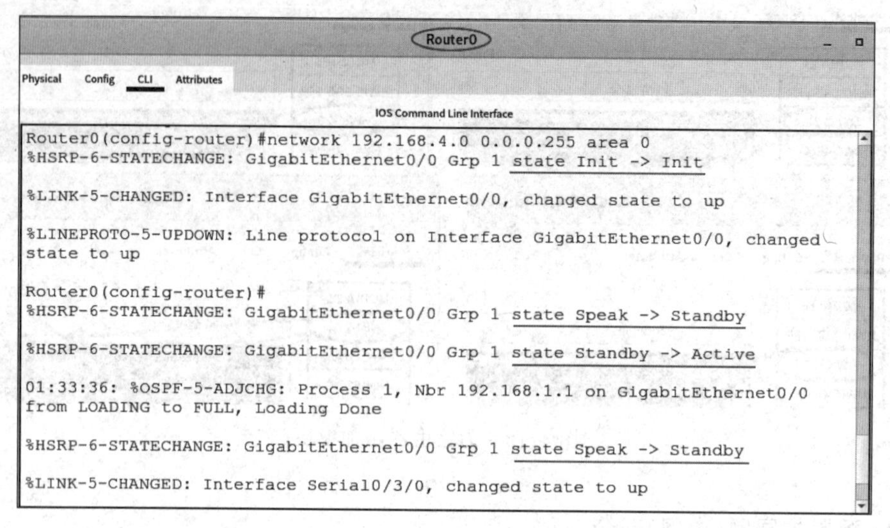

图 4.13　查看路由器 Router0 的状态信息

路由器 Router1 的配置命令如下。

```
 1: enable
 2: configure terminal
 3: hostname Router1
 4: !
 5: username Router2 password pass222
 6: !
 7: interface Serial0/3/0
 8:   ip address 192.168.1.1 255.255.255.0
 9:   encapsulation ppp
10:   ppp authentication pap
11:   ppp pap sent - username Router1 password pass111
12:   no shutdown
13: !
14: interface GigabitEthernet0/0
15:   ip address 192.168.0.252 255.255.255.0
16:   standby version 2
17:   standby 1 ip 192.168.0.254
18:   standby 1 priority 120
19:   standby 1 preempt
20:   no shutdown
21: !
22: router ospf 1
23:   network 192.168.0.0 0.0.0.255 area 0
24:   network 192.168.1.0 0.0.0.255 area 0
```

如图 4.14 所示,执行完上述命令后显示了 Router1 的状态信息,Grp 1 表明组号为 1。共有 3 条画线部分，第 3 条画线部分的状态信息说明 Router1 由备份路由器变为活跃路由器。

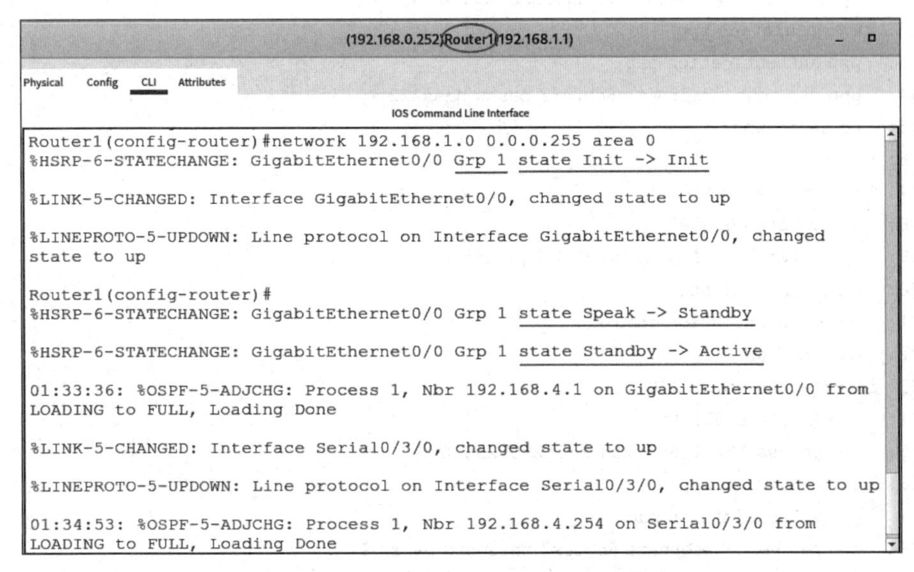

图 4.14 查看路由器 Router1 的状态信息

如图 4.15 所示，在路由器 Router1 的命令行执行 show standby brief 命令，显示当前的热备份状态总览。标识 P 说明路由器 Router1 的活跃状态是从其他路由器(Router0)抢占来的，导致路由器 Router0 变为备份路由器，如图 4.13 中的第 4 条画线部分所示。

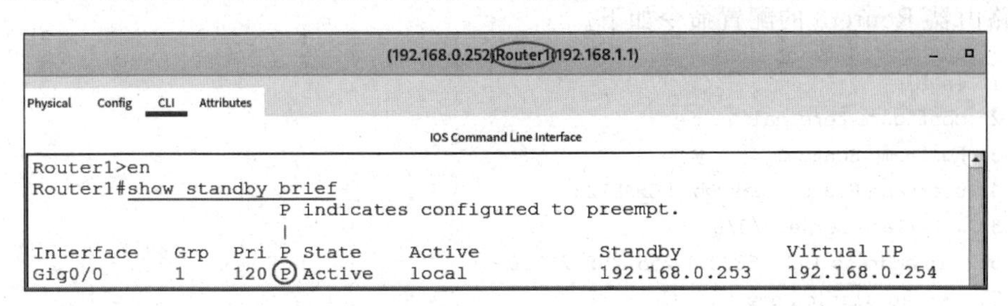

图 4.15 查看路由器 Router1 的热备份状态总览

4. 配置校园网(外网)部分

路由器 Router2 的配置命令如下。

```
1: enable
2: configure terminal
3: hostname Router2
4: !
5: username Router0 password pass000
6: username Router1 password pass111
7: username Router3 password CHAP123
8: !
```

```
 9: interface Serial0/1/0
10:   clock rate 4000000
11:   ip address 192.168.1.254 255.255.255.0
12:   encapsulation ppp
13:   ppp authentication pap
14:   ppp pap sent - username Router2 passw pass222
15:   no shutdown
16: !
17: interface Serial0/1/1
18:   clock rate 4000000
19:   ip address 192.168.2.254 255.255.255.0
20:   encapsulation ppp
21:   ppp authentication chap
22:   no shutdown
23: interface Serial0/2/0
24:   clock rate 4000000
25:   ip address 192.168.4.254 255.255.255.0
26:   encapsulation ppp
27:   ppp authentication pap
28:   ppp pap sent - username Router2 password pass222
29:   no shutdown
30: router ospf 1
31:   network 192.168.1.0 0.0.0.255 area 0
32:   network 192.168.2.0 0.0.0.255 area 0
33:   network 192.168.4.0 0.0.0.255 area 0
```

路由器 Router3 的配置命令如下。

```
 1: enable
 2: configure terminal
 3: hostname Router3
 4: username Router2 password CHAP123
 5: interface Serial0/3/0
 6:   ip address 192.168.2.1 255.255.255.0
 7:   encapsulation ppp
 8:   ppp authentication chap
 9:   no shutdown
10: !
11: interface GigabitEthernet0/0
12:   ip address 192.168.3.254 255.255.255.0
13:   no shutdown
14: !
15: router ospf 1
16:   network 192.168.2.0 0.0.0.255 area 0
17:   network 192.168.3.0 0.0.0.255 area 0
```

5. 配置 PC0 和 PC1

如前文所示,配置 PC0 和 PC1 的网络参数。

PC0 和 PC1 的默认网关均指向虚拟路由器(192.168.0.254)。数据包发往虚拟路由器时,实际上是发到了活跃路由器。

6. 测试

首先,在 PC0 的命令行执行命令 ping 192.168.3.1 -n 1000。然后,如图 4.16 所示,关闭路由器 Router1 的内网接口(模拟路由器故障)。PC0 经历了短暂的丢包后就恢复正常,因为,备份路由器 Router0 变成了活跃路由器。再次开启路由器 Router1 的内网接口,Router1 再次变成活跃路由器,Router0 变成备份路由器。

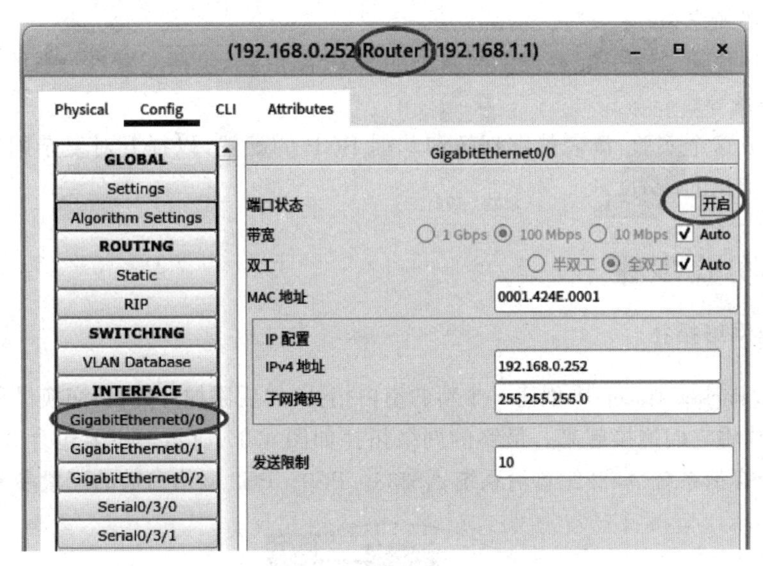

图 4.16　关闭路由器 Router1 的内网接口

完成以上步骤后,说明成功配置和验证 HSRP,并测试了故障转移和恢复的过程。

4.4　实验 4-4: BGP 配置

4.4.1　背景知识

自治系统(AS)是一组由自治机构或组织控制和管理的网络。

BGP(border gateway protocol,边界网关协议)是一种外部网关协议,与内部网关协议(如 RIP、OSPF)不同,主要用于不同自治系统之间的路由选择。BGP 基于路径向量算法,通过交换路由信息来选择最佳路径,并考虑多种路由属性(如 AS 路径、下一跳等)来做出决策。BGP 提供了灵活的策略控制和路由选择,适用于大规模的互联网环境。

实验 4-4: BGP 配置

BGP 使用路由表来确定如何将数据包从一个 AS 转发到另一个 AS。BGP 路由表包含了来自不同 AS 的网络前缀及其可达性信息。

BGP 邻居关系是通过在不同 AS 之间建立 BGP 对等关系来交换路由信息的。通过 BGP 对等关系,相邻的 BGP 路由器可以互相交换路由信息并建立一个稳定的 BGP 路由网络。

4.4.2 实验目的

使用 Cisco Packet Tracer 模拟一个互联网环境,通过模拟实验达到以下两个目的。

(1) 理解 BGP 概念：通过实验,加深对 BGP 的理解,包括 BGP 的基本原理、自治系统和路由表等概念。

(2) 学习 BGP 配置：配置模拟网络中的 BGP 路由器,包括配置自治系统号(AS 号)、BGP 邻居关系等。

通过完成这个实验,读者能够理解和掌握 BGP 的配置,以提升对复杂网络环境中的路由管理和优化的能力。

4.4.3 实验步骤

1. 创建网络拓扑

在 Cisco Packet Tracer 中创建一个新的空白拓扑,然后添加计算机、交换机和路由器,使用相应的连线将它们连接起来。最终的网络拓扑如图 4.17 所示。主要包含 3 部分：自治系统 AS111、自治系统 AS222、自治系统 AS333。PC0～PC2 网络参数的配置参考前文。

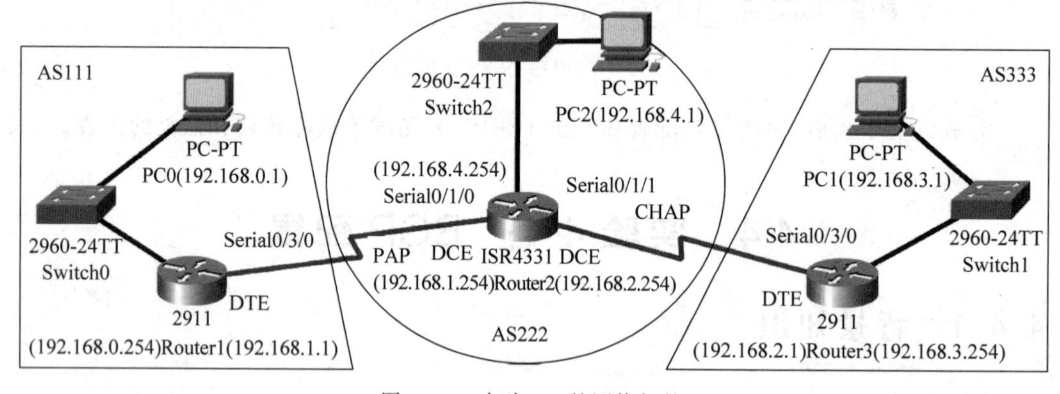

图 4.17 实验 4-4 的网络拓扑

2. 配置路由器

路由器 Router1～Router3 分别作为自治系统 AS111、AS222、AS333 的边界路由器,要实现自治系统之间的互通,需要配置路由器 Router1～Router3。

路由器 Router1 的配置命令如下。

```
1: enable
2: configure terminal
```

```
 3: hostname Router1
 4: username Router2 password pass222
 5: interface Serial0/3/0
 6:   ip address 192.168.1.1 255.255.255.0
 7:   encapsulation ppp
 8:   ppp authentication pap
 9:   ppp pap sent-username Router1 password pass111
10:   no shutdown
11: !
12: interface GigabitEthernet0/0
13:   ip address 192.168.0.254 255.255.255.0
14:   no shutdown
15: !
16: router bgp 111
17:   neighbor 192.168.1.254 remote-as 222
18:   network 192.168.0.0 mask 255.255.255.0
```

路由器 Router2 的配置命令如下。

```
 1: enable
 2: configure terminal
 3: hostname Router2
 4: !
 5: username Router1 password pass111
 6: username Router3 password CHAP123
 7: !
 8: interface Serial0/1/0
 9:   clock rate 4000000
10:   ip address 192.168.1.254 255.255.255.0
11:   encapsulation ppp
12:   ppp authentication pap
13:   ppp pap sent-username Router2 password pass222
14:   no shutdown
15: !
16: interface Serial0/1/1
17:   clock rate 4000000
18:   ip address 192.168.2.254 255.255.255.0
19:   encapsulation ppp
20:   ppp authentication chap
21:   no shutdown
22: !
23: interface GigabitEthernet0/0/0
24:   ip address 192.168.4.254 255.255.255.0
25:   no shutdown
26: !
27: router bgp 222
28:   neighbor 192.168.1.1 remote-as 111
29:   neighbor 192.168.2.1 remote-as 333
30:   network 192.168.4.0 mask 255.255.255.0
```

路由器 Router3 的配置命令如下。

```
 1: enable
 2: configure terminal
 3: hostname Router3
 4: username Router2 password CHAP123
 5: interface Serial0/3/0
 6:   ip address 192.168.2.1 255.255.255.0
 7:   encapsulation ppp
 8:   ppp authentication chap
 9:   no shutdown
10: !
11: interface GigabitEthernet0/0
12:   ip address 192.168.3.254 255.255.255.0
13:   no shutdown
14: !
15: router bgp 333
16:   neighbor 192.168.2.254 remote - as 222
17:   network 192.168.3.0 mask 255.255.255.0
```

3. 测试

在 PC0 的命令行执行 ping 192.168.3.1 命令和 ping 192.168.4.1 命令,均可成功 ping 通。

4.5 实验 4-5: 划分子网

4.5.1 背景知识

IP 地址是用于标识计算机或网络设备在 Internet 上的唯一标识符。IPv4 地址由 32 位二进制组成,通常以点分十进制表示,如 192.168.0.1。

实验 4-5:划分子网

子网掩码用于标识 IP 地址中的网络部分和主机部分,是一个与 IP 地址相同长度的二进制数,以连续的 1 表示网络地址部分,连续的 0 表示主机地址部分。子网掩码决定了一个 IP 地址的网络部分和主机部分。通过将 IP 地址与子网掩码进行按位与运算,可以确定 IP 地址所在的网络号和主机号。子网掩码是一个 32 位的地址掩码,通常以点分十进制形式表示。

子网划分是一种将大的 IP 地址块划分为更小的、可管理的子网的方法。通过子网划分,可将一个大的网络划分为多个较小的子网,每个子网具有不同的 IP 地址范围和子网掩码,以便更有效地管理 IP 地址资源和控制广播域,改善网络性能和增强网络安全性。

在实际的网络环境中,子网划分的应用非常广泛。例如,可以将一个大型企业的内部网络划分为多个子网,以便更好地管理各个部门或区域之间的网络访问和控制。此外,在进行 VPN(虚拟专用网络)配置时,也需要进行子网划分以实现安全可靠的远程访问连接。

VLSM(variable length subnet masking,可变长子网掩码)是一种 IP 地址分配技术,它允许网络管理员为网络中的不同部分指定不同的子网掩码,以便更有效地利用 IP 地址空间。VLSM 是子网划分的一种扩展,它突破了传统子网划分中每个子网必须使用相同子网掩码的限制。

4.5.2 实验目的

使用 Cisco Packet Tracer 模拟一个互联网环境,通过模拟实验达到以下两个目的。

(1) 学习划分子网的原理:理解子网划分的概念和原理,并掌握如何根据给定的需求和主机数量来选择合适的子网掩码,掌握 VLSM 技术的运用。

(2) 掌握子网划分和子网掩码的计算:学会计算子网掩码、网络地址和广播地址等关键参数。这将帮助理解不同子网之间的可用主机数量、网络范围和广播域等概念。

通过完成这个实验,读者可以建立对子网划分和子网配置的理解,为实际网络环境中的子网规划和管理做好准备。

4.5.3 实验步骤

1. 创建网络拓扑

某大学通过某个 ISP 接入因特网。该大学包含四个学院(学院 1、学院 2、学院 3、学院 4),学院 1 和学院 2 各包含 4 个系,学院 3 和学院 4 各包含 2 个系。

大学出口路由器及其所连接的 ISP 路由器选用 ISR4331,四个学院的出口路由器都选用 ISR4321,各个系的出口路由器都选用 2911。

在 Cisco Packet Tracer 中创建一个新的空白拓扑,然后添加所需的设备,包括路由器、交换机、计算机等,使用相应的连线将它们连接起来。最终的网络拓扑如图 4.18 所示,主要包含 4 部分:学院 1 部分、学院 2 部分、学院 3 部分、学院 4 部分。另外,路由器 R0 可以看作校园网出口路由器,路由器 R1111 可以看作 ISP 网络,笔记本电脑 Laptop0 可以看作因特网上的一台计算机。

2. IP 地址的规划

根据实验要求和给定的网络需求,设计 IP 地址方案。确定网络地址和子网掩码。

ISP 给该大学分配的 IP 地址块为 6.0.68.0/22,共包含 1024 个 IP 地址。该大学网络中心给学院 1 分配的 IP 地址块为 6.0.68.0/23,共包含 512 个 IP 地址;给学院 2 分配的 IP 地址块为 6.0.70.0/24,共包含 256 个 IP 地址;给学院 3 分配的 IP 地址块为 6.0.71.0/25,共包含 128 个 IP 地址;给学院 4 分配的 IP 地址块为 6.0.71.128/25,共包含 128 个 IP 地址。

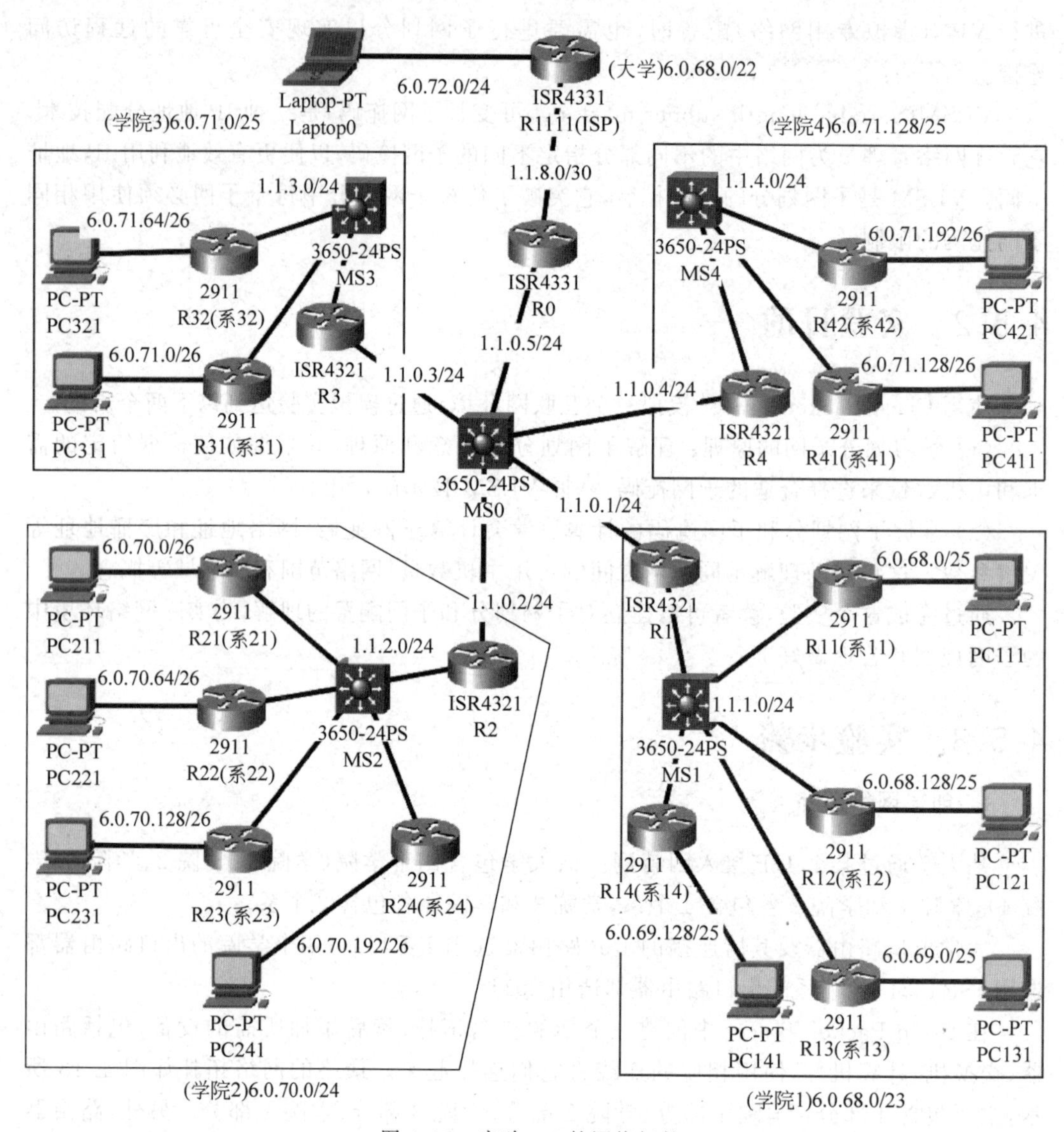

图 4.18　实验 4-5 的网络拓扑

四个学院的 IP 地址块见表 4.1,各个系的 IP 地址块见表 4.2。

表 4.1　四个学院的 IP 地址块

单位	IP 地址块	IP 地址个数	子网掩码	子网反掩码
大学	6.0.68.0/22	1024	255.255.252.0	0.0.3.255
学院 1	6.0.68.0/23	512	255.255.254.0	0.0.1.255
学院 2	6.0.70.0/24	256	255.255.255.0	0.0.0.255
学院 3	6.0.71.0/25	128	255.255.255.128	0.0.0.127
学院 4	6.0.71.128/25	128	255.255.255.128	0.0.0.127

表4.2 各个系的IP地址块

学院	系	IP 地址块	地址个数
学院1	系1	6.0.68.0/25	128
	系2	6.0.68.128/25	128
	系3	6.0.69.0/25	128
	系4	6.0.69.128/25	128
学院2	系1	6.0.70.0/26	64
	系2	6.0.70.64/26	64
	系3	6.0.70.128/26	64
	系4	6.0.70.192/26	64
学院3	系1	6.0.71.0/26	64
	系2	6.0.71.64/26	64
学院4	系1	6.0.71.128/26	64
	系2	6.0.71.192/26	64

在路由器上配置接口IP地址和子网掩码。每个路由器用到的接口所分配的IP地址见表4.3。

表4.3 每个路由器用到的接口所分配的IP地址

路由器	接口	IP 地址	子网掩码	子网反掩码	所属网段
R1111(ISP)	GigabitEthernet0/0/0	6.0.72.254	255.255.255.0	0.0.0.255	6.0.72.0/24
	GigabitEthernet0/0/1	1.1.8.2	255.255.255.252	0.0.0.3	1.1.8.0/30
R0(大学)	GigabitEthernet0/0/1	1.1.8.1	255.255.255.252	0.0.0.3	1.1.8.0/30
	GigabitEthernet0/0/0	1.1.0.5	255.255.255.0	0.0.0.255	1.1.0.0/24
R1(学院1)	GigabitEthernet0/0/0	1.1.0.1	255.255.255.0	0.0.0.255	1.1.0.0/24
	GigabitEthernet0/0/1	1.1.1.5	255.255.255.0	0.0.0.255	1.1.1.0/24
R2(学院2)	GigabitEthernet0/0/0	1.1.0.2	255.255.255.0	0.0.0.255	1.1.0.0/24
	GigabitEthernet0/0/1	1.1.2.5	255.255.255.0	0.0.0.255	1.1.2.0/24
R3(学院3)	GigabitEthernet0/0/0	1.1.0.3	255.255.255.0	0.0.0.255	1.1.0.0/24
	GigabitEthernet0/0/1	1.1.3.3	255.255.255.0	0.0.0.255	1.1.3.0/24
R4(学院4)	GigabitEthernet0/0/0	1.1.0.4	255.255.255.0	0.0.0.255	1.1.0.0/24
	GigabitEthernet0/0/1	1.1.4.3	255.255.255.0	0.0.0.255	1.1.4.0/24
R11(系11)	GigabitEthernet0/0	1.1.1.1	255.255.255.0	0.0.0.255	1.1.1.0/24
	GigabitEthernet0/1	6.0.68.126	255.255.255.128	0.0.0.127	6.0.68.0/25
R12(系12)	GigabitEthernet0/0	1.1.1.2	255.255.255.0	0.0.0.255	1.1.1.0/24
	GigabitEthernet0/1	6.0.68.254	255.255.255.128	0.0.0.127	6.0.68.128/25
R13(系13)	GigabitEthernet0/0	1.1.1.3	255.255.255.0	0.0.0.255	1.1.1.0/24
	GigabitEthernet0/1	6.0.69.126	255.255.255.128	0.0.0.127	6.0.69.0/25
R14(系14)	GigabitEthernet0/0	1.1.1.4	255.255.255.0	0.0.0.255	1.1.1.0/24
	GigabitEthernet0/1	6.0.69.254	255.255.255.128	0.0.0.127	6.0.69.128/25

续表

路由器	接　口	IP 地址	子网掩码	子网反掩码	所属网段
R21(系 21)	GigabitEthernet0/0 GigabitEthernet0/1	1.1.2.1 6.0.70.62	255.255.255.0 255.255.255.192	0.0.0.255 0.0.0.63	1.1.2.0/24 6.0.70.0/26
R22(系 22)	GigabitEthernet0/0 GigabitEthernet0/1	1.1.2.2 6.0.70.126	255.255.255.0 255.255.255.192	0.0.0.255 0.0.0.63	1.1.2.0/24 6.0.70.64/26
R23(系 23)	GigabitEthernet0/0 GigabitEthernet0/1	1.1.2.3 6.0.70.190	255.255.255.0 255.255.255.192	0.0.0.255 0.0.0.63	1.1.2.0/24 6.0.70.128/26
R24(系 24)	GigabitEthernet0/0 GigabitEthernet0/1	1.1.2.4 6.0.70.254	255.255.255.0 255.255.255.192	0.0.0.255 0.0.0.63	1.1.2.0/24 6.0.70.192/26
R31(系 31)	GigabitEthernet0/0 GigabitEthernet0/1	1.1.3.1 6.0.71.62	255.255.255.0 255.255.255.192	0.0.0.255 0.0.0.63	1.1.3.0/24 6.0.71.0/26
R32(系 32)	GigabitEthernet0/0 GigabitEthernet0/1	1.1.3.2 6.0.71.126	255.255.255.0 255.255.255.192	0.0.0.255 0.0.0.63	1.1.3.0/24 6.0.71.64/26
R41(系 41)	GigabitEthernet0/0 GigabitEthernet0/1	1.1.4.1 6.0.71.190	255.255.255.0 255.255.255.192	0.0.0.255 0.0.0.63	1.1.4.0/24 6.0.71.128/26
R42(系 42)	GigabitEthernet0/0 GigabitEthernet0/1	1.1.4.2 6.0.71.254	255.255.255.0 255.255.255.192	0.0.0.255 0.0.0.63	1.1.4.0/24 6.0.71.192/26

在每台计算机上配置相应的 IP 地址、子网掩码和默认网关。每台计算机分配的网络参数见表 4.4。

表 4.4　每台计算机分配的网络参数

计算机	IP 地址	子网掩码	默认网关
PC111	6.0.68.1	255.255.255.128	6.0.68.126
PC121	6.0.68.129	255.255.255.128	6.0.68.254
PC131	6.0.69.1	255.255.255.128	6.0.69.126
PC141	6.0.69.129	255.255.255.128	6.0.69.254
PC211	6.0.70.1	255.255.255.192	6.0.70.62
PC221	6.0.70.65	255.255.255.192	6.0.70.126
PC231	6.0.70.129	255.255.255.192	6.0.70.190
PC241	6.0.70.193	255.255.255.192	6.0.70.254
PC311	6.0.71.1	255.255.255.192	6.0.71.62
PC321	6.0.71.65	255.255.255.192	6.0.71.126
PC411	6.0.71.129	255.255.255.192	6.0.71.190
PC421	6.0.71.193	255.255.255.192	6.0.71.254
Laptop0	6.0.72.1	255.255.255.0	6.0.72.254

3. 配置路由器

路由器 R1111 和 R0 的配置命令如下。

路由器 R1111 的配置命令

```
 1: enable
 2: configure terminal
 3: hostname R1111
 4: interface GigabitEthernet0/0/0
 5:   ip address 6.0.72.254 255.255.255.0
 6:   no shutdown
 7: interface GigabitEthernet0/0/1
 8:   ip address 1.1.8.2 255.255.255.252
 9:   no shutdown
10: router ospf 1
11:   network 6.0.72.0 0.0.0.255 area 0
12:   network 1.1.8.0 0.0.0.3 area 0
```

路由器 R0 的配置命令

```
 1: enable
 2: configure terminal
 3: hostname R0
 4: interface GigabitEthernet0/0/1
 5:   ip address 1.1.8.1 255.255.255.252
 6:   no shutdown
 7: interface GigabitEthernet0/0/0
 8:   ip address 1.1.0.5 255.255.255.0
 9:   no shutdown
10: router ospf 1
11:   network 1.1.8.0 0.0.0.3 area 0
12:   network 1.1.0.0 0.0.0.255 area 0
```

路由器 R1 和 R2 的配置命令如下。

路由器 R1 的配置命令

```
 1: enable
 2: configure terminal
 3: hostname R1
 4: interface GigabitEthernet0/0/0
 5:   ip address 1.1.0.1 255.255.255.0
 6:   no shutdown
 7: interface GigabitEthernet0/0/1
 8:   ip address 1.1.1.5 255.255.255.0
 9:   no shutdown
10: router ospf 1
11:   network 1.1.0.0 0.0.0.255 area 0
12:   network 1.1.1.0 0.0.0.255 area 0
```

路由器 R2 的配置命令

```
 1: enable
 2: configure terminal
 3: hostname R2
 4: interface GigabitEthernet0/0/0
 5:   ip address 1.1.0.2 255.255.255.0
 6:   no shutdown
 7: interface GigabitEthernet0/0/1
 8:   ip address 1.1.2.5 255.255.255.0
 9:   no shutdown
10: router ospf 1
11:   network 1.1.0.0 0.0.0.255 area 0
12:   network 1.1.2.0 0.0.0.255 area 0
```

路由器 R3 和 R4 的配置命令如下。

路由器 R3 的配置命令

```
 1: enable
 2: configure terminal
 3: hostname R3
 4: interface GigabitEthernet0/0/0
 5:   ip address 1.1.0.3 255.255.255.0
 6:   no shutdown
 7: interface GigabitEthernet0/0/1
 8:   ip address 1.1.3.3 255.255.255.0
 9:   no shutdown
10: router ospf 1
11:   network 1.1.0.0 0.0.0.255 area 0
12:   network 1.1.3.0 0.0.0.255 area 0
```

路由器 R4 的配置命令

```
 1: enable
 2: configure terminal
 3: hostname R4
 4: interface GigabitEthernet0/0/0
 5:   ip address 1.1.0.4 255.255.255.0
 6:   no shutdown
 7: interface GigabitEthernet0/0/1
 8:   ip address 1.1.4.3 255.255.255.0
 9:   no shutdown
10: router ospf 1
11:   network 1.1.0.0 0.0.0.255 area 0
12:   network 1.1.4.0 0.0.0.255 area 0
```

路由器 R11 和 R12 的配置命令如下。

路由器 R11 的配置命令

```
1: enable
2: configure terminal
3: hostname R11
4: interface GigabitEthernet0/0
5:   ip address 1.1.1.1 255.255.255.0
6:   no shutdown
7: interface GigabitEthernet0/1
8:   ip address 6.0.68.126 255.255.255.128
9:   no shutdown
10: router ospf 1
11:   network 1.1.1.0 0.0.0.255 area 0
12:   network 6.0.68.0 0.0.0.127 area 0
```

路由器 R12 的配置命令

```
1: enable
2: configure terminal
3: hostname R12
4: interface GigabitEthernet0/0
5:   ip address 1.1.1.2 255.255.255.0
6:   no shutdown
7: interface GigabitEthernet0/1
8:   ip address 6.0.68.254 255.255.255.128
9:   no shutdown
10: router ospf 1
11:   network 1.1.1.0 0.0.0.255 area 0
12:   network 6.0.68.128 0.0.0.127 area 0
```

路由器 R13 和 R14 的配置命令如下。

路由器 R13 的配置命令

```
1: enable
2: configure terminal
3: hostname R13
4: interface GigabitEthernet0/0
5:   ip address 1.1.1.3 255.255.255.0
6:   no shutdown
7: interface GigabitEthernet0/1
8:   ip address 6.0.69.126 255.255.255.128
9:   no shutdown
10: router ospf 1
11:   network 1.1.1.0 0.0.0.255 area 0
12:   network 6.0.69.0 0.0.0.127 area 0
```

路由器 R14 的配置命令

```
1: enable
2: configure terminal
3: hostname R14
4: interface GigabitEthernet0/0
5:   ip address 1.1.1.4 255.255.255.0
6:   no shutdown
7: interface GigabitEthernet0/1
8:   ip address 6.0.69.254 255.255.255.128
9:   no shutdown
10: router ospf 1
11:   network 1.1.1.0 0.0.0.255 area 0
12:   network 6.0.69.128 0.0.0.127 area 0
```

路由器 R21 和 R22 的配置命令如下。

路由器 R21 的配置命令

```
1: enable
2: configure terminal
3: hostname R21
4: interface GigabitEthernet0/0
5:   ip address 1.1.2.1 255.255.255.0
6:   no shutdown
7: interface GigabitEthernet0/1
8:   ip address 6.0.70.62 255.255.255.192
9:   no shutdown
10: router ospf 1
11:   network 1.1.2.0 0.0.0.255 area 0
12:   network 6.0.70.0 0.0.0.63 area 0
```

路由器 R22 的配置命令

```
1: enable
2: configure terminal
3: hostname R22
4: interface GigabitEthernet0/0
5:   ip address 1.1.2.2 255.255.255.0
6:   no shutdown
7: interface GigabitEthernet0/1
8:   ip address 6.0.70.126 255.255.255.192
9:   no shutdown
10: router ospf 1
11:   network 1.1.2.0 0.0.0.255 area 0
12:   network 6.0.70.64 0.0.0.63 area 0
```

路由器 R23 和 R24 的配置命令如下。

路由器 R23 的配置命令

```
 1: enable
 2: configure terminal
 3: hostname R23
 4: interface GigabitEthernet0/0
 5:   ip address 1.1.2.3 255.255.255.0
 6:   no shutdown
 7: interface GigabitEthernet0/1
 8:   ip address 6.0.70.190 255.255.255.192
 9:   no shutdown
10: router ospf 1
11:   network 1.1.2.0 0.0.0.255 area 0
12:   network 6.0.70.128 0.0.0.63 area 0
```

路由器 R24 的配置命令

```
 1: enable
 2: configure terminal
 3: hostname R24
 4: interface GigabitEthernet0/0
 5:   ip address 1.1.2.4 255.255.255.0
 6:   no shutdown
 7: interface GigabitEthernet0/1
 8:   ip address 6.0.70.254 255.255.255.192
 9:   no shutdown
10: router ospf 1
11:   network 1.1.2.0 0.0.0.255 area 0
12:   network 6.0.70.192 0.0.0.63 area 0
```

路由器 R31 和 R32 的配置命令如下。

路由器 R31 的配置命令

```
 1: enable
 2: configure terminal
 3: hostname R31
 4: interface GigabitEthernet0/0
 5:   ip address 1.1.3.1 255.255.255.0
 6:   no shutdown
 7: interface GigabitEthernet0/1
 8:   ip address 6.0.71.62 255.255.255.192
 9:   no shutdown
10: router ospf 1
11:   network 1.1.3.0 0.0.0.255 area 0
12:   network 6.0.71.0 0.0.0.63 area 0
```

路由器 R32 的配置命令

```
 1: enable
 2: configure terminal
 3: hostname R32
 4: interface GigabitEthernet0/0
 5:   ip address 1.1.3.2 255.255.255.0
 6:   no shutdown
 7: interface GigabitEthernet0/1
 8:   ip address 6.0.71.126 255.255.255.192
 9:   no shutdown
10: router ospf 1
11:   network 1.1.3.0 0.0.0.255 area 0
12:   network 6.0.71.64 0.0.0.63 area 0
```

路由器 R41 和 R42 的配置命令如下。

路由器 R41 的配置命令

```
 1: enable
 2: configure terminal
 3: hostname R41
 4: interface GigabitEthernet0/0
 5:   ip address 1.1.4.1 255.255.255.0
 6:   no shutdown
 7: interface GigabitEthernet0/1
 8:   ip address 6.0.71.190 255.255.255.192
 9:   no shutdown
10: router ospf 1
11:   network 1.1.4.0 0.0.0.255 area 0
12:   network 6.0.71.128 0.0.0.63 area 0
```

路由器 R42 的配置命令

```
 1: enable
 2: configure terminal
 3: hostname R42
 4: interface GigabitEthernet0/0
 5:   ip address 1.1.4.2 255.255.255.0
 6:   no shutdown
 7: interface GigabitEthernet0/1
 8:   ip address 6.0.71.254 255.255.255.192
 9:   no shutdown
10: router ospf 1
11:   network 1.1.4.0 0.0.0.255 area 0
12:   network 6.0.71.192 0.0.0.63 area 0
```

4. 测试

如图 4.19 所示,Laptop0(6.0.72.1)可以成功 ping 通 PC131(6.0.69.1)。

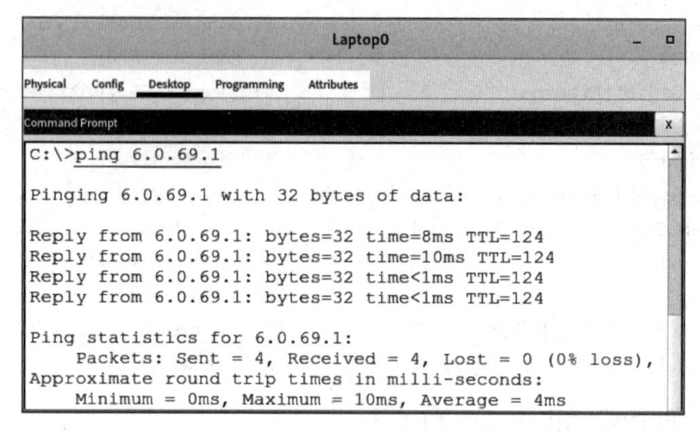

图 4.19 Laptop0 可以成功 ping 通 PC131

如图 4.20 所示,在路由器 R1111 的命令行执行 traceroute 6.0.69.1 命令验证网络连通性和路由路径是否正确。

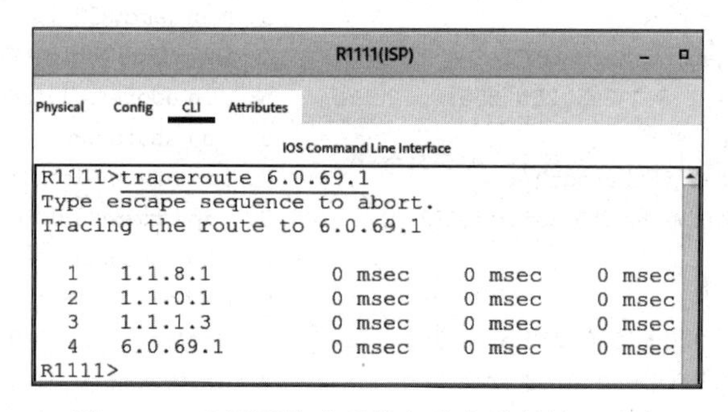

图 4.20 验证网络连通性和路由路径是否正确

习　　题

1. 填空题

(1) ________是指一个有权自主地决定在本系统中应采用何种路由协议的网络单位。

(2) 在自治系统中,所有的路由器必须相互连接,运行相同的________。

(3) ________和外部网关协议是动态路由协议中的两种主要类型。

(4) 内部网关协议是在一个________内部使用的路由选择协议。

(5) ________是用于在两个或多个自治系统(AS)之间交换路由信息的协议。

(6) ________协议基于距离向量算法,通过周期性交换路由信息来更新路由表。

(7) 在路由器之间传送的信息有以下两大类：数据和________。

(8) 网络层包括________和数据层面 2 个层面。

(9) ________是由路由选择算法建立的一个表，它通常包含从网络号到下一跳的映射。

(10) ________是一个指导数据包应该如何从一个端口转发到另一个端口的表。

(11) ________是一种链路状态路由协议，适用于大型网络。

(12) 在路由器的命令行执行________命令查看的路由表。

(13) HSRP 允许多个路由器共享一个________和 MAC 地址，组成 HSRP 组。

(14) ________是一种外部网关协议，主要用于不同自治系统之间的路由选择。

(15) ________用于标识 IP 地址中的网络部分和主机部分。

2. 简答题

(1) 距离矢量算法的执行过程是什么？

(2) 路由表和转发表分别是什么？

(3) HSRP 是什么？

3. 上机题

(1) 在 Cisco Packet Tracer 中做 RIP 配置的实验。

(2) 在 Cisco Packet Tracer 中做 OSPF 路由协议配置的实验。

(3) 在 Cisco Packet Tracer 中做 HSRP 配置的实验。

(4) 在 Cisco Packet Tracer 中做 BGP 配置的实验。

(5) 在 Cisco Packet Tracer 中做划分子网的实验。

项目 5　实现 VLAN 间通信

本章学习目标

- 了解 VLAN 的概念和作用，掌握交换机划分 VLAN 的配置方法。
- 学习如何通过三层交换机实现不同 VLAN 之间的路由和通信。
- 掌握用路由器单臂路由的方式实现 VLAN 之间的通信。
- 理解 VTP 的作用，能够配置和管理 VTP。
- 学会在三层交换机上配置 DHCP 服务器，为不同 VLAN 提供 IP 地址分配服务。

在现代网络中，VLAN(虚拟局域网)被广泛应用于划分网络，提高网络性能和安全性。本章介绍如何配置交换机进行 VLAN 的划分和配置，以及如何实现不同 VLAN 之间的通信。

5.1　实验 5-1：交换机划分 VLAN 配置

5.1.1　背景知识

实验 5-1：交换机划分 VLAN 配置

交换机端口是交换机上用于连接网络设备的接口，通常分为不同类型的端口，以满足不同的网络需求和配置。交换机端口的常见类型：Access 端口、Trunk 端口、Hybrid 端口。Access 端口只能属于一个 VLAN。Access 端口通常用于连接计算机或其他终端设备。当交换机接收到来自 Access 端口的数据包时，它会根据该端口的 VLAN 配置来标记或处理该数据包。Trunk 端口是交换机上用于连接其他交换机或网络设备的端口类型。与 Access 端口不同，Trunk 端口可以允许多个 VLAN 的数据通过，并且可以在交换机之间传输多个 VLAN 的流量。在 Trunk 链路上，数据包的 VLAN 信息会被保留，以实现不同 VLAN 之间的通信。Trunk 端口通常在交换机之间或交换机与路由器之间的连接中使用。Hybrid 端口是交换机上另一种类型的端口，它结合了 Access 端口和 Trunk 端口的特性。Hybrid 端口可以允许多个 VLAN 的数据通过，并且可以发送和接收多个 VLAN 的报文。与 Trunk 端口不同的是，Hybrid 端口在发送数据时，可以允许多个 VLAN 的报文发送时不打标签，这对于某些特定的网络配置和需求可能非常有用。Hybrid 端口既可以用于交换机之间的连接，也可以用于连接用户的计算机。

VLAN 是一种将局域网(LAN)设备从物理上划分成多个逻辑子网的技术。这些逻辑子网在逻辑上被视为独立的网络，但它们共享相同的物理基础设施，如交换机和电缆。VLAN 的主要目的是提高网络的可管理性、安全性和灵活性。

VLAN 可以在物理网络上创建逻辑上独立的子网，使不同 VLAN 之间的设备不能直接通信，从而提高了网络的安全性。通过使用 VLAN，管理员可以将网络划分为不同的广播域，从而减少广播流量并简化网络管理。VLAN 可以根据业务需求动态调整，例如，可以将不同部门的员工划分到不同的 VLAN 中，或者根据用户的位置、角色或设备类型来划分 VLAN。通过限制 VLAN 之间的通信，可以降低安全风险。此外，还可以结合其他安全策略，如访问控制列表（ACLs）和加密技术，来进一步提高网络的安全性。

VLAN 技术可以分为几种不同的类型，每种类型都有其特定的用途和特点。以下是 VLAN 的主要类型。

（1）基于端口的 VLAN：这是最简单和最常用的 VLAN 类型。它将交换机上的物理端口分配给特定的 VLAN。这意味着连接到这些端口的设备将被视为属于该 VLAN。这种类型的 VLAN 适用于静态配置的环境，其中设备的位置和连接是固定的。

（2）基于 MAC 地址的 VLAN：这种类型的 VLAN 根据设备的 MAC 地址来分配 VLAN。MAC 地址是设备在网络中的唯一标识符。这种配置方式允许设备在任何端口上连接时都能保持其 VLAN 分配，适用于移动设备或经常更改连接端口的情况。

（3）基于 IP 地址的 VLAN：这种类型的 VLAN 根据设备的 IP 地址来分配 VLAN。当设备移动到不同的子网或 IP 地址范围时，它可以自动加入相应的 VLAN。这种配置方式对于动态网络环境非常有用，但需要设备支持 IP 路由功能。

（4）基于协议的 VLAN：这种类型的 VLAN 根据设备使用的网络协议来分配 VLAN。例如，可以将使用特定协议（如 FTP、HTTP 等）的设备分配到同一 VLAN 中。这种配置方式适用于需要根据网络应用或服务来组织网络的场景。

（5）基于子网的 VLAN：这种类型的 VLAN 根据设备的子网地址来分配 VLAN。子网地址是 IP 地址的一部分，用于标识设备在网络中的位置。这种配置方式允许根据地理位置或组织结构来组织网络。

不同的 VLAN 类型适用于不同的网络环境和需求。在设计网络时，可以根据实际情况选择合适的 VLAN 类型来实现网络管理和安全隔离。具体的 VLAN 配置和类型可能会因不同的网络设备和厂商而有所不同。因此，在实际应用中，应根据具体的网络需求和设备特性来选择合适的 VLAN 类型和配置方式。

VLAN Trunk（虚拟局域网中继技术）是一种允许连接在不同交换机上的相同 VLAN 中的主机进行通信的技术。通过将两台或多台交换机的直连端口设置为 Trunk 端口，可以实现跨交换机的 VLAN 内部数据传输。VLAN Trunk 允许同一物理链路上传输多个 VLAN 的数据。通过 VLAN 标记来标识不同的 VLAN 帧。VLAN Trunk 在发送端交换机对数据包进行标记，以标识属于哪个 VLAN。这些标记通常是 IEEE 802.1Q 标准中定义的 VLAN 标记。接收端交换机会根据 VLAN 标记识别出数据包属于哪个 VLAN，并按照相应的 VLAN 设置进行处理。VLAN Trunk 上的 VLAN 数据不会相互干扰，每个 VLAN 在传输过程中保持独立。VLAN Trunk 在企业网络中起到了重要作用，使得不同 VLAN 的数据可以在跨越多个交换机的网络中以安全和可控的方式传输。

常见的VLAN Trunk协议有IEEE 802.1Q和ISL(inter-switch link)。IEEE 802.1Q是最常用的VLAN Trunk协议,定义了VLAN标记格式和传输方式,用于在交换机间传递VLAN信息。ISL是思科的VLAN Trunk协议,已逐渐被IEEE 802.1Q取代。

访问链路(access link)和汇聚链路(trunk link)是网络中两种常见的链路类型,也是交换机中两种不同类型的端口配置。它们在VLAN环境中扮演不同的角色和功能。

(1) 访问链路也称接入链路,是指交换机与用户设备之间的连接链路。在这种配置下,交换机与用户设备(通常是计算机或其他终端设备)直接相连,用于提供用户接入网络的能力。接入链路的特点是它通常不带VLAN标签。这是因为大多数普通计算机和终端设备不具备发送带有VLAN标签的帧的能力。因此,接入链路上的数据帧通常是不带标签的,以便用户设备能够正确地接收和处理数据。在VLAN配置中,接入链路通常与特定的VLAN相关联。当用户设备连接到交换机时,交换机会根据配置将接入链路上的帧打上相应的VLAN标签,并将其转发到相应的VLAN中。这样,即使多个VLAN共享相同的物理链路,也能通过VLAN标签来区分不同VLAN的数据流,实现网络隔离和安全性。

(2) 汇聚链路也称干道链路或中继链路,能够连接多个VLAN,并可以传输发往多个VLAN的带标签帧。在汇聚链路上流通的帧都有相应的VLAN标签,用于识别该帧属于哪一个VLAN。汇聚链路通常用于连接不同的交换机,以支持高速网络通信。它采用高速、可靠、稳定的传输技术,如光纤、千兆以太网等,以满足对传输速率、带宽容量、数据包延迟等要求较高的网络应用场景。汇聚链路的一个关键特性是端口汇聚功能,即将多个物理端口汇聚成一个逻辑上的物理端口,使得同一汇聚组内的多条链路可以视为一条逻辑链路。这种汇聚功能可以实现带宽的扩展和链路备份,提高网络连接的可靠性和稳定性。当一条链路出现故障时,Trunk技术可以确保其他链路继续正常工作,实现流量均衡,避免网络中断。

在网络设计中,访问链路和汇聚链路往往一起使用,以满足不同设备和网络拓扑结构的需求。访问链路用于连接终端设备,汇聚链路用于连接交换机以传输多个VLAN的数据。

默认情况下,交换机所有端口都属于VLAN 1,因此通常把VLAN 1作为管理VLAN,VLAN 1接口的IP地址就是交换机的管理地址。

5.1.2 实验目的

使用Cisco Packet Tracer模拟一个互联网环境,通过模拟实验达到以下几个目的。

(1) 创建VLAN:了解VLAN的原理,学习如何在交换机上创建VLAN。VLAN的创建涉及指定VLAN的ID,并将其与相应的端口关联。

(2) 配置端口模式:了解交换机端口的Trunk模式和Access模式。将端口设置为Access端口,则被连接到单个VLAN,将端口设置为Trunk端口,则被同时连接到多个VLAN。

通过完成这个实验,读者将熟悉VLAN的概念、配置和管理方法,这将有助于理解和实施基于VLAN的网络设计和安全策略。

5.1.3　实验步骤

1. 创建网络拓扑

在Cisco Packet Tracer中创建一个新的空白拓扑，然后添加计算机、交换机，使用相应的连线将它们连接起来。最终的网络拓扑如图5.1所示。6台计算机的子网掩码均为255.255.255.0，因此属于同一个网络(192.168.0.0/24)，并且相互之间都可以ping通。

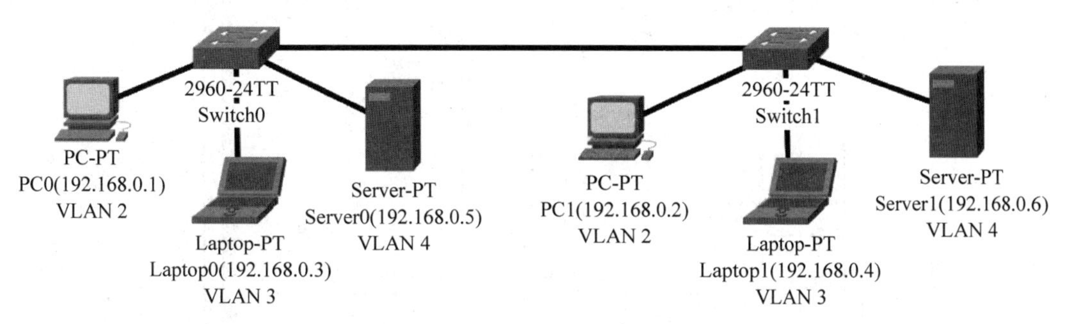

图5.1　实验5-1的网络拓扑

2. 划分VLAN

假设PC0和PC1属于人事处，Laptop0和Laptop1属于财务部，Server0和Server1属于信息科。要求这3个部门的计算机不能互通，部门内部的计算机可以相互通信。

交换机Switch0和Switch1的配置命令如下。

交换机Switch0的配置命令

```
 1: enable
 2: configure terminal
 3: hostname Switch0
 4: !
 5: interface FastEthernet0/1
 6:   switchport access VLAN 2
 7: !
 8: interface FastEthernet0/2
 9:   switchport access VLAN 3
10: !
11: interface FastEthernet0/3
12:   switchport access VLAN 4
13: !
14: interface GigabitEthernet0/1
15:   switchport mode trunk
```

交换机Switch1的配置命令

```
 1: enable
 2: configure terminal
 3: hostname Switch1
 4: !
 5: interface FastEthernet0/1
 6:   switchport access VLAN 2
 7: !
 8: interface FastEthernet0/2
 9:   switchport access VLAN 3
10: !
11: interface FastEthernet0/3
12:   switchport access VLAN 4
13: !
14: interface GigabitEthernet0/1
15:   switchport mode trunk
```

3. 查看 VLAN 配置情况

此时,PC0 可以 ping 通 PC1,但是不能 ping 通其他计算机。

如图 5.2 所示,在交换机 Switch0 的命令行执行 show vlan 命令,查看交换机 Switch0 的 VLAN 配置情况。

Switch0

Physical　Config　CLI　Attributes

IOS Command Line Interface

```
Switch0>show vlan

VLAN Name                             Status    Ports
---- -------------------------------- --------- -------------------------------
1    default                          active    Fa0/4, Fa0/5, Fa0/6, Fa0/7
                                                Fa0/8, Fa0/9, Fa0/10, Fa0/11
                                                Fa0/12, Fa0/13, Fa0/14, Fa0/15
                                                Fa0/16, Fa0/17, Fa0/18, Fa0/19
                                                Fa0/20, Fa0/21, Fa0/22, Fa0/23
                                                Fa0/24, Gig0/2
2    VLAN0002                         active    Fa0/1
3    VLAN0003                         active    Fa0/2
4    VLAN0004                         active    Fa0/3
1002 fddi-default                     active
1003 token-ring-default               active
1004 fddinet-default                  active
1005 trnet-default                    active

VLAN Type  SAID       MTU   Parent RingNo BridgeNo Stp  BrdgMode Trans1 Trans2
---- ----- ---------- ----- ------ ------ -------- ---- -------- ------ ------
1    enet  100001     1500  -      -      -        -    -        0      0
2    enet  100002     1500  -      -      -        -    -        0      0
3    enet  100003     1500  -      -      -        -    -        0      0
4    enet  100004     1500  -      -      -        -    -        0      0
1002 fddi  101002     1500  -      -      -        -    -        0      0
1003 tr    101003     1500  -      -      -        -    -        0      0
1004 fdnet 101004     1500  -      -      -        ieee -        0      0
1005 trnet 101005     1500  -      -      -        ibm  -        0      0

VLAN Type  SAID       MTU   Parent RingNo BridgeNo Stp  BrdgMode Trans1 Trans2
---- ----- ---------- ----- ------ ------ -------- ---- -------- ------ ------

Remote SPAN VLANs
------------------------------------------------------------------------------

Primary Secondary Type              Ports
------- --------- ----------------- ------------------------------------------
Switch0>
```

图 5.2　查看交换机 Switch0 的 VLAN 配置情况

执行如下命令可以将端口 FastEthernet0/1 从 VLAN 2 中移除。

```
interface FastEthernet0/1
 no switchport access VLAN 2
```

5.2　实验 5-2：通过三层交换机实现 VLAN 间路由

5.2.1　背景知识

实验 5-2：通过三层交换机实现 VLAN 间路由

三层交换机是一种同时具备交换机和路由器功能的网络设备。它能够在数据链路层和网络层之间进行数据包的转发和路由处理。三层交换机可以像普通交换机一样在数据链路层上交换数据帧,同时也能够根据 IP 地址等网络层信息进行路由操作。这使得三层交换机能够更智能地根据目的 IP 地址来转发数据包,而无须将所有数据都广播到网络中。

三层交换机通常由硬件和软件组成，硬件部分包含处理器、端口、内存等组件，软件部分通常包括操作系统和路由功能。

纯硬件三层交换机通常是指在硬件上具备了专门的路由功能，使用ASIC芯片，在硬件级别上处理路由表、数据包转发等。这种设计通常会提供更高的性能和速度，适用于需要处理大量数据包和高性能要求的网络环境。这种方式技术复杂，成本高，但速度快，性能好，带负载能力强。当数据由端口接口芯片接收后，首先在二层交换芯片中查找相应的目的MAC地址，如果找到，就进行二层转发，否则将数据送至三层引擎。在三层引擎中，ASIC芯片查找相应的路由表信息，与数据的目的IP地址相比对，然后发送ARP数据包到目的主机，得到该主机的MAC地址，将MAC地址发到二层芯片，由二层芯片转发该数据包。

基于软件的三层交换机是指其路由功能是在软件上实现的。对于数据包转发等规律性的过程，三层交换机通过硬件高速实现，而对于路由信息更新、路由表维护、路由计算、路由确定等功能，则通过软件实现，采用CPU用软件的方式查找路由表。这种方式技术较简单，处理速度较慢，不适合作为主干。

三层交换机采用SVI(交换机虚拟接口)的方式实现VLAN间互联。SVI是指为交换机中的VLAN创建虚拟接口，并且配置IP地址。三层交换机具备网络层的功能，利用直连路由可以实现不同VLAN之间的相互访问。

三层交换机的端口既有三层路由功能，也具有二层交换功能。三层交换机端口默认为二层口，如果需要启用三层功能就需要在此端口输入no switchport命令。

路由是指在网络中选择最佳路径以将数据包从源设备发送到目标设备的过程。路由器是执行路由功能的设备，它通过查看目标IP地址并根据路由表进行决策，将数据包从一个网络转发到另一个网络。

5.2.2 实验目的

使用Cisco Packet Tracer模拟一个互联网环境，通过模拟实验达到以下两个目的。

(1) 理解VLAN的概念和作用：学习如何创建和配置VLAN，以及如何将设备连接到不同的VLAN。

(2) 掌握三层交换机的配置：学习如何为三层交换机配置IP地址，并创建SVI以代表每个VLAN，通过配置三层交换机的接口和路由功能实现VLAN间相互通信。

通过完成这个实验，读者将加深对VLAN和三层交换机的理解，并学会配置和管理它们以实现网络中VLAN之间的路由。这对于构建复杂的企业网络或分段大型网络非常重要，因为它提供了更好的安全性、可管理性和性能优化。

5.2.3 实验步骤

1. 创建网络拓扑

在Cisco Packet Tracer中创建一个新的空白拓扑，然后添加计算机、二层交换机、三层交换机,使用相应的连线将它们连接起来。最终的网络拓扑如图 5.3 所示。划分 3 个 VLAN。

(1) VLAN2 包含 PC0 和 PC1,网段为 192.168.2.0/24。PC0 和 PC1 的默认网关地址都设置为 192.168.2.254。

(2) VLAN3 包含 Laptop0 和 Laptop1,网段为 192.168.3.0/24。Laptop0 和 Laptop1 的默认网关地址都设置为 192.168.3.254。

(3) VLAN4 包含 Server0 和 Server1,网段为 192.168.4.0/24。Server0 和 Server1 的默认网关地址都设置为 192.168.4.254。

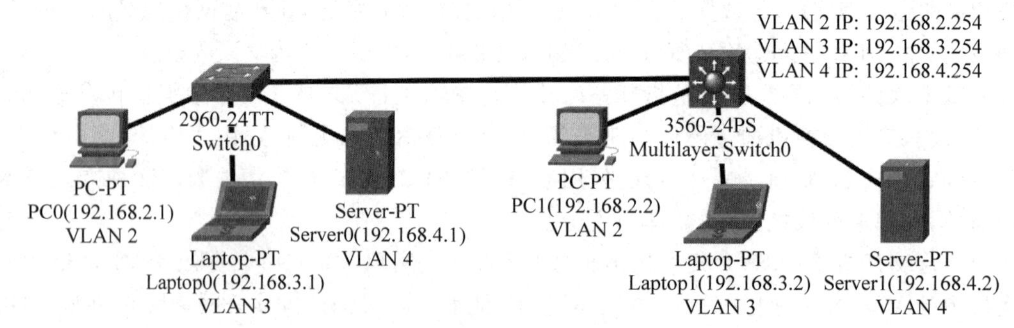

图 5.3 实验 5-2 的网络拓扑

假设 VLAN2 属于人事处,VLAN3 属于财务部,VLAN4 属于信息科。要求这 3 个部门的计算机可以相互通信。

此时,同一个网段内的计算机可以相互通信,网段之间的计算机不能相互通信,如需通信,需要进行下一步的操作。

2. 配置二层和三层交换机

二层交换机 Switch0 的配置命令如下。

```
 1: enable
 2: configure terminal
 3: hostname Switch0
 4: !
 5: interface FastEthernet0/1
 6:   switchport access VLAN 2
 7: !
 8: interface FastEthernet0/2
 9:   switchport access VLAN 3
10: interface FastEthernet0/3
11:   switchport access VLAN 4
12: !
13: interface GigabitEthernet0/1
14:   switchport mode trunk
```

三层交换机 Multilayer Switch0 的配置命令如下。

```
1: enable
2: configure terminal
3: hostname S3560
4: !
5: interface FastEthernet0/1
6:   switchport access VLAN 2
7: !
8: interface FastEthernet0/2
9:   switchport access VLAN 3
10: !
11: interface FastEthernet0/3
12:   switchport access VLAN 4
13: !
14: interface GigabitEthernet0/1
15:   switchport trunk encapsulation dot1q
16:   switchport mode trunk
17: !
18: interface VLAN2
19:   ip address 192.168.2.254 255.255.255.0
20: interface VLAN3
21:   ip address 192.168.3.254 255.255.255.0
22: !
23: interface VLAN4
24:   ip address 192.168.4.254 255.255.255.0
25: !
26: ip routing
```

3. 查看路由表

此时，网段之间的计算机可以相互通信。执行 show ip route 命令查看三层交换机的路由表，如图 5.4 所示，三层交换机具备网络层的功能，利用直连路由实现不同 VLAN 间的互访。

Multilayer Switch0

Physical　Config　CLI　Attributes

IOS Command Line Interface

```
S3560>show ip route
Codes: C - connected, S - static, I - IGRP, R - RIP, M - mobile, B - BGP
       D - EIGRP, EX - EIGRP external, O - OSPF, IA - OSPF inter area
       N1 - OSPF NSSA external type 1, N2 - OSPF NSSA external type 2
       E1 - OSPF external type 1, E2 - OSPF external type 2, E - EGP
       i - IS-IS, L1 - IS-IS level-1, L2 - IS-IS level-2, ia - IS-IS inter
area
       * - candidate default, U - per-user static route, o - ODR
       P - periodic downloaded static route

Gateway of last resort is not set

C    192.168.2.0/24 is directly connected, VLAN2
C    192.168.3.0/24 is directly connected, VLAN3
C    192.168.4.0/24 is directly connected, VLAN4
```

图 5.4　查看三层交换机的路由表

5.3 实验5-3：用路由器单臂路由实现VLAN间通信

5.3.1 背景知识

路由器的物理接口可以被划分成多个逻辑接口，这些被划分后的逻辑接口被称为子接口。每个子接口对应各自VLAN网段的网关，并且它们并不能单独被开启或关闭，当物理接口被开启或关闭时，所有的子接口也会随之被开启或关闭。

实验5-3：用路由器单臂路由实现VLAN间通信

单臂路由指的是在路由器的一个物理接口上通过配置子接口的方式，实现原来相互隔离的不同VLAN间的互联互通。

封装协议是指将数据包封装在某种协议中传输，常见的封装协议有802.1Q和ISL等。单臂路由器使用的数据封装协议通常是802.1Q。802.1Q允许在单个物理链路上传输多个VLAN的数据，通过在数据帧中添加VLAN标签来实现。当数据包从一个VLAN传输到另一个VLAN时，单臂路由器会重新封装MAC地址并转换VLAN标签，根据VLAN标签进行转发，确保数据包能够正确地到达目的地。

5.3.2 实验目的

使用Cisco Packet Tracer模拟一个互联网环境，通过模拟实验达到以下几个目的。

(1) 理解VLAN的概念和功能：了解VLAN的创建、配置和使用，以及如何将不同的设备或用户逻辑上分组到不同的VLAN中。

(2) 掌握路由器的基本配置：了解路由器的功能和实现方式，掌握如何配置路由器接口的IP地址、子网掩码等基本设置。

(3) 实现VLAN间的通信：理解单臂路由的工作原理和优势，掌握如何在路由器上配置单臂路由以实现VLAN间的相互通信。

通过完成这个实验，读者将能够深入理解VLAN和路由器的概念，并学会在Cisco Packet Tracer环境中配置和管理它们。此外，你还将学会使用单臂路由技术来实现VLAN间的通信，提高网络的性能和灵活性。

5.3.3 实验步骤

1. 创建网络拓扑

在Cisco Packet Tracer中创建一个新的空白拓扑，然后添加计算机、交换机和路由器，使用相应的连线将它们连接起来。最终的网络拓扑如图5.5所示。划分3个VLAN。

(1) VLAN2 包含 PC0 和 PC1,网段为 192.168.2.0/24。PC0 和 PC1 的默认网关地址都设置为 192.168.2.254。

(2) VLAN3 包含 Laptop0 和 Laptop1,网段为 192.168.3.0/24。Laptop0 和 Laptop1 的默认网关地址都设置为 192.168.3.254。

(3) VLAN4 包含 Server0 和 Server1,网段为 192.168.4.0/24。Server0 和 Server1 的默认网关地址都设置为 192.168.4.254。

假设 VLAN2 属于人事处,VLAN3 属于财务部,VLAN4 属于信息科。要求这 3 个部门的计算机可以相互通信。

此时,同一个网段内的计算机可以相互通信,网段之间的计算机不能相互通信,如需通信,需要对交换机和路由器进行配置。

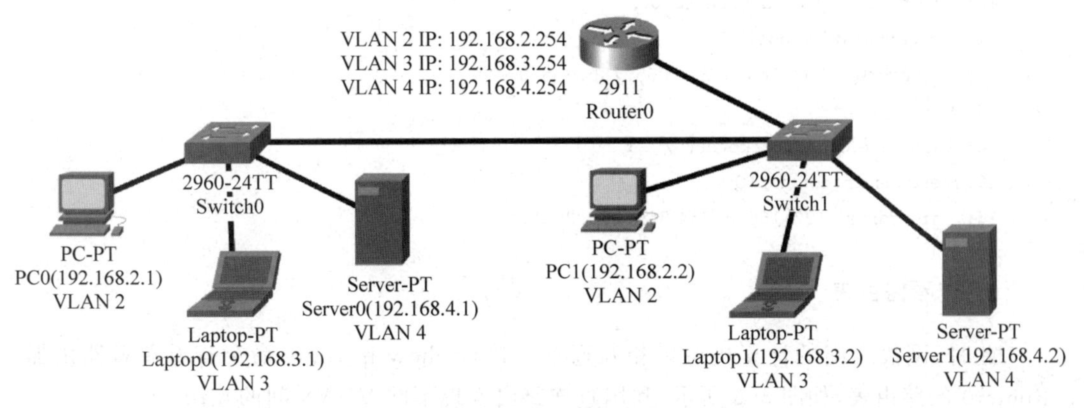

图 5.5 实验 5-3 的网络拓扑

2. 配置交换机和路由器

交换机 Switch0 和 Switch1 的配置命令如下。

交换机 Switch0 的配置命令

```
 1: enable
 2: configure terminal
 3: hostname Switch0
 4: !
 5: interface FastEthernet0/1
 6:   switchport access VLAN 2
 7: !
 8: interface FastEthernet0/2
 9:   switchport access VLAN 3
10: !
11: interface FastEthernet0/3
12:   switchport access VLAN 4
13: !
14: interface GigabitEthernet0/1
15:   switchport mode trunk
```

交换机 Switch1 的配置命令

```
 1: enable
 2: configure terminal
 3: hostname Switch1
 4: !
 5: interface FastEthernet0/1
 6:   switchport access VLAN 2
 7: interface FastEthernet0/2
 8:   switchport access VLAN 3
 9: interface FastEthernet0/3
10:   switchport access VLAN 4
11: !
12: interface GigabitEthernet0/1
13:   switchport mode trunk
14: interface GigabitEthernet0/2
15:   switchport mode trunk
```

单臂路由器 Router0 的配置命令如下。

```
 1: enable
 2: configure terminal
 3: hostname Router0
 4: interface GigabitEthernet0/0
 5:   no shutdown
 6: interface GigabitEthernet0/0.1
 7:   encapsulation dot1Q 2
 8:   ip address 192.168.2.254 255.255.255.0
 9: !
10: interface GigabitEthernet0/0.2
11:   encapsulation dot1Q 3
12:   ip address 192.168.3.254 255.255.255.0
13: !
14: interface GigabitEthernet0/0.3
15:   encapsulation dot1Q 4
16:   ip address 192.168.4.254 255.255.255.0
```

3. 查看路由表

此时,网段之间的计算机可以相互通信。执行 show ip route 命令查看单臂路由器 Router0 的路由表,如图 5.6 所示,利用直连路由实现不同 VLAN 间的互访。

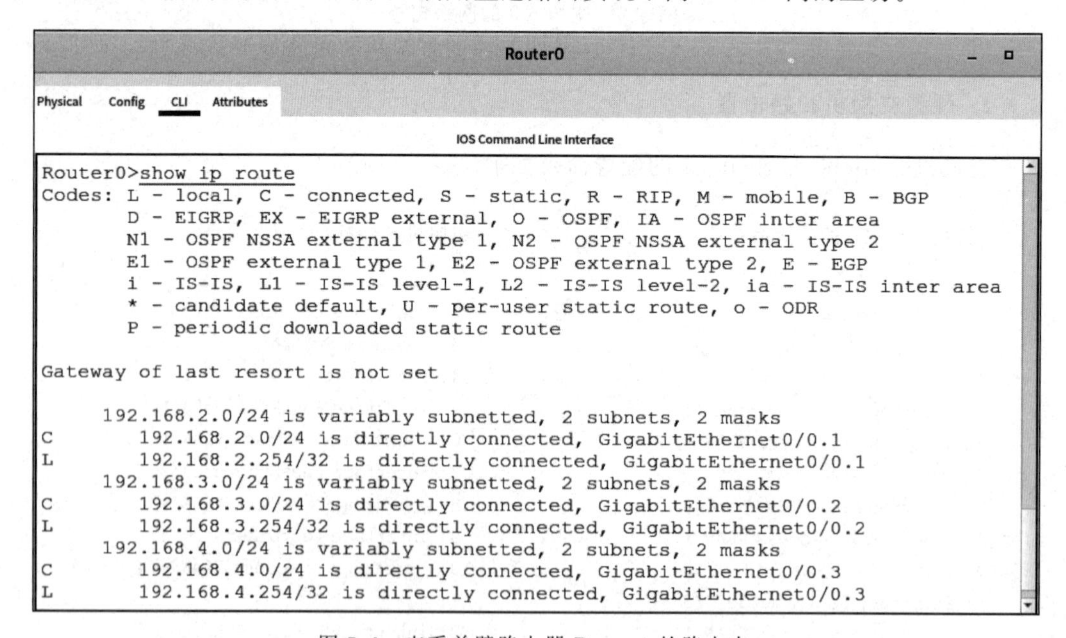

图 5.6 查看单臂路由器 Router0 的路由表

5.4　实验 5-4：VTP 的使用

5.4.1　背景知识

VTP（VLAN trunking protocol，VLAN 干道协议）是一种用于管理 VLAN 配置的协议。它是 Cisco 私有协议，用于帮助网络管理员在整个网络中自动同步 VLAN 配置信息。VTP 主要运行在支持 VLAN 的交换机之间，通过 VTP，当管理员在一个交换机上添加、修改或删除 VLAN 时，这些更改可以自动传播到其他支持 VTP 的交换机上。这使得 VLAN 配置统一化，并减少因配置错误而导致的网络中断。

实验 5-4：VTP 的使用

1. VTP 的主要功能

（1）VLAN 配置的同步和分发：VTP 可以在整个交换网络中同步和分发 VLAN 配置信息。这意味着一旦在一个交换机上配置了 VLAN，VTP 会将这个配置信息传播到所有启用了 VTP 的交换机上。

（2）简化 VLAN 管理：通过使用 VTP，网络管理员可以在一个中心位置（通常是 VTP 服务器）管理和配置 VLAN，而无须手动配置每个交换机。这大大简化了 VLAN 的管理和维护。由于 VTP 负责同步 VLAN 配置，因此可以减少因手动配置不一致而导致的网络问题。

2. VTP 三种操作模式

（1）服务器模式（Server）：VTP 服务器允许管理员创建、修改和删除 VLAN，并且负责维护 VLAN 配置数据库，并将配置信息发送给其他启用了 VTP 的交换机。一个 VTP 域中只能有一个 VTP 服务器。

（2）客户端模式（Client）：VTP 客户端从 VTP 服务器接收 VLAN 配置信息，并将其应用于本地交换机。注意，VTP 客户端不能修改从 VTP 服务器接收的配置，并且客户端交换机上的本地 VLAN 配置将被忽略。

（3）透明模式（Transparent）：在透明模式下，交换机不参与 VTP 操作。它既不发送也不接收 VTP 信息，仅使用本地 VLAN 配置。VTP 透明模式交换机将接收到的 VLAN 信息转发给其他交换机，但不会应用这些信息到本地交换机。透明模式可以配置本地 VLAN，但不会向其他交换机传播这些更改。

VTP 域是一个逻辑上的 VLAN 管理区域，包含使用相同 VTP 域名的交换机。只有域名相同的交换机才能互相传播 VLAN 信息。

5.4.2 实验目的

使用 Cisco Packet Tracer 模拟一个互联网环境,通过模拟实验达到以下几个目的。

(1) 配置 VTP 服务器:配置一个交换机作为 VTP 服务器,并指定一个 VTP 域名。创建 VLAN、修改 VLAN 或删除 VLAN,并观察这些更改如何自动传播到其他交换机。

(2) 配置 VTP 客户端:配置另一个交换机作为 VTP 客户端,并将其连接到 VTP 服务器。通过观察客户端如何接收并应用 VLAN 信息,理解 VTP 的传播和同步机制。

(3) 观察 VLAN 信息的传播:观察 VTP 服务器如何自动将 VLAN 信息传播给 VTP 域中的其他交换机。验证 VLAN 信息在整个网络中的一致性,并了解 VTP 的工作原理。

(4) 理解 VTP 模式和域的概念:通过设置不同的 VTP 模式(服务器、客户端、透明)和域名,体会 VTP 在不同模式下的行为,理解 VTP 的三种模式,并了解同一 VTP 域内交换机之间的信息交换。

通过完成这个实验,读者将更好地理解和掌握 VLAN 和 VTP 的概念、配置和操作,并能够在实际网络中使用 VTP 来简化 VLAN 管理和配置。

5.4.3 实验步骤

1. 创建网络拓扑

在 Cisco Packet Tracer 中创建一个新的空白拓扑,然后添加计算机、交换机,使用相应的连线将它们连接起来。最终的网络拓扑如图 5.7 所示。主要包含 VTP 服务器、VTP 透明模式、VTP 客户端 3 部分。

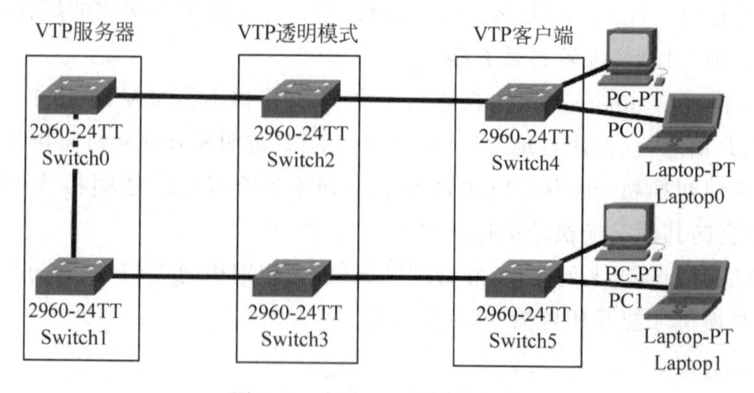

图 5.7 实验 5-4 的网络拓扑

2. 配置 VTP 服务器部分

交换机 Switch0 和 Switch1 的配置命令如下。

交换机 Switch0 的配置命令

```
 1: enable
 2: configure terminal
 3: hostname Switch0
 4: !
 5: vtp domain jsj123
 6: vtp mode server
 7: vtp password pass123
 8: !
 9: interface FastEthernet0/1
10:   switchport mode trunk
11: !
12: interface FastEthernet0/2
13:   switchport mode trunk
14: !
15: VLAN 10
16: VLAN 20
```

交换机 Switch1 的配置命令

```
 1: enable
 2: configure terminal
 3: hostname Switch1
 4: !
 5: vtp domain jsj123
 6: vtp mode server
 7: vtp password pass123
 8: !
 9: interface FastEthernet0/1
10:   switchport mode trunk
11: !
12: interface FastEthernet0/2
13:   switchport mode trunk
14: !
15: !VLAN 30
```

3. 配置 VTP 透明模式部分

交换机 Switch2 和 Switch3 的配置命令如下。

交换机 Switch2 的配置命令

```
 1: enable
 2: configure terminal
 3: hostname Switch2
 4: !
 5: vtp domain jsj123
 6: vtp mode transparent
 7: vtp password pass123
 8: !
 9: interface FastEthernet0/1
10:   switchport mode trunk
11: !
12: interface FastEthernet0/2
13:   switchport mode trunk
14: !
15: VLAN 40
```

交换机 Switch3 的配置命令

```
 1: enable
 2: configure terminal
 3: hostname Switch3
 4: !
 5: vtp domain jsj123
 6: vtp mode transparent
 7: vtp password pass123
 8: !
 9: interface FastEthernet0/1
10:   switchport mode trunk
11: !
12: interface FastEthernet0/2
13:   switchport mode trunk
14: !
15: VLAN 50
```

4. 配置 VTP 客户端部分

交换机 Switch4 和 Switch5 的配置命令如下。

交换机 Switch4 的配置命令

```
 1: enable
 2: configure terminal
 3: hostname Switch4
 4: !
 5: vtp domain jsj123
 6: vtp mode client
 7: vtp password pass123
 8: !
 9: interface FastEthernet0/1
10:   switchport mode trunk
```

交换机 Switch5 的配置命令

```
 1: enable
 2: configure terminal
 3: hostname Switch5
 4: !
 5: vtp domain jsj123
 6: vtp mode client
 7: vtp password pass123
 8: !
 9: interface FastEthernet0/1
10:   switchport mode trunk
```

5. 创建 VLAN30

在交换机 Switch1 的命令行执行如下命令,创建 VLAN30。

```
1: enable
2: configure terminal
3: VLAN 30
```

6. 查看 VLAN

分别在 6 个交换机的命令行执行 show vlan 命令,查看 VLAN 配置情况,确认 VLAN 信息与 VTP 服务器上的 VLAN 信息一致。

交换机 Switch0 的 VLAN 配置情况如图 5.8 所示。交换机 Switch1 的 VLAN 配置情况和交换机 Switch0 一样。

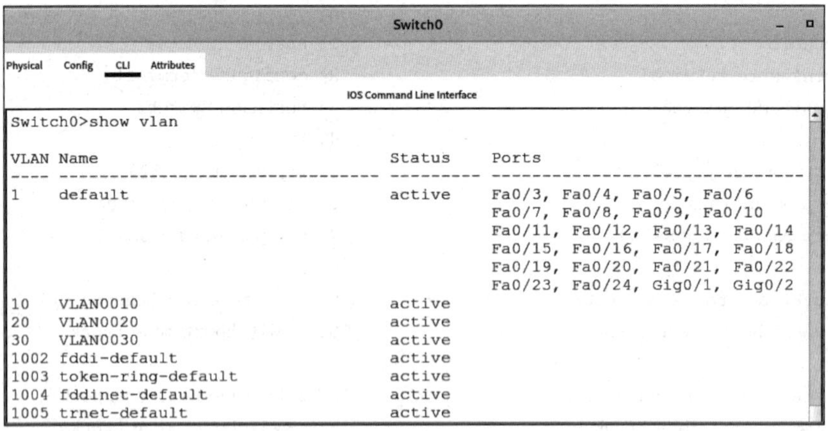

```
Switch0
Physical  Config  CLI  Attributes
IOS Command Line Interface

Switch0>show vlan

VLAN Name                             Status    Ports
---- -------------------------------- --------- -------------------------------
1    default                          active    Fa0/3, Fa0/4, Fa0/5, Fa0/6
                                                Fa0/7, Fa0/8, Fa0/9, Fa0/10
                                                Fa0/11, Fa0/12, Fa0/13, Fa0/14
                                                Fa0/15, Fa0/16, Fa0/17, Fa0/18
                                                Fa0/19, Fa0/20, Fa0/21, Fa0/22
                                                Fa0/23, Fa0/24, Gig0/1, Gig0/2
10   VLAN0010                         active
20   VLAN0020                         active
30   VLAN0030                         active
1002 fddi-default                     active
1003 token-ring-default               active
1004 fddinet-default                  active
1005 trnet-default                    active
```

图 5.8　交换机 Switch0 的 VLAN 配置情况

交换机 Switch2 的 VLAN 配置情况如图 5.9 所示。交换机 Switch3 的 VLAN 配置情况如图 5.10 所示。

交换机 Switch4 的 VLAN 配置情况如图 5.11 所示。交换机 Switch5 的 VLAN 配置情况和交换机 Switch4 一样。可以看到交换机 Switch4 上面已经有 VLAN10、VLAN20、

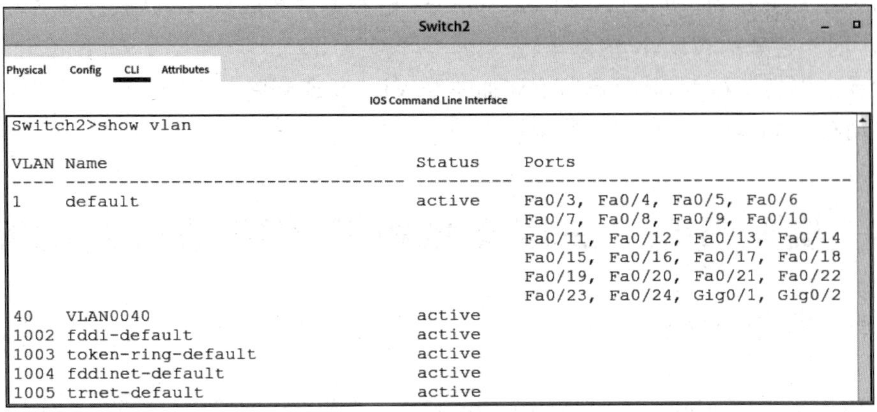

Switch2

Physical Config CLI Attributes

IOS Command Line Interface

```
Switch2>show vlan

VLAN Name                             Status    Ports
---- -------------------------------- --------- -------------------------------
1    default                          active    Fa0/3, Fa0/4, Fa0/5, Fa0/6
                                                Fa0/7, Fa0/8, Fa0/9, Fa0/10
                                                Fa0/11, Fa0/12, Fa0/13, Fa0/14
                                                Fa0/15, Fa0/16, Fa0/17, Fa0/18
                                                Fa0/19, Fa0/20, Fa0/21, Fa0/22
                                                Fa0/23, Fa0/24, Gig0/1, Gig0/2
40   VLAN0040                         active
1002 fddi-default                     active
1003 token-ring-default               active
1004 fddinet-default                  active
1005 trnet-default                    active
```

图 5.9 交换机 Switch2 的 VLAN 配置情况

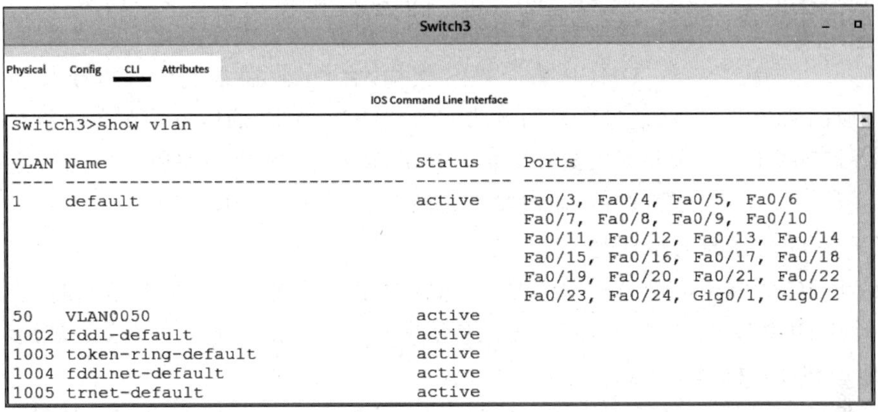

Switch3

Physical Config CLI Attributes

IOS Command Line Interface

```
Switch3>show vlan

VLAN Name                             Status    Ports
---- -------------------------------- --------- -------------------------------
1    default                          active    Fa0/3, Fa0/4, Fa0/5, Fa0/6
                                                Fa0/7, Fa0/8, Fa0/9, Fa0/10
                                                Fa0/11, Fa0/12, Fa0/13, Fa0/14
                                                Fa0/15, Fa0/16, Fa0/17, Fa0/18
                                                Fa0/19, Fa0/20, Fa0/21, Fa0/22
                                                Fa0/23, Fa0/24, Gig0/1, Gig0/2
50   VLAN0050                         active
1002 fddi-default                     active
1003 token-ring-default               active
1004 fddinet-default                  active
1005 trnet-default                    active
```

图 5.10 交换机 Switch3 的 VLAN 配置情况

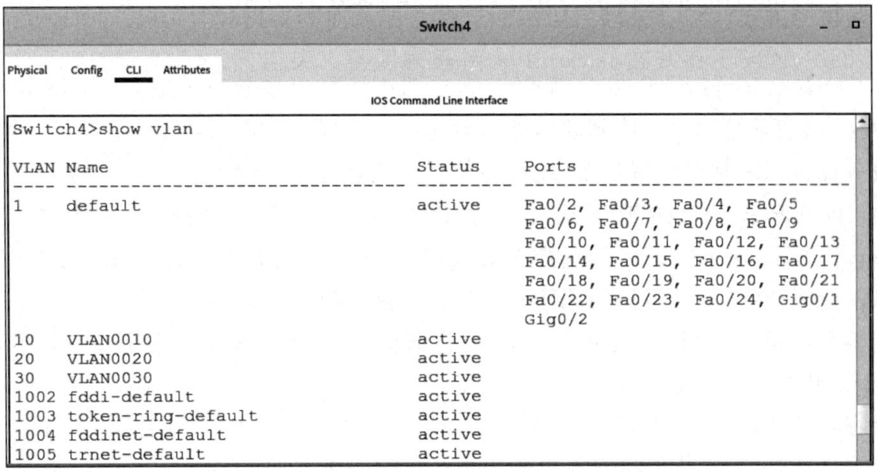

Switch4

Physical Config CLI Attributes

IOS Command Line Interface

```
Switch4>show vlan

VLAN Name                             Status    Ports
---- -------------------------------- --------- -------------------------------
1    default                          active    Fa0/2, Fa0/3, Fa0/4, Fa0/5
                                                Fa0/6, Fa0/7, Fa0/8, Fa0/9
                                                Fa0/10, Fa0/11, Fa0/12, Fa0/13
                                                Fa0/14, Fa0/15, Fa0/16, Fa0/17
                                                Fa0/18, Fa0/19, Fa0/20, Fa0/21
                                                Fa0/22, Fa0/23, Fa0/24, Gig0/1
                                                Gig0/2
10   VLAN0010                         active
20   VLAN0020                         active
30   VLAN0030                         active
1002 fddi-default                     active
1003 token-ring-default               active
1004 fddinet-default                  active
1005 trnet-default                    active
```

图 5.11 交换机 Switch4 的 VLAN 配置情况

VLAN30 的信息了,证明 VTP 客户端 Switch4 已经能够接收到 VTP 服务器 Switch0 和 Switch1 同步过来的 VLAN 信息了。

读者可以尝试在 VTP 服务器上添加一个 VLAN 或删除一个 VLAN,观察这些更改如何自动在 VTP 域中传播到其他交换机。

5.5 实验 5-5:三层交换机 DHCP 服务器的配置

5.5.1 背景知识

DHCP(dynamic host configuration protocol,动态主机配置协议)的主要作用是为计算机或其他网络设备自动分配 IP 地址、子网掩码、默认网关、DNS 服务器地址等网络配置信息。这样,当设备接入网络时,无须手动配置这些参数,就可以自动获取,从而大大简化了网络管理。

实验 5-5:三层交换机 DHCP 服务器的配置

DHCP 基于 C/S 架构,客户端(通常是计算机或其他网络设备)通过广播的方式发送 DHCP 请求,而服务器则负责响应这些请求并提供配置信息。在 DHCP 中,客户端和服务器之间需要能够正常通信,通常要求它们处于同一个子网内。

以下是 DHCP 的工作原理。

(1) DHCP Discovery(DHCP 发现):当客户端需要获取网络配置信息时,它会首先发送一个 DHCP Discovery 报文(即 DHCP 请求),该报文是一个广播报文,包含客户端的 MAC 地址和计算机名等信息。

(2) DHCP Offer(DHCP 提供):接收到 DHCP Discovery 报文的 DHCP 服务器会查找自己的地址池,看是否有可用的 IP 地址。如果有,服务器会向客户端发送一个 DHCP Offer 报文,该报文包含提供的合法 IP 地址、子网掩码、默认网关、DNS 服务器地址等信息。

(3) DHCP Request(DHCP 请求):客户端在接收到多个 DHCP Offer 报文后,会选择其中一个(通常是第一个收到的),然后发送一个 DHCP Request 报文,该报文会包含选定的服务器标识和请求配置的 IP 地址等信息。注意,这一步仍然是一个广播过程。

(4) DHCP Ack(DHCP 确认):被客户端选择的 DHCP 服务器在接收到 DHCP Request 报文后,会发送一个 DHCP Ack 报文,该报文包含最终确定的 IP 地址和其他配置信息。此时,客户端就可以使用这些信息进行网络配置了。

在整个过程中,DHCP 使用了 UDP 进行通信,通常使用的端口号是 67(DHCP 服务器)和 68(DHCP 客户端)。

当客户端请求 IP 地址时,DHCP 服务器会从地址池(一个 IP 地址范围)中选择一个可用 IP 地址,以 IP 地址租约的方式分配给客户端。IP 地址租约表示一个特定的 IP 地址在一定时间内分配给该客户端使用。租约到期后,客户端需要更新租约或者重新请求 IP 地址。

客户端在使用IP地址的过程中,需要定期向DHCP服务器发送地址续约请求,以确认继续使用该IP地址。如果服务器同意,客户端可以继续使用该IP地址。当客户端不再需要IP地址或者网络断开连接时,释放该IP地址,此时DHCP服务器可以将该IP地址重新加入IP地址池,以供其他客户端使用。

三层交换机的DHCP功能指的是三层交换机可以作为DHCP服务器,为连接到网络中的主机自动分配网络参数(IP地址、子网掩码、默认网关地址、DNS服务器地址),从而简化网络配置和管理。当启用了DHCP功能的三层交换机连接到网络时,它可以监听DHCP请求,并根据预定义的地址池为请求的主机分配网络参数。主机在启动时或重新连接到网络时,会发送DHCP请求以获取网络参数。三层交换机收到请求后,会验证请求的有效性,并从其DHCP地址池中选择一个可用的IP地址以及其他网络参数并分配给主机。主机在接收到分配的网络参数后,就可以使用它进行网络通信。

5.5.2 实验目的

使用Cisco Packet Tracer模拟一个互联网环境,通过模拟实验达到以下几个目的。

(1) 理解DHCP的工作原理:了解DHCP的基本原理,包括DHCP服务器的功能和工作流程。

(2) 配置三层交换机作为DHCP服务器:掌握三层交换机DHCP服务器的配置方法。在三层交换机上启用和配置DHCP服务,设置IP地址池、子网掩码、网关、DNS服务器等DHCP参数。

(3) 验证配置的正确性:通过验证客户端设备的IP配置是否成功来确认DHCP服务器的配置是否生效。

通过完成这个实验,读者将能够更深入地理解和掌握DHCP的使用,以及在实际网络环境中配置三层交换机作为DHCP服务器的步骤和技巧。

5.5.3 实验步骤

1. 创建网络拓扑

在Cisco Packet Tracer中创建一个新的空白拓扑,然后添加计算机、三层交换机,使用相应的连线将它们连接起来。最终的网络拓扑如图5.12所示。

2. 配置三层交换机

三层交换机的配置命令如下:

```
1: enable
2: configure terminal
3: hostname Switch
4: !
5: !
```

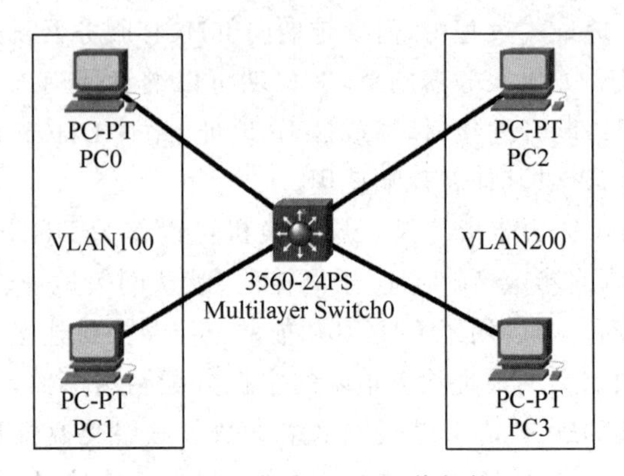

图 5.12　实验 5-5 的网络拓扑

```
 6: interface range FastEthernet0/1 - 8
 7:   switchport mode access
 8:   switchport access VLAN 100
 9: !
10: interface range FastEthernet0/9 - 16
11:   switchport mode access
12:   switchport access VLAN 200
13: !
14: !
15: interface VLAN100
16:   ip address 192.168.100.1 255.255.255.0
17: interface VLAN200
18:   ip address 192.168.200.1 255.255.255.0
19: !
20: !
21: ip dhcp pool jsj100
22:   network 192.168.100.0 255.255.255.0
23:   default - router 192.168.100.1
24:   dns - server 192.168.1.1
25: ip dhcp pool jsj200
26:   network 192.168.200.0 255.255.255.0
27:   default - router 192.168.200.1
28:   dns - server 192.168.1.1
```

3. 测试

如图 5.13 所示，在计算机 PC0 上打开 DHCP 客户端，启用自动获取 IP 地址功能。

如图 5.14 所示，在计算机 PC0 的命令行执行 ipconfig /all 命令查看获得的网络参数。

在计算机 PC0 的命令行执行 ping 命令测试网络的连通性。可以 ping 通 PC1，不能 ping 通 PC2 和 PC3。

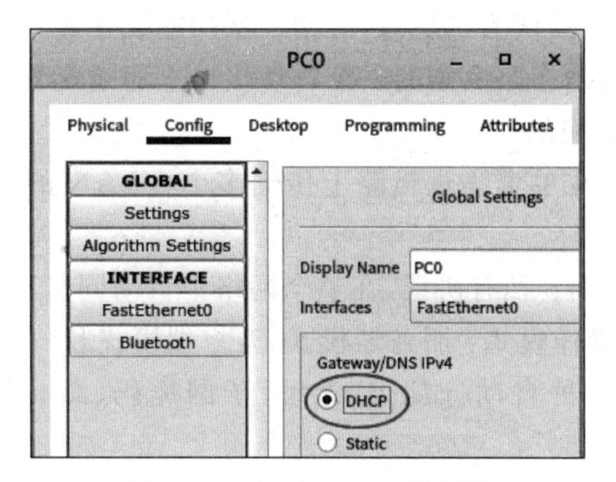

图 5.13　打开 DHCP 客户端

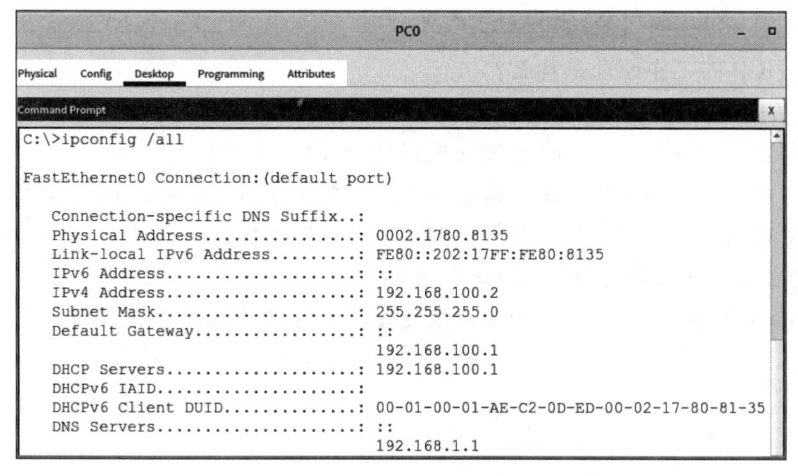

图 5.14　查看获得的网络参数

习　　题

1. 填空题

(1) ________是一种将局域网(LAN)设备从物理上划分成多个逻辑子网的技术。

(2) 基于端口的 VLAN 将交换机上的________分配给特定的 VLAN。

(3) 基于 MAC 地址的 VLAN 根据设备的________来分配 VLAN。

(4) 基于 IP 地址的 VLAN 根据设备的________来分配 VLAN。

(5) 访问链路和________是常见的链路类型,也是交换机中两种不同类型的端口配置。

(6) ________也称接入链路,是指交换机与用户设备之间的连接链路。

(7) 汇聚链路也称干道链路或中继链路,可以传输发往多个 VLAN 的________。

(8) ________是一种同时具备交换机和路由器功能的网络设备。

(9) 三层交换机端口默认为二层口,启用三层功能要在此口输入________命令。

(10) ________指的是在路由器的一个物理接口上通过配置子接口的方式,实现原来相互隔离的不同VLAN间的________。

(11) ________允许在单个物理链路上传输多个VLAN的数据,通过在数据帧中添加VLAN标签来实现。

(12) ________是Cisco私有协议,在整个网络中自动同步VLAN配置信息。

(13) VTP有三种操作模式:服务器模式、客户端模式和________。

(14) ________是一种自动分配IP地址、子网掩码、默认网关等网络配置信息的协议。

(15) DHCP基于________。

2. 简答题

(1) 简述三层交换机的功能。

(2) DHCP的工作原理是什么?

3. 上机题

(1) 在Cisco Packet Tracer中做交换机划分VLAN配置的实验。

(2) 在Cisco Packet Tracer中做通过三层交换机实现VLAN间路由的实验。

(3) 在Cisco Packet Tracer中做用路由器单臂路由实现VLAN间通信的实验。

(4) 在Cisco Packet Tracer中做VTP的实验。

(5) 在Cisco Packet Tracer中做三层交换机DHCP服务器配置的实验。

项目6　部署网络服务器

本章学习目标

- 理解各种网络服务器的作用和功能。
- 学习如何部署和配置 DHCP 服务器，并能够实现动态分配 IP 地址、网关等网络配置。
- 掌握如何部署和管理 DNS 服务器，实现域名解析，将域名映射到对应的 IP 地址。
- 熟悉如何搭建和维护 WWW 服务器，以提供网页内容的访问。
- 学习部署 FTP 服务器的方法，能够通过 FTP 进行文件传输。
- 掌握部署邮件服务器的步骤，实现电子邮件的发送和接收功能。
- 了解 TFTP 服务器的部署方式，实现快速的文件传输服务。
- 了解 SNMP，能够监控和管理网络设备的运行状态。

在当今高度信息化的社会，网络服务器部署成为企业和组织运营不可或缺的一部分。本章介绍和指导读者如何部署和配置各种常见的网络服务器，包括 DHCP 服务器、DNS 服务器、WWW 服务器、FTP 服务器、邮件服务器以及 TFTP 服务器。

6.1　实验 6-1：部署 DHCP 服务器

6.1.1　背景知识

DHCP 是一种网络协议，用于自动分配 IP 地址、子网掩码、默认网关地址、DNS 服务器地址等网络配置信息给局域网中的设备。DHCP 服务器是负责管理和分配这些网络配置信息的服务器，提供了快速、自动化和集中化的网络配置管理，提升了网络管理效率。

实验 6-1：部署 DHCP 服务器

DHCP 采用客户端/服务器模型，主机地址的动态分配任务由网络主机驱动。当 DHCP 服务器接收到来自网络主机申请地址的信息时，才会向网络主机发送相关的地址配置等信息，以实现网络主机地址信息的动态配置。

IP 地址是用于在网络上唯一标识设备的 32 位数字。它可以分为网络部分和主机部分，其中网络部分用于标识网络，主机部分用于标识特定设备。

子网掩码用于将 IP 地址划分为网络部分和主机部分。它是一个 32 位的二进制数，与IP地址进行逻辑与操作,以确定网络和主机部分。

默认网关是设备发送数据包时用于转发数据的下一跳路由器的IP地址。它通常是局域网中的出口路由器。

DNS服务器负责解析域名并提供相应的IP地址。

DHCP中继代理(一般是出口路由器)能够跨网段为主机(DHCP客户端)分配IP地址等网络配置信息,DHCP服务器与DHCP客户端处于不同的网段时就需要DHCP中继代理。

6.1.2 实验目的

使用Cisco Packet Tracer模拟一个互联网环境,通过模拟实验达到以下几个目的。

(1) DHCP服务器的配置:理解DHCP的基本概念、工作原理以及DHCP服务器在网络中的作用。学习如何配置和部署DHCP服务器。掌握如何设置DHCP服务器的网络接口、IP地址池等参数。

(2) 自动IP地址分配:通过实验来理解DHCP服务器可以自动为连接到网络的设备分配IP地址、子网掩码、默认网关和DNS服务器等网络配置信息。学习如何启用DHCP服务器并配置相关参数,使设备能够自动获取所需的网络参数。

(3) 网络管理和简化配置:使用DHCP服务器可以简化网络设备的配置管理。理解如何通过DHCP服务器集中管理IP地址和其他网络参数,而无须手动配置每个设备。

(4) 调试和故障排除:在实验过程中,读者可能会遇到一些问题,如设备无法获取IP地址或无法连接到网络。通过实验,读者将学习如何调试和解决与DHCP服务器相关的问题,并了解故障排除的基本原则和方法。

通过完成这个实验,读者可以通过模拟网络环境来部署和配置DHCP服务器,并探究DHCP的工作原理和应用。有助于读者深入理解DHCP服务器的原理和配置方法,具备故障排除的能力,提高网络工程实践能力,为实际网络环境中的DHCP服务器部署奠定基础。

6.1.3 实验步骤

1. 创建网络拓扑

在Cisco Packet Tracer中创建一个新的空白拓扑,然后添加计算机、交换机和路由器,使用相应的连线将它们连接起来。最终的网络拓扑如图6.1所示,共包含5部分:数据中心、学院1、学院2、学院3、学院4。这个网络拓扑基于前文中的网络拓扑,所有路由器的配置命令和前文中网络拓扑中所有路由器的配置命令一样。本实验仅对路由器R14和R24追加执行一些配置命令,接下来会介绍。

2. 路由器R14和R24作为DHCP中继代理

基于前文中网络拓扑中所有路由器的配置,路由器R14和R24的配置命令如下:

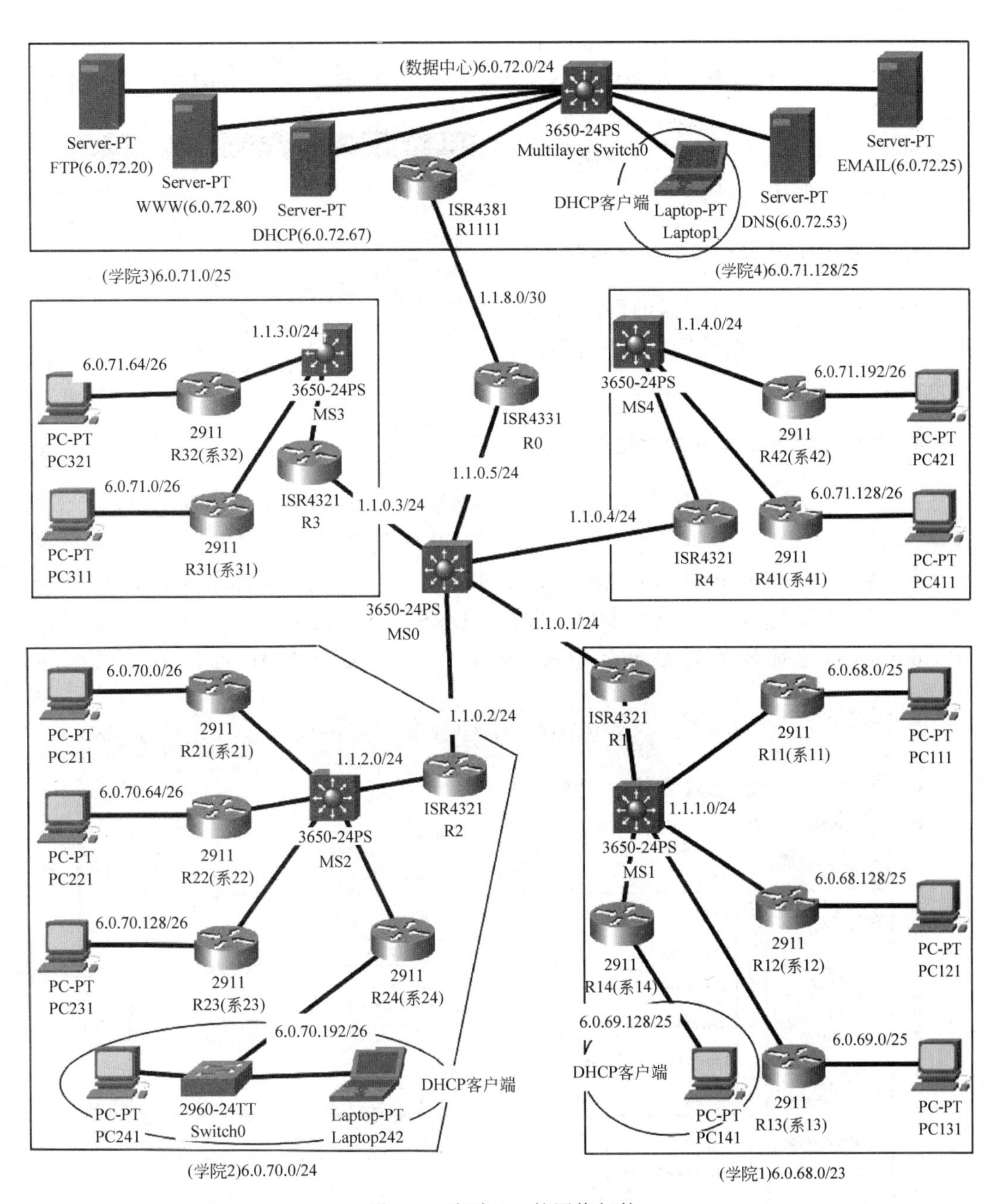

图 6.1 实验 6-1 的网络拓扑

```
R14 > enable
R14 # configure terminal
R14(config) # interface GigabitEthernet0/1
R14(config - if) # ip helper - address 6.0.72.67
R24 > enable
R24 # configure terminal
R24(config) # interface GigabitEthernet0/1
R24(config - if) # ip helper - address 6.0.72.67
```

其中,ip helper-address 命令用来转发 DHCP 请求包,也就是告诉路由器 R14 和 R24,收到 DHCP 请求包时要把它转发到哪里去。ip helper-address 后面跟的是 DHCP 服务器的 IP 地址。

3. 配置 DHCP 服务器的网络参数

静态配置 DHCP 服务器的网络参数(IP 地址、子网掩码、默认网关地址、DNS 服务器地址)如图 6.2 所示。

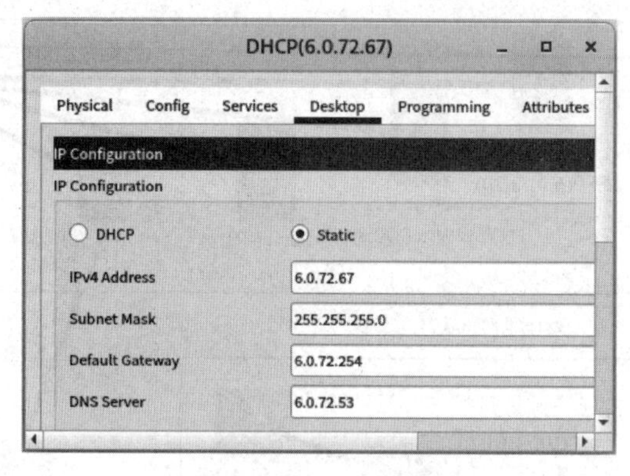

图 6.2　静态配置 DHCP 服务器的网络参数

4. 创建 DHCP 服务器的地址池

地址池是 DHCP 服务器为客户端分配 IP 地址的区域,需要指定起始 IP 地址、子网掩码、默认网关等信息。如图 6.3 所示,为 DHCP 服务器创建 3 个地址池 serverPool、R14 和 R24。Pool Name 是地址池的名称,Default Gateway 是地址池所要分配地址的子网所对应的默认网关(注意,这个参数很关键),DNS Server 是 DNS 服务器的地址,Start IP Address 是地址池的起始分配地址,Subnet Mask 是分配 IP 地址的子网掩码,

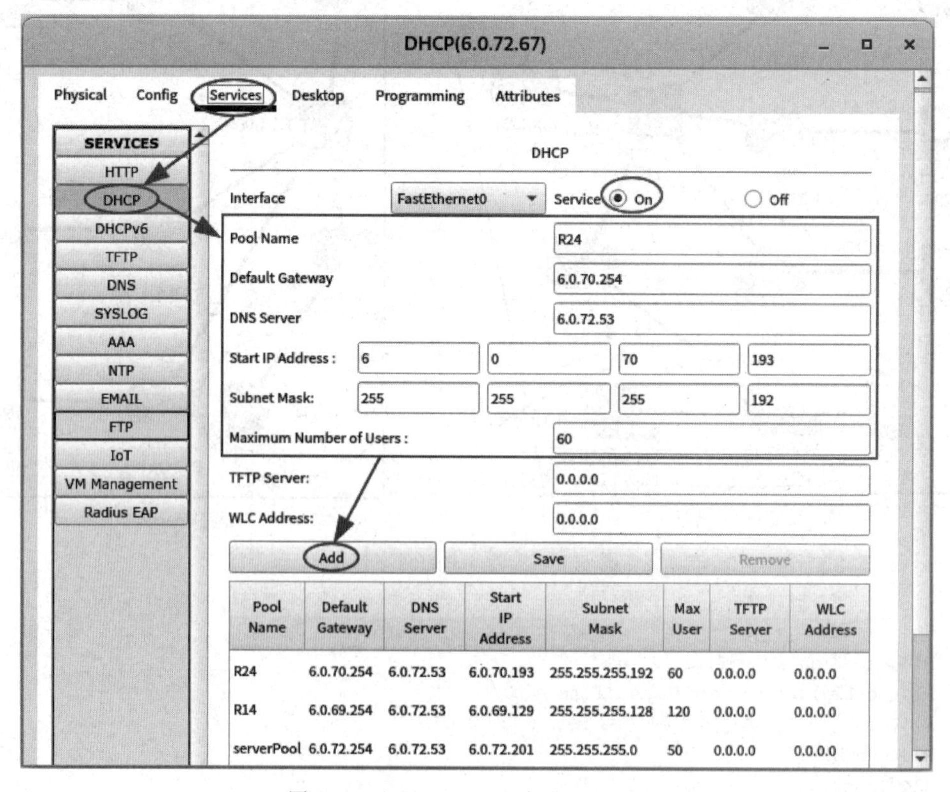

Pool Name	Default Gateway	DNS Server	Start IP Address	Subnet Mask	Max User	TFTP Server	WLC Address
R24	6.0.70.254	6.0.72.53	6.0.70.193	255.255.255.192	60	0.0.0.0	0.0.0.0
R14	6.0.69.254	6.0.72.53	6.0.69.129	255.255.255.128	120	0.0.0.0	0.0.0.0
serverPool	6.0.72.254	6.0.72.53	6.0.72.201	255.255.255.0	50	0.0.0.0	0.0.0.0

图 6.3　配置 DHCP 服务器的地址池

Maximum Number of Users 是最大可分配地址的数量。

(1) 地址池 serverPool 为数据中心中需要动态获取网络参数的计算机分配网络配置信息。

(2) 地址池 R14 为学院 1 中系 14 局域网中的计算机分配网络配置信息。

(3) 地址池 R24 为学院 2 中系 24 局域网中的计算机分配网络配置信息。

5. 设置 DHCP 客户端

数据中心中的 Laptop1、学院 1 中的 PC141、学院 2 中的 PC241 和 Laptop242 的网络参数的获取都设置为 DHCP 方式,如图 6.4 所示。可以看到这 4 台设备都从 DHCP 服务器(6.0.72.53)动态获取了网络参数。

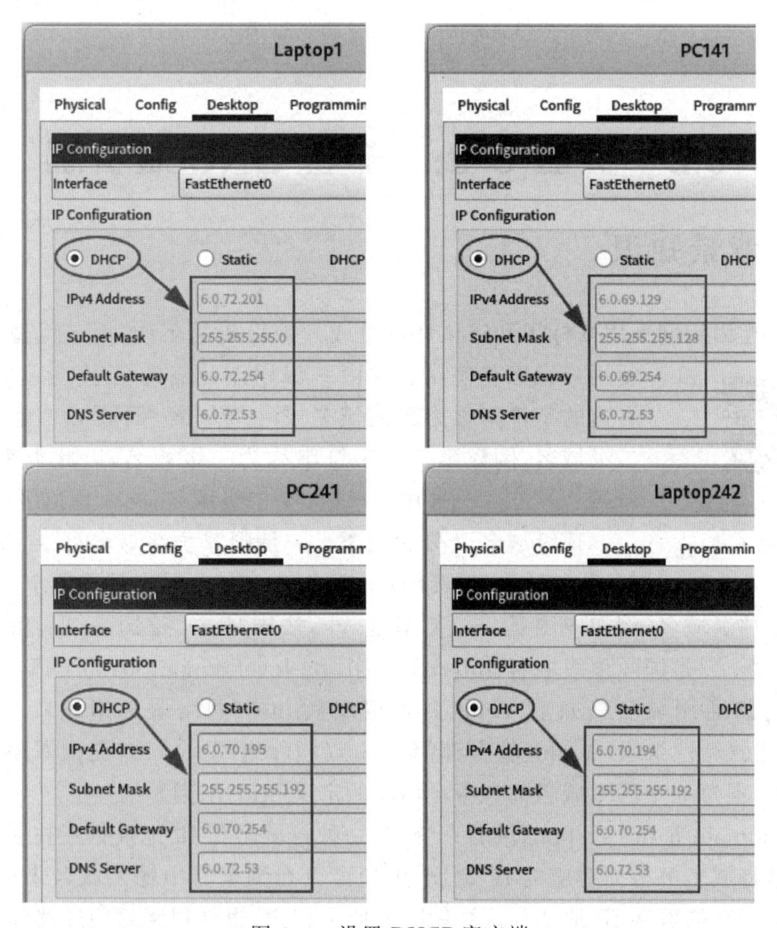

图 6.4 设置 DHCP 客户端

6. 测试

如图 6.5 所示,在 Laptop242 的命令行中执行 ping 6.0.72.201 命令,可以成功 ping 通 Laptop1(6.0.72.201)。

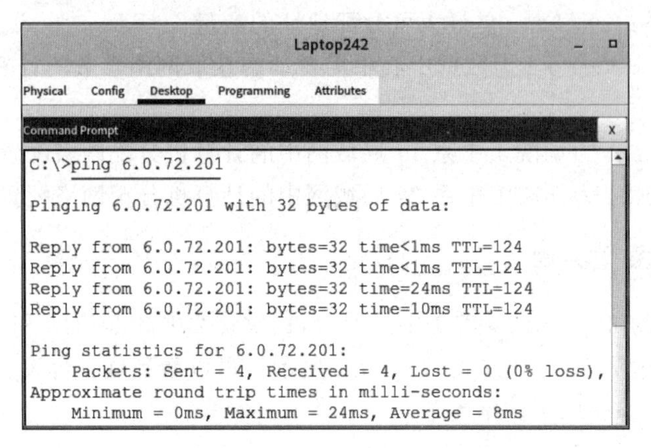

图 6.5　Laptop242 可以成功 ping 通 Laptop1

6.2　实验 6-2：部署 DNS 服务器

6.2.1　背景知识

域名是指因特网上用来标识和定位计算机或其他设备的名称，用来代替 IP 地址，方便用户记忆和使用。它由一串用点分隔的名字(字符串)组成，最右边的字符串称为顶级域名或一级域名，倒数第二个字符串称为二级域名，倒数第三个字符串称为三级域名，以此类推。例如，在 www.google.com 中，google 是二级域名，com 是顶级域名。

实验 6-2：部署 DNS 服务器

顶级域名又分为两类：一是国家顶级域名(national top-level domain names，nTLDs)，目前 200 多个国家都按照 ISO 3166 国家代码分配了顶级域名，例如中国是.cn，英国是.uk，法国是.fr，德国是.de，俄罗斯是.ru，韩国是.kr 等；二是国际顶级域名(international top-level domain names，iTLDs)，目前国际上最流行的通用域名格式有.com(商业组织)、.net(网络服务组织)、.gov(政府部门)、.org(非营利性组织)、.edu(教育部门)、.int(国际组织)、.mil(美国军事部门)7 类，共 7 个后缀，但每一个后缀域名都有各自不同的定义和适用范围。

DNS(domain name system，域名系统)是一种将域名和 IP 地址相互映射的分布式数据库。通过将域名解析为对应的 IP 地址，用户可以在浏览器中输入域名来访问网站，而不需要记忆复杂的数字 IP 地址。这样做既方便了用户，也使得网站的迁移和维护变得更加灵活。通过使用域名，网络管理员可以更轻松地管理网络资源，重定向流量，以及配置域名别名等。

DNS 服务器是提供 DNS 服务的计算机，负责解析域名到相应的 IP 地址。

DNS 服务器存储各种类型的 DNS 记录，包括：①A 记录，将域名映射到 IPv4 地址；②AAAA 记录，将域名映射到 IPv6 地址；③CNAME 记录，为域名设置别名；④MX 记录，指定邮件服务器的域名；⑤NS记录，指定用于该域的权威DNS服务器。

因特网的域名系统由分布在世界各地的域名服务器(DNS服务器)构成。一个DNS服务器所负责管辖的范围叫作区(zone)。每一个区设置相应的权限域名服务器，用来保存该区中的所有主机的域名到IP地址的映射。

根据所起的作用，DNS服务器分为四种类型：根域名服务器、顶级域名服务器、权限域名服务器、本地域名服务器。

所有DNS服务器按照树状结构进行组织，如图6.6所示。

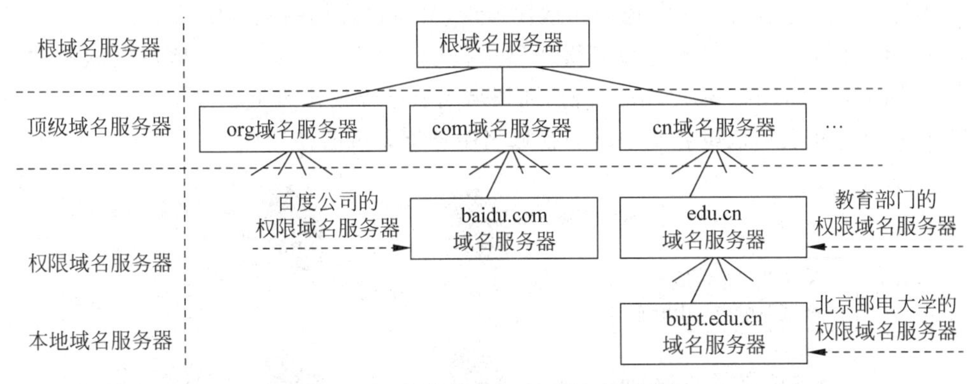

图6.6　树状结构DNS服务器系统

(1) 根域名服务器处在最高层次，也最为重要。所有根域名服务器都知道所有的顶级域名服务器的域名和IP地址。不管是哪一个本地域名服务器，若要对因特网上任何一个域名进行解析，只要自己无法解析，就首先求助于根域名服务器。如果所有根域名服务器都瘫痪了，则整个因特网的DNS就无法工作了。根域名服务器总共有13组(不是13台)，这13组根域名服务器由因特网的13个管理机构管理，分布在全球不同的地理位置，以确保因特网的稳定运行。这些根域名服务器使用字母A到M来表示。为了提供更可靠的服务，每组根域名服务器包含多台服务器(称为镜像)，通过任意一组根服务器都可以找到全球域名系统(DNS)的完整信息。这些根域名服务器并不直接响应一般用户的DNS查询，而是负责存储顶级域名服务器的信息，告诉本地域名服务器下一步应当找哪一个顶级域名服务器进行查询。

(2) 顶级域名服务器负责管理在该顶级域名服务器注册的所有二级域名。当收到DNS查询请求时，就给出相应的回答(可能是最后的结果，也可能是下一步应当找的域名服务器的IP地址)。

(3) 权限域名服务器负责一个区(zone)的域名服务器。当一个权限域名服务器还不能给出最后的查询回答时，就会告诉发出查询请求的DNS客户下一步应当找哪一个权限域名服务器。

(4) 本地域名服务器通常是指运行在用户本地网络或ISP网络中的域名服务器。它们的作用是缓存经常访问的DNS查询结果，以提高域名解析的速度和效率。当用户发起一个DNS查询请求时，本地域名服务器会首先查看自己的缓存中是否有相应的记录，如果有则直接返回结果；如果没有，则会向更高级别的域名服务器(通常是根域名服务器或顶级域名服务器)发起查询请求,以获取所需的 IP 地址信息。一旦本地域名服务器获得所需的 IP 地址信息,它会将该信息缓存起来,并将其返回给发出查询请求的计算机。这样,下次当用户需要访问同一个网站时,本地域名服务器可以直接从缓存中提供 IP 地址信息,而不需要再次向其他服务器发送查询请求。这可以大大提高 DNS 查询的速度和效率。具体来说,为计算机设置网络参数时,其中的 DNS Server 的 IP 地址所指的服务器即为本地域名服务器,而不管其地理位置在哪。本地域名服务器有时也称为默认域名服务器。

域名的解析过程包含递归查询和迭代查询,具体过程如图 6.7 所示。

- 递归查询:主机向本地域名服务器查询时使用(①和⑩)。本地域名服务器若不知道,就以 DNS 客户端的身份,向根域名服务器发出查询请求。
- 迭代查询:本地域名服务器向根域名服务器查询时使用(②～⑨)。

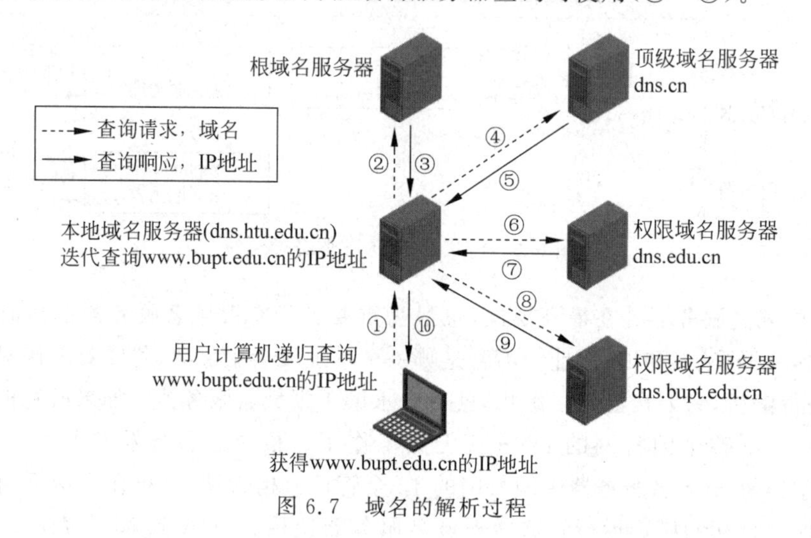

图 6.7　域名的解析过程

6.2.2　实验目的

使用 Cisco Packet Tracer 模拟一个互联网环境,通过模拟实验达到以下几个目的。

(1) 了解 DNS 服务器的作用:理解 DNS 的概念和作用,理解 DNS 服务器在计算机网络中的重要性和功能,学习如何配置和管理 DNS 服务器,以便将域名解析为相应的 IP 地址。

(2) 学习 DNS 配置和管理:掌握如何配置 DNS 服务器,学习如何添加和管理 DNS 资源记录,如 A 记录。

(3) 理解 DNS 解析过程:理解 DNS 解析的流程和步骤,学习当用户发送 DNS 查询请求时,DNS 服务器如何响应并提供相应的 IP 地址或其他相关信息。

通过完成这个实验,读者将获得有关 DNS 服务器配置和管理的实际经验,并深入理解 DNS 解析的过程和原理。这将对读者在计算机网络和系统管理领域的学习和实践有所帮助。

6.2.3 实验步骤

1. 创建网络拓扑

使用如图 6.1 所示的网络拓扑。

2. 配置 DNS 服务器的网络参数

静态配置 DNS 服务器的网络参数(IP 地址、子网掩码、默认网关地址、DNS 服务器地址)如图 6.8 所示。

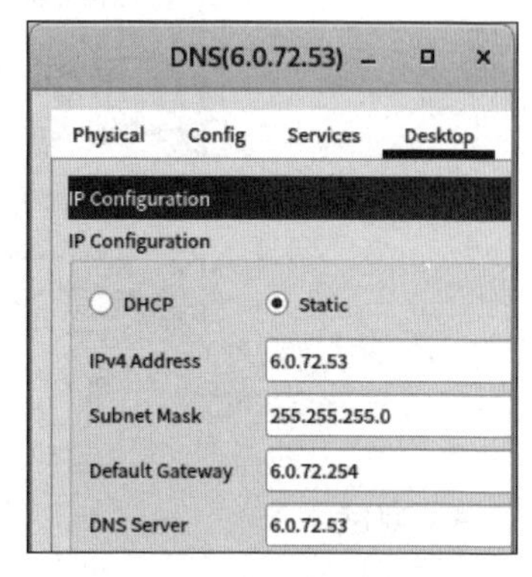

图 6.8 静态配置 DNS 服务器的网络参数

3. 添加 A 资源记录

如图 6.9 所示,为 DNS 服务器添加 4 个 A 资源记录。域名 ftp. bupt. edu. cn 对应的 IP 地址为 6. 0. 72. 20; 域名 pop3. bupt. edu. cn 对应的 IP 地址为 6. 0. 72. 25; 域名 smtp. bupt. edu. cn 对应的 IP 地址为 6. 0. 72. 25; 域名 www. bupt. edu. cn 对应的 IP 地址为 6. 0. 72. 80。

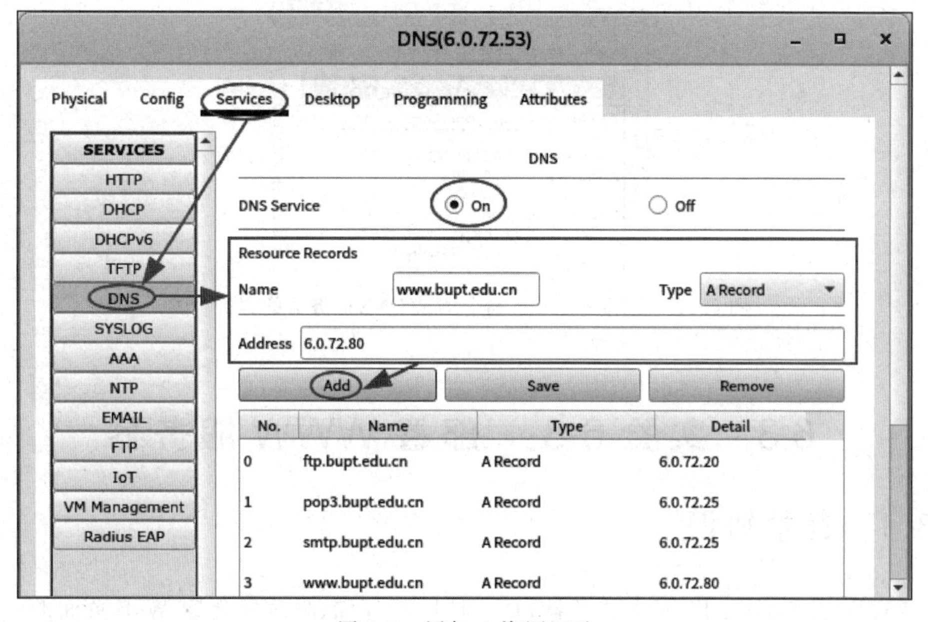

图 6.9 添加 A 资源记录

4. 配置计算机 PC131 的网络参数

静态配置计算机 PC131 的网络参数(IP 地址、子网掩码、默认网关地址、DNS 服务器地址)如图 6.10 所示。

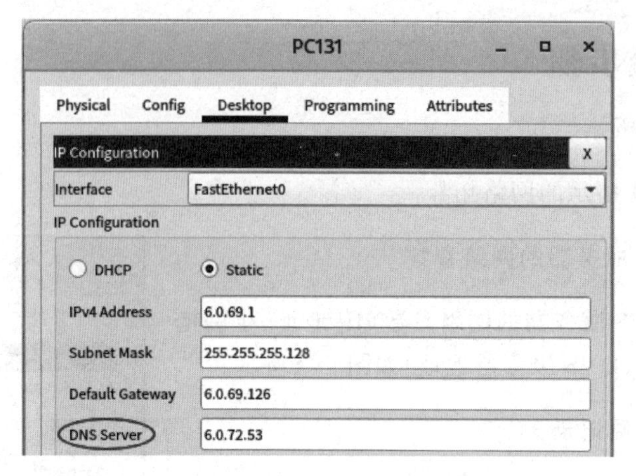

图 6.10　静态配置计算机 PC131 的网络参数

5. 测试

在计算机 PC131 命令行执行 nslookup www.bupt.edu.cn 命令测试 DNS 服务器的解析功能，如图 6.11 所示。DNS 服务器能够正确解析域名并返回相应的 IP 地址。

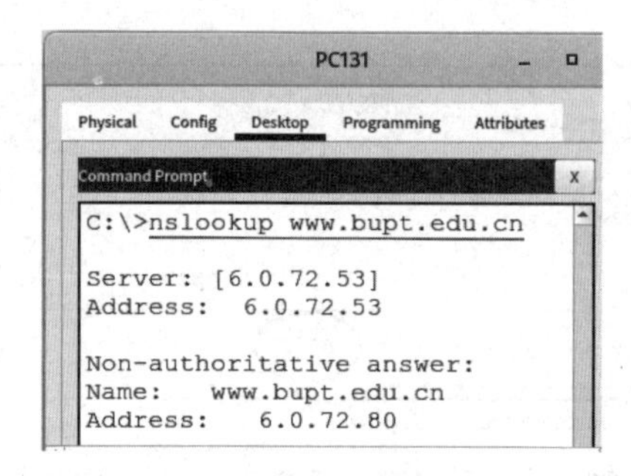

图 6.11　使用 nslookup 命令测试 DNS 服务器的解析功能

6.3　实验 6-3：部署 WWW 服务器

6.3.1　背景知识

WWW 服务器(也称 Web 服务器)是一种用于存储、处理和传输 Web 页面的计算机系统。当用户在浏览器中输入网址并按 Enter 键时，浏览器会向 WWW 服务器发送请求，服务器会响应请求并返回相应的 Web 页面。常见的 WWW 服务器软件包括 Apache HTTP Server、Nginx 和 Microsoft IIS 等。

实验 6-3：部署 WWW 服务器

WWW 服务器和 Web 服务器这两个名称实际上是等价的，它们都可以用来描述同一种类型的服务器。WWW 是 World Wide Web 的缩写，中文意思是万维网。

HTTP 是一种用于在网络上传输超文本的协议，它是因特网上应用最广泛的一种网络协议。WWW 服务器和浏览器之间通过 HTTP 进行通信，实现 Web 页面的请求和响应。HTTPS 是 HTTP 的安全版。

在网络中，每个设备都有一个唯一的 IP 地址，用于标识该设备在网络中的位置。而端口号则是用于区分同一台设备上运行的不同应用程序或服务。WWW 服务器通常使用 80 端口或 443 端口来提供 HTTP 或 HTTPS 服务。

6.3.2　实验目的

使用 Cisco Packet Tracer 模拟一个校园网(互联网)环境，通过模拟实验达到以下几个目的。

(1) 部署 WWW 服务器：理解 WWW 服务器的基本概念和工作原理，学习如何创建和配置一个 WWW 服务器，通过 HTTP 提供 Web 服务。

(2) 配置服务器参数：了解如何设置服务器的 IP 地址、子网掩码和默认网关等网络参数，以确保服务器能够与其他设备正常通信。

通过完成这个实验，读者将熟悉 WWW 服务器的基本设置和配置过程，以及理解 WWW 服务器与客户端之间的交互过程。

6.3.3　实验步骤

1. 创建网络拓扑

使用如图 6.1 所示的网络拓扑。

2. 配置 WWW 服务器的网络参数

静态配置 WWW 服务器的网络参数(IP 地址、子网掩码、默认网关地址、DNS 服务器地址)如图 6.12 所示。

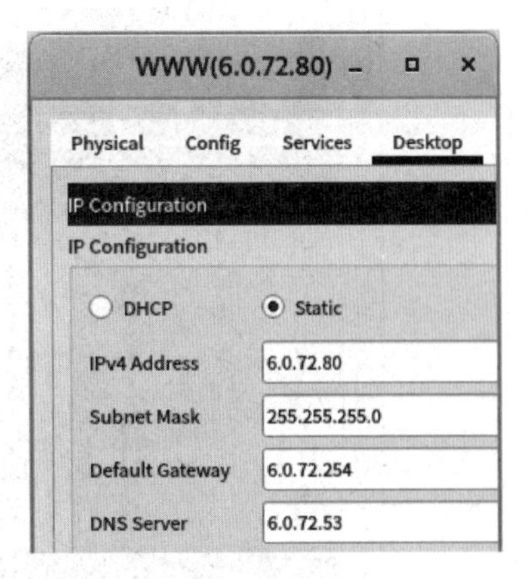

图 6.12　静态配置 WWW 服务器的网络参数

3. 配置静态网站

如图 6.13 所示，将静态网站所有的默认文件(包括.html、.jpg)都删除，然后单击 Import 按钮，添加静态网页文件，可以使用本书配套资源中的文件(在 static_web 文件夹中)。每次单击 Import 按钮只能添加一个文件，因此，如果有多个文件，则需要操作多次。

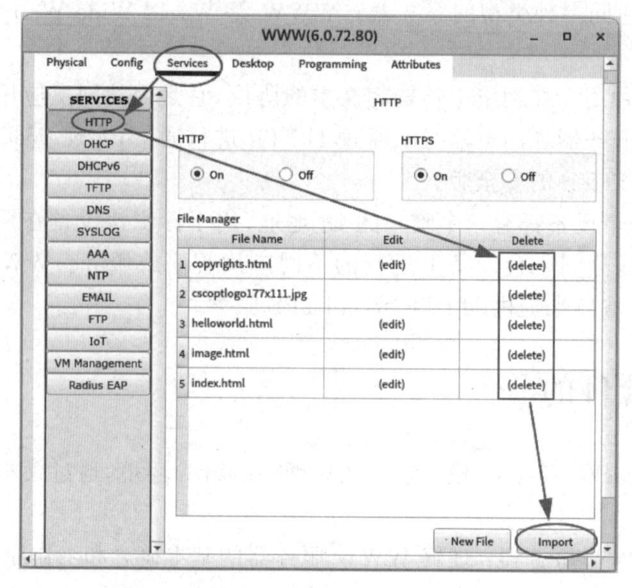

图 6.13　配置静态网站

4. 测试

PC131 中，在 Desktop 中的 Web 浏览器地址栏中输入 https://www.bupt.edu.cn，即可成功访问 WWW 服务器(6.0.72.80)，如图 6.14 所示，说明 WWW 服务器配置成功，也说明 DNS 服务器的域名解析功能正常。

图 6.14　使用域名成功访问 WWW 服务器

6.4 实验6-4：部署FTP服务器

6.4.1 背景知识

FTP(file transfer protocol,文件传输协议)是一种用于在网络上进行文件传输的标准协议,它允许用户在本地计算机和远程服务器之间进行文件的上传和下载。

实验6-4：部署FTP服务器

FTP服务器是运行FTP、提供FTP服务的服务器,它负责管理文件的存储和传输。客户机可以通过FTP客户端软件与FTP服务器进行通信,执行文件上传、下载、删除、重命名等操作。

在网络中,每个设备都有一个唯一的IP地址,用于标识该设备在网络中的位置。FTP服务器通常使用20和21端口进行数据和控制命令的传输。

6.4.2 实验目的

使用Cisco Packet Tracer模拟一个互联网环境,通过模拟实验达到以下几个目的。

(1) 理解FTP：学习和理解FTP的工作原理和基本操作。

(2) 部署和配置FTP服务器：学会在网络环境中部署和配置FTP服务器。了解如何设置FTP服务器软件,并进行必要的配置,包括设置用户访问权限等。

(3) 文件传输和管理：通过FTP服务器进行文件传输和管理。学会如何使用FTP客户端软件连接到FTP服务器,上传和下载文件,删除和重命名文件等操作。

通过完成这个实验,读者可以通过模拟网络环境来部署和配置FTP服务器,并探究FTP、IP地址和端口号等相关概念和技术。有助于读者深入理解FTP服务器的工作原理和配置方法,提高网络工程实践能力,为以后进行更复杂的网络配置和文件传输提供基础。

6.4.3 实验步骤

1. 创建网络拓扑

使用如图6.1所示的网络拓扑。

2. 配置FTP服务器的网络参数

静态配置FTP服务器的网络参数(IP地址、子网掩码、默认网关地址、DNS服务器地址)如图6.15所示。

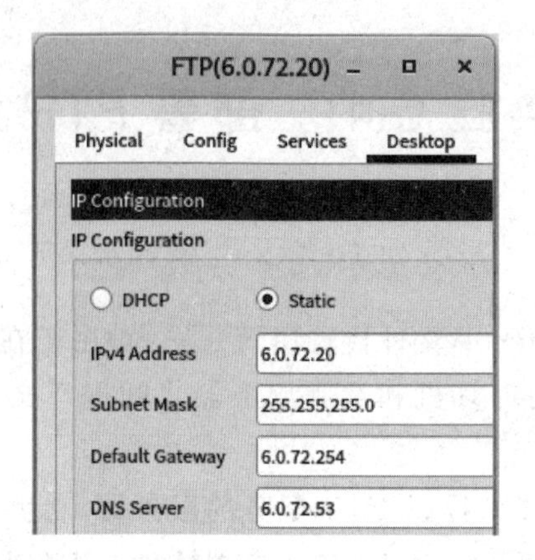

图 6.15　静态配置 FTP 服务器的网络参数

3. 创建 FTP 账号

如图 6.16 所示,启用 FTP 服务器,并且创建一个新的用户账号(用户名是 user,密码是 123456),并为其分配相应的权限。

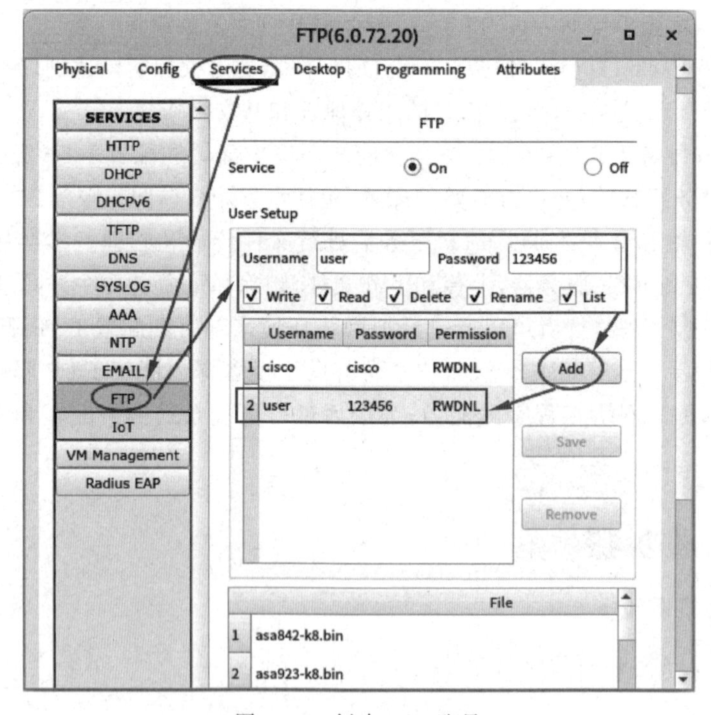

图 6.16　创建 FTP 账号

4. 测试

在计算机 PC131 中,依次选择 Desktop→Text Editor 命令,编辑文件,在此随便输入些字符，然后依次选择 File→Save 命令，保存文件，文件名为 aaa.txt，该文件存在于计算机 PC131 的 C:盘下面，可以依次选择 Desktop→Command Prompt 命令，在命令行执行 dir 命令进行验证，此时会列出 aaa.txt 文件。

如图 6.17 所示，执行 ftp 命令登录 FTP 服务器，使用 put 命令上传 aaa.txt 文件。

如图 6.18 所示，执行 get 命令下载一个文件，执行 quit 命令退出 FTP 服务器。

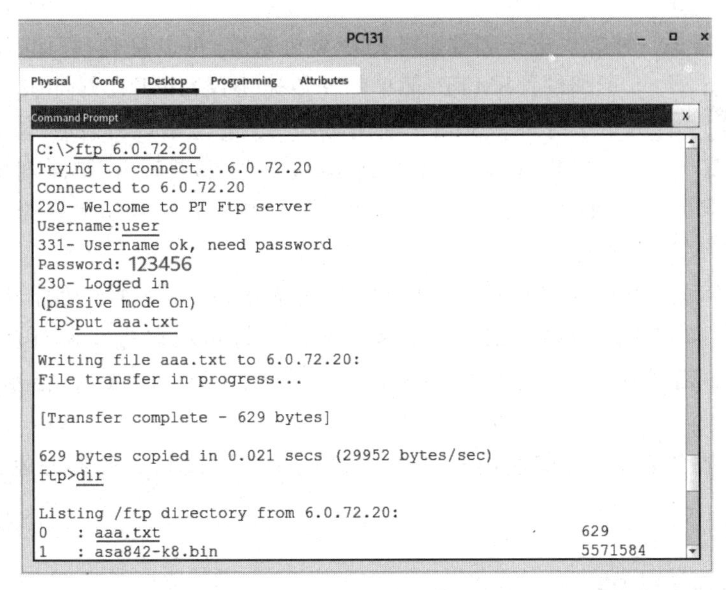

图 6.17　上传文件

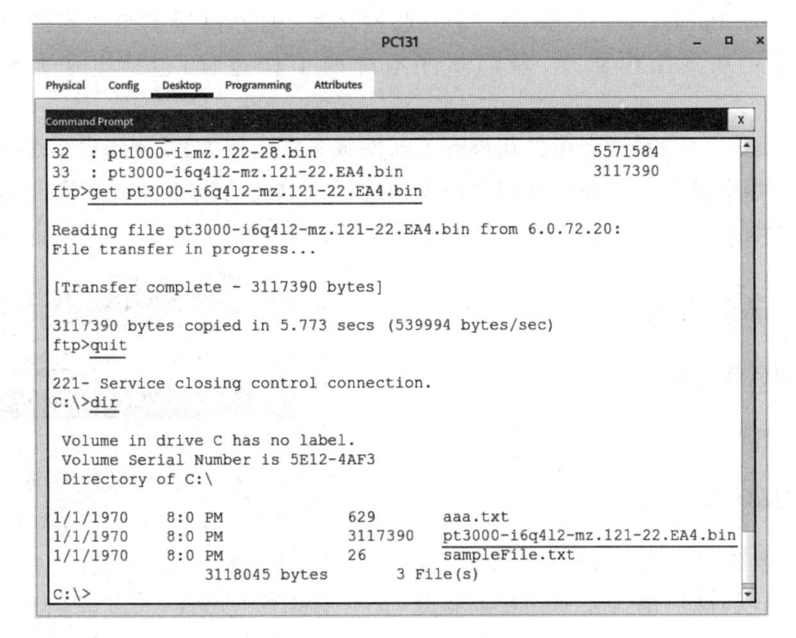

图 6.18　下载文件

6.5 实验 6-5：部署邮件服务器

6.5.1 背景知识

邮件服务器是一种提供电子邮件服务的计算机系统，可以接收、存储、发送和转发电子邮件。SMTP(简单邮件传输协议)用于在邮件服务器之间传输电子邮件。SMTP 使用端口 25 进行常规邮件传输。POP3(邮局协议版本 3)用于从邮件服务器下载电子邮件到本地计算机。IMAP(Internet 邮件访问协议)用于从邮件服务器检索和管理电子邮件。

实验 6-5：部署邮件服务器

DNS 服务器用于将域名解析为 IP 地址的服务器，在电子邮件通信中用于解析邮件服务器域名和客户端域名。MX 记录是指定接收特定域名电子邮件的邮件服务器的 DNS 记录。需要在 DNS 服务器设置中添加正确的 MX 记录，以指示电子邮件的流向。

部署邮件服务器后，需要使用邮件客户端软件来连接到服务器并发送/接收电子邮件。

6.5.2 实验目的

使用 Cisco Packet Tracer 模拟一个互联网环境，通过模拟实验达到的目的：理解邮件服务器的基本工作原理，理解邮件系统的工作过程，包括电子邮件的发送、接收。

通过完成这个实验，读者可以获得有关邮件服务器运作方式、网络设备配置的实际经验，探究邮件服务器的工作原理和相关协议的应用。这将有助于读者在实际网络环境中设计、部署和管理邮件服务器以满足组织或个人的需求。

6.5.3 实验步骤

1. 创建网络拓扑

使用如图 6.1 所示的网络拓扑。

2. 配置邮件服务器的网络参数

静态配置邮件服务器的网络参数(IP 地址、子网掩码、默认网关地址、DNS 服务器地址)如图 6.19 所示。

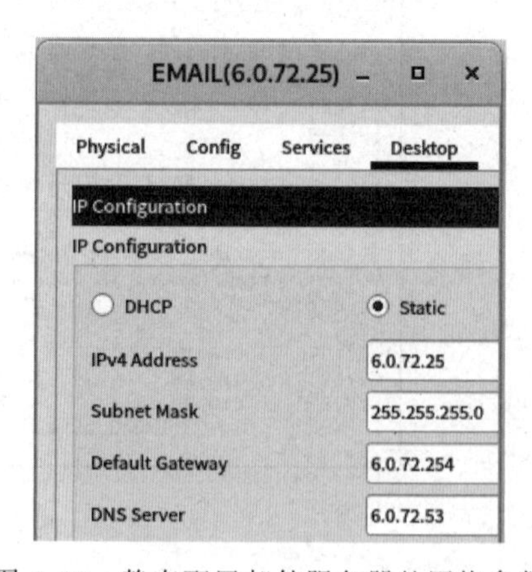

图 6.19 静态配置邮件服务器的网络参数

3. 创建用户账号

如图 6.20 所示，开启电子邮件服务并添加账号 user11 和 user22(密码均为 123456)，以便用户能够登录并使用邮件服务。user11 和 user22 的邮箱地址分别为 user11@bupt.edu.cn 和 user22@bupt.edu.cn。

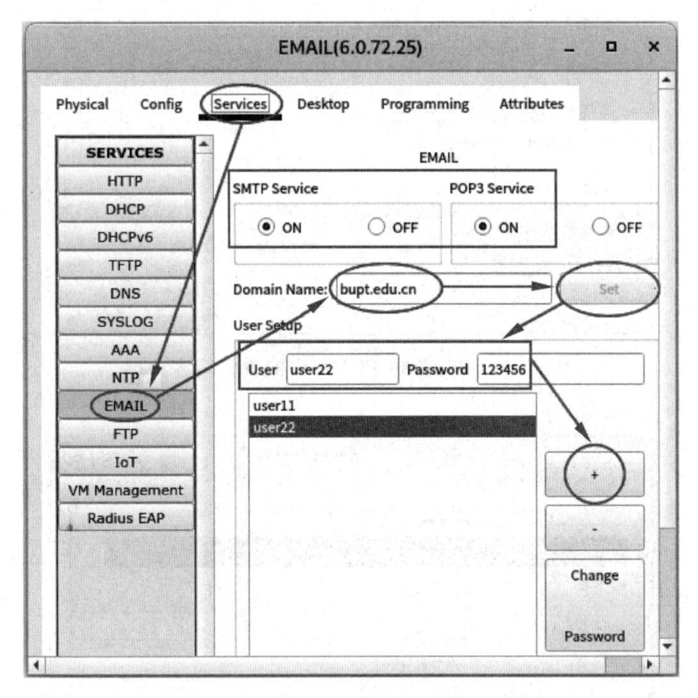

图 6.20 创建用户账号

4. 开启 DNS 服务

EMAIL 服务器的 IP 地址为 6.0.72.25。添加 2 个 A 资源记录 pop3.bupt.edu.cn 和 smtp.bupt.edu.cn，其中 pop3 和 smtp 为邮件接收/发送协议。

5. 配置邮箱客户端

如图 6.21 所示，在计算机 PC131 中，依次选择 Desktop→Email 命令，打开邮箱配置界面，配置邮箱客户端，填写好账号信息后，单击“保存”按钮。

如图 6.22 所示，在计算机 PC241 中，依次选择 Desktop→Email 命令，打开邮箱配置界面，配置邮箱客户端，填写好账号信息后，单击“保存”按钮。

6. 发送邮件

在计算机 PC241 中，user22 给 user11 发送邮件。依次选择 Desktop→Email 命令，进入邮件浏览界面，如图 6.23 所示，单击 Compose 按钮，进入邮件写作界面，如图 6.24 所示，填写收件人、主题和邮件内容，单击“发送”按钮。

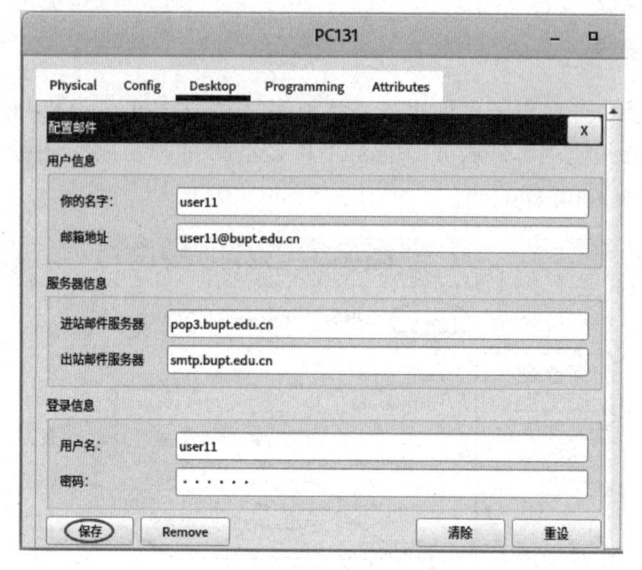

图 6.21　在计算机 PC131 中配置邮箱客户端

图 6.22　在计算机 PC241 中配置邮箱客户端

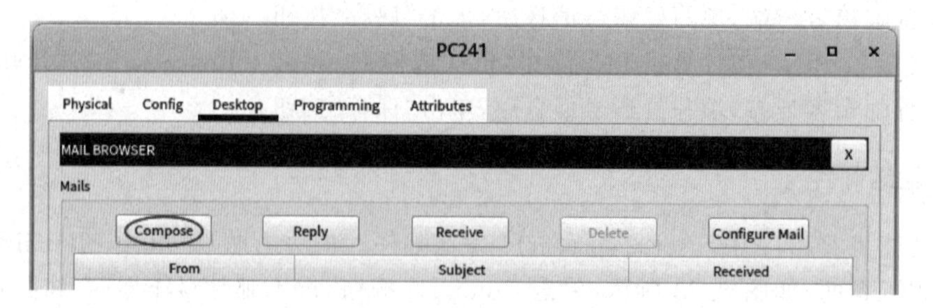

图 6.23　邮件浏览界面

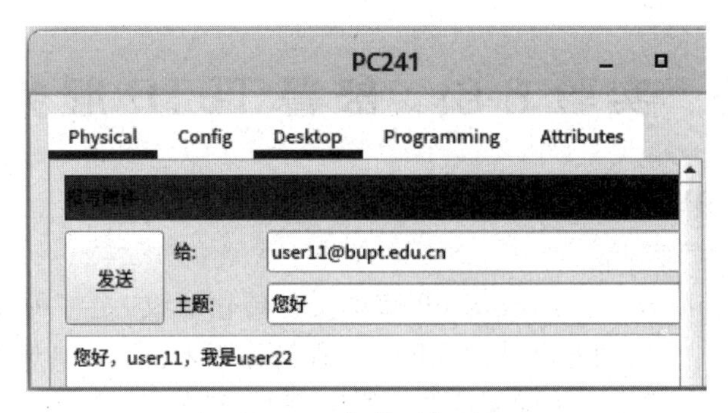

图 6.24　邮件写作界面

7. 接收邮件

在计算机 PC131 中，依次选择 Desktop→Email 命令，进入邮件浏览界面，单击 Receive 按钮，接收邮件，如图 6.25 所示。

图 6.25　接收邮件

6.6 实验 6-6：部署 TFTP 服务器

6.6.1 背景知识

TFTP(trivial file transfer protocol,简单文件传输协议)是一种简单的文件传输协议。TFTP 是 FTP 的一种简化版本。TFTP 通常用于从服务器下载或上传配置文件、固件、映像文件等。与 FTP 不同,TFTP 没有认证机制,安全性较低。TFTP 使用 UDP 作为传输协议,使用 69 号端口,因此在传输文件时速度比较快,但可靠性较差。TFTP 的设计非常简洁,没有像 FTP 那样复杂的命令和响应机制。它只有基本的文件传输功能,没有提供文件目录浏览、权限管理等高级功能。

实验 6-6：部署 TFTP 服务器

TFTP 通常用于本地网络中的文件传输,比如在局域网内部更新网络设备的固件或配置文件时,TFTP 被广泛使用。TFTP 不需要像 FTP 那样进行身份验证和授权,因此更适合于简单的文件传输需求。它的简单和高效使得它成为一种便捷的工具,但在需要高安全性和可靠性的情况下,不适合使用。

6.6.2 实验目的

使用 Cisco Packet Tracer 模拟一个互联网环境,通过模拟实验达到以下两个目的。

(1) 配置 TFTP 服务器：了解 TFTP 服务器的原理、特点及应用场景,学习如何在网络环境中搭建和配置 TFTP 服务器。

(2) 文件传输：体验并掌握使用 TFTP 服务器进行文件传输的流程。

通过完成这个实验,读者可以加深对 TFTP 的理解,掌握其在实际网络环境中的应用技巧,提高解决实际问题的能力。

6.6.3 实验步骤

1. 创建网络拓扑

在 Cisco Packet Tracer 中创建一个新的空白拓扑,然后添加计算机、交换机和路由器,使用相应的连线将它们连接起来。最终的网络拓扑如图 6.26 所示。

2. 启用 TFTP 服务器

如图 6.27 所示,启用 TFTP 服务器,可以看到 TFTP 服务器默认提供下载的文件列表。

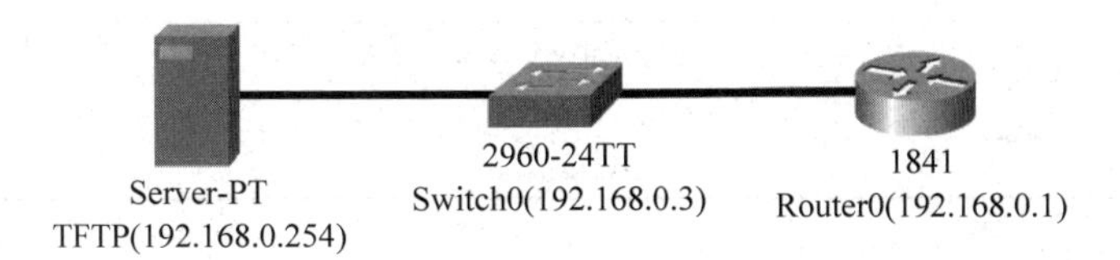

图 6.26　实验 6-6 的网络拓扑

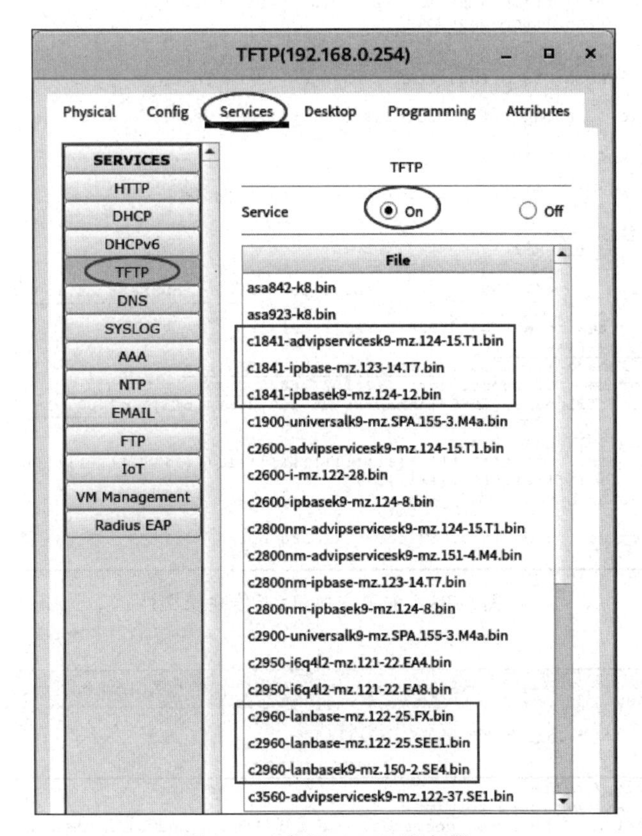

图 6.27　启用 TFTP 服务器

3. 配置交换机

如图 6.28 所示，先执行命令对交换机进行配置，主要是设置 VLAN 1 的 IP 地址。然后执行 copy flash: tftp:命令，将交换机的映像文件 2960-lanbasek9-mz. 150-2. SE4. bin 上传到 TFTP 服务器(192.168.0.254)，并且命名为 c2960. bin。

4. 配置路由器

如图 6.29 所示，先执行命令对路由器进行配置，主要是设置网络接口 FastEthernet0/0 的 IP 地址。然后执行 copy running-config tftp:命令，将路由器的当前配置上传到 TFTP 服务器(192.168.0.254)，并且命名为 Router0-running-confg。

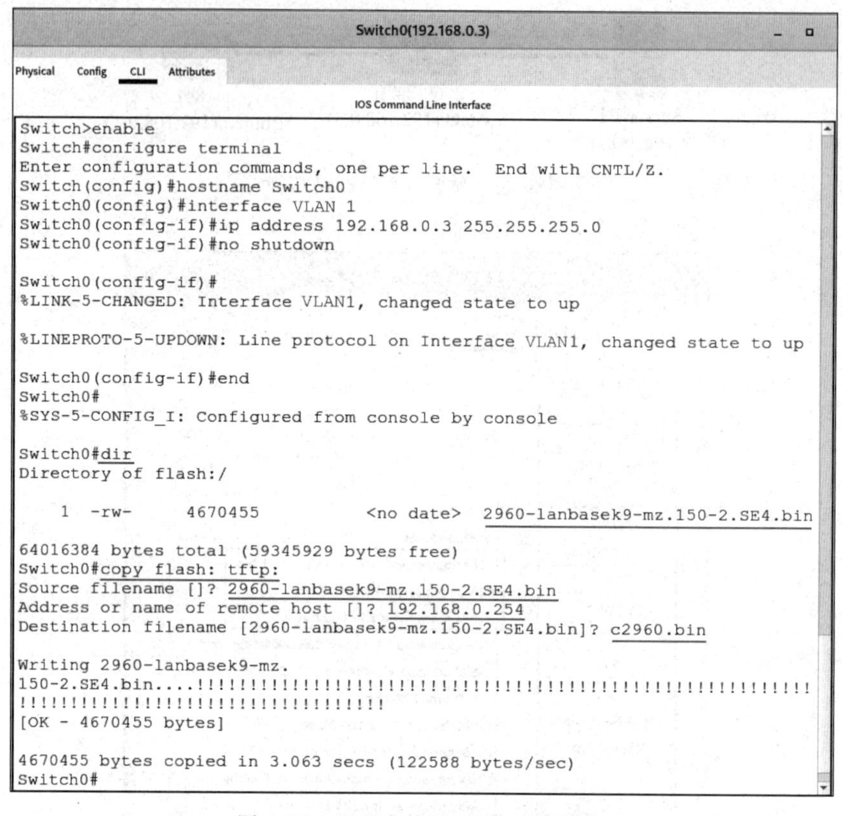

图 6.28　配置交换机,上传映像文件

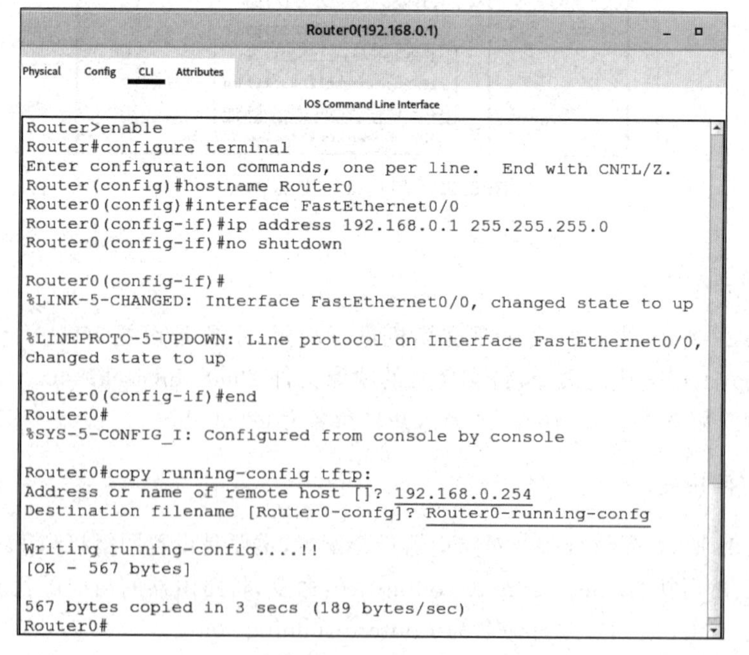

图 6.29　配置路由器,上传当前配置信息

5. 验证

再次打开 TFTP 服务器窗口，查看文件列表，此时会看到 c2950. bin 文件和 Router0-running-confg 文件。

TFTP 服务器可以帮助管理路由器、交换机系统映像的存储和系统映像的修订。对于任何网络，最好保留一份映像的备份，以防路由器和交换机中的系统映像损坏或意外擦除。TFTP 服务器还可以用于存储新版本的映像文件，然后部署到需要升级的网络中。

6.7 实验 6-7：SNMP

6.7.1 背景知识

SNMP(simple network management protocol，简单网络管理协议)是一种用于监控和管理网络设备的应用层协议。它允许管理员通过网络监控和管理网络设备，以获取设备的状态、性能和配置信息等。SNMP 有多个版本，例如 SNMPv1、SNMPv2c 和 SNMPv3。不同的版本支持不同的功能和安全机制。

实验 6-7：SNMP

SNMP 由三个主要组件组成：①管理器(Manager)负责监控和管理被监控设备，发送请求并接收设备响应；②代理(Agent)安装在网络设备上，负责收集设备信息并响应管理器的请求；③管理信息库(management information base，MIB)是一个数据库，包含了设备的各种信息，如系统配置、性能指标等。MIB 定义了 SNMP 管理器和代理之间通信所使用的信息格式和通信规范。

SNMP 基于客户机/服务器模型，通过管理器和代理之间的交互来获取和传输网络设备的状态和配置信息。管理器(网络管理软件)充当客户端，负责监视和管理网络设备。网络设备(代理)是被监控设备，提供 SNMP 服务，向管理器提供设备信息。

SNMP 通过简单的请求/响应机制实现设备的监控和管理，设备通过将信息封装成 SNMP 消息进行发送。

SNMP 定义了一组操作，也称为 PDU(protocol data unit)，用于管理器和代理之间的通信。常见的操作包括：①Get，管理器向代理请求指定对象的值；②Set，管理器向代理发送命令，修改指定对象的值；③Trap，代理主动向管理器发送报警或事件通知。

SNMP 社区字符串(community string)是一种简单的身份验证机制，用于管理器和代理之间的通信。在实验中，需要为设备配置一个共享的社区字符串，以确保管理器和代理之间的通信安全。

6.7.2 实验目的

使用 Cisco Packet Tracer 模拟一个互联网环境，通过模拟实验达到以下几个目的。

(1) 理解 SNMP 的基本原理：通过配置 SNMP 代理设备和管理器设备，理解 SNMP 的工作原理，包括管理器与代理之间的通信、管理信息库(MIB)的使用等。

(2) 实现网络设备的监控和管理：掌握如何使用 SNMP 工具收集网络设备的配置信息和性能数据，并进行分析和处理；监控和管理网络设备的各种参数和状态，例如设备的 CPU 利用率、内存使用情况、接口带宽利用率等。

(3) 配置 SNMP 代理设备：配置 SNMP 代理设备，将代理设备中的管理信息库(MIB)与管理器设备进行关联，以便向管理器提供相关的网络设备信息。

(4) 使用 SNMP 管理器进行远程管理：使用 SNMP 管理器设备与 SNMP 代理设备进行远程管理交互，例如获取设备信息、设置设备参数、触发警报等。

通过完成这个实验，读者可以深入了解 SNMP 在实际网络管理中的应用，并通过实际操作来加深对 SNMP 的理解与掌握。

6.7.3 实验步骤

1. 创建网络拓扑

在 Cisco Packet Tracer 中创建一个新的空白拓扑，然后添加计算机、交换机和路由器，使用相应的连线将它们连接起来。最终的网络拓扑如图 6.30 所示。

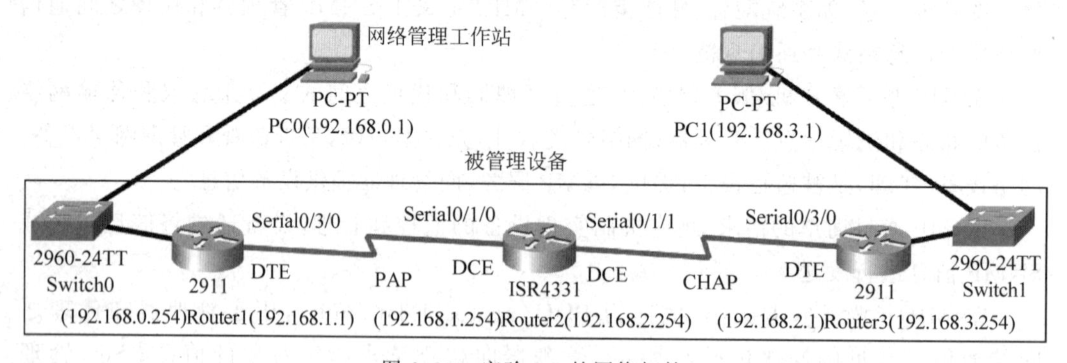

图 6.30 实验 6-7 的网络拓扑

2. 配置交换机和路由器

交换机 Switch0 和 Switch1 的配置命令如下。

交换机 Switch0 的配置命令

```
 1: enable
 2: configure terminal
 3: hostname Switch0
 4: !
 5: interface VLAN1
 6:   ip address 192.168.0.253 255.255.255.0
 7:   no shutdown
 8: !
 9: ip default - gateway 192.168.0.254
10: !
11: snmp - server community public RO
12: snmp - server community private RW
```

交换机 Switch1 的配置命令

```
 1: enable
 2: configure terminal
 3: hostname Switch1
 4: !
 5: interface VLAN1
 6:   ip address 192.168.3.253 255.255.255.0
 7:   no shutdown
 8: !
 9: ip default - gateway 192.168.3.254
10: !
11: snmp - server community public RO
12: snmp - server community private RW
```

路由器 Router1 的配置命令如下。

```
 1: enable
 2: configure terminal
 3: hostname Router1
 4: !
 5: username Router2 password pass222
 6: !
 7: interface GigabitEthernet0/0
 8:   ip address 192.168.0.254 255.255.255.0
 9:   no shutdown
10: !
11: interface Serial0/3/0
12:   ip address 192.168.1.1 255.255.255.0
13:   encapsulation ppp
14:   ppp authentication pap
15:   ppp pap sent - username Router1 password pass111
16:   no shutdown
17: ip route 192.168.2.0 255.255.255.0 192.168.1.254
18: ip route 192.168.3.0 255.255.255.0 192.168.1.254
19: snmp - server community public RO
20: snmp - server community private RW
```

路由器 Router2 的配置命令如下。

```
 1: enable
 2: configure terminal
 3: hostname Router2
 4: username Router1 password pass111
 5: username Router3 password CHAP123
 6: interface Serial0/1/0
 7:   clock rate 4000000
 8:   ip address 192.168.1.254 255.255.255.0
 9:   encapsulation ppp
10:   ppp authentication pap
```

```
11:   ppp pap sent - username Router2 password pass222
12:   no shutdown
13: interface Serial0/1/1
14:   clock rate 4000000
15:   ip address 192.168.2.254 255.255.255.0
16:   encapsulation ppp
17:   ppp authentication chap
18:   no shutdown
19: !
20: ip route 192.168.0.0 255.255.255.0 192.168.1.1
21: ip route 192.168.3.0 255.255.255.0 192.168.2.1
22: !
23: snmp - server community public RO
24: snmp - server community private RW
```

路由器 Router3 的配置命令如下。

```
 1: enable
 2: configure terminal
 3: hostname Router3
 4: !
 5: username Router2 password CHAP123
 6: !
 7: interface GigabitEthernet0/0
 8:   ip address 192.168.3.254 255.255.255.0
 9:   no shutdown
10: !
11: interface Serial0/3/0
12:   ip address 192.168.2.1 255.255.255.0
13:   encapsulation ppp
14:   ppp authentication chap
15:   no shutdown
16: ip route 192.168.0.0 255.255.255.0 192.168.2.254
17: ip route 192.168.1.0 255.255.255.0 192.168.2.254
18: !
19: snmp - server community public RO
20: snmp - server community private RW
```

3. 操作路由器 Router2 的 MIB

MIB Browser(MIB 浏览器)是一款免费的 MIB 浏览器工具,用于监控采用 SNMP 的网络设备和服务器。利用 MIB Browser 可以加载查看设备的 MIB,执行 Get、Set 等操作。

MIB 是 Manager 和 Agent 进行沟通的桥梁,每一个 Agent 都维护一个 MIB 数据库,Manager 可以对 MIB 中对象的值进行读取或设置。MIB 以树状结构进行存储,树的叶子节点表示管理对象,可以通过从根节点开始的一条唯一路径来识别,这也就是 OID (object identifier,对象标识符)。

由于 Cisco Packet Tracer 功能有限，本书仅介绍如何获取网络设备的系统信息和通过 SNMP 来修改网络设备的名字。

在 PC0，依次选择 Destop→MIB Browser→Advanced 命令，如图 6.31 所示，在弹出的对话框中填入要管理网络设备的 IP 地址（192.168.1.254 是路由器 Router2 的 IP 地址），Port 的默认值是 161，填入设备的 Community 值（即读写团体名），用于身份认证，Read Community 是 public，Write Community 是 private，SNMP 版本选择 v3。单击 OK 按钮。

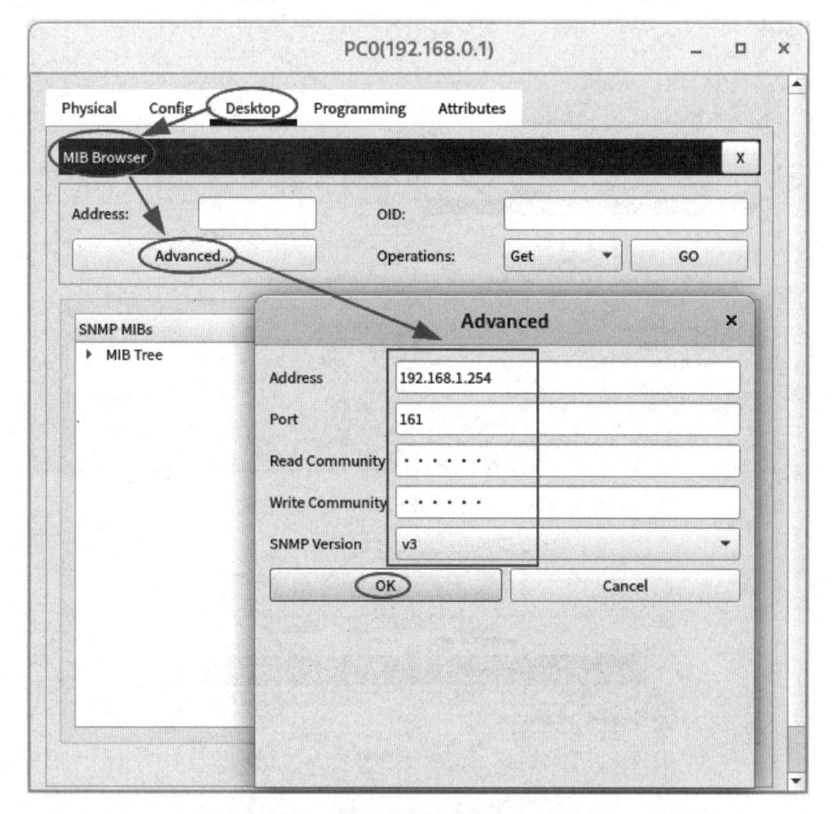

图 6.31　登录路由器 Router2 的 MIB

如图 6.32 所示，在左侧的 MIB 数据库中找到相应的节点路径（OID 是.1.3.6.1.2.1.1.5.0 或 iso.org.dod.interface.mgmt.mib-2.system.sysName.0），Operations 选择 Get，单击 GO 按钮，可以看到路由器 Router2 的名称为 Router2。OID 是 MIB 信息节点的精确路径，Operations 是对 MIB 的操作，通过 SNMP 传递到网络设备（路由器 Router2）上执行相应的操作。

接下来，通过 SNMP 来修改路由器 Router2 的主机名。如图 6.33 所示，Operations 选择 Set，在弹出的对话框中 Data Type 选择 OctetString（字符串类型），填入 Value 的值为 Router222，单击 OK 按钮，再单击 GO 按钮，会看到路由器 Router2 的主机名被修改为 Router222 了。

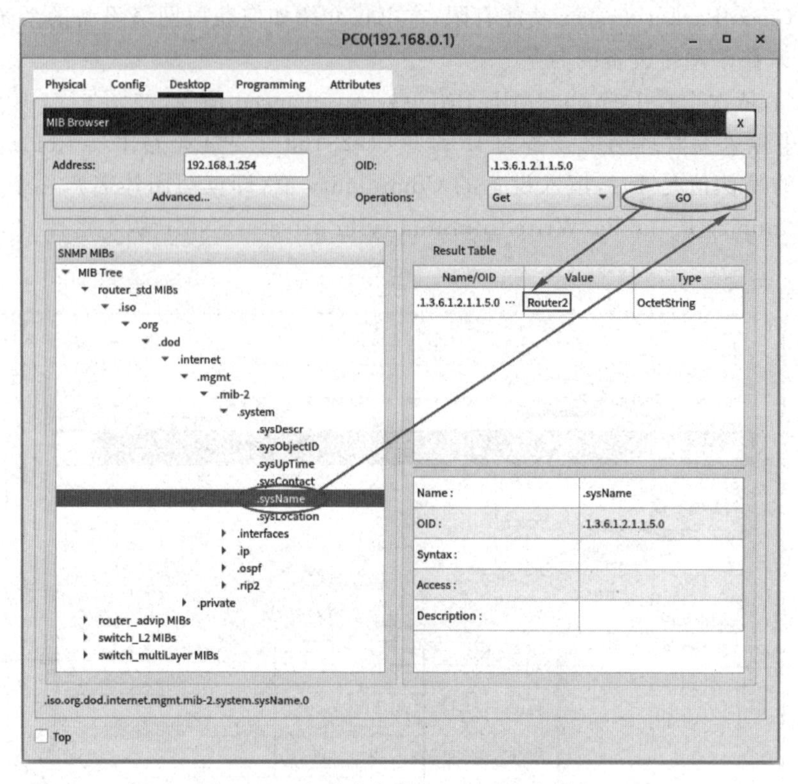

图 6.32　查看路由器 Router2 的主机名

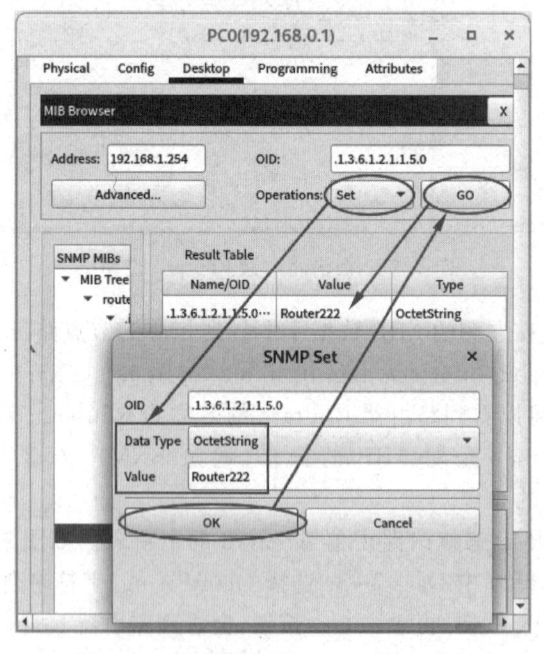

图 6.33　修改路由器 Router2 的主机名

4. 操作交换机 Switch1 的 MIB

按照前文的操作，在 PC0 上获取交换机 Switch1 的 MIB，如图 6.34 所示。

图 6.34　在 PC0 上获取交换机 Switch1 的 MIB

上面的操作过程也可以在 PC1 上进行。

习　　题

1. 填空题

(1) 默认网关是设备发送数据包时用于转发数据的下一跳路由器的 IP 地址。它通常是局域网中的________。

(2) ________能够跨网段为主机(DHCP 客户端)分配 IP 地址等网络配置信息。

(3) ________是指因特网上用来标识和定位计算机,代替________方便用户记忆和使用的名称,由一串用点分隔的名字(字符串)组成。

(4) 顶级域名又分为两类:________、国际顶级域名。

(5) DNS(域名系统)是一种将域名和IP地址相互映射的________。

(6) DNS服务器存储各种类型的DNS记录,A记录将________映射到________。

(7) DNS服务器分为四种类型:________、________、权限域名服务器、本地域名服务器。

(8) 根域名服务器总共有________组。

(9) 本地域名服务器有时也称为________。

(10) ________是一种用于存储、处理和传输Web页面的计算机系统。

(11) ________是一种用于在网络上传输超文本的协议。

(12) WWW服务器通常使用________端口或________端口来提供HTTP或HTTPS服务。

(13) ________是一种用于在网络上进行文件传输的标准协议。

(14) FTP服务器通常使用________和________端口进行数据和控制命令的传输。

(15) ________用于在邮件服务器之间传输电子邮件。

(16) ________是一种简单的文件传输协议,是FTP的一种简化版本。

(17) ________是一种用于监控和管理网络设备的应用层协议。

(18) SNMP由三个主要组件组成:管理器、代理、________。

2. 简答题

(1) 树状结构DNS服务器系统是什么?

(2) 域名的解析过程是什么?

3. 上机题

(1) 在Cisco Packet Tracer中做部署DHCP服务器的实验。

(2) 在Cisco Packet Tracer中做部署DNS服务器的实验。

(3) 在Cisco Packet Tracer中做部署WWW服务器的实验。

(4) 在Cisco Packet Tracer中做部署FTP服务器的实验。

(5) 在Cisco Packet Tracer中做部署邮件服务器的实验。

(6) 在Cisco Packet Tracer中做部署TFTP服务器的实验。

(7) 在Cisco Packet Tracer中做使用SNMP的实验。

项目 7　网络地址转换

本章学习目标

- 理解网络地址转换的概念和工作原理。
- 掌握静态 NAT 的配置和应用场景。
- 了解 NAPT 的原理和特点，能够配置和管理 NAPT 设备。
- 学习如何配置路由器或防火墙以实现外网用户访问企业内部服务器。

在现代网络中，由于 IPv4 地址资源有限，网络地址转换技术被广泛应用以解决 IPv4 地址不足的问题，它允许私有 IP 地址空间与公共 IP 地址空间之间进行转换，从而实现了网络之间的互操作性。网络地址转换技术不仅有助于解决 IPv4 地址短缺的问题，还增强了网络安全性和灵活性。本章探讨网络地址转换技术的工作原理和应用场景，具体涵盖静态网络地址转换、网络地址端口转换以及外网访问内网服务器等关键内容。

7.1　实验 7-1：静态 NAT

7.1.1　背景知识

IP 地址是标识网络设备（例如计算机、路由器、服务器等）的唯一标识符。它用于在网络上定位和寻找特定设备。IP 地址由四个十进制数（例如 192.168.0.1）组成，每个数值范围为 0～255。

端口号用于在网络通信中标识特定的应用程序或服务。它是一个数字，范围为 0～65 535。在一个设备上，可以同时运行多个应用程序或服务，每个应用程序或服务使用不同的端口号进行通信。

实验 7-1：静态 NAT

NAT（network address translation，网络地址转换）是一种将私有 IP 地址转换为公有 IP 地址（因特网合法的 IP 地址）的技术，用于连接一个内部私有网络（例如家庭或企业网络）和外部公共网络（例如因特网）。NAT 不仅完美解决了 IP 地址不足的问题，还能够有效地避免来自网络外部的攻击，隐藏并保护网络内部的计算机。

内部网络指属于同一物理网络并使用相同 IP 地址前缀的一组设备。内部网络使用私有 IP 地址，这些私有 IP 地址在 Internet 上是不可路由的。外部网络指与内部网络不同的网络，通常是公共 Internet。外部网络使用公有 IP 地址。

NAT 的类型包括静态 NAT、动态 NAT 和 NAPT(network address port translation,网络地址端口转换)。每种类型都有不同的用途和配置方式。

(1) 静态 NAT 将一个内部私有 IP 地址映射到一个外部公有 IP 地址。此映射是静态的,意味着每个内部私有 IP 地址都与一个外部公有 IP 地址进行一对一的绑定。现实中用于服务器。

(2) 动态 NAT 将内部私有 IP 地址与一个地址池中的外部公有 IP 地址动态映射。当内部设备需要访问外部网络时,动态 NAT 会为其分配地址池中的一个公有 IP 地址。现实中用得较少。

(3) NAPT 使用单个外部公有 IP 地址,同时结合不同的端口号来映射多个内部私有 IP 地址。通过使用不同的源端口号,可以区分多个内部设备,允许多个内部设备共享同一个公有 IP 地址。

反向 NAT(逆向转换)是指在收到外网发来的数据包时,在路由器或 NAT 设备上将公有 IP 地址和端口号转换回内网设备的私有 IP 地址和端口号。这种转换使得外部网络中的计算机能够主动与内网设备进行通信。

通常,使用路由器作为 NAT 设备来实现 NAT 功能。在这种情况下,路由器将扮演网关,连接内部网络和外部网络。

7.1.2 实验目的

使用 Cisco Packet Tracer 模拟一个互联网环境,通过模拟实验达到以下几个目的。

(1) 理解静态 NAT 的基本概念和原理:掌握静态 NAT 的基本原理和工作方式,以及如何在网络中实现 IP 地址转换,理解 NAT 在网络中的重要性。

(2) 实现内部网络与外部网络之间的通信:配置静态 NAT 以实现内部设备与外部网络的相互访问,确保内网计算机能够通过 NAT 访问外部网络,实现局域网访问互联网;设置静态 NAT 规则,实现外网访问内网服务器,同时,静态 NAT 技术还可以隐藏内网服务器的真实 IP 地址,提高服务器的安全性。理解如何将内部私有 IP 地址映射到外部公有 IP 地址。

(3) 验证静态 NAT 功能的正确性:验证 NAT 配置是否正常工作。测试内部设备是否能够成功访问外部网络,并确保静态 NAT 规则和地址转换逻辑正确无误。

通过完成这个实验,读者将加深对静态 NAT 的理解,掌握静态 NAT 的配置过程,并能够在实际网络环境中应用和验证静态 NAT 功能。

7.1.3 实验步骤

1. 创建网络拓扑

在 Cisco Packet Tracer 中创建一个新的空白拓扑,然后添加计算机、交换机和路由器,使用相应的连线将它们连接起来。最终的网络拓扑如图 7.1 所示,共包含内部网络、外部网络 2 部分。注意:这里内网(私有)IP 地址被定义为不能被路由器转发的 IP 地址,公有 IP 地址被定义为能够被路由器转发的 IP 地址。

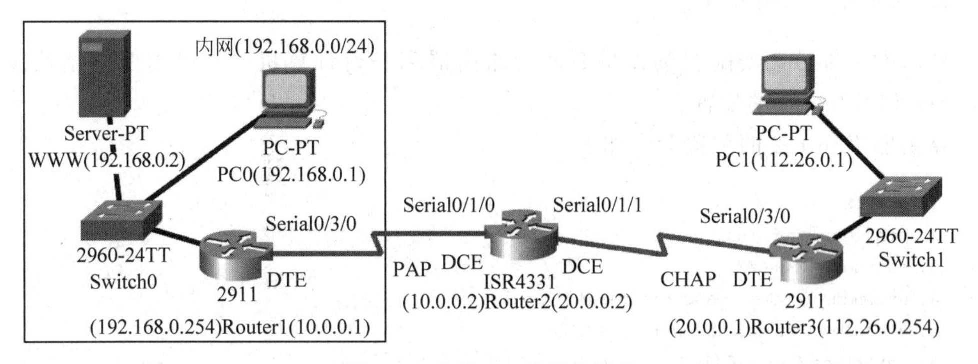

图 7.1 实验 7-1 的网络拓扑

2. 配置内部网络部分

内部网络部分需要配置的设备有一台路由器和两台计算机。WWW 服务器的主要配置参考前文"部署 WWW 服务器"部分。路由器 Router1 作为 NAT 设备实现 NAT 功能,并且作为网关(出口路由器)连接内部网络和外部网络。这里主要介绍路由器 Router1 的配置。

路由器 Router1 的配置命令如下。

```
 1: enable
 2: configure terminal
 3: hostname Router1
 4: !
 5: username Router2 password pass222
 6: !
 7: interface GigabitEthernet0/0
 8:   ip address 192.168.0.254 255.255.255.0
 9:   ip nat inside
10:   no shutdown
11: !
12: interface Serial0/3/0
13:   ip address 10.0.0.1 255.255.255.0
14:   encapsulation ppp
15:   ppp authentication pap
16:   ppp pap sent - username Router1 password pass111
17:   ip nat outside
18:   no shutdown
19: router ospf 1
20:   network 10.0.0.0 0.0.0.255 area 0
21: ip nat inside source static 192.168.0.1 10.0.0.11
22: ip nat inside source static 192.168.0.2 10.0.0.22
```

第 22 行的命令将内网 WWW 服务器私有 IP 地址映射为外网公有 IP 地址,实现了将内网 WWW 服务发布到外网的功能,实现外部网络可以访问内网 WWW 服务器。

3. 配置外部网络部分

外部网络部分需要配置的设备有两台路由器和一台计算机。这里主要介绍路由器Router2和Router3的配置。

路由器Router2的配置命令如下。

```
 1: enable
 2: configure terminal
 3: hostname Router2
 4: username Router1 password pass111
 5: username Router3 password CHAP123
 6: interface Serial0/1/0
 7:   clock rate 4000000
 8:   ip address 10.0.0.2 255.255.255.0
 9:   encapsulation ppp
10:   ppp authentication pap
11:   ppp pap sent - username Router2 password pass222
12:   no shutdown
13: !
14: interface Serial0/1/1
15:   clock rate 4000000
16:   ip address 20.0.0.2 255.255.255.252
17:   encapsulation ppp
18:   ppp authentication chap
19:   no shutdown
20: !
21: router ospf 1
22:   network 10.0.0.0 0.0.0.255 area 0
23:   network 20.0.0.0 0.0.0.3 area 0
```

路由器Router3的配置命令如下。

```
 1: enable
 2: configure terminal
 3: hostname Router3
 4: username Router2 password CHAP123
 5: interface Serial0/3/0
 6:   ip address 20.0.0.1 255.255.255.252
 7:   encapsulation ppp
 8:   ppp authentication chap
 9:   no shutdown
10: !
11: interface GigabitEthernet0/0
12:   ip address 112.26.0.254 255.255.255.0
13:   no shutdown
14: !
15: router ospf 1
16:   network 20.0.0.0 0.0.0.3 area 0
17:   network 112.26.0.0 0.0.0.255 area 0
```

4. 测试

PC0(192.168.0.1)可以 ping 通 PC1(112.26.0.1)。

PC1(112.26.0.1)可以 ping 通 10.0.0.11 和 10.0.0.22。

PC1(112.26.0.1)不能 ping 通 192.168.0.1 和 192.168.0.2。

PC1 中，在 Desktop 中的 Web 浏览器地址栏中输入 http://10.0.0.22，即可成功访问内网 WWW 服务器(192.168.0.2)。

5. 查看地址转换情况

在路由器 Router1 命令行执行 show ip nat translations 命令查看内网和外网互访时对应的地址转换情况，如图 7.2 所示。

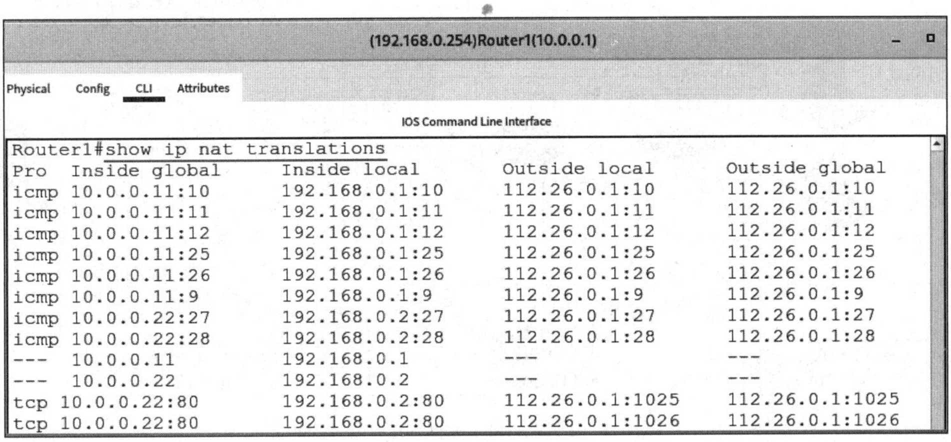

(192.168.0.254)Router1(10.0.0.1)

Physical　Config　CLI　Attributes

IOS Command Line Interface

```
Router1#show ip nat translations
Pro  Inside global      Inside local        Outside local       Outside global
icmp 10.0.0.11:10       192.168.0.1:10      112.26.0.1:10       112.26.0.1:10
icmp 10.0.0.11:11       192.168.0.1:11      112.26.0.1:11       112.26.0.1:11
icmp 10.0.0.11:12       192.168.0.1:12      112.26.0.1:12       112.26.0.1:12
icmp 10.0.0.11:25       192.168.0.1:25      112.26.0.1:25       112.26.0.1:25
icmp 10.0.0.11:26       192.168.0.1:26      112.26.0.1:26       112.26.0.1:26
icmp 10.0.0.11:9        192.168.0.1:9       112.26.0.1:9        112.26.0.1:9
icmp 10.0.0.22:27       192.168.0.2:27      112.26.0.1:27       112.26.0.1:27
icmp 10.0.0.22:28       192.168.0.2:28      112.26.0.1:28       112.26.0.1:28
---  10.0.0.11          192.168.0.1         ---                 ---
---  10.0.0.22          192.168.0.2         ---                 ---
tcp 10.0.0.22:80        192.168.0.2:80      112.26.0.1:1025     112.26.0.1:1025
tcp 10.0.0.22:80        192.168.0.2:80      112.26.0.1:1026     112.26.0.1:1026
```

图 7.2　地址转换情况 1

7.2　实验 7-2：NAPT

7.2.1　背景知识

网络地址转换(NAT)是在 1994 年提出的一种技术，用于解决 IPv4 地址短缺的问题。NAT 允许在本地网络中使用私有 IP 地址，而在连接到因特网时，这些私有 IP 地址会被转换为公有 IP 地址。这种方法通过在专用网(私有 IP 地址)连接到因特网(公有 IP 地址)的路由器上安装 NAT 软件来实现。NAT 路由器至少有一个有效的公有 IP 地址(全球 IP 地址)，所有使用本地地址(私有 IP 地址)的主机在和外界通信时，都要在 NAT 路由器上将其本地 IP 地址转换成全球 IP 地址，才能和因特网连接。

实验 7-2：NAPT

通过 NAT 技术，内部网络中的设备可以共享同一个公有 IP 地址向外通信，而外部网络只能看到 NAT 设备的公有 IP 地址，而无法直接访问内部网络的设备。这种方式使得内部网络中的设备可以安全地访问外部网络,同时也可以有效减轻 IPv4 地址枯竭问题。由于内部网络使用了私有 IP 地址,因此可以隐藏内部网络的细节,防止来自外部网络的直接攻击,提高了网络的安全性。

网络地址转换(NAT)的过程如图 7.3 所示。在内部主机(计算机 A)与外部主机(服务器 C)通信时,在 NAT 路由器上发生了两次地址转换: ①当 IP 分组离开内网时,替换源 IP 地址,将内部 IP 地址替换为全球 IP 地址; ②当 IP 分组进入内网时,替换目的 IP 地址,将全球 IP 地址替换为内部 IP 地址。

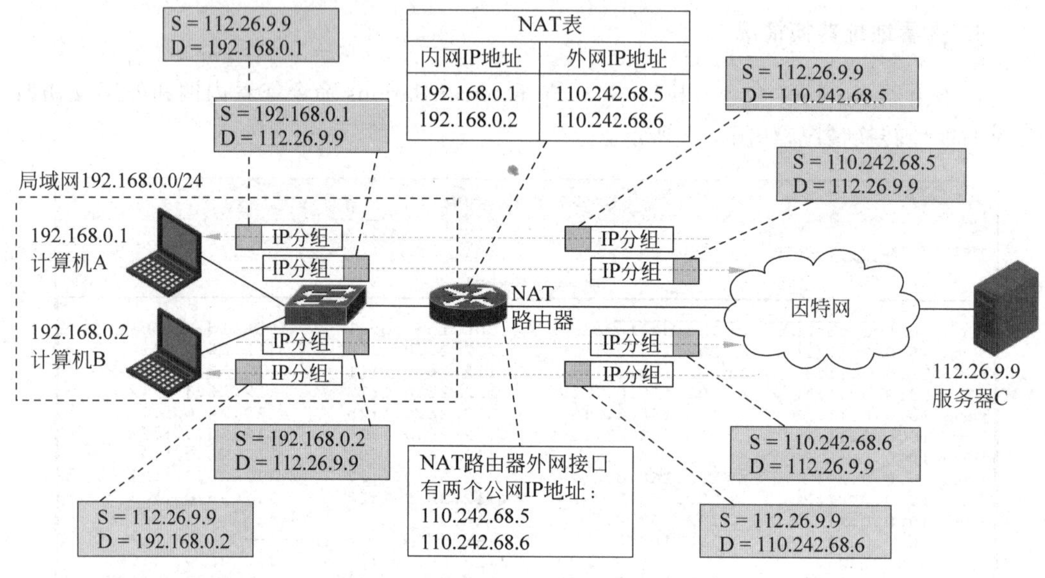

图 7.3 网络地址转换(NAT)的过程

当 NAT 路由器具有 n 个全球 IP 地址时,内网中最多可以同时有 n 台主机接入因特网。可以使内网中较多数量的主机轮流使用 NAT 路由器有限数量的全球 IP 地址。通过 NAT 路由器的通信必须由内网主机发起,因此,内网主机不能用作服务器。

网络地址端口转换(NAPT)的过程如图 7.4 所示。NAT 并不能节省全球 IP 地址。NAPT 可以使多台拥有内网地址的主机共用一个全球 IP 地址,同时和因特网上的不同主机进行通信。

NAPT 是一种网络地址转换技术,它允许内部网络的多个主机共享一个或多个公有 IP 地址,同时通过使用不同的端口号来区分来自不同主机的流量。NAPT 通过映射内网 IP 地址和端口号到公有 IP 地址和端口号,使得内部网络主机能够访问外部网络,同时保持内部网络地址的私有性和安全性。

NAPT 通常用于 IPv4 环境中,由于 IPv4 地址资源有限,而内部网络主机数量众多,因此需要通过地址转换技术来共享公有 IP 地址。与基本的 NAT 不同,NAPT 不仅转换 IP 地址,还转换传输层的端口号,以确保不同的内部主机可以使用相同的公有 IP 地址进行通信。通过使用不同的端口号,NAPT 可以实现多个内部主机共享一个公有 IP 地址,从而最大限度地节约 IP 地址资源。

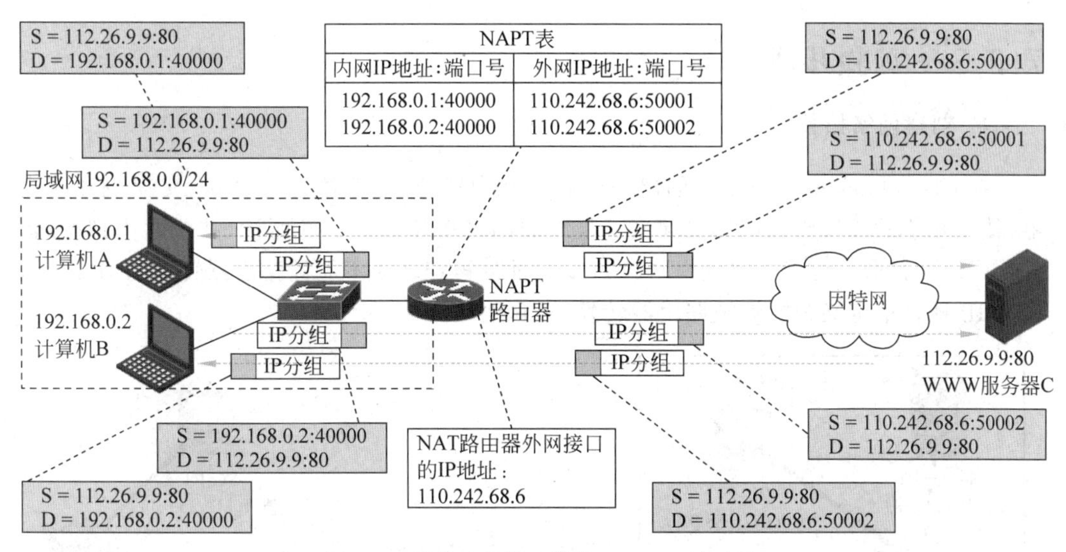

图 7.4　网络地址端口转换(NAPT)的过程

NAPT 的工作过程：①当内部主机尝试与外部网络建立连接时，NAPT 设备(通常是路由器或防火墙)会拦截该连接请求；②NAPT 设备会检查内部主机的源 IP 地址和端口号，并选择一个可用的公有 IP 地址和端口号进行映射；③NAPT 设备将内部主机的源 IP 地址和端口号替换为所选的公有 IP 地址和端口号，并将修改后的数据包转发到外部网络；④当外部网络返回数据包时，NAPT 设备会根据之前建立的映射关系，将公有 IP 地址和端口号替换回原始的内部 IP 地址和端口号，并将数据包转发给相应的内部主机。

NAPT 采用端口多路复用方式，隐藏了网络内部的细节，使得外部网络无法直接访问内部网络的主机，可以有效地避免来自外网的攻击。

7.2.2　实验目的

使用 Cisco Packet Tracer 模拟一个互联网环境，通过模拟实验达到以下几个目的。

(1) 理解 NAPT 的基本概念和原理：掌握 NAPT 的基本原理和工作方式，以及如何在网络中实现 IP 地址转换，理解 NAPT 在网络中的重要性。

(2) 实现内部网络与外部网络之间的通信：掌握 NAPT 的配置方法，使用 NAPT 技术实现多个内部私有 IP 地址共享一个公有 IP 地址，实现内部设备与外部网络的相互访问，确保内网计算机能够通过 NAPT 访问外部网络，实现局域网访问互联网；确保外网可以访问内网服务器。理解如何将内部私有 IP 地址映射到外部公有 IP 地址。

(3) 验证 NAPT 功能的正确性：验证 NAPT 配置是否正常工作。测试内部设备是否能够成功访问外部网络，并确保 NAPT 规则和地址转换逻辑正确无误。

通过完成这个实验，读者将加深对 NAPT 的理解，掌握 NAPT 的配置过程，并能够在实际网络环境中应用和验证 NAPT 功能。

7.2.3 实验步骤

1. 创建网络拓扑

在 Cisco Packet Tracer 中创建一个新的空白拓扑,然后添加计算机、交换机和路由器,使用相应的连线将它们连接起来。最终的网络拓扑如图 7.5 所示,共包含内部网络、外部网络 2 部分。注意:这里内网(私有)IP 地址被定义为不能被路由器转发的 IP 地址,公有 IP 地址被定义为能够被路由器转发的 IP 地址。

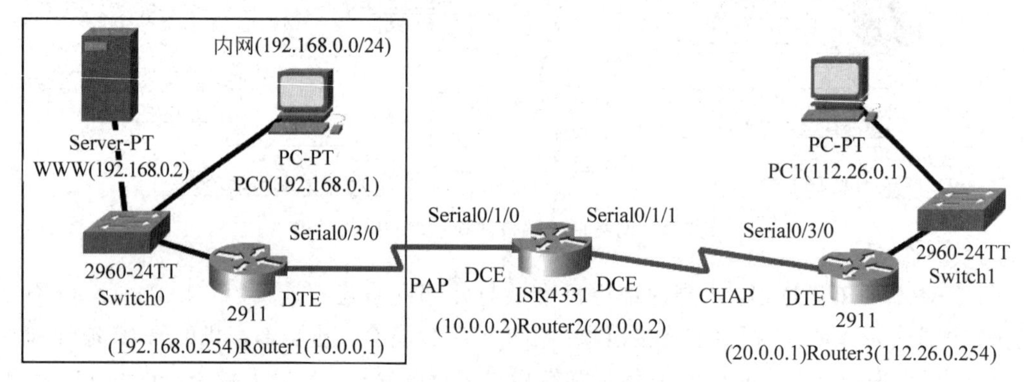

图 7.5 实验 7-2 的网络拓扑

2. 配置内部网络部分

内部网络部分需要配置的设备有一台路由器和两台计算机。WWW 服务器的主要配置参考前文"部署 WWW 服务器"部分。路由器 Router1 作为 NAT 设备来实现 NAT 功能,并且作为网关(出口路由器)连接内部网络和外部网络。这里主要介绍路由器 Router1 的配置。

路由器 Router1 的配置命令如下。

```
 1: enable
 2: configure terminal
 3: hostname Router1
 4: !
 5: username Router2 password pass222
 6: !
 7: interface GigabitEthernet0/0
 8:   ip address 192.168.0.254 255.255.255.0
 9:   ip nat inside
10:   no shutdown
11: !
12: interface Serial0/3/0
13:   ip address 10.0.0.1 255.255.255.0
14:   encapsulation ppp
15:   ppp authentication pap
```

```
16:   ppp pap sent-username Router1 password pass111
17:   ip nat outside
18:   no shutdown
19: router ospf 1
20:   network 10.0.0.0 0.0.0.255 area 0
21: access-list 66 permit 192.168.0.0 0.0.0.255
22: ip nat pool jsj111 10.0.0.1 10.0.0.1 netmask 255.255.255.0
23: ip nat inside source list 66 pool jsj111 overload
```

3. 配置外部网络部分

外部网络部分需要配置的设备有两台路由器和一台计算机。这里主要介绍路由器 Router2 和 Router3 的配置。

路由器 Router2 的配置命令如下。

```
 1: enable
 2: configure terminal
 3: hostname Router2
 4: username Router1 password pass111
 5: username Router3 password CHAP123
 6: interface Serial0/1/0
 7:   clock rate 4000000
 8:   ip address 10.0.0.2 255.255.255.0
 9:   encapsulation ppp
10:   ppp authentication pap
11:   ppp pap sent-username Router2 password pass222
12:   no shutdown
13: !
14: interface Serial0/1/1
15:   clock rate 4000000
16:   ip address 20.0.0.2 255.255.255.252
17:   encapsulation ppp
18:   ppp authentication chap
19:   no shutdown
20: !
21: router ospf 1
22:   network 10.0.0.0 0.0.0.255 area 0
23:   network 20.0.0.0 0.0.0.3 area 0
```

路由器 Router3 的配置命令如下。

```
1: enable
2: configure terminal
3: hostname Router3
4: username Router2 password CHAP123
5: interface Serial0/3/0
6:   ip address 20.0.0.1 255.255.255.252
7:   encapsulation ppp
8:   ppp authentication chap
```

```
 9:   no shutdown
10: !
11: interface GigabitEthernet0/0
12:   ip address 112.26.0.254 255.255.255.0
13:   no shutdown
14: !
15: router ospf 1
16:   network 20.0.0.0 0.0.0.3 area 0
17:   network 112.26.0.0 0.0.0.255 area 0
```

4. 测试

PC0(192.168.0.1)可以 ping 通 PC1(112.26.0.1)。

PC1(112.26.0.1)可以 ping 通 10.0.0.1。

PC1(112.26.0.1)不能 ping 通 192.168.0.1 和 192.168.0.2。

PC1 中,在 Desktop 中的 Web 浏览器地址栏中输入 http://10.0.0.1,不能访问内网 WWW 服务器(192.168.0.2)。

5. 查看地址转换情况

在路由器 Router1 命令行执行 show ip nat translations 命令查看当内网访问外网时对应的地址转换情况,如图 7.6 所示。

(192.168.0.254)Router1(10.0.0.1)

Physical Config CLI Attributes

IOS Command Line Interface

```
Router1#show ip nat translations
Pro  Inside global     Inside local      Outside local     Outside global
icmp 10.0.0.1:1024     192.168.0.2:1     112.26.0.1:1      112.26.0.1:1024
icmp 10.0.0.1:1025     192.168.0.2:2     112.26.0.1:2      112.26.0.1:1025
icmp 10.0.0.1:1026     192.168.0.2:3     112.26.0.1:3      112.26.0.1:1026
icmp 10.0.0.1:1027     192.168.0.2:4     112.26.0.1:4      112.26.0.1:1027
icmp 10.0.0.1:1        192.168.0.1:1     112.26.0.1:1      112.26.0.1:1
icmp 10.0.0.1:2        192.168.0.1:2     112.26.0.1:2      112.26.0.1:2
icmp 10.0.0.1:3        192.168.0.1:3     112.26.0.1:3      112.26.0.1:3
icmp 10.0.0.1:4        192.168.0.1:4     112.26.0.1:4      112.26.0.1:4
```

图 7.6 地址转换情况 2

7.3 实验 7-3: 外网访问内网服务器

7.3.1 背景知识

实验 7-3:外网访问内网服务器

本节主要用到 NAPT 技术。NAPT 允许多个内部 IP 地址映射到同一个公有 IP 地址,但使用不同的端口号来区分不同的会话和内部主机。这使得外部用户可以通过公有 IP 地址和端口号访问内部网络上的服务，如WWW服务器或FTP服务器。同时，NAPT技术还可以隐藏内网服务器的真实IP地址，提高服务器的安全性。

7.3.2 实验目的

使用Cisco Packet Tracer模拟一个互联网环境，实现外网访问内网服务器，通过模拟实验达到以下几个目的。

(1) 概念理解：理解什么是内网和外网，NAPT的概念和作用以及端口转发的概念。

(2) 掌握NAPT的配置：配置路由器以进行网络地址转换，将私有IP地址映射到公有IP地址，通过配置端口转发规则(NAPT规则)，将外网中的特定端口流量转发到内网服务器的对应端口上，从而实现外网对内网服务器的访问。

通过完成这个实验，读者可以深入了解NAPT技术的工作原理和应用场景，掌握如何使用NAPT技术实现外网访问内网服务器的需求。

7.3.3 实验步骤

1. 创建网络拓扑

在Cisco Packet Tracer中创建一个新的空白拓扑，然后添加计算机、交换机和路由器，使用相应的连线将它们连接起来。最终的网络拓扑如图7.7所示，共包含内部网络、外部网络2部分。注意：这里内网(私有)IP地址被定义为不能被路由器转发的IP地址，公有IP地址被定义为能够被路由器转发的IP地址。

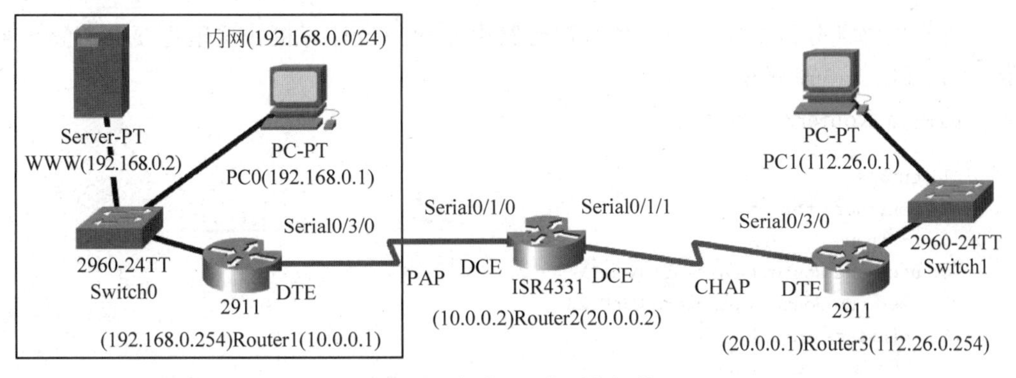

图7.7 实验7-3的网络拓扑

2. 配置内部网络部分

内部网络部分需要配置的设备有一台路由器和两台计算机。路由器Router1作为NAT设备来实现NAT功能，并且作为网关(出口路由器)连接内部网络和外部网络。这里主要介绍路由器Router1的配置。

路由器Router1的配置命令如下。

```
1: enable
2: configure terminal
3: hostname Router1
4: !
5: username Router2 password pass222
6: !
7: interface GigabitEthernet0/0
8:   ip address 192.168.0.254 255.255.255.0
9:   ip nat inside
10:   no shutdown
11: !
12: interface Serial0/3/0
13:   ip address 10.0.0.1 255.255.255.0
14:   encapsulation ppp
15:   ppp authentication pap
16:   ppp pap sent-username Router1 password pass111
17:   ip nat outside
18:   no shutdown
19: router ospf 1
20:   network 10.0.0.0 0.0.0.255 area 0
21: access-list 66 permit 192.168.0.0 0.0.0.255
22: ip nat pool jsj111 10.0.0.5 10.0.0.6 netmask 255.255.255.0
23: ip nat inside source list 66 pool jsj111 overload
24: ip nat inside source static tcp 192.168.0.2 80 10.0.0.1 80
25: ip nat inside source static tcp 192.168.0.2 443 10.0.0.1 443
```

3. 配置外部网络部分

外部网络部分需要配置的设备有两台路由器和一台计算机。这里主要介绍路由器Router2和Router3的配置。

路由器Router2的配置命令如下。

```
1: enable
2: configure terminal
3: hostname Router2
4: username Router1 password pass111
5: username Router3 password CHAP123
6: interface Serial0/1/0
7:   clock rate 4000000
8:   ip address 10.0.0.2 255.255.255.0
9:   encapsulation ppp
10:   ppp authentication pap
11:   ppp pap sent-username Router2 password pass222
12:   no shutdown
13: !
14: interface Serial0/1/1
15:   clock rate 4000000
16:   ip address 20.0.0.2 255.255.255.252
17:   encapsulation ppp
```

```
18:   ppp authentication chap
19:   no shutdown
20: !
21: router ospf 1
22:   network 10.0.0.0 0.0.0.255 area 0
23:   network 20.0.0.0 0.0.0.3 area 0
```

路由器 Router3 的配置命令如下。

```
 1: enable
 2: configure terminal
 3: hostname Router3
 4: username Router2 password CHAP123
 5: interface Serial0/3/0
 6:   ip address 20.0.0.1 255.255.255.252
 7:   encapsulation ppp
 8:   ppp authentication chap
 9:   no shutdown
10: !
11: interface GigabitEthernet0/0
12:   ip address 112.26.0.254 255.255.255.0
13:   no shutdown
14: !
15: router ospf 1
16:   network 20.0.0.0 0.0.0.3 area 0
17:   network 112.26.0.0 0.0.0.255 area 0
```

4. 测试

PC0(192.168.0.1)可以 ping 通 PC1(112.26.0.1)。

PC1(112.26.0.1)可以 ping 通 10.0.0.1。

PC1(112.26.0.1)不能 ping 通 10.0.0.5 和 10.0.0.6。

PC1(112.26.0.1)不能 ping 通 192.168.0.1 和 192.168.0.2。

PC1 中,在 Desktop 中的 Web 浏览器地址栏中输入 https://10.0.0.1,即可成功访问内网 WWW 服务器(192.168.0.2),如图 7.8 所示。

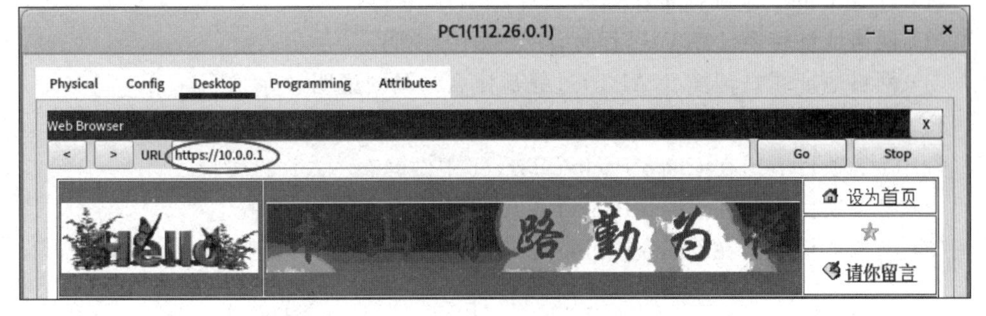

图 7.8　PC1 成功访问内网 WWW 服务器

5. 查看地址转换情况

在路由器 Router1 命令行执行 show ip nat translations 命令查看内网和外网互访时对应的地址转换情况,如图 7.9 所示。

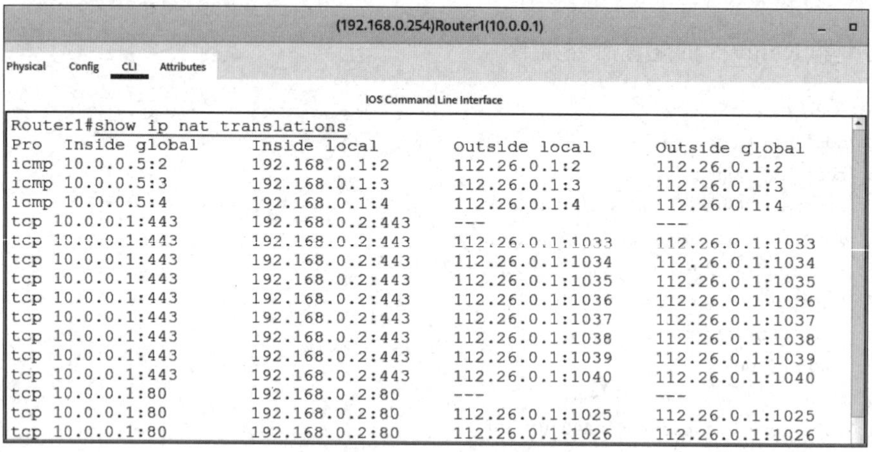

(192.168.0.254)Router1(10.0.0.1)

Physical　Config　CLI　Attributes

IOS Command Line Interface

```
Router1#show ip nat translations
Pro  Inside global      Inside local       Outside local      Outside global
icmp 10.0.0.5:2         192.168.0.1:2      112.26.0.1:2       112.26.0.1:2
icmp 10.0.0.5:3         192.168.0.1:3      112.26.0.1:3       112.26.0.1:3
icmp 10.0.0.5:4         192.168.0.1:4      112.26.0.1:4       112.26.0.1:4
tcp 10.0.0.1:443        192.168.0.2:443    ---                ---
tcp 10.0.0.1:443        192.168.0.2:443    112.26.0.1:1033    112.26.0.1:1033
tcp 10.0.0.1:443        192.168.0.2:443    112.26.0.1:1034    112.26.0.1:1034
tcp 10.0.0.1:443        192.168.0.2:443    112.26.0.1:1035    112.26.0.1:1035
tcp 10.0.0.1:443        192.168.0.2:443    112.26.0.1:1036    112.26.0.1:1036
tcp 10.0.0.1:443        192.168.0.2:443    112.26.0.1:1037    112.26.0.1:1037
tcp 10.0.0.1:443        192.168.0.2:443    112.26.0.1:1038    112.26.0.1:1038
tcp 10.0.0.1:443        192.168.0.2:443    112.26.0.1:1039    112.26.0.1:1039
tcp 10.0.0.1:443        192.168.0.2:443    112.26.0.1:1040    112.26.0.1:1040
tcp 10.0.0.1:80         192.168.0.2:80     ---                ---
tcp 10.0.0.1:80         192.168.0.2:80     112.26.0.1:1025    112.26.0.1:1025
tcp 10.0.0.1:80         192.168.0.2:80     112.26.0.1:1026    112.26.0.1:1026
```

图 7.9　地址转换情况 3

习　　题

1. 填空题

(1) ________用于标识特定的应用程序或服务。它是一个数字,范围从 0 到________。

(2) ________是一种将私有 IP 地址转换为公有 IP 地址的技术。

(3) NAT 的类型包括静态 NAT、________和________。

(4) NAPT 通过映射内网 IP 地址和端口号到________和________,使得内部网络主机能够访问外部网络。

2. 简答题

(1) NAPT 的工作过程是什么?

(2) 网络地址转换(NAT)过程是什么? 画图说明。

(3) 网络地址端口转换(NAPT)过程是什么? 画图说明。

3. 上机题

(1) 参考项目 7-1,在 Cisco Packet Tracer 中做静态 NAT 的实验。

(2) 参考项目 7-2,在 Cisco Packet Tracer 中做 NAPT 的实验。

(3) 参考项目 7-3,在 Cisco Packet Tracer 中做外网访问内网服务器的实验。

项目8　协议分析

本章学习目标

- 理解各种网络协议的作用和重要性。
- 能够分析各种协议数据包的结构和字段含义。
- 掌握常见协议如 ARP、ICMP、RIP、TCP、UDP、HTTP、HTTPS 和 FTP 的分析方法。
- 学习如何通过数据包分析来诊断网络问题、优化网络通信和进行网络安全分析。
- 培养对网络通信细节的敏锐观察和分析能力。

在网络通信中，不同协议负责不同的功能和任务。了解各种协议数据包和报文的结构、字段含义以及通信过程是网络工程师和安全专家的基本素养。通过对各种网络通信中常见协议数据包和报文的分析，能够更好地理解网络通信的工作原理和流程。

8.1　实验 8-1：分析 ARP 数据包

8.1.1　背景知识

在一个局域网(LAN)环境中，由于 IP 地址只是一个逻辑地址，它在数据链路层无法直接识别，因此需要将其转换为 MAC 地址来进行通信。当主机需要发送数据给目的主机时，它需要知道目的主机的物理 MAC 地址。ARP(address resolution protocol，地址解析协议)就是用来解决这个问题的。ARP 用于将网络层地址(IP 地址)解析为数据链路层地址(MAC 地址)。ARP 在网络通信中起着非常重要的作用，是 TCP/IP 协议族中的重要组成部分。

实验 8-1：分析 ARP 数据包

以下是 ARP 的工作原理。

(1) ARP 请求：当源主机需要向目的主机发送数据时，它首先会检查自己的 ARP 缓存(也称为 ARP 表)中是否有目的 IP 地址对应的 MAC 地址。ARP 缓存是一个本地存储区域，用于存储最近解析的 IP 地址和 MAC 地址的对应关系。如果缓存中有对应的 MAC 地址，源主机就直接使用这个 MAC 地址发送数据。如果没有，源主机就会广播一个 ARP 请求。ARP 请求是一个广播报文，包含源主机的 IP 地址、硬件地址(通常是 MAC 地址)以及目的主机的 IP 地址。

(2) ARP响应：网络上的所有主机都会收到这个ARP请求，但只有目的主机才会响应。目的主机在收到ARP请求后，会检查请求中的目的IP地址是否与自己的IP地址一致。如果一致，目的主机就会发送一个ARP响应报文，该报文包含自己的MAC地址。这个ARP响应报文是点对点的，也就是说，只有源主机能够收到这个响应。

(3) 更新ARP缓存：源主机在收到ARP响应后，会将目的IP地址和MAC地址的对应关系添加到自己的ARP缓存中，并使用这个MAC地址发送数据。这样，下次需要向同一目的主机发送数据时，源主机就可以直接从ARP缓存中获取MAC地址，而不需要再次发送ARP请求。

ARP是建立在网络中各个主机互相信任的基础上的。也就是说，局域网上的主机可以自主发送ARP应答消息，其他主机收到应答报文时不会检测该报文的真实性，直接将其添加到自己的ARP缓存中。这就可能导致ARP欺骗等安全问题。ARP欺骗是一种网络攻击手段，攻击者发送伪造的ARP响应消息，将自己的MAC地址伪装成目标设备的MAC地址，使得网络流量被重定向到攻击者的设备上。因此，在实际应用中，需要采取一些安全措施来保护ARP的正常运行。

ARP在IPv4网络中广泛使用，但在IPv6网络中，ARP被邻居发现协议(neighbor discovery protocol,NDP)所取代。这是因为IPv6地址空间比IPv4大得多，使用ARP进行地址解析会导致大量的广播报文，从而影响网络性能。而NDP则采用了更高效的方式来发现和解析邻居节点的地址。

当一个主机需要解析目的IP地址的MAC地址时，它会发送一个ARP请求，请求广播帧到局域网上的所有主机。包含目的IP地址的主机会响应一个ARP响应帧，其中包含自己的MAC地址。这样，发出ARP请求的主机就能知道目的IP地址对应的MAC地址了，该过程就是ARP请求和响应。

8.1.2 实验目的

使用Cisco Packet Tracer模拟一个局域网环境，通过捕获和分析ARP请求和响应的数据包，了解ARP的工作原理和过程。可以观察捕获的数据包中的源IP地址、目的IP地址、源MAC地址和目标MAC地址等字段，以及数据包的传输方式和广播特性。通过模拟实验深入了解以下几个方面。

(1) ARP的作用：理解ARP的作用是解决IP地址和物理MAC地址之间的映射关系，以便在局域网中实现有效的数据通信。

(2) ARP请求和响应的过程：观察和分析ARP请求和响应报文的格式和封装方式，深入理解它们之间的交互过程，包括广播、目的IP地址的解析和MAC地址的获取等。

(3) 广播和单播的区别：通过实验中的数据包捕获和分析，比较广播帧和单播帧之间的区别和特点，并理解在ARP中为什么使用广播。

(4) ARP缓存的作用：观察和分析ARP缓存表，了解它是如何帮助减少ARP请求次数，提高网络性能的。

通过完成这个实验，读者可以全面了解ARP的工作原理和实现方式，掌握ARP报文格式和封装方式，提高对网络协议的理解和网络工程实践能力。有助于读者在网络配置和故障排除方面具备更强的知识和技能。

8.1.3　实验步骤

1. 创建网络拓扑

在 Cisco Packet Tracer 中创建一个新的空白拓扑，然后添加所需的设备，包括交换机、计算机等，使用相应的连线将它们连接起来。最终的网络拓扑如图 8.1 所示。

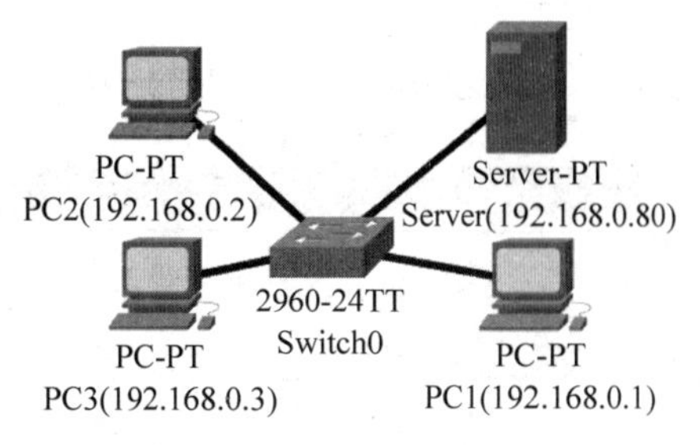

图 8.1　实验 8-1 的网络拓扑

2. 设置缓冲区行为

如图 8.2 所示，从 Cisco Packet Tracer 主界面的菜单开始，依次选择"选项"→"偏好设置"→"杂项"命令，选中"仅缓冲区过滤事件"。否则，在后续的实验中，过滤器打开后刚抓包就显示"The maximum number of events has been reached. You may clear the event list and continue from where youleft off or adjust the filters to view previous events."。

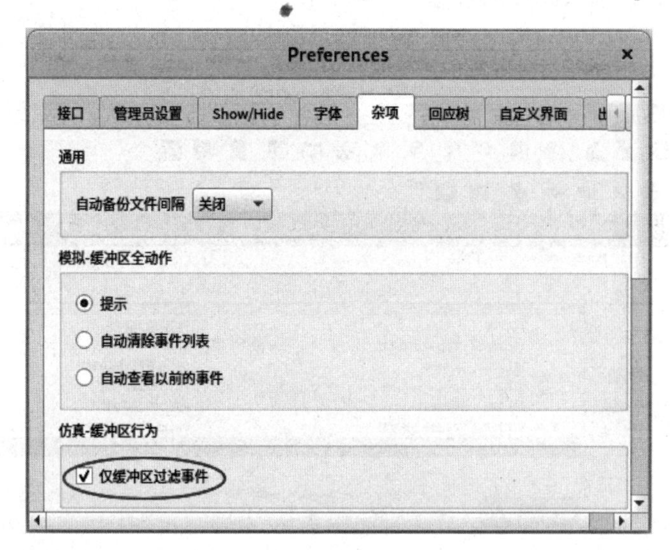

图 8.2　设置缓冲区行为

3. 在 PC1 中执行 arp 命令

打开 PC1，在命令行执行 arp -a 命令，查看 ARP 缓存表，如图 8.3 所示，此时在没有任何通信的情况下，ARP 缓存表是空的。

4. 设置过滤条件

单击 Cisco Packet Tracer 主界面右下角的"仿真"按钮，由实时模式切换至仿真模式。

在仿真模式下,单击 Edit Filters 按钮,在弹出的窗口中设置过滤条件,如图 8.4 所示,使用 Cisco Packet Tracer 的过滤器功能来筛选特定的 ARP 报文。

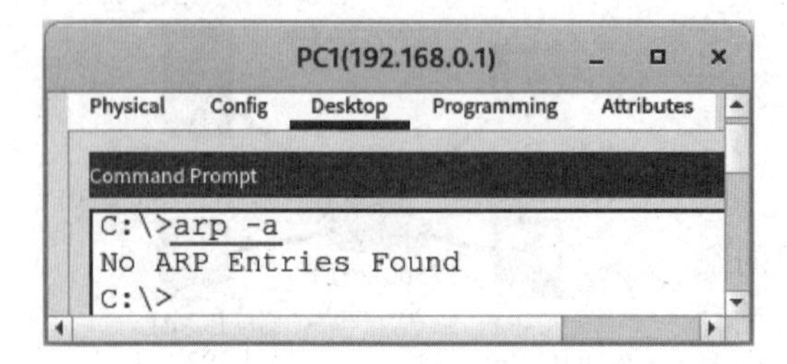

图 8.3　在 PC1 中执行 arp 命令

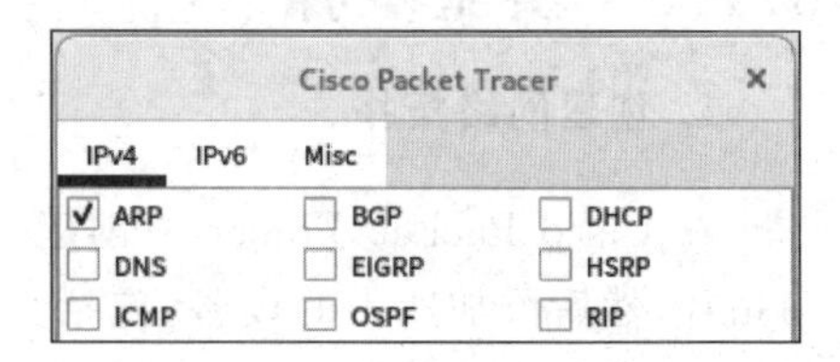

图 8.4　设置过滤条件

5. 在主机 PC1 中 ping 主机 PC3

PC1 为源主机,PC3 为目的主机,使用 ping 命令测试网络连通性,观察数据经交换机转发的过程。单击 PC1,依次选择 Desktop→Command Prompt 命令,在命令行提示符下,执行 ping 192.168.0.3 -n 1 命令。

6. 观察 ARP 请求和响应的过程

在仿真模式下单击 Play 按钮。观察 ARP 请求和响应的过程,如图 8.5 所示。

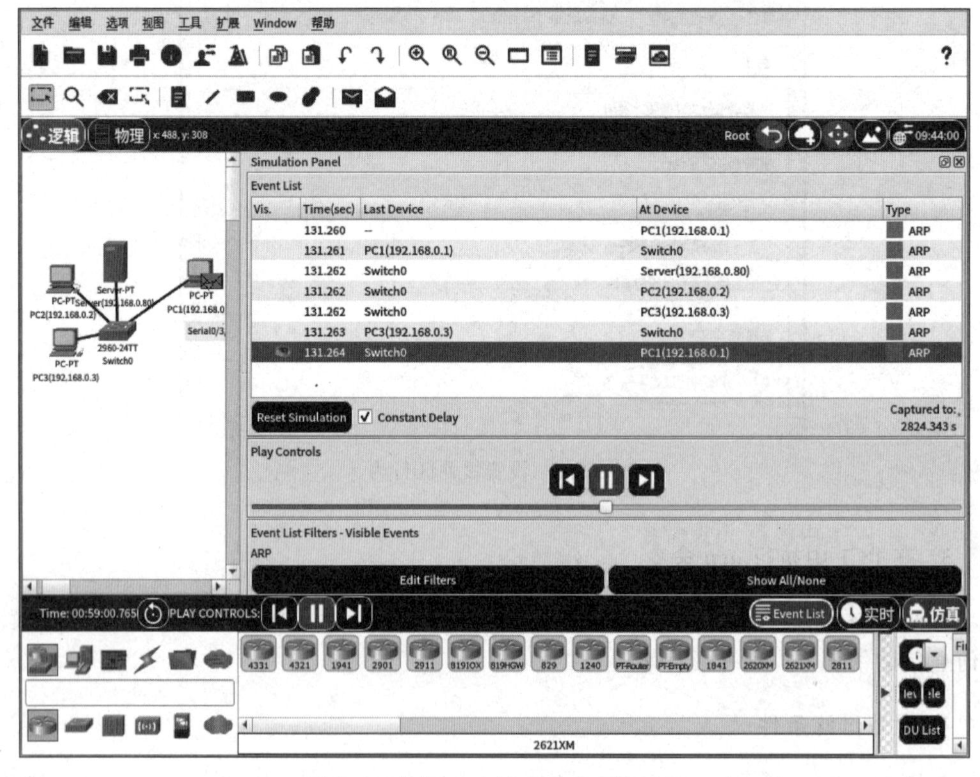

图 8.5　观察 ARP 请求和响应的过程

7. 分析 ARP 请求和响应报文

分析 ARP 请求和响应报文的封装格式和内容,特别是 IP 地址和 MAC 地址等字段。在图 8.5 右侧 Event List 子窗口中单击 PC1 发往 PC3 的 ARP 请求报文,报文格式如图 8.6 所示。

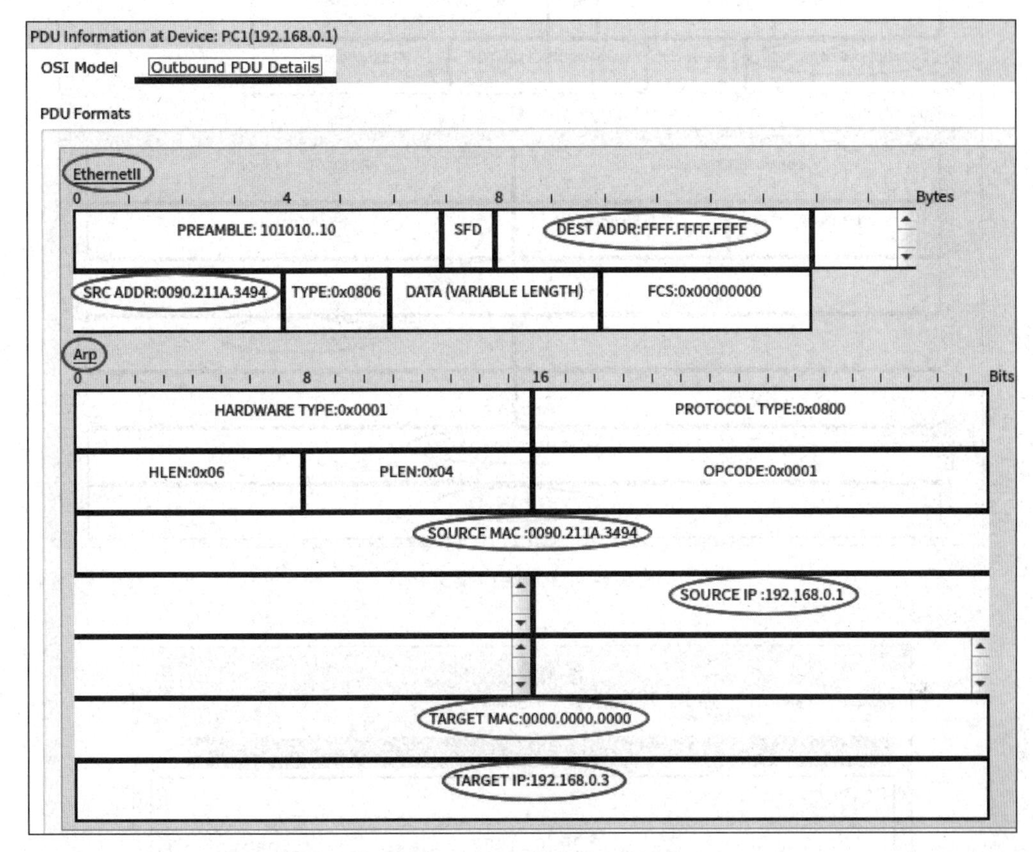

图 8.6 ARP 请求报文格式

ARP 请求报文经由交换机 Switch0 到达 PC3,PC3 经对比发现,报文中目的 IP 地址与自己的 IP 地址一致,因此 PC3 向 PC1 发送 ARP 响应报文,报文格式如图 8.7 所示。

8. 在 PC1 中执行 arp 命令

在 PC1 中再次执行 arp -a 命令,观察和验证 ARP 缓存表的更新情况,确保正确的 IP 地址和 MAC 地址映射被添加到缓存表中。此时可以看到 ARP 缓存表中增加了一条记录,如图 8.8 所示。执行 arp -d 命令可以清空 ARP 缓存表。

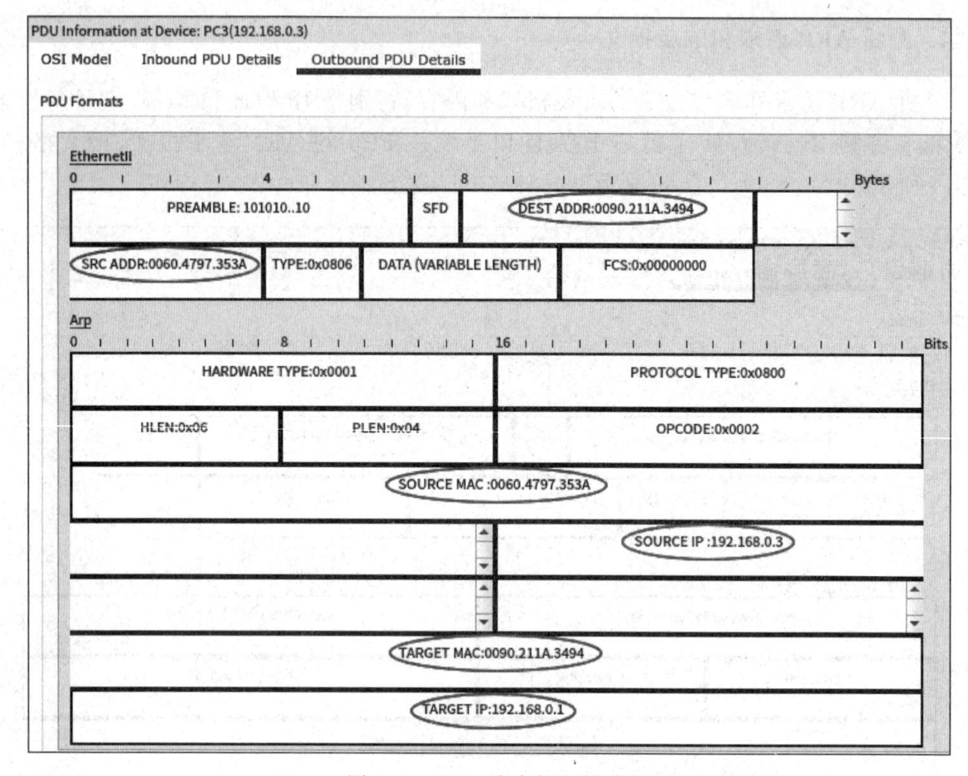

图 8.7　ARP 响应报文格式

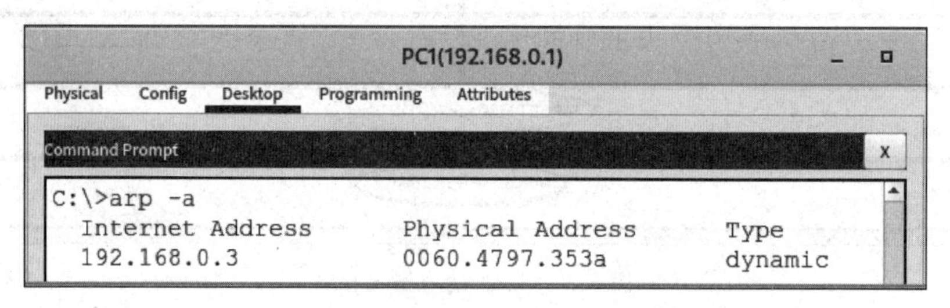

图 8.8　在 PC1 中再次执行 arp 命令

8.2　实验 8-2：分析 ICMP 报文

8.2.1　背景知识

实验 8-2：分析 ICMP 报文

ICMP(internet control message protocol，因特网控制报文协议)是 TCP/IP 协议族中的一个重要的网络层协议，用于在 IP 网络中传递控制消息。这些控制消息主要用于在主机与路由器之间传递网络层的各种控制信息，如网络是否通畅、主机是否可达、路由是否可用等网络本身的消息。

ICMP大致可以分成差错通知和信息查询两种功能。差错通知主要用于在网络中发生异常时,向发送方发送一个出错通知报文,告诉发送方出错的原因。信息查询则主要用于从特定主机或路由器上获取某些有用的信息,如主机的可达性、路由器的跳数等。

ICMP定义了许多消息类型,用于不同的目的。一些常见的ICMP消息类型包括:回显请求(echo request)和回显应答(echo reply),用于ping命令;目的地不可达(destination unreachable),用于指示数据包无法到达目标;超时(time exceeded),用于指示数据包在传输过程中超过了生存时间等。

ping命令是一种常见的网络工具,用于检查与目的主机之间的连通性。它发送ICMP回显请求消息,并等待目的主机返回回显应答消息。

ICMP报文格式如图8.9所示。

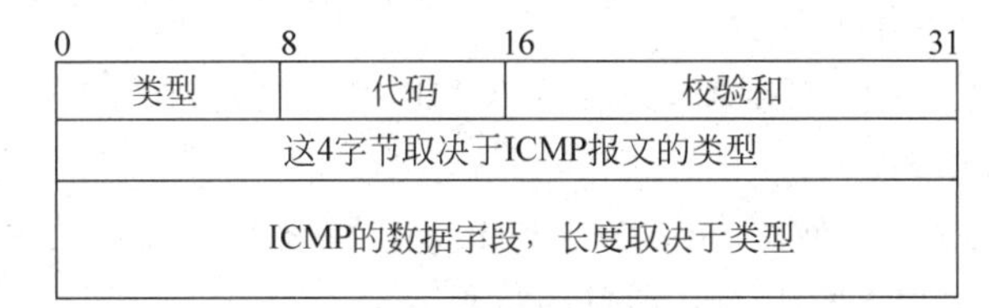

图8.9 ICMP报文格式

(1) 类型(Type)字段占1字节,用来表示ICMP的消息类型。常见的类型包括:0表示回显应答(echo reply),3表示目的地不可达(destination unreachable),8表示回显请求(echo request),11表示超时(time exceeded),13表示时间戳请求(timestamp request),14表示时间戳应答(timestamp reply)等。

(2) 代码(Code)字段占1字节,用来对类型进行进一步说明。每种类型的消息都可能有不同的代码。例如,当Type=3(目的地不可达)时,Code的取值可能包括0(网络不可达)、1(主机不可达)、2(协议不可达)、3(端口不可达)等。

(3) 校验和字段占2字节,用于对ICMP报文头部和数据进行校验,以防篡改。

(4) 第2行的4字节取决于ICMP报文的类型。

(5) 数据字段占据剩余的字节,包含特定的信息数据。数据的具体内容和长度根据ICMP报文的类型和代码而异。在某些ICMP报文中,数据字段可能为空。

ICMP报文通常被封装在IP数据包内部,作为数据部分通过互联网传递。这意味着,当设备检测到任何类型的错误时,它不会尝试修复错误,而是会生成一个ICMP错误消息,并将该消息封装在一个新的IP数据包中,然后将其发送回源端。

ICMP的主要目的是报告错误,而不是纠正错误。当设备(如路由器或主机)在处理数据包时遇到错误,例如目标不可达、TTL(time to live,生存时间)超时或端口不可达等,它会生成一个相应的ICMP错误消息并发送给源端。这些消息提供了关于错误的详细信息,使得源端可以了解发生了什么问题。

IP数据包中的字段只包含源端和最终目的地的信息,并不记录数据包在网络传递中的全部路径。这意味着,当设备检测到错误时,它无法通知中间的网络设备,只能将错误消息发送给源端。因此,源端虽然能知道出现了错误,但无法确定错误是由哪个中间设备引起的。

由于ICMP能够报告网络中的错误和状态信息,因此它经常被用于网络诊断和管理。例如,常用的ping命令就是一个基于ICMP的工具,它通过发送ICMP回显请求消息并等待接收回显应答消息来检查网络连接是否畅通。此外,traceroute命令也是基于ICMP工作的,它通过逐步增加TTL值并观察返回的ICMP超时消息来确定数据包在网络中的传递路径。

8.2.2 实验目的

使用Cisco Packet Tracer模拟一个局域网环境,通过捕获和分析ICMP报文,深入了解和分析ICMP的工作方式,并学习如何使用网络工具来跟踪和诊断网络连接中的问题。通过模拟实验达到以下几个目的。

(1) 理解ICMP:通过实际操作和观察ICMP报文,加深对ICMP的理解,包括其作用、消息类型和报文格式。

(2) 跟踪网络连通性:使用ping命令和ICMP回显消息来测试主机之间的连通性,并观察ping命令发送和接收ICMP消息的过程。

(3) 诊断网络问题:学习如何使用ICMP分析工具来诊断网络连接中的问题,例如目标不可达、超时等,并学会根据ICMP消息提供的信息定位和解决问题。

(4) 分析ICMP报文:理解ICMP与IP的封装关系,通过观察和分析ICMP报文的内容,了解ICMP报文对网络通信的重要性,以及如何根据报文内容进行故障排除和网络优化。

通过完成这个实验,读者可以深入了解ICMP的工作原理和实现方式,掌握ICMP报文的格式和封装方式,获得对ICMP和网络连通性的更深入理解,以及在解决网络问题时使用ICMP工具的能力。

8.2.3 实验步骤

1. 创建网络拓扑

在Cisco Packet Tracer中创建一个新的空白拓扑,然后添加所需的设备,包括交换机、计算机等,使用相应的连线将它们连接起来。最终的网络拓扑如图8.1所示。

2. 设置过滤条件

单击Cisco Packet Tracer主界面右下角的“仿真”按钮,由实时模式切换至仿真模式。在仿真模式下,单击Edit Filters按钮,在弹出的窗口中设置过滤条件,使用Cisco Packet Tracer的过滤器功能来筛选特定的ICMP报文。

3. 在主机 PC1 中 ping 主机 PC3

PC1 为源主机，PC3 为目的主机，使用 ping 命令测试网络连通性，观察数据经交换机转发的过程。单击 PC1，依次选择 Desktop→Command Prompt 命令，在命令行提示符下，执行 ping 192.168.0.3 -n 2 命令，如图 8.10 所示。

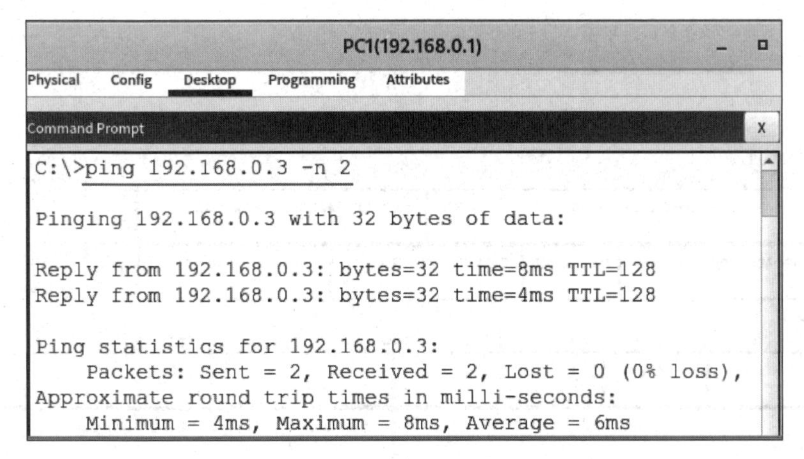

图 8.10 在主机 PC1 中 ping 主机 PC3

4. 观察 ICMP 回显请求和回显应答的过程

在仿真模式下单击 Play 按钮。观察 ICMP 回显请求和回显应答的过程，如图 8.11 所示。

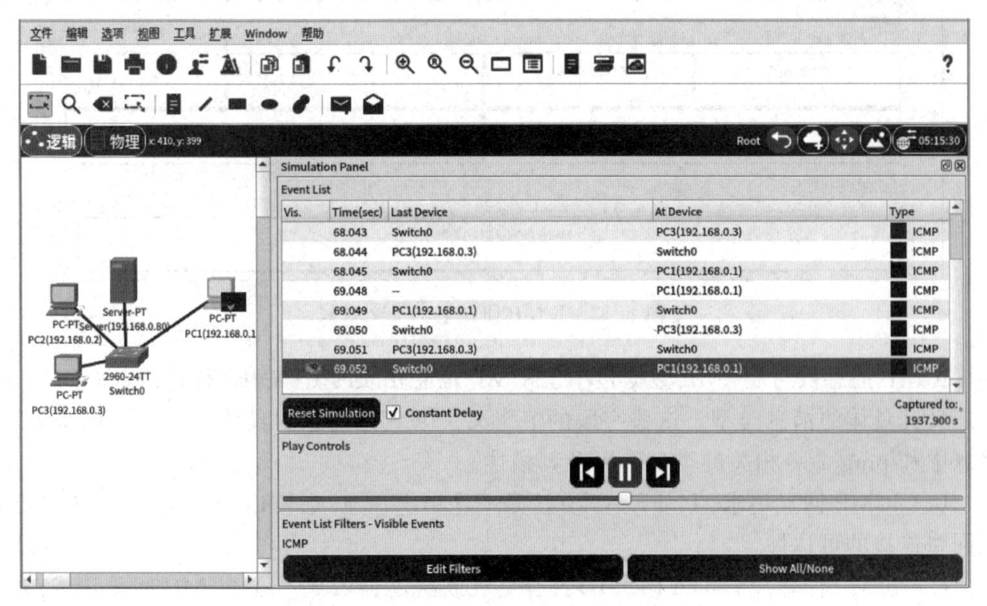

图 8.11 ICMP 回显请求和回显应答的过程

5. 分析 ICMP 回显请求和回显应答报文

分析 ICMP 回显请求和回显应答报文的封装格式和内容,比如 IP 地址字段、MAC 地址字段、ICMP 的 TYPE 字段。在图 8.11 右侧 Event List 子窗口中单击 PC1 发往 PC3 的 ICMP 回显请求报文,报文格式如图 8.12 所示。

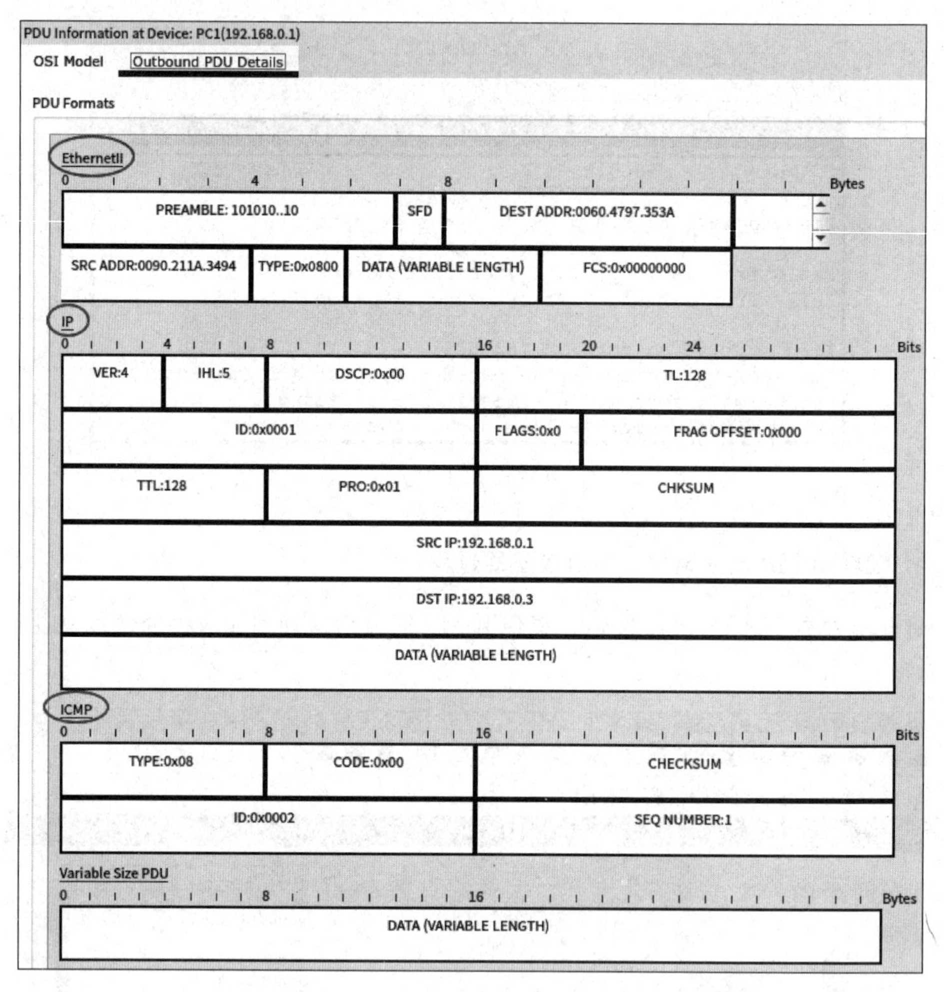

图 8.12　ICMP 回显请求报文格式

ICMP 消息被封装在 IP 数据包中。ICMP 消息由类型(TYPE)和代码(CODE)字段来定义其具体的消息类型。这些字段的值定义了 ICMP 消息的具体含义。下面是 ICMP 消息中和 ping 命令相关的类型编码及其描述。

(1) ICMP 回显请求(TYPE=8):这是一个请求消息,通常由 ping 命令生成,用于测试网络连接的可达性。

(2) ICMP 回显应答(TYPE=0):当主机或路由器收到一个 ICMP 回显请求(通常是由 ping 命令生成)时,会返回一个 ICMP 回显应答。

PC3 向 PC1 发送 ICMP 回显应答报文,报文格式如图 8.13 所示。

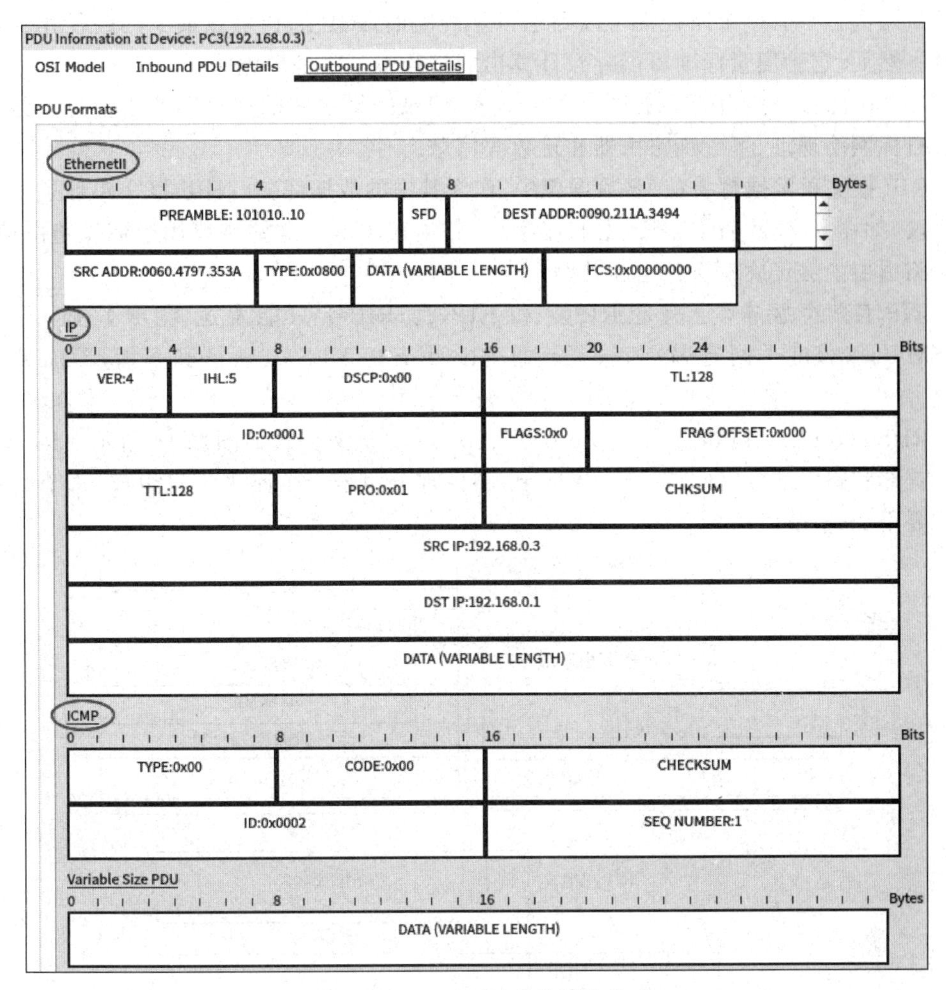

图 8.13　ICMP 回显应答报文格式

8.3　实验 8-3：分析 RIP 报文

8.3.1　背景知识

RIP(routing information protocol，路由信息协议)是一种基于距离矢量的动态路由协议，用于在局域网或广域网中的路由器之间交换网络路由信息。RIP 使用学习和更新过程来获取和更新路由信息。学习过程是通过接收 RIP 报文来学习其他路由器的路由信息，更新过程是将更新的路由信息发送给邻居路由器。它通过定期广播路由更新报文来维护路由表，使得路由器能够了解到达各个网络的最佳路径。RIP 使用跳数(hop count)作为度量标准，即通过统计到达目标网络所需的中间路由器数量

实验 8-3：分析 RIP 报文

来衡量距离。当有多个路径都可以到达目标网络时,RIP 选择跳数最少的路径作为最佳路径。然而,这种度量标准可能导致计算出的路径不一定是最优的。

RIP 中的每个路由器都维护一个路由表,记录网络之间的连接和路由信息。路由表包含目标网络地址、下一跳路由器和跳数等信息。

RIP 报文通常被封装在 IP 数据包中,作为其中的数据部分。RIP 报文包含了一些关键字段,如命令字段、版本字段、总长度字段、路由表项等。这些字段用于标识路由信息,以便路由器能够正确解析并更新其路由表。

RIP 有两个版本,分别是 RIPv1 和 RIPv2。RIPv1 只能发送 UDP 广播,不支持 VLSM(可变长度子网掩码)和认证。而 RIPv2 支持 VLSM、认证和多播,更加灵活和安全。

RIPv2(routing information protocol version 2)报文格式如图 8.14 所示。RIPv2 报文由首部和路由部分组成,首部占 4 字节,路由部分由若干个路由信息组成,每个路由信息需要用 20 字节。

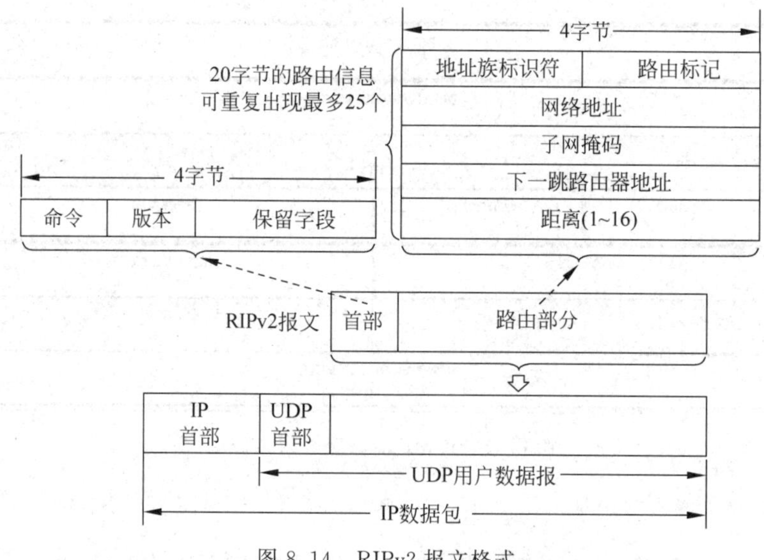

图 8.14 RIPv2 报文格式

(1) 命令字段占 1 字节,用于标识 RIP 报文的类型。值为 1 表示 Request 报文,用于向直连路由器请求全部或部分路由信息。值为 2 表示 Response 报文,用于发送路由更新。

(2) 版本字段占 1 字节,标识 RIP 的版本号。对于 RIPv2 来说,该字段的值为 2。

(3) 保留字段占 2 字节,设置为 0。

(4) 地址族标识符字段占 1 字节,用来标志所使用的地址协议族。值为 2 表示采用 IP 地址。

(5) 路由标记字段占 2 字节,用于标记这条路由的属性,如路由来源、优先级等。

(6) 网络地址字段占 4 字节,表示该路由的目的 IP 地址,可以是子网地址或主机地址。

(7) 子网掩码字段占4字节,表示目的地址的子网掩码。

(8) 下一跳路由器地址字段占4字节。如果为0.0.0.0,则表示发布此条路由信息的路由器地址就是最优下一跳地址。否则,它表示到达目标网络的下一跳路由器的IP地址。

(9) 距离字段表示路径的距离,用于决定最佳路径。

RIPv2报文通过这些字段来提供路由信息以及网络拓扑的变化,用于路由表的更新和路由选择过程。

8.3.2 实验目的

使用Cisco Packet Tracer模拟一个互联网环境,通过捕获和分析RIP报文,深入了解RIP的工作原理和数据包格式,这对于理解网络通信过程和排查网络故障非常有帮助。通过模拟实验达到以下几个目的。

(1) 理解RIP报文格式:学习RIP报文格式和字段含义,包括源地址、目的地址、版本号、认证信息、路由表信息等。通过分析RIP报文格式,将更好地了解RIP的工作原理。

(2) 学习RIP报文的交换过程:观察模拟网络中的路由器如何发送和接收RIP报文。通过检查报文的交换流程,了解RIP是如何通过邻居路由器之间的通信来传播和更新路由信息的。

(3) 分析路由信息更新:观察路由器在收到RIP报文后如何更新自己的路由表。通过分析更新过程,了解到RIP的学习和更新机制,以及如何选择最佳路径。

(4) 评估RIP的性能和限制:通过实验中的相关观察和分析,评估RIP在网络中的性能表现以及其潜在的局限性。观察RIP使用的度量标准、网络收敛速度和其他可能影响路由选择的因素。

通过完成这个实验,读者可以深入了解RIP的工作原理和实现方式,掌握RIP报文的格式和封装方式,理解RIP报文中包含的路由信息,理解RIP路由表的建立与更新,提高对网络协议的理解和网络工程实践能力。

8.3.3 实验步骤

1. 创建网络拓扑

在Cisco Packet Tracer中创建一个新的空白拓扑,然后添加所需的设备,包括路由器、交换机、计算机等,使用相应的连线将它们连接起来。最终的网络拓扑如图8.15所示。

2. 配置路由器

路由器Router1的配置命令如下。

```
1: enable
```

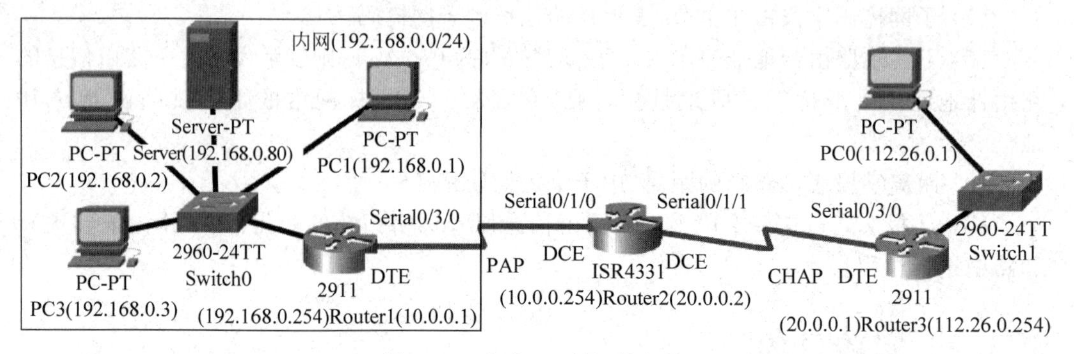

图 8.15　实验 8-3 的网络拓扑

```
 2: configure terminal
 3: hostname Router1
 4: !
 5: username Router2 password pass222
 6: !
 7: interface GigabitEthernet0/0
 8:   ip address 192.168.0.254 255.255.255.0
 9:   ip nat inside
10:   no shutdown
11: !
12: interface Serial0/3/0
13:   ip address 10.0.0.1 255.255.255.0
14:   encapsulation ppp
15:   ppp authentication pap
16:   ppp pap sent - username Router1 password pass111
17:   ip nat outside
18:   no shutdown
19: !
20: router rip
21:   version 2
22:   no auto - summary
23:   network 10.0.0.0
24: access - list 66 permit 192.168.0.0 0.0.0.255
25: ip nat pool jsj111 10.0.0.1 10.0.0.1 netmask 255.255.255.0
26: ip nat inside source list 66 pool jsj111 overload
27: ip nat inside source static tcp 192.168.0.80 80 10.0.0.2 80
28: ip nat inside source static tcp 192.168.0.80 443 10.0.0.2 443
```

路由器 Router2 的配置命令如下。

```
1: enable
2: configure terminal
3: hostname Router2
4: !
5: username Router1 password pass111
6: username Router3 password CHAP123
7: !
```

```
 8: interface Serial0/1/0
 9:  clock rate 4000000
10:  ip address 10.0.0.254 255.255.255.0
11:  encapsulation ppp
12:  ppp authentication pap
13:  ppp pap sent-username Router2 password pass222
14:  no shutdown
15: !
16: interface Serial0/1/1
17:  clock rate 4000000
18:  ip address 20.0.0.2 255.255.255.252
19:  encapsulation ppp
20:  ppp authentication chap
21:  no shutdown
22: !
23: router rip
24:  version 2
25:  no auto-summary
26:  network 10.0.0.0
27:  network 20.0.0.0
```

路由器 Router3 的配置命令如下。

```
 1: enable
 2: configure terminal
 3: hostname Router3
 4: !
 5: username Router2 password CHAP123
 6: !
 7: interface Serial0/3/0
 8:  ip address 20.0.0.1 255.255.255.252
 9:  encapsulation ppp
10:  ppp authentication chap
11:  no shutdown
12: !
13: interface GigabitEthernet0/0
14:  ip address 112.26.0.254 255.255.255.0
15:  no shutdown
16: !
17: router rip
18:  version 2
19:  no auto-summary
20:  network 20.0.0.0
21:  network 112.0.0.0
```

3. 测试网络连通性

单击 PC0，依次选择 Desktop→Command Prompt 命令，在命令行提示符下，执行 ping 192.168.0.1 命令，结果表明 PC0 不能 ping 通 PC1，因为 PC1 使用的是内网(私有)

IP 地址。执行 ping 10.0.0.1 命令,结果表明 PC0 可以 ping 通 Router1,因为 Router1 的外网接口使用的是公有 IP 地址。注意:这里内网(私有)IP 地址被定义为不能被路由器转发的 IP 地址,公有 IP 地址被定义为能够被路由器转发的 IP 地址。

4. 查看路由过程的信息

show ip protocols 命令用于显示当前设备上配置的所有 IP(如 RIP、EIGRP、OSPF 等)的配置和状态信息,包括协议类型、网络信息、邻居信息等。

在 Router1 的命令行执行 show ip protocols 命令,输出结果如图 8.16 所示。可以看到当前设备上启用了 RIP,以及 RIP 的配置和状态信息。此外,还可以看到哪些接口正在发送和接收路由更新,以及默认的版本控制设置。

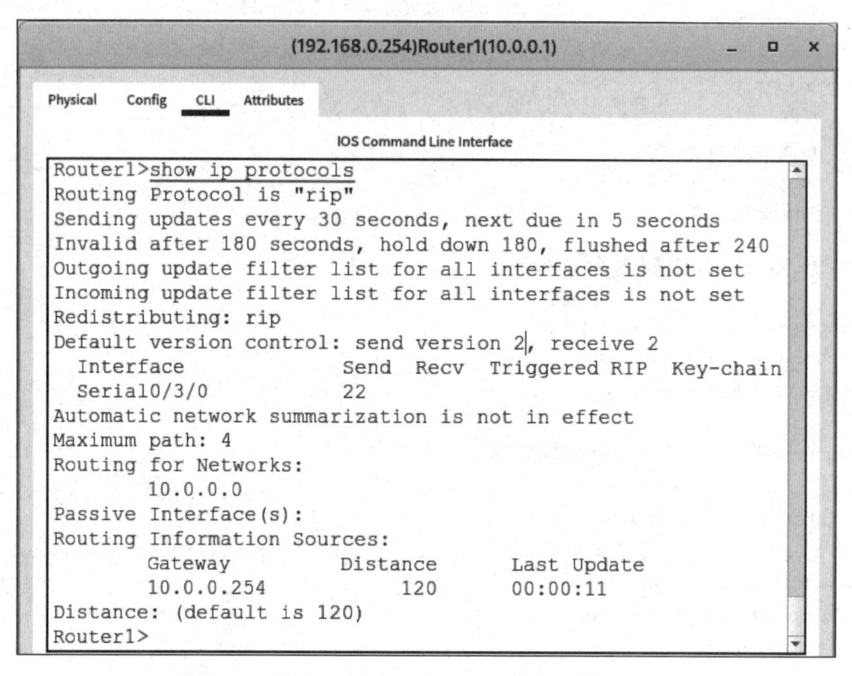

图 8.16 执行 show ip protocols 命令的输出结果

5. 查看路由表

show ip route 命令用来查看路由表的内容,列出已知的所有路由信息,包括目的网络地址、下一跳地址、出接口以及路由的类型(如直连网络、静态路由、动态路由等)。

在 Router1 的命令行执行 show ip route 命令,输出结果如图 8.17 所示。

在这个输出中,可以看到路由表中的每个条目都包含了以下信息。

(1) 目标网络:路由指向的目标网络,例如 112.26.0.0/24。

(2) 子网掩码:目标网络的子网掩码。

(3) 路由类型:表示路由是如何学习到的,例如 L 表示本地 IP 地址,C 表示直连网络,S 表示静态路由,R 表示通过 RIP 学习到的等。

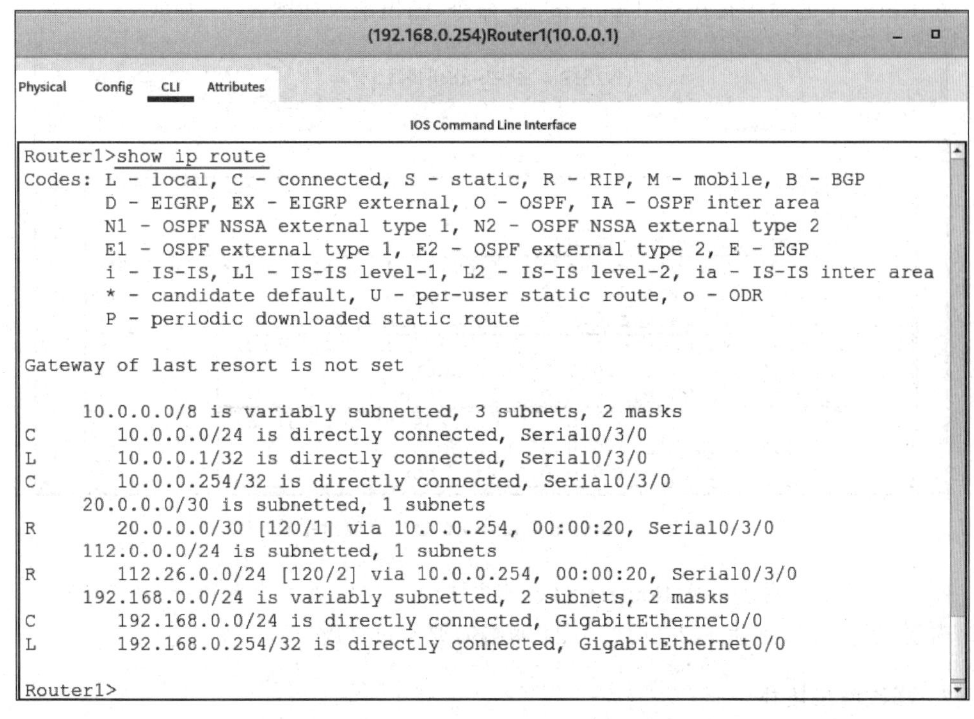

图 8.17　执行 show ip route 命令的输出结果

(4) 网关：下一跳的 IP 地址，即数据包应该发送到的下一个路由器或设备的 IP 地址。对于直连网络，这通常是接口的 IP 地址。

(5) 接口：数据包应该发送出的接口名称，例如 Serial0/3/0。

对图 8.17 中的两行进行说明如下。

C　　10.0.0.0/24 is directly connected，Serial0/3/0：10.0.0.0 是直连网段，24 是 255.255.255.0 的缩写，要转发数据包到 10.0.0.0 网段，通过 Serial0/3/0 接口转发。

R　　112.26.0.0/24 [120/2] via 10.0.0.254，00:00:20，Serial0/3/0：112.26.0.0/24 是目标网络，[120/2]是管理距离及跳数，10.0.0.254 是下一跳的 IP 地址，00:00:20 是等待更新的时间。

6. 查看 RIP 发送和接收报文

debug ip rip 命令用于开启 RIP 的调试功能，这将显示有关 RIP 运行过程中交换的路由信息以及其他相关信息，可以帮助网络管理员监控和诊断 RIP 的操作，包括路由更新、路由表的变化以及潜在的配置问题。长时间启用调试命令可能会对路由器性能造成影响，并增加 CPU 负载。在调试结束后，可以使用 no debug ip rip 命令关闭调试功能以防止不必要的延迟或性能问题。

当执行 debug ip rip 命令时，路由器会开始在控制台输出与 RIP 相关的调试信息。这些信息包括接收和发送的 RIP 更新、路由表的变化、RIP 定时器状态等。这些信息对于分析网络中的 RIP 行为以及排查与 RIP 相关的问题非常有用。

在 Router1 的命令行执行 debug ip rip 命令,输出结果如图 8.18 所示。

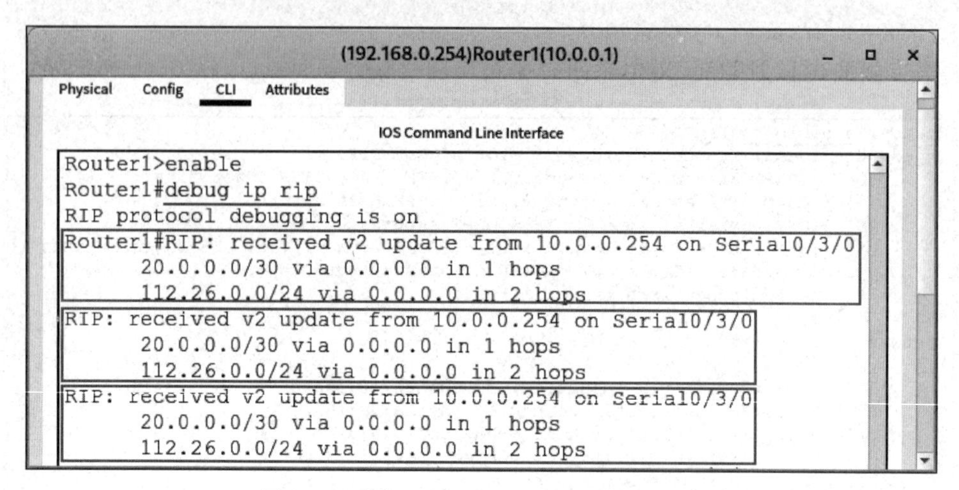

图 8.18　执行 debug ip rip 命令的输出结果

图 8.18 中的信息表示从 Router1 的 Serial0/3/0 接口收到了更新包,到达 20.0.0.0/30 网络需要经过 1 跳,到达 112.26.0.0/24 网络需要经过 2 跳。

7. 修改网络拓扑

断开 Router3 和 Switch1 之间的连接,如图 8.19 所示。

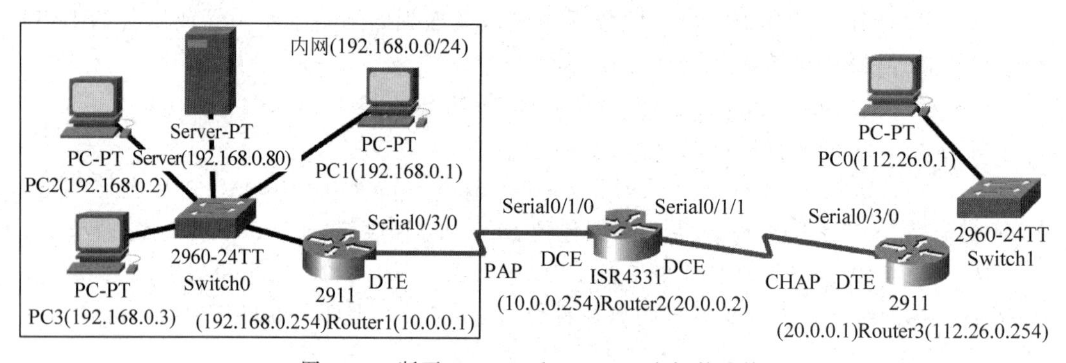

图 8.19　断开 Router3 和 Switch1 之间的连接

8. 查看 RIP 发送和接收报文

在此不是重新执行 debug ip rip 命令,而是继续查看 Router1 命令行中 debug ip rip 命令的输出结果,如图 8.20 所示,可以看到到达 112.26.0.0/24 网络需要经过 2 跳变化为需要经过 16 跳,对于 RIP 来说,跳数为 16 表示网络不可达。

9. 修改网络拓扑

恢复 Router3 和 Switch1 之间的连接。

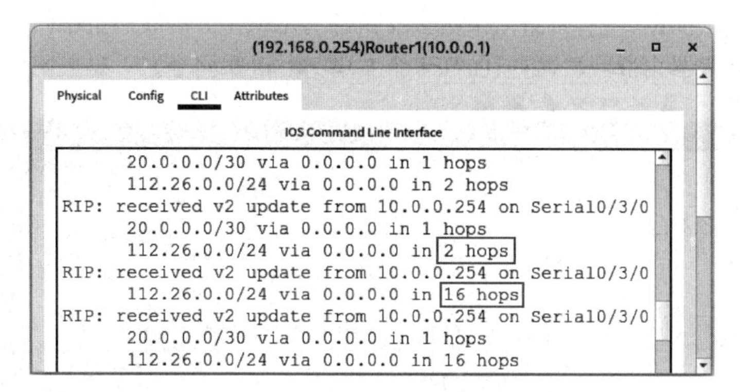

图 8.20　继续查看 Router1 命令行中 debug ip rip 命令的输出结果 1

10. 查看 RIP 发送和接收报文

在此不是重新执行 debug ip rip 命令，而是继续查看 Router1 命令行中 debug ip rip 命令的输出结果，如图 8.21 所示，可以看到再次显示了到达 112.26.0.0/24 网络需要经过 2 跳的信息。

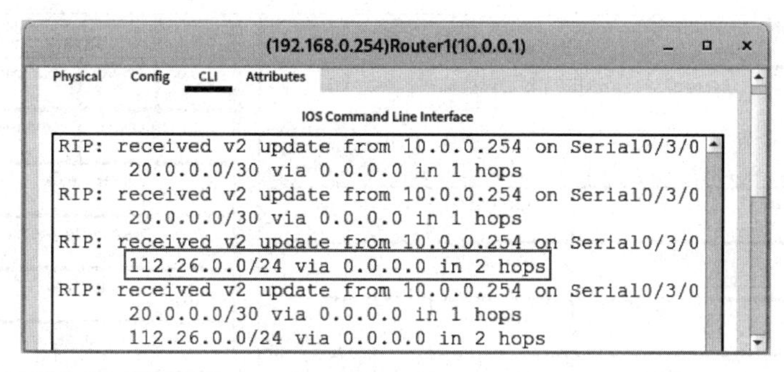

图 8.21　继续查看 Router1 命令行中 debug ip rip 命令的输出结果 2

11. 设置过滤条件

单击 Cisco Packet Tracer 主界面右下角的“仿真”按钮，由实时模式切换至仿真模式。在仿真模式下，单击 Edit Filters 按钮，在弹出的窗口中设置过滤条件，使用 Cisco Packet Tracer 的过滤器功能来筛选特定的 RIP 报文。

12. 观察 RIP 报文传送过程

在仿真模式下单击 Play 按钮。观察 RIP 报文传送过程，如图 8.22 所示。

13. 分析 RIP 报文

分析 RIP 报文的封装格式和内容。在图 8.21 右侧 Event List 子窗口中单击 RIP 报文，报文格式如图 8.23 所示。查看 RIP 报文的详细信息，如源地址、目的地址、命令字段、版本字段、路由表项等。

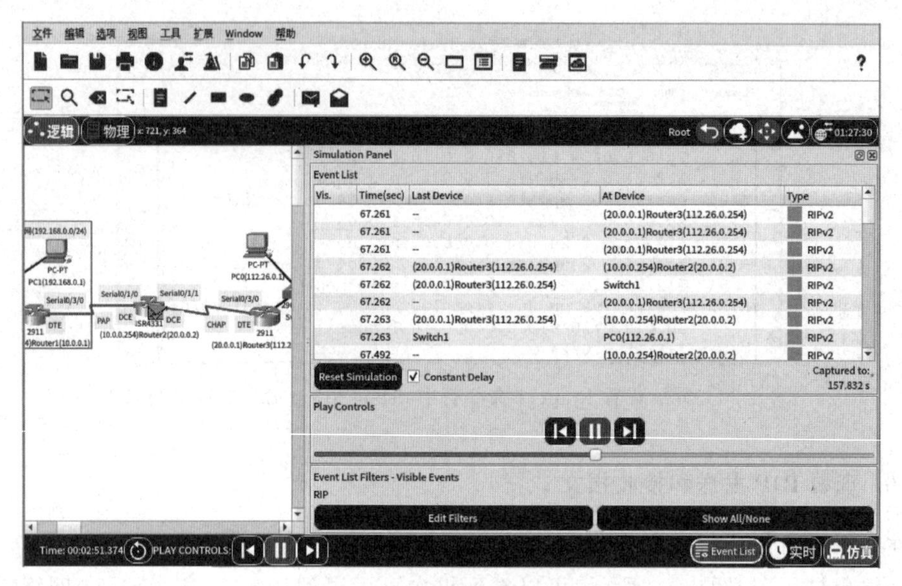

图 8.22　RIP 报文传送过程

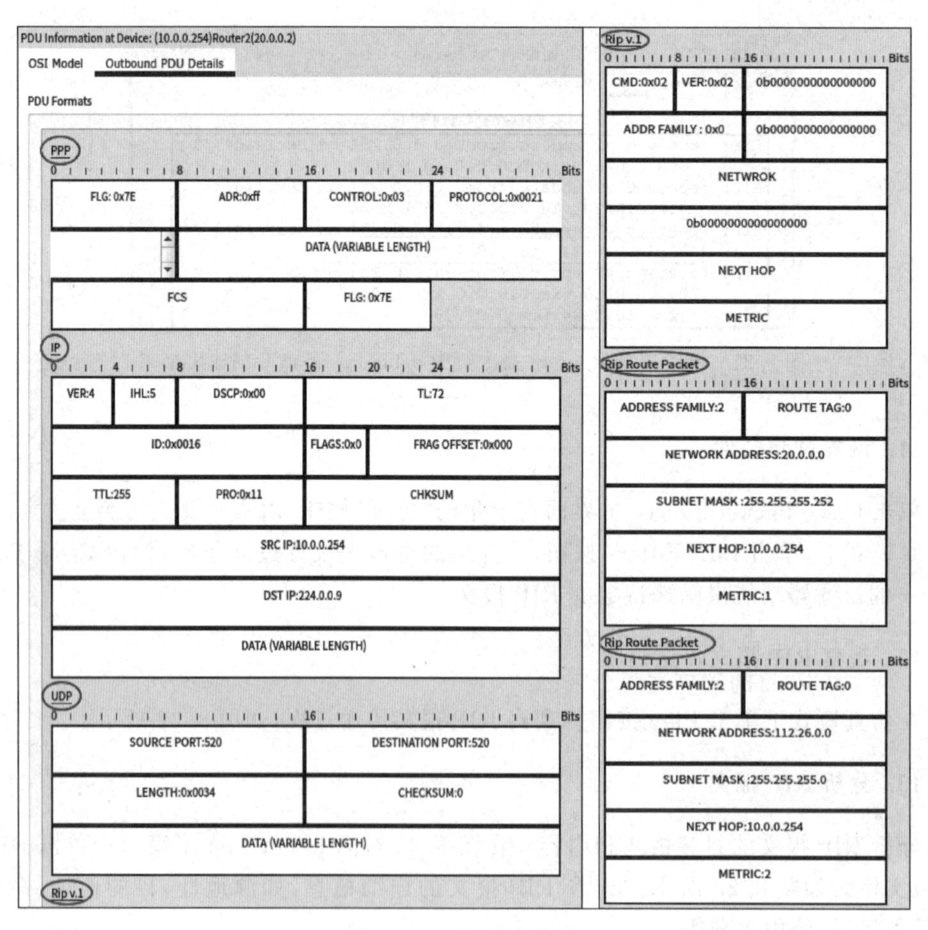

图 8.23　RIP 报文格式

8.4 实验8-4：分析TCP连接建立过程

8.4.1 背景知识

TCP(transmission control protocol,传输控制协议)是一种面向连接的、可靠的、基于字节流的传输层协议,用于在网络中传输数据。它通过三次握手过程来建立连接,并在传输数据后通过四次挥手过程来释放连接。TCP提供了可靠的、有序的数据传输,以及拥塞控制和错误恢复机制。

实验8-4：分析TCP连接建立过程

TCP连接建立过程通常被称为TCP的三次握手,步骤是：①客户端发送一个带有SYN(同步)标志的连接请求报文段给服务器,请求建立一个连接；②服务器收到SYN报文段后,回复一个带有SYN/ACK(同步/确认)标志的报文段给客户端,表示接受连接请求；③客户端收到服务器的响应后,再发送一个带有ACK(确认)标志的报文段给服务器,确认连接建立。通过三次握手过程,TCP连接建立完成,客户端和服务器之间可以开始传输数据。

TCP虽然是面向字节流的,但是TCP传送的数据单元是报文段。TCP报文段格式如图8.24所示。一个TCP报文段分为首部和数据两部分。首部的前20字节是固定的,后面有$4n$字节是根据需要而增加的选项(n是整数)。因此TCP首部的最小长度是20字节。

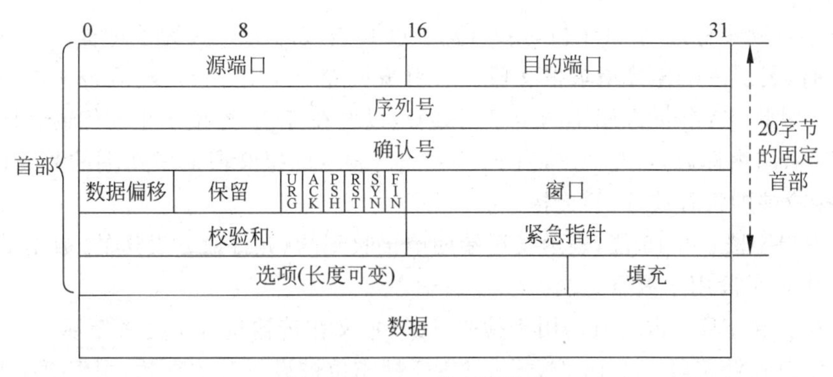

图8.24 TCP报文段格式

(1) 源端口：占16位,表示发送端的端口号。目的端口：占16位,表示接收端的端口号。源端口和目的端口这两个字段用于标识发送和接收数据的应用程序。

(2) 序列号：占32位,用于标识本报文段所发送数据的第1字节的编号。在TCP连接中,所传送的字节流的每1字节都会按顺序编号。当SYN标记不为1时,这是当前数据分段第1字节的序列号；如果SYN的值是1,这个字段的值就是初始序列值(ISN),用于对序列号进行同步。

(3) 确认号：占32位,用于表示希望接收的下1字节的序列号,也表示对方所发送的、在该字节之前的字节已经正确接收。

(4) 数据偏移字段：占4位，表示TCP头部的长度，以4字节为单位，范围为5～15。它指出TCP报文段中数据的起始位置，即数据部分起始处距离TCP报文段起始处的字节偏移量。

(5) 保留字段：占6位，保留为将来使用，目前的TCP报文段中该字段置为0。

(6) 标志位字段：占6位，包括URG、ACK、PSH、RST、SYN、FIN 6个标志位，用来控制TCP连接的建立、终止和数据传输等行为。这些标志位共同协作，使得TCP能够在不可靠的网络环境中提供可靠的数据传输服务。通过合理地设置这些标志位，TCP能够确保数据的顺序性、可靠性和完整性，从而满足各种网络应用的需求。

① URG(紧急标志)：占1位，当URG=1时，表示紧急指针字段有效，它告诉系统此报文段中有紧急数据，应尽快传送(相当于高优先级的数据)。紧急指针字段会指出紧急数据的末尾在报文段中的位置。

② ACK(确认标志)：占1位，当ACK=1时，确认号字段有效。TCP规定，连接建立后，所有传送的报文段都必须把ACK置1。这意味着接收端已经成功接收到数据，并期望发送端继续发送下一个数据报文段。

③ PSH(急迫标志)：占1位，当PSH=1时，接收端收到报文段后，应尽快地交付给应用进程，而不再等到整个缓存都填满了后再向上交付。这可以确保应用程序能够及时处理接收到的数据，避免不必要的延迟。

④ RST(复位标志)：占1位，当RST=1时，表示TCP连接中出现严重差错，必须释放连接，然后重新建立运输连接。这通常发生在连接出现错误或异常时，用于重置TCP连接状态。

⑤ SYN(同步标志)：占1位，用于建立TCP连接时的三次握手过程。当SYN=1，ACK=0时，表示一个连接请求报文段。若对方同意建立连接，则响应报文中SYN=1，ACK=1。因此，SYN标志用于同步序列编号，以便在TCP连接中正确传输数据。

⑥ FIN(结束标志)：占1位，当FIN=1时，表示此报文段的发送端的数据已发送完毕，通知接收端即将释放TCP连接。

(7) 窗口字段：占16位，表示发送端期望接收到的(允许对方发送的)数据量(以字节为单位)，窗口字段用于流量控制。

(8) 校验和字段：占16位，用于检验TCP报文在传输过程中是否损坏。

(9) 紧急指针字段：占16位，仅在URG标志位被设置时才有效，用于指示紧急数据的尾部位置。当接收端收到具有紧急指针标志的TCP报文时，就会根据紧急指针指示的位置来处理紧急数据。TCP紧急指针并不会影响数据的可靠传输，它仅指示了数据中的一部分具有紧急性，接收端可以根据紧急指针进行特殊处理。

(10) 选项字段：长度可变，用来扩展TCP首部，在通常情况下不使用。

8.4.2 实验目的

使用Cisco Packet Tracer模拟一个局域网环境，通过捕获和分析TCP报文段，深入了解TCP连接的建立过程。通过模拟实验达到以下几个目的。

(1) 理解 TCP 连接的三次握手过程：通过抓包和分析数据包，学习和掌握 TCP 的基本原理，理解 TCP 连接是如何通过三次握手来建立的，包括客户端和服务器之间的报文段交换和状态转换。

(2) 掌握 TCP 连接的可靠性和有序性：TCP 提供了可靠的数据传输，保证数据的有序性，并具备错误恢复和拥塞控制机制。通过实验，理解和分析 TCP 报文中的标志位和选项字段、TCP 序号和确认号，以及它们在连接建立过程中的作用，理解这些机制的作用及其对数据传输的影响。

通过完成这个实验，读者可以捕获和分析 TCP 连接建立及数据传输过程中的数据包，深入了解 TCP 的原理和实现方式，掌握 TCP 连接建立的过程和数据包的格式，提高对网络协议的理解和网络工程实践能力。这对于理解网络通信过程和排查网络故障非常有帮助。

8.4.3　实验步骤

1. 创建网络拓扑

在 Cisco Packet Tracer 中创建一个新的空白拓扑，然后添加两台计算机(客户端和服务器)，使用相应的连线将它们连接起来，确保两台计算机在相同的子网中并且能够相互通信。服务器(192.168.0.80)的主要配置参考前文。最终的网络拓扑如图 8.25 左侧所示。

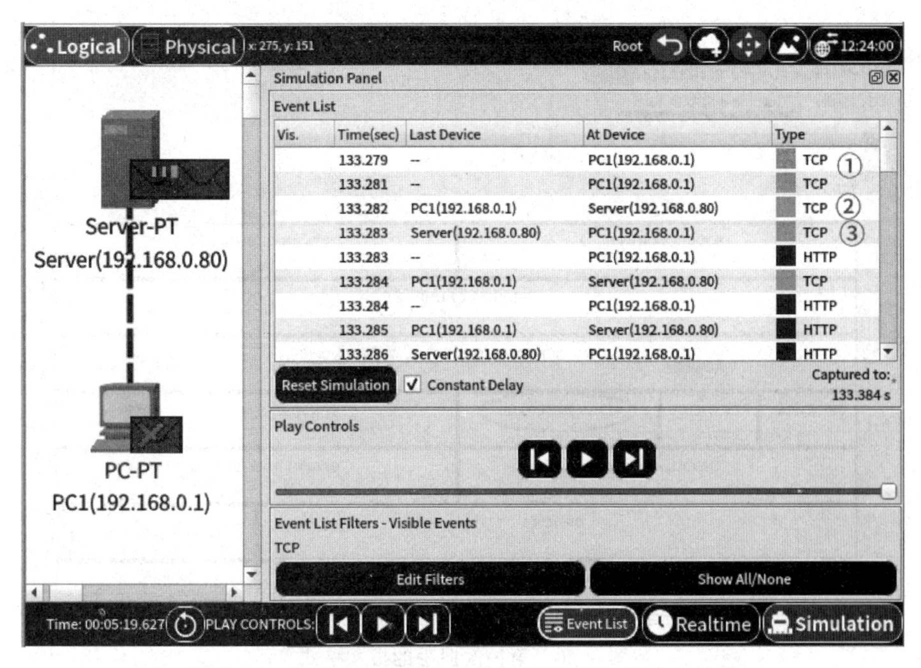

图 8.25　实验 8-4 的网络拓扑和 TCP 连接的建立过程

2. 设置过滤条件

单击 Cisco Packet Tracer 主界面右下角的“仿真”按钮,由实时模式切换至仿真模式。在仿真模式下,单击 Edit Filters 按钮,在弹出的窗口中设置过滤条件,使用 Cisco Packet Tracer 的过滤器功能来筛选特定的 TCP 报文。

3. 客户端 PC1 访问服务器

PC1 中,在 Desktop 中的 Web 浏览器地址栏中输入 http://192.168.0.80 以访问 Web 服务器。

4. 观察 TCP 连接的建立过程

在仿真模式下单击 Play 按钮。观察 TCP 连接的建立过程,如图 8.25 所示。

5. 分析三次握手的 TCP 报文

按照 TCP 连接建立的过程,依次观察和分析 TCP 三次握手的 TCP 报文。查看 TCP 报文的详细信息,如源端口、目的端口、标志位、序列号等。注意 SYN 报文、SYN+ACK 报文和 ACK 报文的标志位和序列号的变化。在图 8.25 右侧 Event List 子窗口中依次单击三次握手的 TCP 报文。

第一次握手的报文格式如图 8.26 所示,PC 端向服务器发出连接请求报文(seq=0、ack=0)。

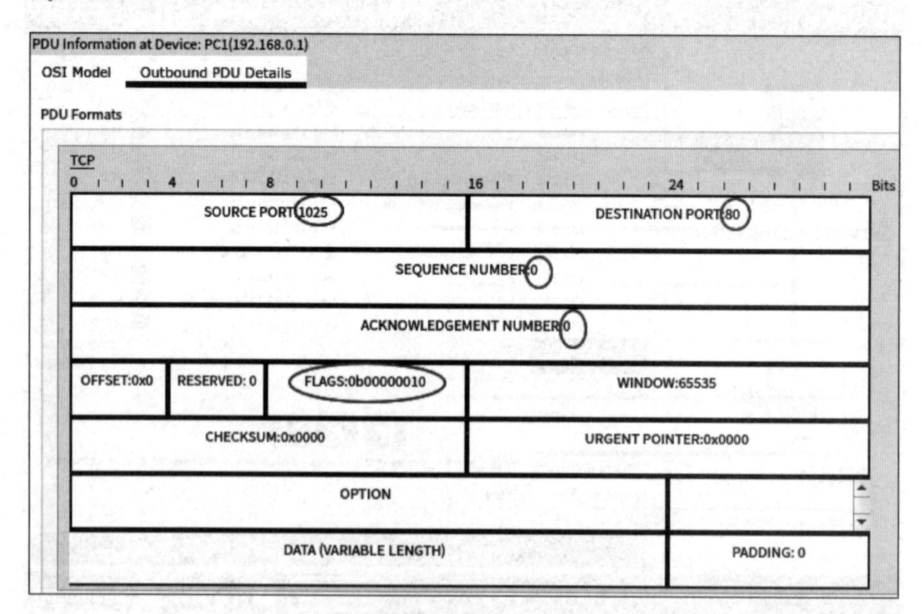

图 8.26 第一次握手的报文格式

第二次握手的报文格式如图 8.27 所示,服务器收到请求后,向 PC 端回复确认(seq=0、ack=1)。

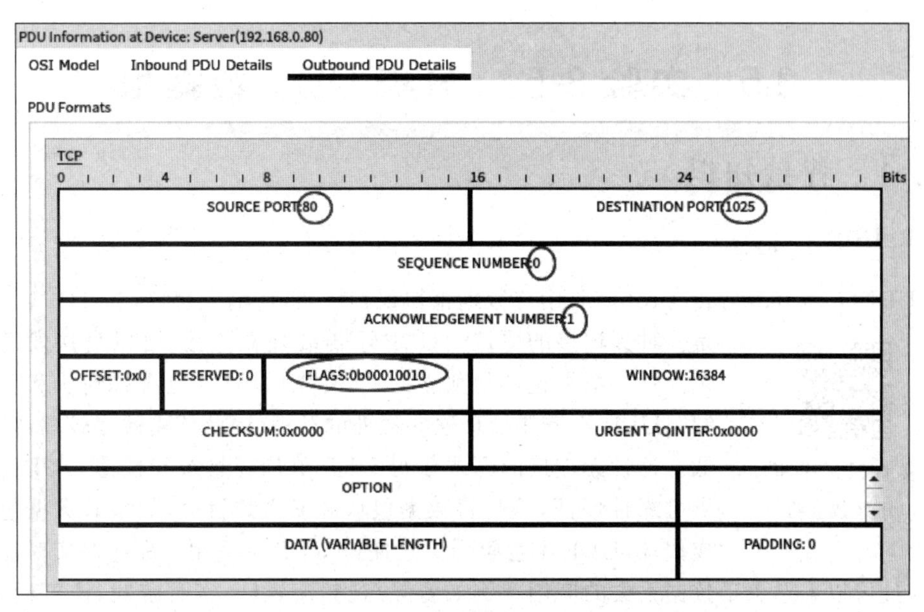

图 8.27　第二次握手的报文格式

第三次握手的报文格式如图 8.28 所示，PC 端收到确认后，向服务器发出确认(seq=1、ack=1)。

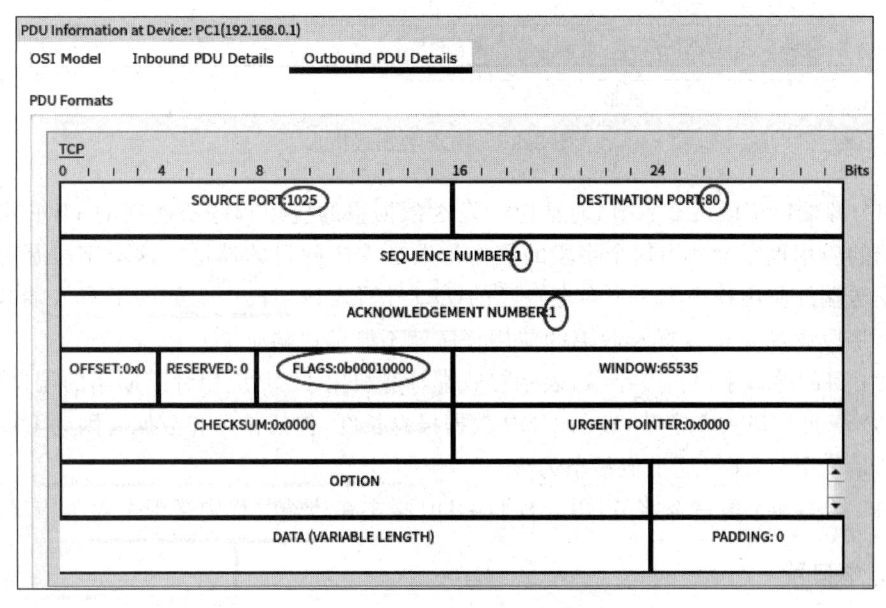

图 8.28　第三次握手的报文格式

6. 分析传输数据的 TCP 报文

读者自行分析传输数据的 TCP 报文，观察数据传送过程。

8.5 实验 8-5：分析 UDP 数据报

8.5.1 背景知识

1. UDP

UDP(user datagram protocol,用户数据报协议)是一种传输层协议,与 TCP 不同,它是一种无连接的协议。UDP 不需要建立连接,可以直接发送数据包。每个数据包都是独立的,没有先后顺序,也没有确认和重传机制。UDP 不需要处理这些额外的开销,因此传输效率较高,延迟较低。这种无连接的方式使得 UDP 更加轻量级和快速。UDP 不提供可靠性保证,只是将数据包从源发送到目标,如果有数据包丢失或损坏,UDP 不会重传。这使得 UDP 更适用于那些对实时性要求较高,且可以容忍少量数据丢失的应用。例如音频/视频流媒体、实时游戏、语音通话、传感器数据等。

实验 8-5：分析 UDP 数据报

UDP 数据报格式由首部(报头)和数据两部分组成。UDP 数据报格式如图 8.29 所示。

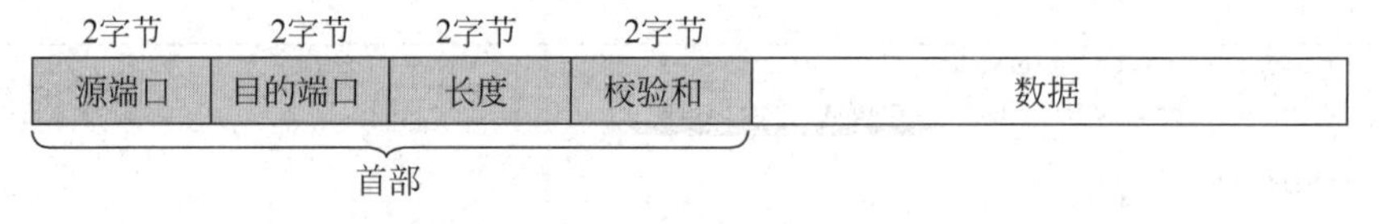

图 8.29 UDP 数据报格式

(1) 源端口字段占 2 字节,通常包含发送数据报的应用程序所使用的 UDP 端口号。接收端的应用程序会利用这个字段的值作为发送响应的目的地址。这个字段是可选的,因此发送端的应用程序不一定会把自己的端口号写入该字段中。如果不写入端口号,则把这个字段设置为 0,这样接收端的应用程序就不能发送响应了。

(2) 目的端口字段占 2 字节,表示接收端计算机上 UDP 应用程序使用的端口号。

(3) 长度字段占 2 字节,表示 UDP 数据报总长度,包括首部和数据。因为 UDP 数据报首部是 8 字节,所以这个值最小为 8。

(4) 校验和字段占 2 字节,用于校验 UDP 报文在传输过程中是否发生了错误。

2. 端口号

端口号被用于标识和区分运行在计算机上的多个进程或服务。通过端口号,数据包能够准确地找到目标进程或服务,实现进程间通信和数据交换。端口号的范围为 1～65 535,被分为三类：系统端口、注册端口、动态端口。

(1) 系统端口：比较常见,范围从 1 到 1023。这些端口通常用于系统级的服务,如 HTTP(80 端口)、HTTPS(443 端口)、FTP(21 端口)、SSH(22 端口)和 SMTP(25 端口)等。

(2) 注册端口：范围为 1024～49 151。这些端口被分配给各种应用程序或服务，但在使用之前需要向 IANA(互联网号码分配机构)申请注册。

(3) 动态端口或私有端口：范围为 49 152～65 535。这些端口可以由用户自定义用途，通常用于临时的网络连接。

端口号为 0 在 TCP 和 UDP 中有特殊的含义。在实际应用中，端口号为 0 往往表示一个保留的、未指定的端口。

① 在 TCP 中，端口号为 0 可以被用来表示一个未指定的、随机选择的端口号。这种情况通常发生在一些应用程序或系统中，它们需要操作系统自动分配一个可用的端口来监听传入的连接。在这种情况下，端口号 0 被用作临时端口。一旦临时端口分配成功，系统会返回一个具体的非零端口号。

② 在 UDP 中，端口号为 0 通常被用于特殊情况，比如在某些情况下，用于发送数据而不需要接收返回数据的场景。总之，端口号 0 主要用于在网络编程中请求系统分配动态端口号，并不用于实际的网络通信。

3. 套接字

套接字(Socket)是网络编程中的概念，用于通信的两个端点之间的连接。套接字由 IP 地址和端口号组合而成，用于建立网络连接，实现数据的发送和接收。在应用层通过套接字对网络进行访问和通信，常用于实现客户端和服务器之间的通信。套接字可以是流式套接字(使用 TCP)或数据报套接字(使用 UDP)。

计算机 B 作为 WWW 服务器在运行，其 IP 地址为 112.26.9.9，监听端口号为 80，因此，计算机 B 上的一个套接字 Socket2 的形式化表示如下：

```
Socket2 = (112.26.9.9 : 80)
```

计算机 A 运行客户端程序来访问 WWW 服务器，其 IP 地址为 110.242.68.6，创建的套接字 Socket1 的形式化表示如下：

```
Socket1 = (110.242.68.6 : 50001)
```

计算机 A 访问计算机 B 的 WWW 服务器时，实际上创建了一条 TCP 连接。这条 TCP 连接唯一地被通信两端的两个套接字所确定，形式化表示如下：

```
TCP 连接 = {Socket1, Socket2} = {(IP1 : Port1),(IP2 : Port2)}
```

通过这条 TCP 连接(四元组)可以准确定义计算机 A 与计算机 B 之间的网络连接，使得计算机 A 上的应用程序能够与计算机 B 上运行的服务进行通信。

8.5.2　实验目的

使用 Cisco Packet Tracer 模拟一个局域网环境，通过捕获和分析 UDP 数据报，加深对 UDP 的理解。通过模拟实验达到以下几个目的。

(1) 学习 UDP：通过实验，学习 UDP 的基本原理、特点和功能。理解 UDP 在网络通信中的作用和适用场景。

(2) UDP 数据报格式：了解 UDP 数据报的结构和各个字段的含义。理解源端口号、目标端口号、长度和校验和等字段的作用和使用方式。

(3) 抓包和分析：捕获 UDP 数据报，并分析数据报的内容和相关字段。理解 UDP 通信过程中的数据传输细节和流程。

通过完成这个实验，读者可以深入了解 UDP 的工作原理和实现方式，掌握 UDP 数据报格式，提高对网络协议的理解和网络工程实践能力。

8.5.3 实验步骤

1. 创建网络拓扑

在 Cisco Packet Tracer 中创建一个新的空白拓扑，然后添加计算机和路由器，使用相应的连线将它们连接起来，确保计算机和路由器在相同的子网中并且能够相互通信。TFTP 服务器(192.168.0.254)的主要配置参考前文。最终的网络拓扑如图 8.30 左侧所示。

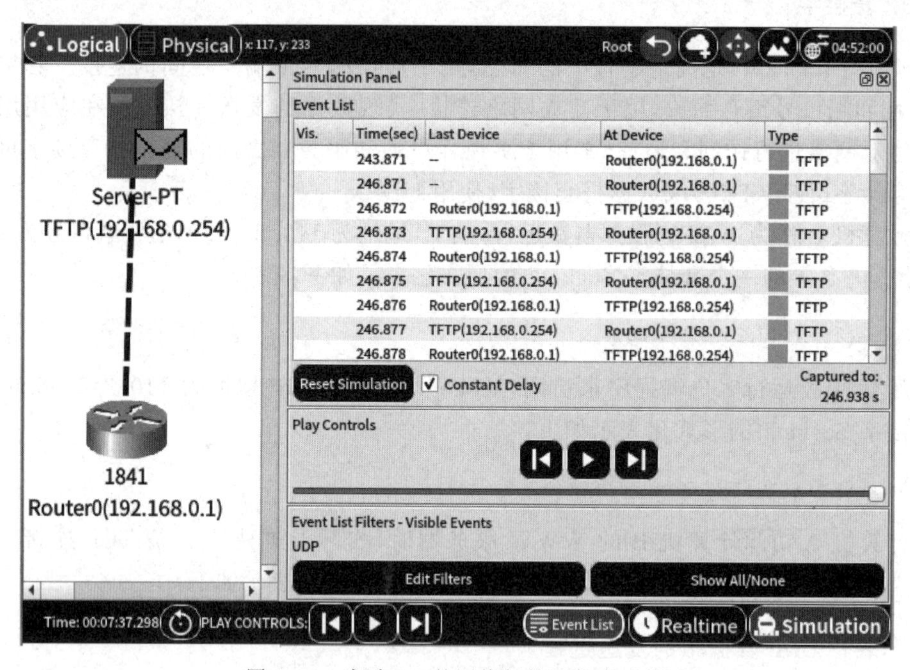

图 8.30　实验 8-5 的网络拓扑及仿真过程

2. 设置过滤条件

单击 Cisco Packet Tracer 主界面右下角的“仿真”按钮，由实时模式切换至仿真模式。在仿真模式下，单击 Edit Filters 按钮，在弹出的窗口中设置过滤条件，使用 Cisco Packet Tracer 的过滤器功能来筛选特定的 UDP 数据报。

3. 配置路由器 Router0

IOS(internetwork operating system,互联网操作系统)是思科公司为其网络设备开发的操作系统。IOS 为 Cisco 的设备提供了网络功能,并允许网络管理员通过命令行接口(CLI)配置和控制这些设备。IOS 提供了丰富的特性和功能,用于路由、交换、安全、无线、语音、视频等多种网络应用。

TFTP(trivial file transfer protocol,简单文件传输协议)通常用于在网络设备(如路由器和交换机)之间传输配置文件或其他小文件。通常通过命令行接口使用 TFTP,管理员可以通过输入特定的命令来启动文件传输。TFTP 使用 UDP 作为传输层协议。

执行如图 8.31 所示的命令对路由器 Router0 进行配置,主要是设置接口 FastEthernet0/0 的 IP 地址。另外,执行 copy flash: tftp:命令将路由器 Router0 闪存中的 IOS 复制到 TFTP 服务器。

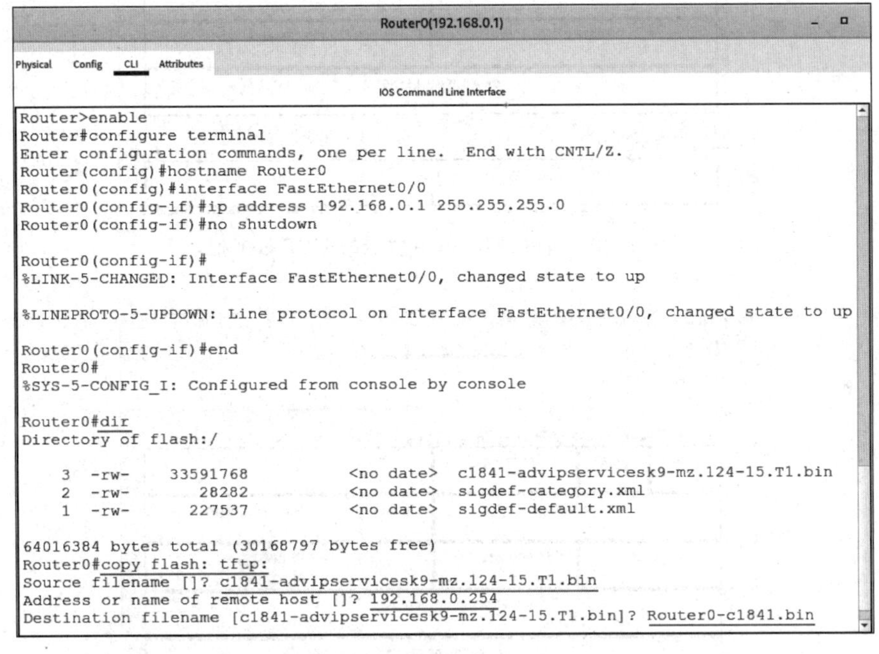

图 8.31 配置路由器 Router0

4. 观察 UDP 数据报的发送过程

在仿真模式下单击 Play 按钮。观察 UDP 数据报的发送过程。

5. 分析 UDP 数据报

在图 8.30 中,单击两个相邻的 UDP 数据报,查看 UDP 数据报格式,如图 8.32 和图 8.33 所示。查看 UDP 数据报的详细信息,如源 IP 地址、目的 IP 地址、源端口、目的端口、长度和校验和等字段。

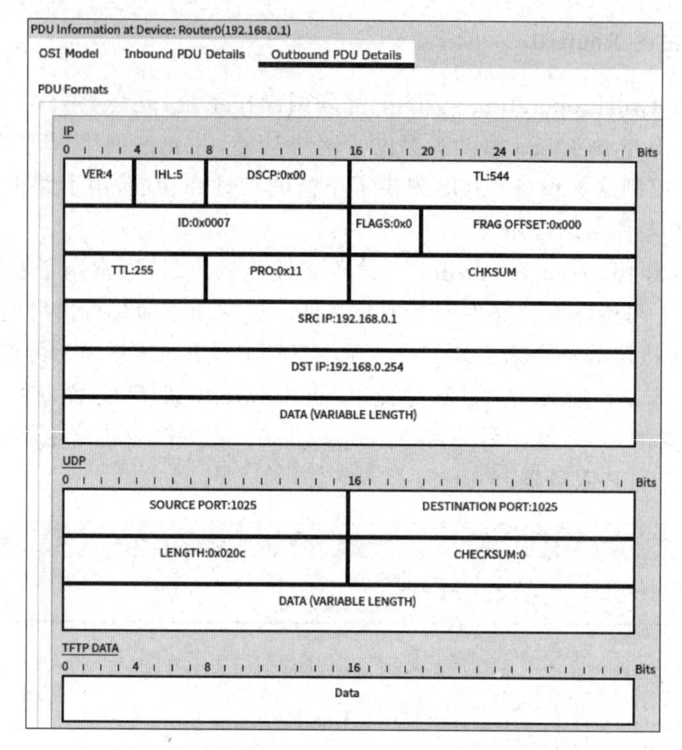

图 8.32　路由器 Router0 发送的 UDP 数据报

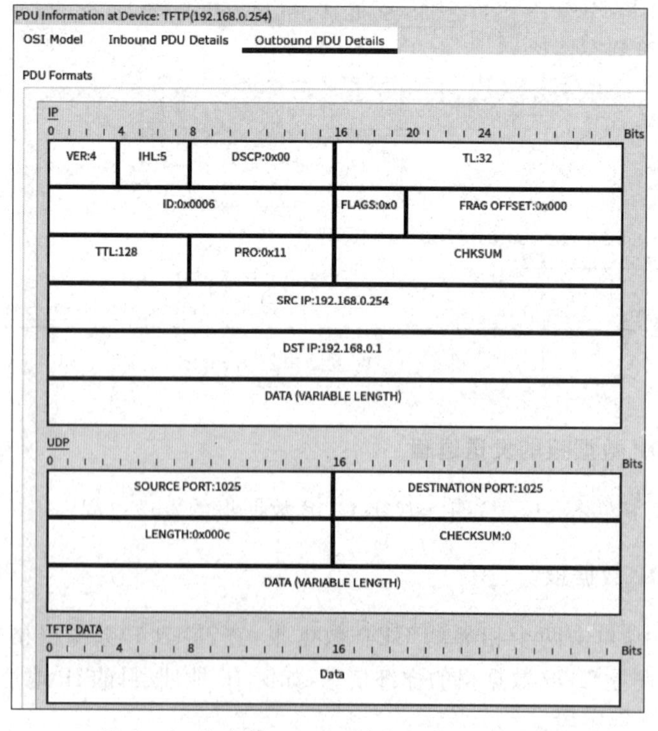

图 8.33　路由器 Router0 接收的 UDP 数据报

8.6　实验 8-6：分析 HTTP 数据包

8.6.1　背景知识

HTTP(hypertext transfer protocol，超文本传输协议)是一种应用层协议，用于在 Web 浏览器和 Web 服务器之间传输超文本内容，例如网页。HTTP 是无状态的，意味着服务器不会为每个请求保持状态，每个 HTTP 请求和响应都是独立的。它也是面向对象的，客户端向服务器请求资源，服务器返回响应。HTTP 请求由客户端发送到服务器，请求特定的资源(例如网页、图像或视频)。常见的 HTTP 请求方法包括 GET、POST、PUT、DELETE 等。HTTP 响应是服务器对客户端请求的回应，它包含有关请求状态、返回的数据和其他相关信息。常见的 HTTP 响应状态码包括 200(成功)、404(未找到)和 500(服务器内部错误)等。

实验 8-6：分析 HTTP 数据包

在 HTTP 请求和响应中，数据以文本形式传输，并且遵循特定的格式。

HTTP 请求数据包由请求行(请求方法、URL 和 HTTP 版本)、请求头部(包含各种请求信息)、空行(标志请求头的结束)以及可选的请求包体(POST 请求中常见)四部分组成。请求行由请求方法(如 GET、POST 等)字段、请求的 URL 字段和 HTTP 版本字段三部分组成，它们之间使用空格隔开。请求头部由键/值对组成，每行一对，键/值之间用英文冒号“:”分隔。请求头部通知服务器关于客户端、请求资源、服务器等方面的信息。例如，User-Agent 标识了发出请求的浏览器类型和版本，Accept-Language 标识了客户端接受的语言等。请求体包含了发送给服务器的数据。这些数据可以是表单数据、JSON 数据等。请求体不在 GET 方法中使用，而是在 POST 方法中使用。

HTTP 响应数据包由状态行、响应头部、空行、响应包体四部分组成。状态行是 HTTP 响应数据包的第一行，包含了 HTTP 的版本、状态码和状态消息。状态码如 200 表示请求成功，404 表示资源未找到等。HTTP 响应头部包含了关于服务器、响应资源、缓存等方面的信息。例如，Content-Type 标识了响应包体的数据类型，Content-Length 标识了响应包体的大小等。在 HTTP 响应中，空行用于分隔响应头部和响应包体。即使响应包体为空，也必须包含一个空行来表示响应头部的结束。这是 HTTP 规范的一部分，用于确保数据的正确解析和处理。响应包体是 HTTP 响应的主要部分，包含了服务器返回给客户端的数据。这些数据可以是 HTML 页面、JSON 数据、图片等。

8.6.2　实验目的

使用 Cisco Packet Tracer 模拟一个局域网环境，通过捕获和分析 HTTP 数据包，深入了解 HTTP 的工作原理以及与 HTTP 通信相关的一些重要概念和技术。通过模拟实验达到以下几个目的。

(1) 理解 HTTP：通过实际操作，了解 HTTP 的基本原理、请求和响应的结构以及各个部分的作用。

(2) 分析 HTTP 数据包：通过捕获和分析 HTTP 数据包，学习如何提取和解释数据包中的各个字段信息，例如源 IP 地址、目的 IP 地址、请求方法、URL、状态码等。

(3) 理解 HTTP 会话和连接：通过分析数据包的流向和相关信息，掌握 HTTP 会话和连接的建立过程，包括三次握手、请求和响应的交互等。

(4) 掌握网络故障排除技巧：在分析 HTTP 数据包的过程中，学习如何通过查找数据包中的错误信息、状态码等来诊断和排除网络故障，进一步提高网络故障排除能力。

通过完成这个实验，读者可以了解 HTTP 请求和响应的完整过程，包括请求行、请求头部、响应行、响应头部和响应包体的结构和内容。此外，还可以理解 HTTP 在网络通信中的作用和实现方式，提高对网络协议的理解和网络工程实践能力。

8.6.3 实验步骤

1. 创建网络拓扑

在 Cisco Packet Tracer 中创建一个新的空白拓扑，然后添加两台计算机，使用相应的连线将它们连接起来，确保两台计算机在相同的子网中并且能够相互通信。WWW 服务器(192.168.0.80)的主要配置参考前文。最终的网络拓扑如图 8.34 左侧所示。

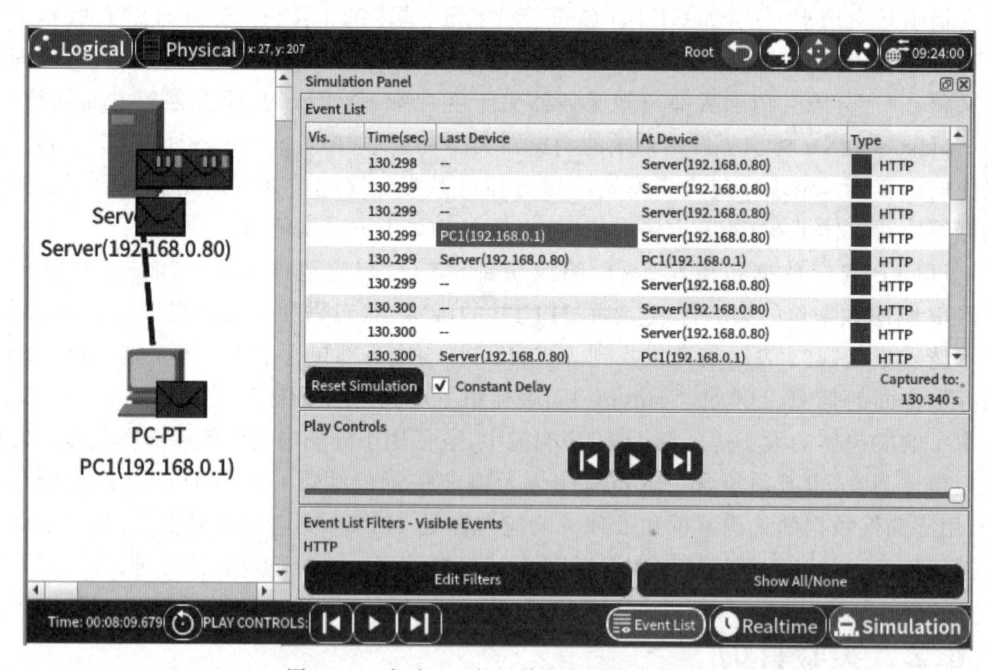

图 8.34　实验 8-6 的网络拓扑及仿真过程

2. 设置过滤条件

单击 Cisco Packet Tracer 主界面右下角的“仿真”按钮，由实时模式切换至仿真模式。

在仿真模式下，单击 Edit Filters 按钮，在弹出的窗口中设置过滤条件，使用 Cisco Packet Tracer 的过滤器功能来筛选特定的 HTTP 数据报。

3. 客户端 PC1 访问服务器

PC1 中，在 Desktop 中的 Web 浏览器地址栏中输入 http://192.168.0.80 以访问 Web 服务器。

4. 观察 HTTP 请求和响应过程

在仿真模式下单击 Play 按钮。观察 HTTP 请求和响应过程，如图 8.34 所示。

5. 分析 HTTP 请求和响应数据包

在图 8.34 右侧 Event List 子窗口中单击 HTTP 请求数据包，格式如图 8.35 所示，单击 HTTP 响应数据包，格式如图 8.36 所示。

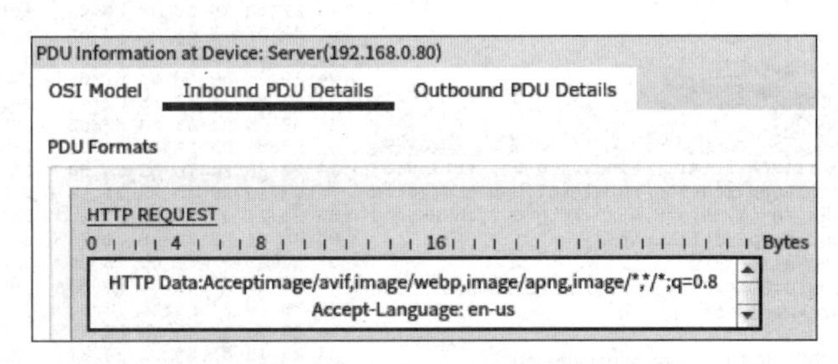

图 8.35　HTTP 请求数据包格式

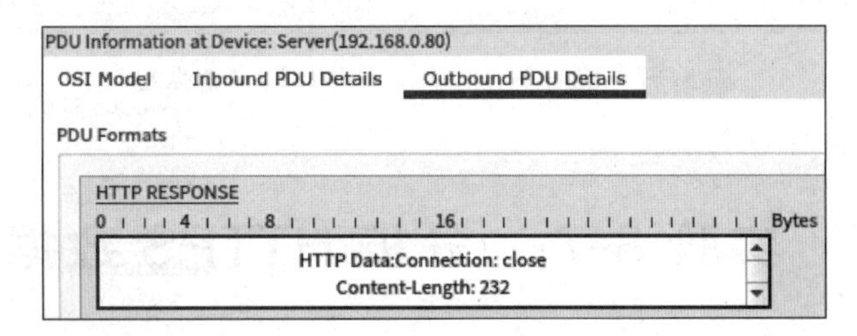

图 8.36　HTTP 响应数据包格式

6. 使用 Wireshark 分析 HTTP 数据包

Cisco Packet Tracer 是一款网络模拟工具，它主要用于模拟和构建网络拓扑结构，帮助读者学习和设计网络。然而，它并不具备深入分析网络数据包(特别是数据包的应用层，如 HTTP 数据包)的能力。如果需要深入分析 HTTP 数据包应用层数据，建议使用 Wireshark。Wireshark 是一款非常强大的网络协议分析器，可以捕获网络上的实时数据，并提供详细的数据包分析，包括数据包的内容、协议层次、时间戳等。使用 Wireshark 可以深入分析 HTTP 数据包的各个部分，如请求行、请求头、请求包体以及响应行、响应头、响应包体等。比如在宿主机的浏览器地址栏中输入 http://www.bupt.edu.cn/访问该网站,Wireshark 抓包后能够将各层内容显示出来,如图 8.37 所示。查看数据包的详细信息,如 IP 地址和端口号、请求和响应的 HTTP 头部、请求方法、URL、状态码、传输的数据类型(如 HTML、图像、脚本等)以及任何跟踪和会话信息。

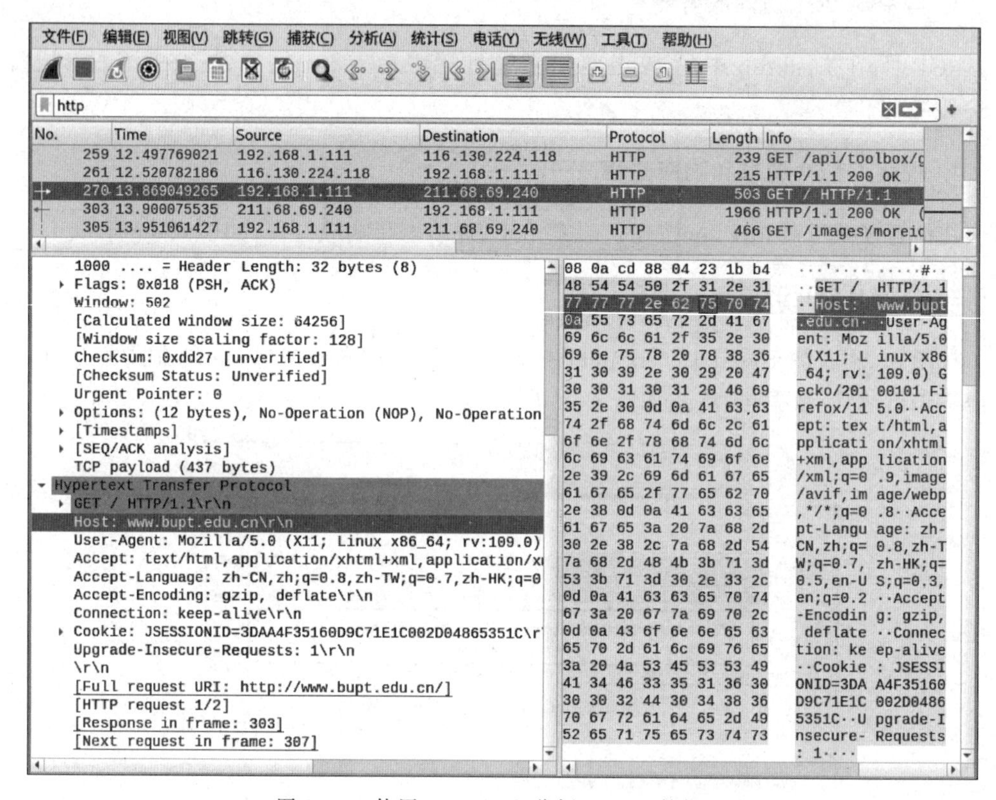

图 8.37 使用 Wireshark 分析 HTTP 数据包

8.7 实验 8-7: 分析 HTTPS 数据包

8.7.1 背景知识

HTTP 是一种用于在 Web 浏览器和 Web 服务器之间传输数据的协议。它以明文形式传输数据,存在安全风险。为了解决数据传输的安全性问题,HTTPS(hyper text transfer protocol over secure socket layer,安全超文本传输协议)应运而生。HTTPS 是一种通过 SSL/TLS 协议对 HTTP 数据单元进行加密的协议,用于在客户端和服务器之间传输加密的超文本内容,例如安全网页。HTTPS 的主要目的是保护数据的机密性和完整性,防止数据在传输过程中被窃取或篡改。

实验 8-7: 分析 HTTPS 数据包

SSL(secure sockets layer)和 TLS(transport layer security)是用于加密网络通信的

安全协议。它们使用公钥加密和私钥解密的技术，确保在客户端和服务器之间传输的数据是安全的。SSL已经被TLS所取代，但SSL术语仍被广泛使用。SSL/TLS协议位于传输层和应用层之间。这意味着它位于TCP/IP协议族中的TCP层之上。SSL/TLS协议的主要目的是对传输层的数据部分（也就是HTTP数据单元）进行加密和提供身份验证，以确保数据在传输过程中的安全性和完整性。HTTP位于应用层。HTTPS既保留了HTTP的简单性和灵活性，又增加了数据的安全性和可靠性。

HTTPS的加密过程发生在客户端和服务器成功建立SSL/TLS连接之后。这种加密方式确保了即使在数据传输过程中被第三方截获，也无法解密出原始的数据内容，从而保护了数据的机密性和完整性。HTTPS的具体加密过程：①客户端使用HTTPS的URL访问Web服务器，要求与服务器建立SSL连接；②Web服务器收到客户端请求后，会将网站的公钥传送一份给客户端，同时保留自己的私钥；③客户端的浏览器根据双方同意的安全等级，生成用于对称加密的密钥，即会话密钥（也可以看作客户端的公钥），并使用网站的公钥将会话密钥进行加密，然后传送给服务器；④Web服务器利用自己的私钥解密出会话密钥；⑤一旦会话密钥被安全地交换，Web服务器就可以利用这个密钥与客户端进行通信，这个过程就是对称加密的过程。此后，客户端和服务器之间传输的所有数据都将使用这个会话密钥进行加密，以确保数据的安全性。

8.7.2 实验目的

使用Cisco Packet Tracer模拟一个局域网环境，通过捕获和分析HTTPS数据包，深入理解和分析HTTPS通信过程中的数据包，以及加密和安全性方面的内容。通过模拟实验达到以下几个目的。

(1) 理解HTTPS通信的基本原理：通过实验，学习HTTPS的工作原理，了解HTTPS通信的加密和认证过程。

(2) 分析HTTPS数据包的结构：通过捕获和分析HTTPS数据包，学习HTTPS数据包的结构和内容，包括请求头、响应头以及传输的数据。

通过完成这个实验，读者可以更好地理解网络安全的重要性，以及如何通过HTTPS保护数据的机密性和完整性。

8.7.3 实验步骤

(1) 创建网络拓扑。在Cisco Packet Tracer中创建一个新的空白拓扑，然后添加两台计算机，使用相应的连线将它们连接起来，确保两台计算机在相同的子网中并且能够相互通信。WWW服务器(192.168.0.80)的主要配置参考前文。最终的网络拓扑如图8.38左侧所示。

(2) 设置过滤条件。单击Cisco Packet Tracer主界面右下角的“仿真”按钮，由实时模式切换至仿真模式。在仿真模式下，单击Edit Filters按钮，在弹出的窗口中设置过滤条件，使用Cisco Packet Tracer的过滤器功能来筛选特定的HTTPS数据报。

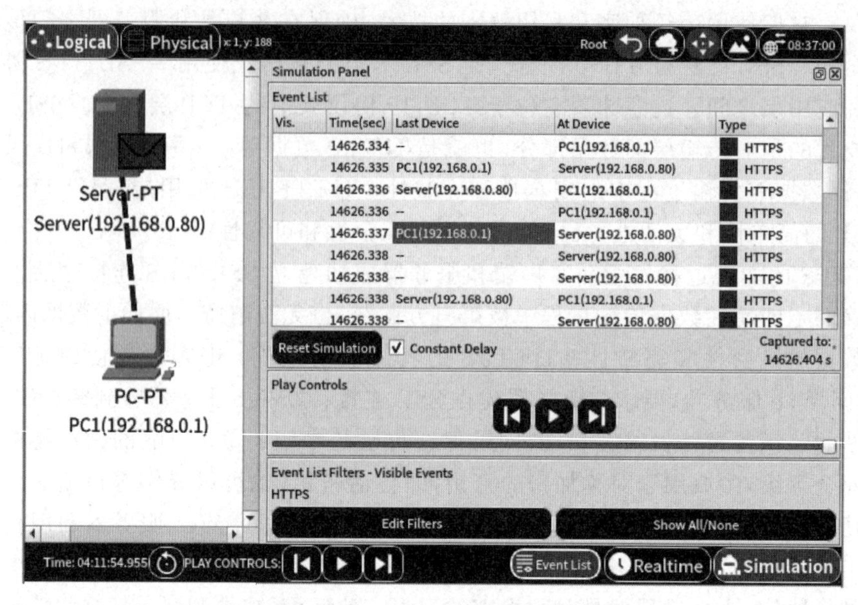

图 8.38 实验 8-7 的网络拓扑及仿真过程

(3) 客户端 PC1 访问服务器。PC1 中,在 Desktop 中的 Web 浏览器地址栏中输入 https://192.168.0.80 访问 Web 服务器。

(4) 观察 HTTPS 请求和响应过程。在仿真模式下单击 Play 按钮。观察 HTTP 请求和响应过程,如图 8.38 所示。

(5) 分析 HTTPS 请求和响应数据包。在图 8.38 右侧 Event List 子窗口中单击 HTTPS 请求数据包和 HTTPS 响应数据包,格式数据包格式请读者实验过程中自行分析。

(6) 使用 Wireshark 分析 HTTPS 数据包。在宿主机的浏览器地址栏中输入 https://www.bupt.edu.cn/访问该网站,Wireshark 抓包后能够将各层内容显示出来,如图 8.39 所示。可以看出 HTTP 数据单元被加密。

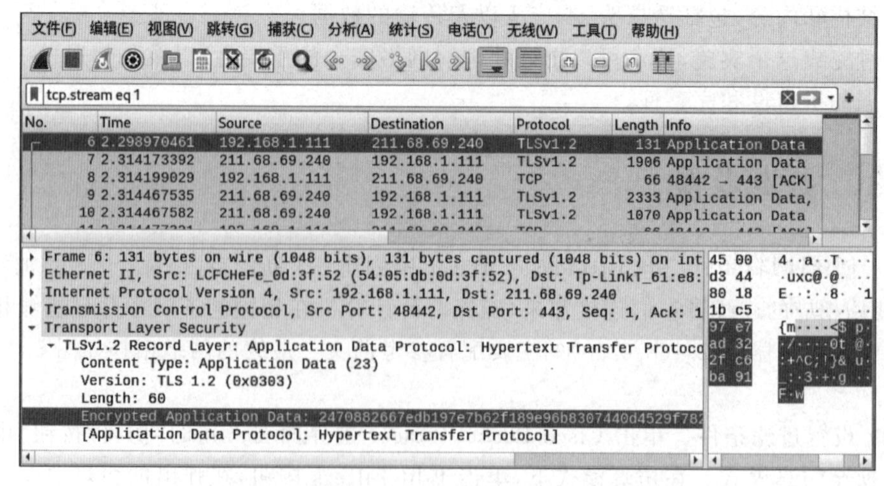

图 8.39 使用 Wireshark 分析 HTTPS 数据包

8.8 实验 8-8：分析 FTP 数据包

8.8.1 背景知识

FTP(file transfer protocol，文件传输协议)是一种用于在网络上传输文件的协议。它使用 TCP(传输控制协议)作为传输层协议，提供可靠的数据传输服务。FTP 通常用于在客户端和服务器之间传输文件，客户端可以使用 FTP 命令来连接到服务器、登录、浏览目录、上传和下载文件等。

实验 8-8：分析 FTP 数据包

FTP 有两种工作模式：主动模式和被动模式。在主动模式下，FTP 客户端打开一个随机端口连接到 FTP 服务器的 21 端口，然后 FTP 服务器也打开一个随机端口连接到客户端的随机端口进行数据传输。在被动模式下，FTP 客户端仍然连接到 FTP 服务器的 21 端口，但服务器会打开一个随机端口等待客户端的连接，客户端会使用另一个随机端口连接到服务器的这个随机端口进行数据传输。

8.8.2 实验目的

使用 Cisco Packet Tracer 模拟一个局域网环境，通过捕获和分析 FTP 数据包，深入了解 FTP 的工作原理以及与 FTP 通信相关的一些重要概念和技术。通过模拟实验达到以下几个目的。

(1) 理解 FTP：通过分析 FTP 数据包，可以深入理解 FTP 的运作方式、通信流程以及命令交互过程，从而加深对文件传输协议的理解。

(2) 识别和解析数据包内容：识别和解析 FTP 数据包中的各个部分，包括 FTP 命令、数据传输内容等，从而加深对网络数据包结构和内容的理解。

(3) 加深网络安全意识：了解 FTP 在数据传输过程中可能存在的安全风险和漏洞，提升对网络安全的敏感性，从而更好地了解如何保护网络数据的安全性。

8.8.3 实验步骤

(1) 创建网络拓扑。在 Cisco Packet Tracer 中创建一个新的空白拓扑，然后添加两台计算机，使用相应的连线将它们连接起来，确保两台计算机在相同的子网中并且能够相互通信。最终的网络拓扑如图 8.40 左侧所示。

(2) 配置 FTP 服务器。FTP 服务器(192.168.0.80)的主要配置参考前文。在此使用默认配置，如图 8.41 所示。初始账号和密码皆为 cisco。

(3) 设置过滤条件。单击 Cisco Packet Tracer 主界面右下角的“仿真”按钮，由实时模式切换至仿真模式。在仿真模式下，单击 Edit Filters 按钮，在弹出的窗口中设置过滤

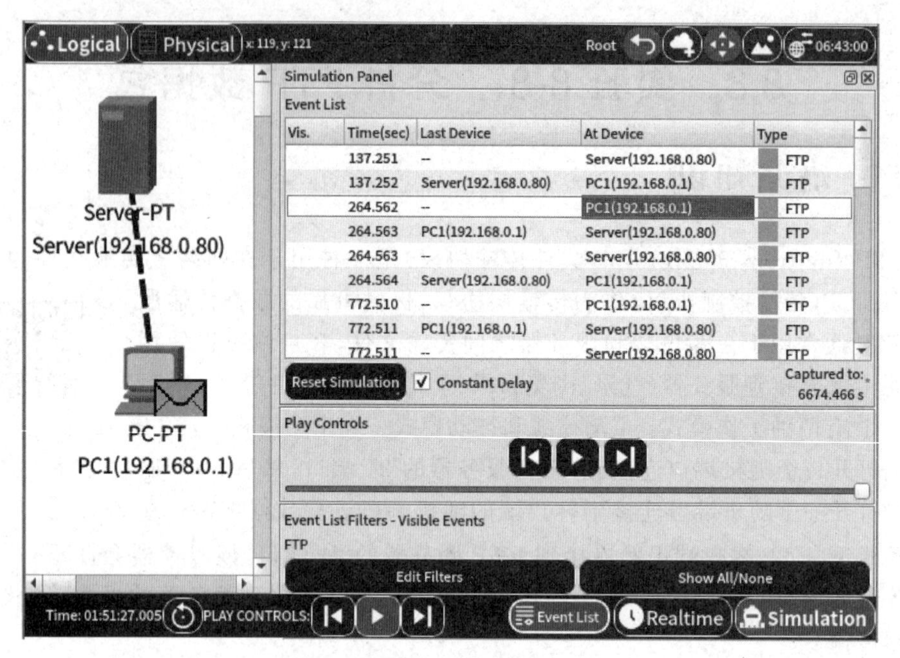

图 8.40　实验 8-8 的网络拓扑及仿真过程

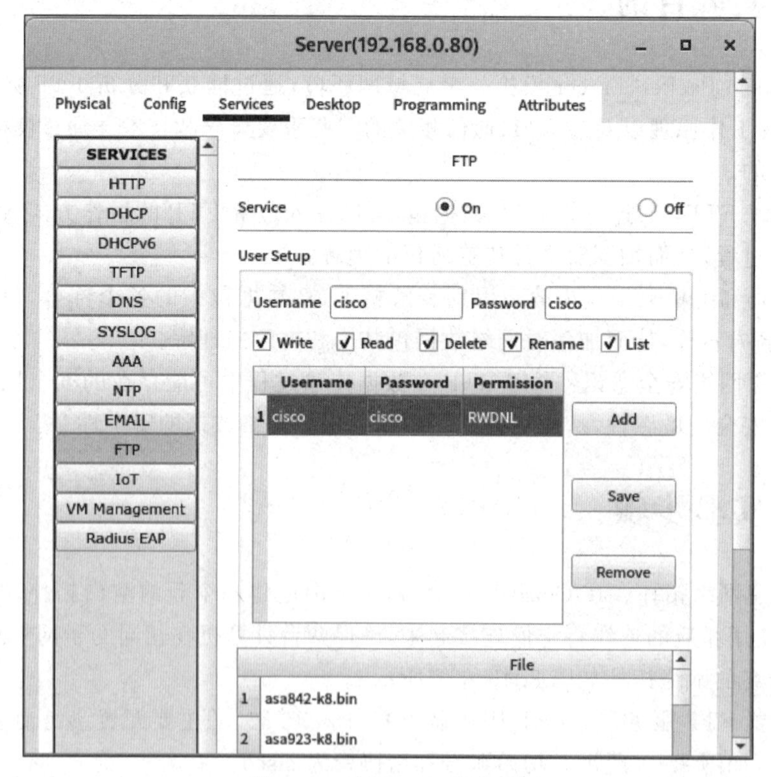

图 8.41　配置 FTP 服务器

条件，使用 Cisco Packet Tracer 的过滤器功能来筛选特定的 FTP 数据报。

(4) 客户端 PC1 访问 FTP 服务器。如图 8.42 所示，在 PC1 的命令行窗口中，使用 ftp 192.168.0.80 命令登录 FTP 服务器，输入账号和密码，然后执行 dir 命令可以查看 FTP 服务器中可以下载的文件。

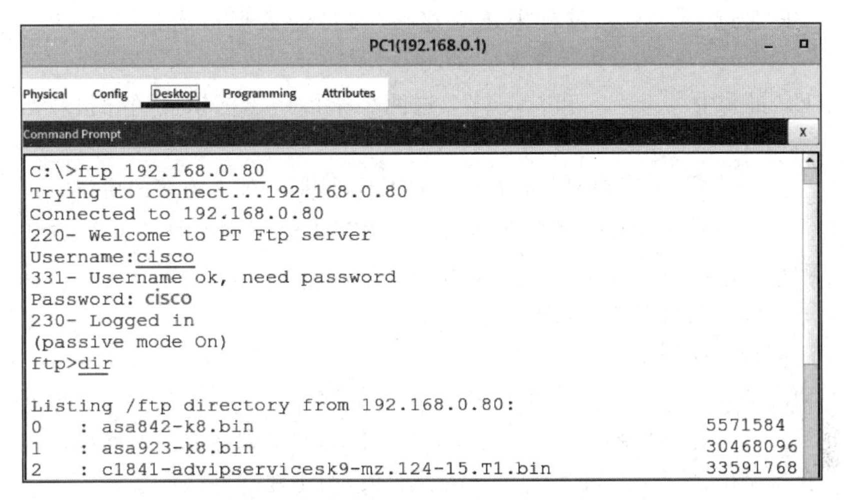

图 8.42 客户端 PC1 访问 FTP 服务器

(5) 观察访问 FTP 服务器的过程。在仿真模式下单击 Play 按钮。观访问 FTP 服务器的过程，如图 8.40 所示。

(6) 分析 FTP 数据包。在图 8.40 右侧 Event List 子窗口中单击 FTP 数据包，看到的 FTP 命令如图 8.43 所示。可以发现账号和密码使用明文进行传输。

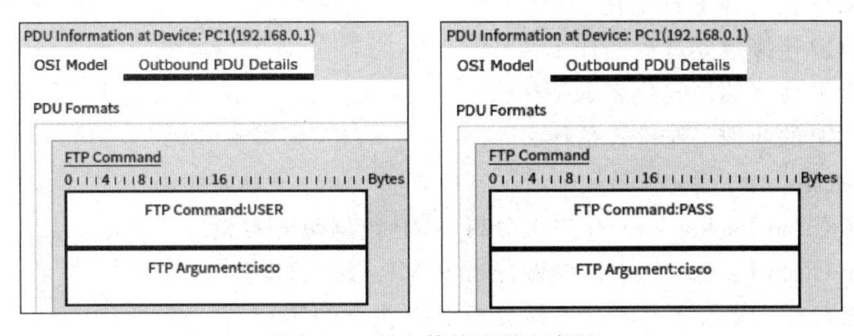

图 8.43 明文传输账号和密码

习 题

1. 填空题

(1) ________用于将网络层地址(IP 地址)解析为数据链路层地址(MAC 地址)。

(2) ARP 在 IPv4 网络中广泛使用，在 IPv6 网络中，ARP 被________所取代。

(3) ________用于在 IP 网络中传递控制消息。

(4) ICMP报文通常被封装在________中,作为其中的数据部分。

(5) ________命令是一种常见的网络工具,用于检查与目的主机之间的连通性。

(6) RIP有两个版本,分别是RIPv1和________。

(7) ________是一种面向连接的、可靠的、基于字节流的传输层协议。

(8) TCP通过________过程来建立连接,在传输数据后通过________过程释放连接。

(9) TCP报文中________和________这两个字段用于标识发送和接收数据的应用程序。

(10) ________是一种传输层协议,与TCP不同,是一种无连接的协议。

(11) ________被用于标识和区分运行在计算机上的多个进程或服务。

(12) 端口号的范围为1～65 535,被分为三类:________、注册端口、动态端口。

(13) 系统端口比较常见,范围从1到________。

(14) 注册端口范围从________到49 151。

(15) 动态端口或________范围为49 152～65 535。

(16) ________是网络编程中的概念,用于通信的两个端点之间的连接。

(17) 套接字由________和________组合而成,用于建立网络连接。

(18) 套接字可以是流式套接字(使用TCP)或________(使用UDP)。

(19) ________用于在Web浏览器和Web服务器之间传输超文本内容。

(20) ________用于在客户端和服务器之间传输加密的超文本内容,例如安全网页。

(21) FTP有两种工作模式:________和被动模式。

2. 简答题

(1) ARP的工作原理是什么?

(2) TCP连接建立过程是什么?

(3) TCP连接的形式化表示是什么?

(4) FTP的两种工作模式是什么?

3. 上机题

(1) 在Cisco Packet Tracer中做分析ARP数据包的实验。

(2) 在Cisco Packet Tracer中做分析ICMP报文的实验。

(3) 在Cisco Packet Tracer中做分析RIP报文的实验。

(4) 在Cisco Packet Tracer中做分析TCP连接建立过程的实验。

(5) 在Cisco Packet Tracer中做分析UDP数据报的实验。

(6) 在Cisco Packet Tracer中做分析HTTP数据包的实验。

(7) 在Cisco Packet Tracer中做分析HTTPS数据包的实验。

(8) 在Cisco Packet Tracer中做分析FTP数据包的实验。

项目 9　无线局域网搭建

本章学习目标

- 理解无线局域网搭建的基本概念和原理。
- 掌握采用胖 AP 的无线局域网搭建的方法和步骤。
- 掌握采用瘦 AP 的无线局域网搭建的方法和步骤。
- 比较和分析胖 AP 和瘦 AP 在无线局域网搭建中的优缺点。
- 理解不同类型 AP 在无线网络中的角色和功能。
- 学会配置和管理无线局域网的关键技能，如网络设置、安全设置等。
- 掌握如何根据不同场景需求选择合适的无线局域网搭建方案。

随着信息技术的飞速发展和移动设备的普及，无线局域网已成为现代生活和工作中不可或缺的一部分。本章深入探讨无线局域网的搭建过程，特别是两种常见的搭建方式：采用胖 AP 搭建无线局域网，采用瘦 AP 搭建无线局域网。

9.1　实验 9-1：采用胖 AP 的无线局域网搭建

9.1.1　背景知识

Wi-Fi 是当今使用最广的一种无线网络传输技术。实际上就是把有线网络信号转换成无线信号，供支持其技术的相关计算机、手机等接收。无线局域网(WLAN)是一种使用无线通信技术(如 Wi-Fi)连接设备的局域网(LAN)，允许设备通过无线连接进行数据传输和通信。与传统的有线网络相比，WLAN 具有移动性、灵活性和便捷性等优点。在 WLAN 中，接入点(AP)是连接无线终端和有线网络的设备，负责将无线信号转换为有线信号，实现数据的传输。

实验 9-1：采用胖 AP 的无线局域网搭建

无线路由器是 WLAN 的核心设备，负责将有线网络连接转换为无线信号，并提供网络连接和路由功能，可以连接多个无线设备。

无线局域网控制器(wireless LAN controller，WLC)是用于配置和管理 WLAN 的中央控制设备。它可以集中管理多个无线接入点和客户端设备，并提供集中式的配置、安全性和管理功能。

无线客户端是连接到无线网络的终端设备，例如笔记本电脑、智能手机、平板电脑等。

它可以通过无线路由器或接入点连接到网络,并与其他设备进行通信和数据交换。

瘦 AP(thin AP)是指仅提供最基本的无线接入功能的无线接入点设备,大部分管理和控制功能由 WLC 承担。

胖 AP(fat AP)是一种集成了路由、交换、无线接入和认证等功能于一身,具有较高处理能力和管理功能的自主型无线接入点设备。胖 AP 独立管理局域网中的无线客户端和提供无线接入服务,功能包括接入控制、SSID 配置、安全策略等。胖 AP 与传统的瘦 AP 相比,胖 AP 具有更多的配置和管理功能,可以不依赖 WLC。胖 AP 可以通过配置和管理工具进行设置和管理,可以自定义无线网络的参数和安全策略等。

无线接入点(access point,AP)也称为无线网桥、无线网关,是连接有线和无线网络的设备,它作为 WLAN 中的中继器,将有线网络信号转换为无线信号,并提供给无线设备进行连接和通信。AP 主要用于宽带家庭、大楼内部、校园内部、园区内部以及仓库、工厂等需要无线监控的地方,典型距离覆盖几十米至上百米,也有可以用于远距离传送。

服务集标识(service set identifier,SSID)也称为网络名称,用于标识 WLAN 的名称,当使用多个无线接入点时,需要保持相同的 SSID 以提供无缝漫游功能。SSID 技术也可以将一个无线局域网分为几个需要不同身份验证的子网络,每一个子网络都需要独立的身份验证,只有通过身份验证的用户才可以进入相应的子网络,防止未被授权的用户进入本网络。

WLAN 通常涉及多个设备,如无线 AP、无线路由器、无线网卡等。这些设备一起工作以支持无线网络连接和通信。

WLAN 面临的安全问题主要包括数据泄露、非法接入和网络攻击等。为了解决这些问题,可以采用加密技术、访问控制和网络隔离等技术手段。同时,应该注意保护好设备的物理安全,避免非法接入。在 WLAN 中,保护数据传输的安全性至关重要。WLAN 安全接入是确保 WLAN 安全的重要步骤之一,包括使用合适的加密协议(如 WPA2-PSK)来保护无线网络通信,设置强密码以防止未经授权的访问,使用访问控制列表(ACL)限制允许连接到无线网络的设备。

9.1.2 实验目的

基于模拟器设计并实现采用胖 AP 的无线局域网,了解 WLAN 和胖 AP 的基本概念和工作原理,掌握胖 AP 的配置和管理方法。提高网络工程实践能力和解决实际问题的能力。通过模拟实验深入了解以下几个方面。

(1) 胖 AP 的概念:理解胖 AP(也称为自治 AP)的概念和工作原理。胖 AP 是一种独立的无线接入点,具有自主运行的能力,可以处理传输和管理无线网络的功能。

(2) 无线网络的设置和配置:掌握如何设置和配置无线网络。通过实践,可以了解如何设置基本的无线网络参数(如 SSID、频道、加密协议等)、调整发射功率、配置 MAC 地址过滤等。

(3) 胖 AP 的管理功能:熟悉胖 AP 的管理功能。学习如何通过胖 AP 管理界面进行配置更改、监视网络性能、检测无线客户端等。

（4）无线网络的连接和通信：掌握如何让无线设备（如笔记本电脑、智能手机）连接到无线网络，并测试其与其他设备之间的通信。

（5）DHCP 服务：掌握 DHCP 的配置。DHCP 用于自动分配 IP 地址、网关、子网掩码等网络配置给连接到网络的设备。DHCP 服务可由网络设备（如路由器）提供，以简化网络配置和管理过程。

通过完成这个实验，读者可以更好地理解无线局域网技术的实际应用和实现方式，掌握胖 AP 的配置和管理方法，提高自己的网络工程实践能力，以及掌握一些常见网络协议和服务的配置方法。同时，还可以为进一步学习无线网络技术和网络协议打下基础。

9.1.3 实验步骤

1. 创建网络拓扑

在 Cisco Packet Tracer 中创建一个新的空白拓扑，然后添加所需的设备，包括路由器、交换机、计算机等，使用相应的连线将它们连接起来。最终的网络拓扑如图 9.1 所示，共包含数据中心、学院 1～学院 4 五部分。

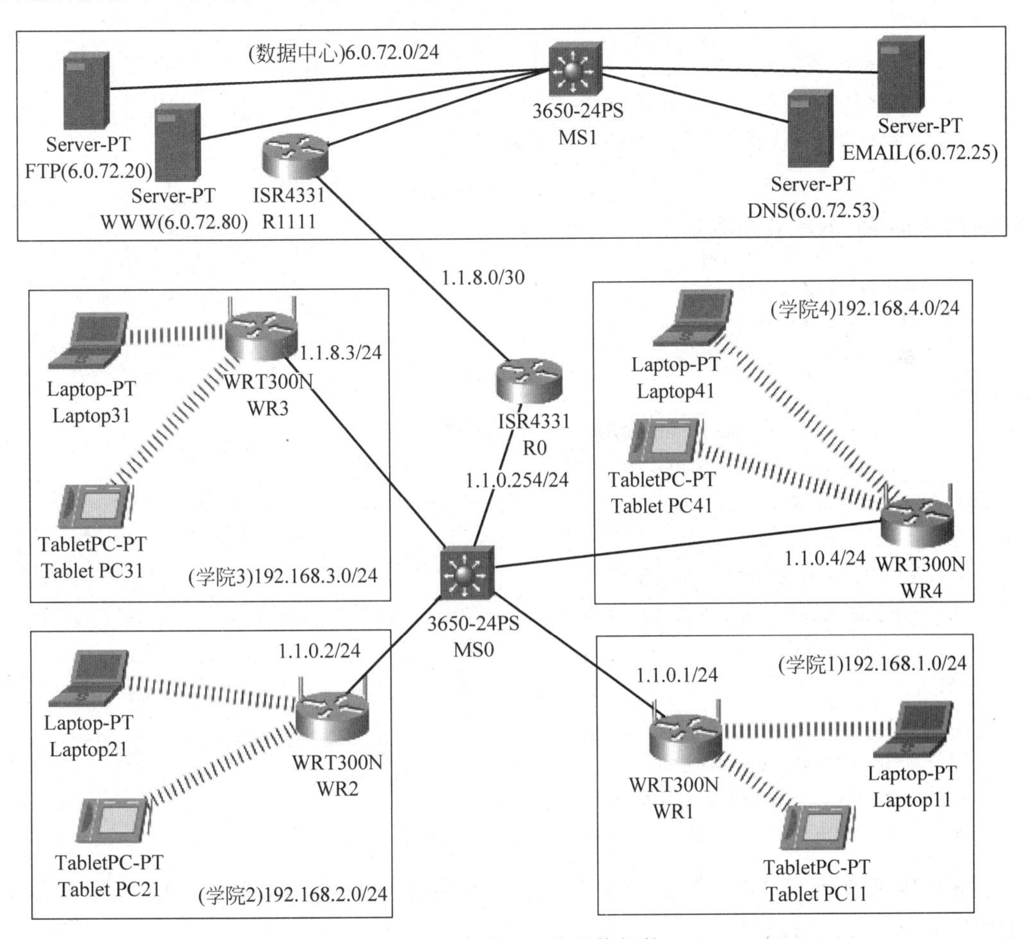

图 9.1 实验 9-1 的网络拓扑

2. 配置数据中心部分

数据中心部分需要配置的设备有路由器 R1111、路由器 R0、DNS 服务器、WWW 服务器、FTP 服务器、EMAIL 服务器。

路由器 R1111 的配置命令如下。

```
 1: enable
 2: configure terminal
 3: hostname R1111
 4: !
 5: interface GigabitEthernet0/0/0
 6:   ip address 6.0.72.254 255.255.255.0
 7:   no shutdown
 8: !
 9: interface GigabitEthernet0/0/1
10:   ip address 1.1.8.2 255.255.255.252
11:   no shutdown
12: !
13: router ospf 1
14:   network 6.0.72.0 0.0.0.255 area 0
15:   network 1.1.8.0 0.0.0.3 area 0
16: !
```

路由器 R0 的配置命令如下。

```
 1: enable
 2: configure terminal
 3: hostname R0
 4: !
 5: interface GigabitEthernet0/0/0
 6:   ip address 1.1.0.254 255.255.255.0
 7:   no shutdown
 8: !
 9: interface GigabitEthernet0/0/1
10:   ip address 1.1.8.1 255.255.255.252
11:   no shutdown
12: !
13: router ospf 1
14:   log-adjacency-changes
15:   network 1.1.8.0 0.0.0.3 area 0
16:   network 1.1.0.0 0.0.0.255 area 0
```

WWW 服务器、FTP 服务器、EMAIL 服务器的主要配置参考前文。DNS 服务器的主要配置如图 9.2 所示。

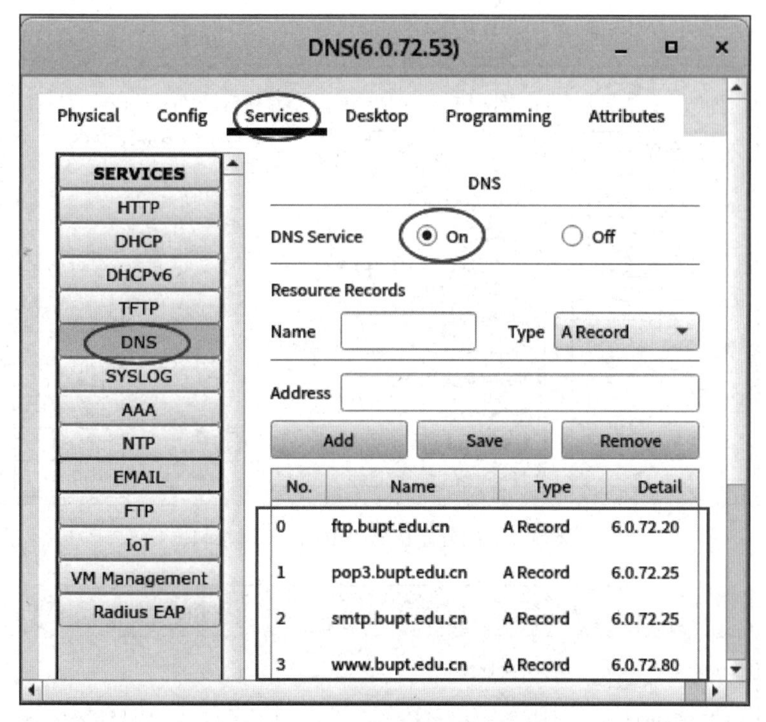

图 9.2 DNS 服务器的主要配置

3. 配置学院 1 部分

学院 1 部分需要配置的设备有路由器 WR1(WRT300N)、笔记本电脑或平板电脑。

在 Cisco Packet Tracer 中，WRT300N 和 HomeRouter-PT-AC 都代表无线路由器，但它们是两种不同的设备和模型。WRT300N 是 Linksys 品牌的一款无线路由器，属于 N 系列，支持 802.11n 无线标准，具有较高的无线传输速度和更广泛的覆盖范围。WRT300N 通常用于家庭和小型企业网络，提供有线和无线连接功能，支持多种网络安全功能和 VPN 配置。HomeRouter-PT-AC 是 Cisco Packet Tracer 软件中模拟的一种无线路由器设备。它不是一个真实的物理设备，而是一个虚拟设备，用于在模拟环境中模拟无线路由器的功能和行为。在 Cisco Packet Tracer 中，可以将 HomeRouter-PT-AC 添加到网络拓扑图中，并配置其无线和有线接口、路由协议、安全设置等，以模拟真实网络环境中的无线路由器。由于 HomeRouter-PT-AC 是一个虚拟设备，它的功能和性能可能与真实的无线路由器有所不同。此外，不同的软件版本可能会引入新的虚拟设备或更改现有设备的名称和功能。

路由器 WR1 的主要配置如图 9.3～图 9.6 所示。

将无线客户端设备(如笔记本电脑或智能手机)连接到胖 AP 所创建的无线网络。笔记本电脑 Laptop11 的主要配置如图 9.7 所示。注意：SSID 为 WR1。Laptop21、Laptop31、Laptop41、Tablet PC11、Tablet PC21、Tablet PC31、Tablet PC41 都进行类似的设置。

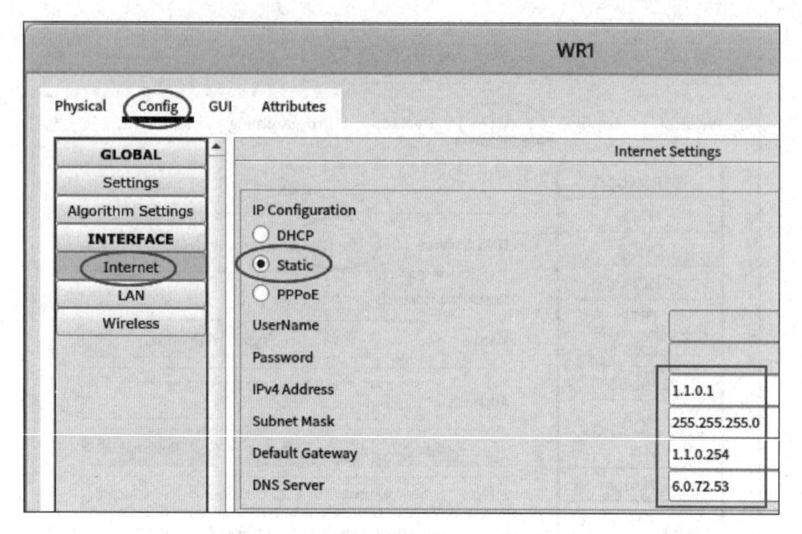

图 9.3　配置路由器 WR1 的外网接口

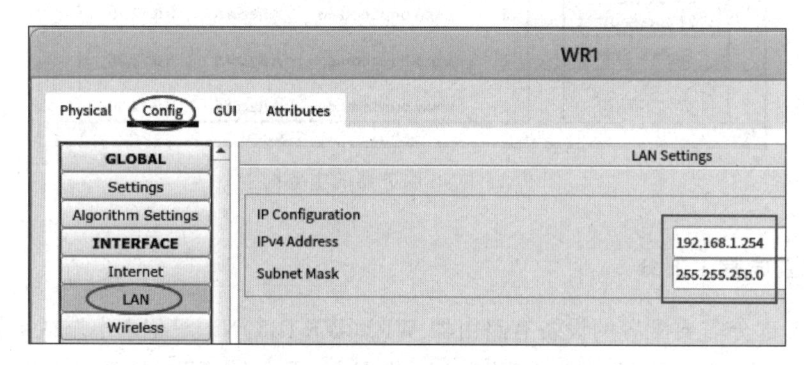

图 9.4　配置路由器 WR1 的内网接口

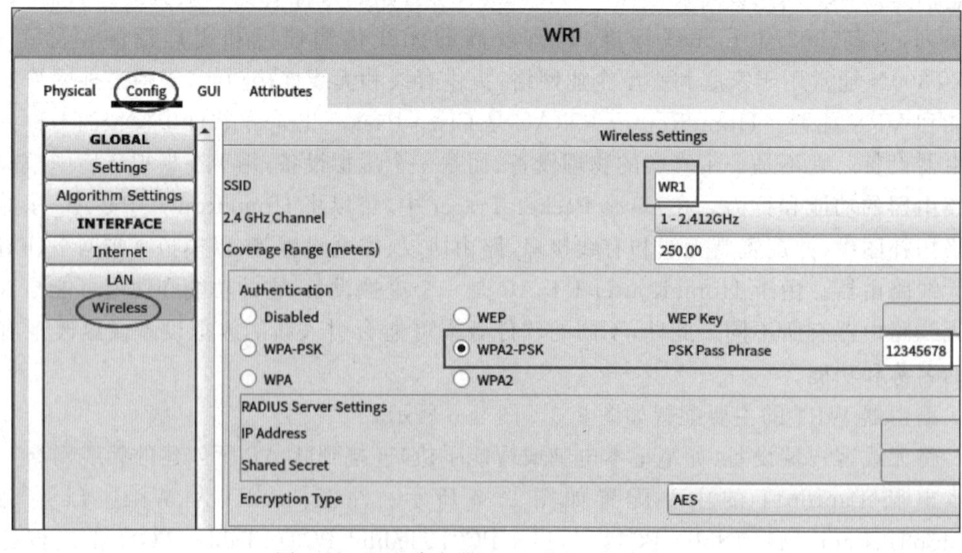

图 9.5　配置路由器 WR1 的 SSID 和密码

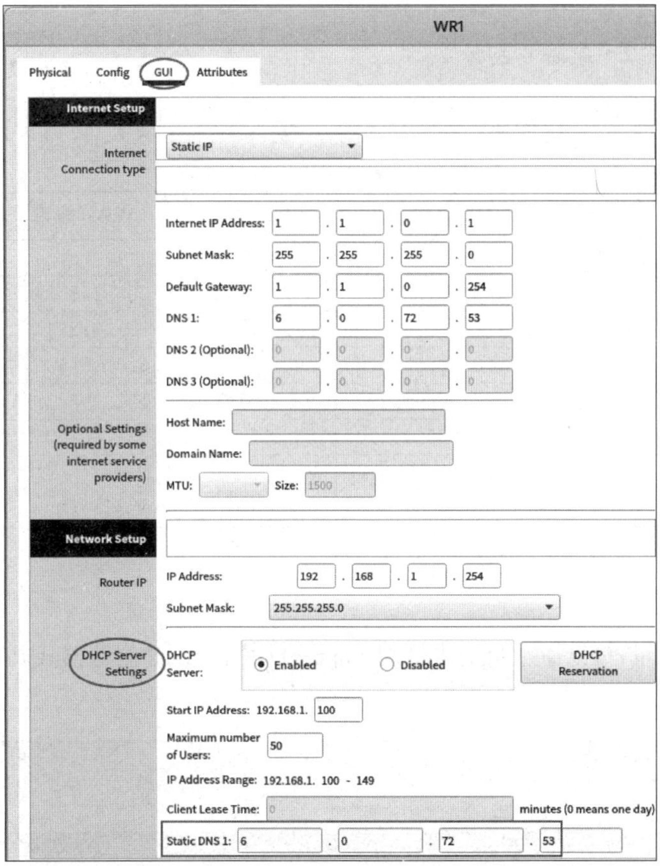

WR1
Physical
Config
GUI
Attributes
Internet Setup
Internet Connection type
Static IP
Internet IP Address: 1 . 1 . 0 . 1
Subnet Mask: 255 . 255 . 255 . 0
Default Gateway: 1 . 1 . 0 . 254
DNS 1: 6 . 0 . 72 . 53
DNS 2 (Optional): 0 . 0 . 0 . 0
DNS 3 (Optional): 0 . 0 . 0 . 0
Optional Settings (required by some internet service providers)
Host Name:
Domain Name:
MTU:
Size: 1500
Network Setup
Router IP
IP Address: 192 . 168 . 1 . 254
Subnet Mask: 255.255.255.0
DHCP Server Settings
DHCP Server:
Enabled
Disabled
DHCP Reservation
Start IP Address: 192.168.1. 100
Maximum number of Users: 50
IP Address Range: 192.168.1. 100 - 149
Client Lease Time: 0
minutes (0 means one day)
Static DNS 1: 6 . 0 . 72 . 53

图 9.6　配置路由器 WR1 针对内网的 DHCP 服务器

Laptop11
Physical
Config
Desktop
Programming
Attributes
GLOBAL
Settings
Algorithm Settings
INTERFACE
Wireless0
Bluetooth
Wireless0
Port Status
On
Bandwidth
300 Mbps
MAC Address
00D0.FFCD.859A
SSID
WR1
Authentication
Disabled
WEP
WEP Key
WPA-PSK
WPA2-PSK
PSK Pass Phrase
12345678
User ID
WPA
WPA2
Password
802.1X
Method:
MD5
User Name
Password
Encryption Type
AES
IP Configuration
DHCP
Static
IPv4 Address
192.168.1.103
Subnet Mask
255.255.255.0

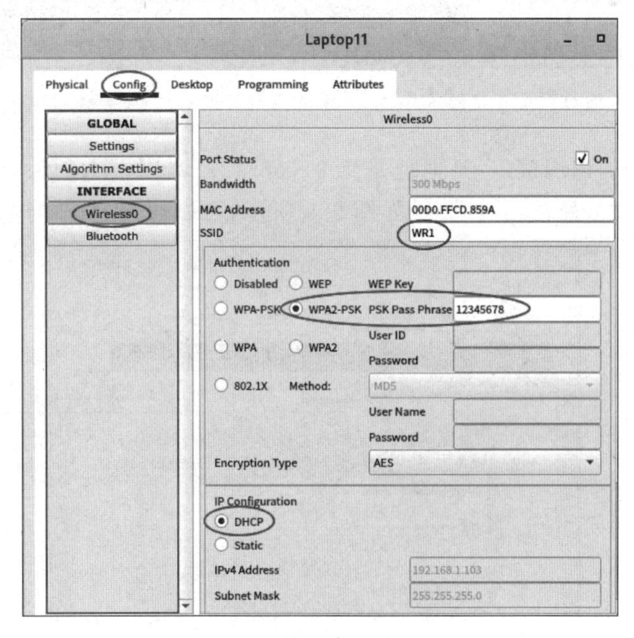

图 9.7　配置笔记本电脑 Laptop11

4. 配置学院 2～学院 4 部分

学院 2～学院 4 部分的配置过程和学院 1 部分配置过程类似。具体参数见表 9.1。

表 9.1　4 个学院的配置参数

接　口	网络参数	WR1(学院 1)	WR2(学院 2)	WR3(学院 3)	WR4(学院 4)
Internet settings(外网接口)	IP 地址	1.1.0.1	1.1.0.2	1.1.0.3	1.1.0.4
	子网掩码	255.255.255.0	255.255.255.0	255.255.255.0	255.255.255.0
	网关	1.1.0.254	1.1.0.254	1.1.0.254	1.1.0.254
	DNS 地址	6.0.72.53	6.0.72.53	6.0.72.53	6.0.72.53
LAN(内网接口)	IP 地址	192.168.1.254	192.168.2.254	192.168.3.254	192.168.4.254
	子网掩码	255.255.255.0	255.255.255.0	255.255.255.0	255.255.255.0
wireless	SSID WPA2-PSK	WR1 12345678	WR2 12345678	WR3 12345678	WR4 12345678

5. 测试

如图 9.8 所示,可以通过笔记本电脑 Laptop11 中的 Web 浏览器成功访问 www.bupt.edu.cn。

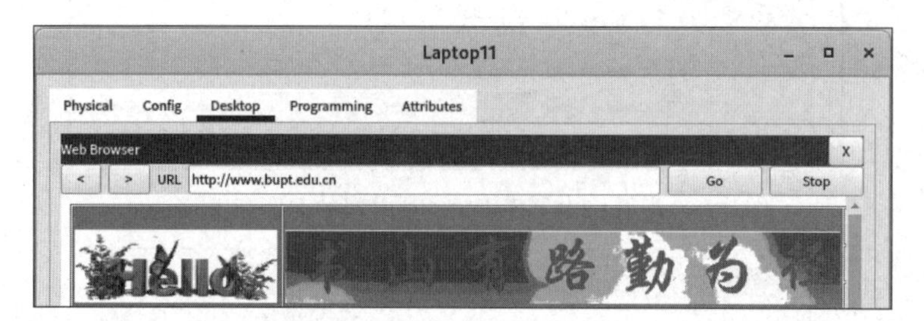

图 9.8　通过笔记本电脑 Laptop11 中的浏览器成功访问 www.bupt.edu.cn

路由器 WR1 的内网接口 IP 地址是 192.168.1.254,内网中的计算机可以通过这个 IP 地址来管理该无线路由器 WR1。如图 9.9 所示,可以通过笔记本电脑 Laptop11 中的

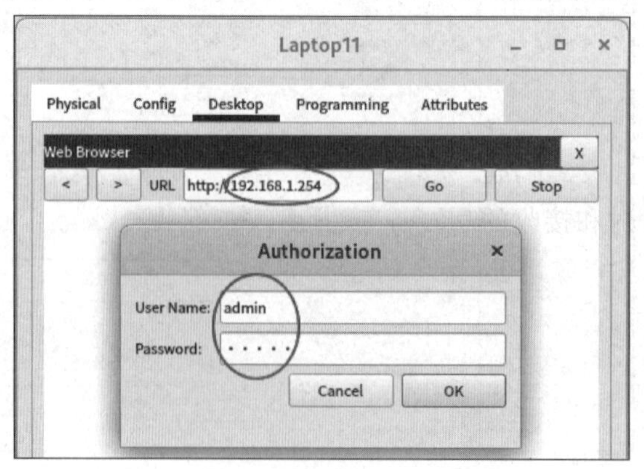

图 9.9　无线路由器 WR1 的登录窗口

Web 浏览器访问 192.168.1.254，显示登录窗口，输入初始用户名 admin 和密码 admin，单击 OK 按钮，登录无线路由器 WR1，进入 Web 管理页面，如图 9.10 所示，单击 Web 管理界面中的 Administration，可以更改无线路由器 WR1 的登录密码，并设置是否允许远程管理等。

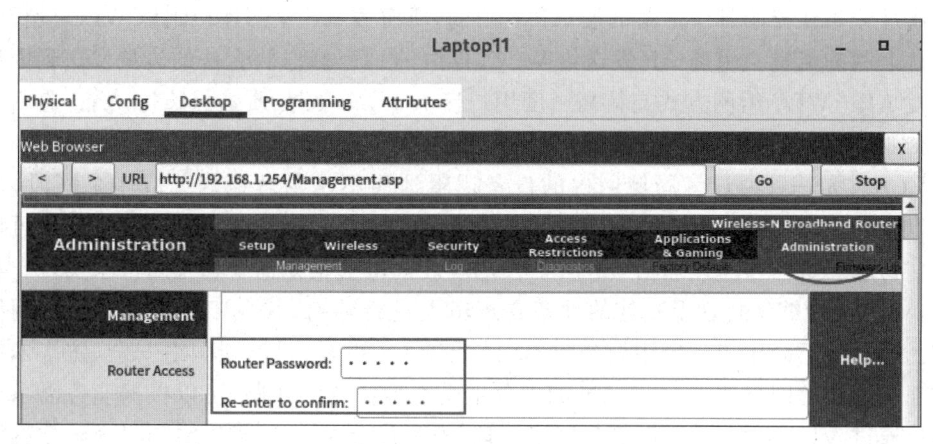

图 9.10 无线路由器 WR1 的 Web 管理界面

9.2 实验 9-2：采用瘦 AP 的无线局域网搭建

9.2.1 背景知识

瘦 AP 是一种与无线网络控制器(WLC)配合使用的无线接入点设备。与胖 AP 相比，瘦 AP 的功能相对简单，主要负责无线信号的接入和传输，而大部分的管理和配置功能都由 WLC 来完成。通过将 AP 与 WLC 进行集中管理和配置，可以实现无线网络的统一管理和安全策略的统一部署。

实验 9-2：采用瘦 AP 的无线局域网搭建

无线局域网(WLAN)是指使用无线通信技术连接设备的局域网。它通过 AP 提供无线网络连接，使设备可以通过无线信号发送和接收数据。

瘦 AP 也称为轻量级 AP，是一种只提供无线连接功能的无线访问点设备。瘦 AP 通常只负责无线信号发射和接收的功能，而其他的网络管理功能(如数据转发、安全认证等)则由集中式的 WLC 来完成。

WLC 是一个集中管理和控制无线网络的设备或软件。它负责配置和管理瘦 AP，分配无线频道，控制无线访问，处理安全认证，优化无线信号等功能。WLC 与瘦 AP 之间通过控制协议(如 CAPWAP)进行通信。

CAPWAP(control and provisioning of wireless access points protocol specification，无线接入点的控制和配置协议)是一种用于无线网络中瘦 AP 与 WLC 之间通信的协议。

它定义了瘦 AP 如何与 WLC 建立连接、发送管理和控制信息的方式,在无线网络中起到承载和管理数据流量的作用。

目前,无线校园网通常采用瘦 AP+WLC 的组网方式。WLC 负责处理一个大的物理区域的流量,一般直接接入核心网。WLC 并不提供无线信号发射功能,手机搜到的信号是通过分布在校园各个角落的瘦 AP 发射的,所有瘦 AP 全部连接到该 WLC 进行统一管理。上网的流量会由瘦 AP 发送给 WLC,再由 WLC 处理,将合法的流量发送到因特网中。瘦 AP+WLC 组网方式支持高密度用户接入、无缝漫游、质量保障等功能,适用于中大型企业、商场、学校等需要覆盖面广、用户密度大的场所。

VLAN 是一种通过将局域网内的设备逻辑地而不是物理地划分成多个网段(广播域),以实现灵活的网络管理和提高网络安全性的技术。每个 VLAN 内部的设备可以像在同一物理局域网内一样通信,而不同 VLAN 之间的通信则需要通过路由来实现。具体来说,VLAN 能够将物理上相连的设备在逻辑上进行隔离,减少广播流量对整个网络的影响。通过将不同用户或应用划分到不同的 VLAN 中,可以增强网络安全,防止未授权的访问和潜在的网络攻击。VLAN 的划分不受物理位置的限制,可以根据业务需求灵活调整。通过 VLAN 划分,可以简化网络管理,因为每个 VLAN 可以看作一个独立的网络实体,可以单独进行配置和管理。

Wi-Fi(wireless fidelity,无线保真)是一种允许电子设备连接到一个无线局域网(WLAN)的技术。Wi-Fi 无线局域网采用基于 IEEE 802.11 标准的无线局域网络技术,是无线局域网的一种常见形式。Wi-Fi 无线局域网中,无线路由器充当无线接入点(access point,AP),将有线网络连接转换为无线信号发射。无线网卡用于接收和发送 Wi-Fi 信号。客户端设备(比如笔记本电脑、智能手机、平板电脑等)通过无线网卡连接到 Wi-Fi 网络。

Wi-Fi 无线局域网使用无线电波进行数据传输,这些无线电波通过空气传播,而不需要物理电缆连接。当设备(如智能手机、笔记本电脑等)连接到 Wi-Fi 网络时,它们会发送和接收无线电波以交换数据。

Wi-Fi 网络需要一个或多个接入点(也称为无线路由器或热点),这些设备负责将无线信号转换为有线信号,以便与互联网或其他网络进行连接。接入点还负责管理和控制网络中的设备,确保它们可以相互通信并安全地访问网络资源。

Wi-Fi 无线局域网使用 CSMA/CA 协议,设备在传输数据前会检测信道是否空闲,以避免冲突。同时,Wi-Fi 也使用 RTS/CTS 协议来降低因信道繁忙导致的数据包冲突。Wi-Fi 使用不同的调制技术,如 OFDM 和 QAM,以实现更高的数据传输速率和更好的信号传输质量。

由于 Wi-Fi 信号是无线传输的,因此安全性是一个重要的问题。为了保护数据的安全,Wi-Fi 网络通常使用加密技术,如 WPA2(wi-fi protected access 2)等,对传输的数据进行加密。此外,还采取其他安全措施,如 MAC 地址过滤、SSID 隐藏等,来增强网络的安全性。

Wi-Fi 网络的信号范围取决于接入点的功率和配置,通常在几十米到几百米之间。Wi-Fi 网络的传输速度也因不同的标准和设备而有所不同,从早期的 802.11b 标准的

11Mbit/s，到现在的 802.11ax(Wi-Fi 6)标准的最高可达 9.6Gbit/s。

Wi-Fi 网络使用不同的频段和信道进行数据传输。常见的 Wi-Fi 频段包括 2.4GHz 和 5GHz。不同的频段和信道具有不同的特性，如传输速度、穿透能力、覆盖范围和干扰情况。选择合适的频段和信道对于优化 Wi-Fi 网络的性能非常重要。

9.2.2 实验目的

基于模拟器设计并实现采用瘦 AP 的无线局域网，了解 WLC 和瘦 AP 的基本概念和工作原理，掌握瘦 AP＋WLC 组网方法。通过模拟实验深入了解以下几个方面。

(1) 瘦 AP 和 WLC 的概念：理解瘦 AP 的工作原理、功能和特点，以及 WLC 在无线局域网中扮演的角色。

(2) 无线网络设备的配置：熟悉瘦 AP 和 WLC 的配置过程，包括设置无线网络名称、安全设置(如加密方式和密码)、无线频道等。

(3) 无线网络管理功能：了解 WLC 提供的无线网络管理功能，如瘦 AP 的集中管理、配置下发、固件升级、性能优化、安全认证等。

(4) VLAN 的应用：会使用 VLAN 将无线网络划分为多个逻辑网络，以实现不同用户和设备之间的隔离和管理。

通过完成这个实验，读者将建立起对瘦 AP 无线局域网搭建过程的实际操作经验，提高网络工程实践能力和解决实际问题的能力，并且能够更好地理解和掌握集中式无线网络管理的基本原理和技术。

9.2.3 实验步骤

1. 创建网络拓扑

在 Cisco Packet Tracer 中创建一个新的空白拓扑，然后添加所需的设备，包括三层交换机、计算机、瘦 AP 和 WLC 等，使用相应的连线将它们连接起来。最终的网络拓扑如图 9.11 所示，共包含数据中心、学院 1～学院 4 五部分。

2. 配置数据中心部分

数据中心部分需要配置的设备有三层交换机 MS1～MS4、无线网络控制器 WLC0、DNS 服务器、WWW 服务器、FTP 服务器。

WWW 服务器、FTP 服务器、DNS 服务器的主要配置参考前文。

三层交换机 MS1 的配置命令如下。

```
1: enable
2: configure terminal
3: hostname MS1
4: interface VLAN 5
5:   ip address 6.0.72.254 255.255.255.0
6:   exit
```

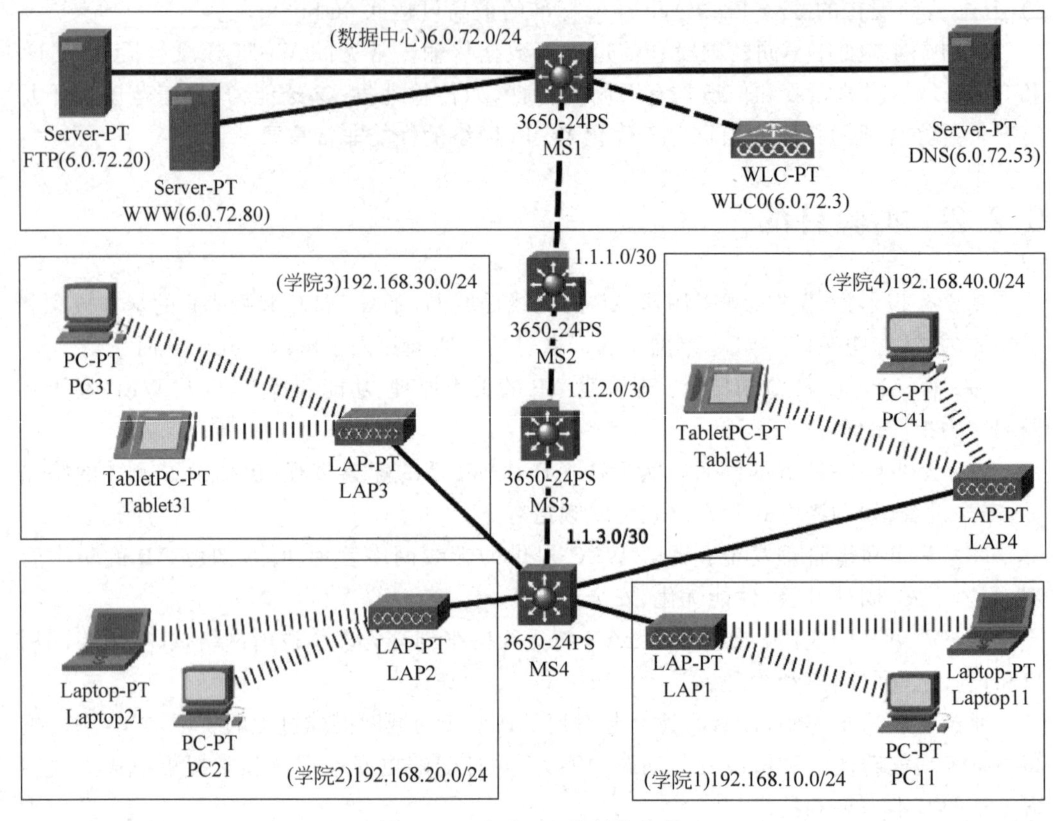

图 9.11　实验 9-2 的网络拓扑

```
 7: interface GigabitEthernet1/0/24
 8:   no switchport
 9:   ip address 1.1.1.1 255.255.255.252
10:   exit
11: interface GigabitEthernet1/0/1
12:   switchport access VLAN 5
13:   switchport mode access
14:   switchport nonegotiate
15:   exit
16: interface GigabitEthernet1/0/2
17:   switchport access VLAN 5
18:   switchport mode access
19:   switchport nonegotiate
20:   exit
21: interface GigabitEthernet1/0/3
22:   switchport access VLAN 5
23:   switchport mode access
24:   switchport nonegotiate
25:   exit
26: interface GigabitEthernet1/0/4
27:   switchport access VLAN 5
28:   switchport mode access
29:   switchport nonegotiate
```

```
30:   exit
31: interface GigabitEthernet1/0/5
32:   switchport access VLAN 5
33:   switchport mode access
34:   switchport nonegotiate
35:   exit
36: ip routing
37: router ospf 1
38:   network 1.1.1.0 0.0.0.3 area 0
39:   network 6.0.72.0 0.0.0.255 area 0
```

三层交换机 MS2 和 MS3 的配置命令如下。

MS2 的配置命令

```
 1: enable
 2: configure terminal
 3: hostname MS2
 4: interface GigabitEthernet1/0/1
 5:   no switchport
 6:   ip address 1.1.1.2 255.255.255.252
 7:   exit
 8: interface GigabitEthernet1/0/2
 9:   no switchport
10:   ip address 1.1.2.2 255.255.255.252
11:   exit
12: ip routing
13: router ospf 1
14:   network 1.1.1.0 0.0.0.3 area 0
15:   network 1.1.2.0 0.0.0.3 area 0
```

MS3 的配置命令

```
 1: enable
 2: configure terminal
 3: hostname MS3
 4: interface GigabitEthernet1/0/1
 5:   no switchport
 6:   ip address 1.1.2.1 255.255.255.252
 7:   exit
 8: interface GigabitEthernet1/0/2
 9:   no switchport
10:   ip address 1.1.3.2 255.255.255.252
11:   exit
12: ip routing
13: router ospf 1
14:   network 1.1.2.0 0.0.0.3 area 0
15:   network 1.1.3.0 0.0.0.3 area 0
```

三层交换机 MS4 的配置命令如下。

```
 1: enable
 2: configure terminal
 3: hostname MS4
 4: interface GigabitEthernet1/0/24
 5:   no switchport
 6:   ip address 1.1.3.1 255.255.255.252
 7:   exit
 8: interface GigabitEthernet1/0/1
 9:   switchport trunk native VLAN 10
10:   switchport mode trunk
11:   switchport nonegotiate
12:   exit
13: interface GigabitEthernet1/0/2
14:   switchport trunk native VLAN 20
15:   switchport mode trunk
16:   switchport nonegotiate
17:   exit
18: interface GigabitEthernet1/0/3
19:   switchport trunk native VLAN 30
```

```
20:   switchport mode trunk
21:   switchport nonegotiate
22:   exit
23: interface GigabitEthernet1/0/4
24:   switchport trunk native VLAN 40
25:   switchport mode trunk
26:   switchport nonegotiate
27:   exit
28: interface VLAN 10
29:   ip address 192.168.10.254 255.255.255.0
30:   ip helper - address 6.0.72.3
31:   exit
32: interface VLAN 20
33:   ip address 192.168.20.254 255.255.255.0
34:   ip helper - address 6.0.72.3
35:   exit
36: interface VLAN 30
37:   ip address 192.168.30.254 255.255.255.0
38:   ip helper - address 6.0.72.3
39:   exit
40: interface VLAN 40
41:   ip address 192.168.40.254 255.255.255.0
42:   ip helper - address 6.0.72.3
43:   exit
44: ip routing
45: router ospf 1
46:   network 192.168.10.0 0.0.0.255 area 0
47:   network 192.168.20.0 0.0.0.255 area 0
48:   network 192.168.30.0 0.0.0.255 area 0
49:   network 192.168.40.0 0.0.0.255 area 0
50:   network 1.1.3.0 0.0.0.3 area 0
```

接下来对无线网络控制器 WLC0 进行配置。如图 9.12 所示,配置 WLC0 的管理接口,包括 IP 地址、子网掩码、网关以及 DNS 服务器信息。

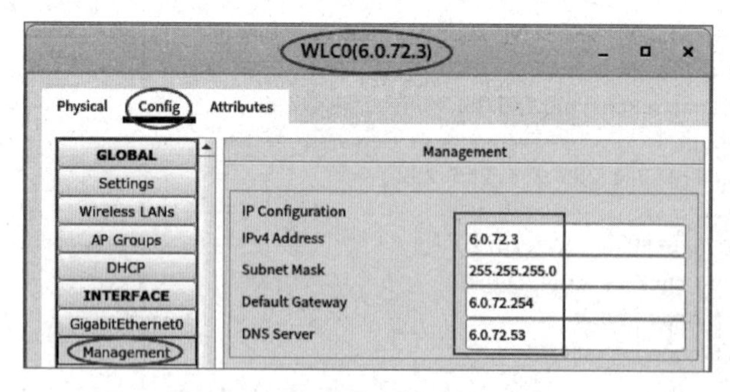

图 9.12　配置 WLC0 的管理接口

如图 9.13 所示,为 WLC0 配置 DHCP 服务器,设置 4 个地址池,分别用于 VLAN10、VLAN20、VLAN30、VLAN40,为四个学院的移动接入设备分配 IP 地址等网络参数。

如图 9.14 所示,为 WLC0 添加要管理的无线局域网 xueyuan1,对应于 VLAN 10,SSID 设置为 xueyuan1。加密协议选用 WPA2-PSK,密码设置为 12345678。重复该步骤

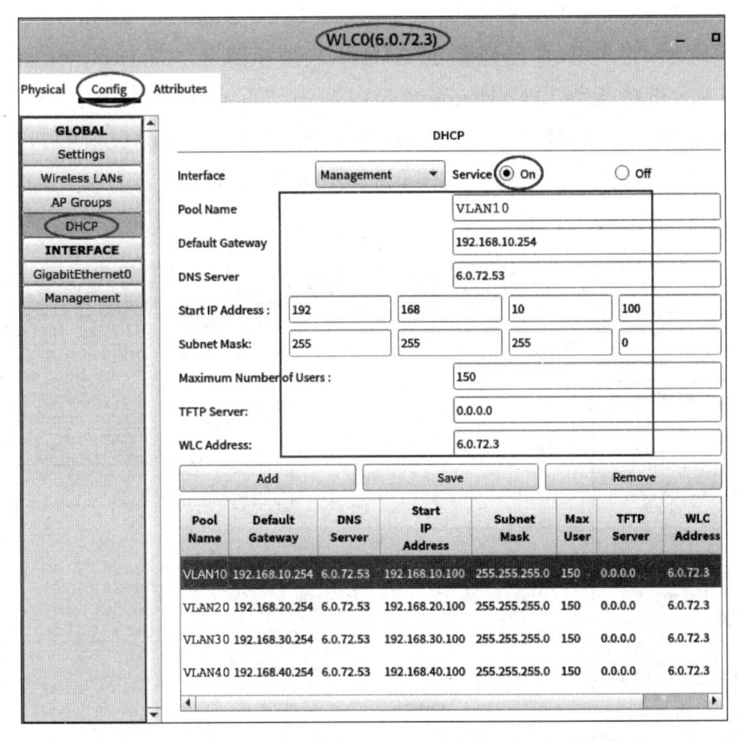

图 9.13　为 WLC0 配置 DHCP 服务器，设置 4 个地址池

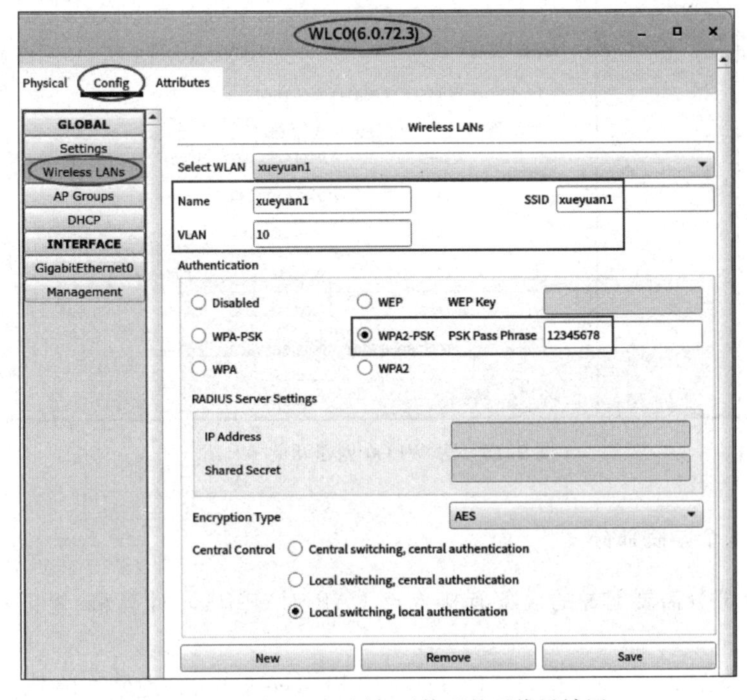

图 9.14　为 WLC0 添加要管理的无线局域网

3 次,为 WLC0 添加要管理的无线局域网 xueyuan2、xueyuan3、xueyuan4。

如图 9.15 所示,为 WLC0 创建新的 AP 组,具体步骤为:单击 New 按钮,输入 AP 的组名为 VLAN 10,选中无线局域网 xueyuan1,选中访问点 LAP1,单击 Save 按钮。重复该步骤 3 次,再为 WLC0 创建 3 个新的 AP 组:VLAN 20(无线局域网 xueyuan2、访问点 LAP2)、VLAN 30(无线局域网 xueyuan3、访问点 LAP3)、VLAN 40(无线局域网 xueyuan4、访问点 LAP4)。

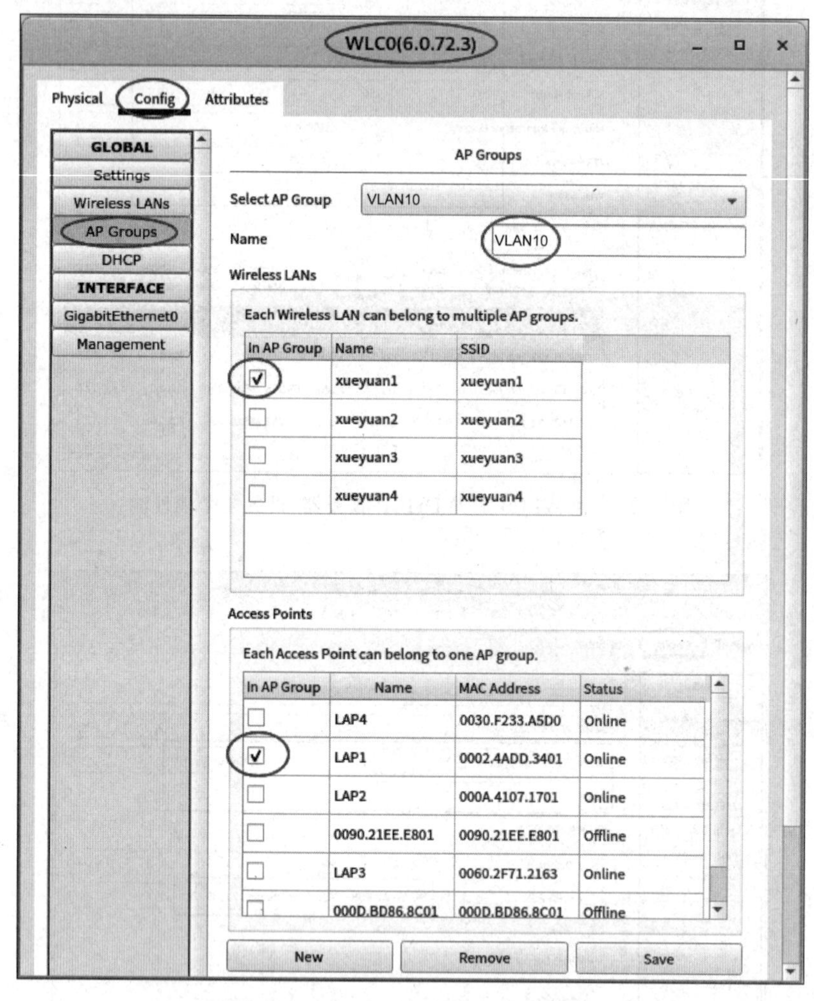

图 9.15 为 WLC0 创建新的 AP 组

3. 配置 4 个学院部分

4 个学院部分需要配置的设备有接入点 LAP(LAP-PT)、计算机、笔记本电脑、平板电脑。

在 Cisco Packet Tracer 中,LAP(lightweight access point)通常指的是一种轻量级的无线接入点。这些接入点与 WLC 协同工作,并依赖 WLC 进行配置和管理。与传统的独立无线接入点不同，LAP 不具备独立运行的能力，必须通过与 WLC 的交互来提供无线服务。因此，在网络拓扑中，4 个接入点（LAP1～LAP4）无须进行配置，只需正确连线即可。计算机、笔记本电脑、平板电脑的网络参数获取方式都采用 DHCP。

4. 测试

如图 9.16 所示，在 PC11（192.168.10.101）中可以 ping 通 Tablet31（192.168.30.100）。

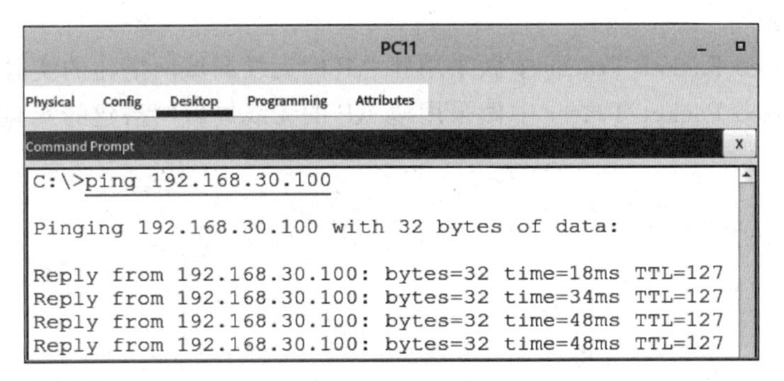

图 9.16　在 PC11 中可以 ping 通 Tablet31

如图 9.17 所示，在 PC11（192.168.10.101）中可以成功访问 www.bupt.edu.cn。

图 9.17　在 PC11 中可以成功访问 www.bupt.edu.cn

习　　题

1. 填空题

（1）________是当今使用最广的一种无线网络传输技术。

（2）________是一种使用无线通信技术（如 Wi-Fi）连接设备的局域网（LAN）。

（3）在 WLAN 中，________是连接无线终端和有线网络的设备。

（4）________是 WLAN 的核心设备，负责将有线网络连接转换为无线信号，并提供网络连接和路由功能，可以连接多个无线设备。

（5）________________是用于配置和管理 WLAN 的中央控制设备。它可以集中管理多个无线接入点和客户端设备。

（6）________是连接到无线网络的终端设备，例如笔记本电脑、智能手机等。

(7) ________________也称为网络名称,用于标识 WLAN 的名称。

(8) 目前,无线校园网通常采用________的组网方式。

(9) Wi-Fi 无线局域网使用________协议。

2. 简答题

(1) 瘦 AP 是什么?

(2) 胖 AP 是什么?

3. 上机题

(1) 在 Cisco Packet Tracer 中做采用胖 AP 的无线局域网搭建的实验。

(2) 在 Cisco Packet Tracer 中做采用瘦 AP 的无线局域网搭建的实验。

项目 10　接入广域网

本章学习目标

- 理解家庭网和企业网接入广域网的重要性和原理。
- 学习配置家庭网和企业网设备以实现对广域网的连接。
- 掌握网络拓扑的规划与设计，在家庭网和企业网中搭建对广域网的连接。
- 理解广域网接入的安全考虑和实践，保障网络通信的安全性。
- 学习如何配置路由器、防火墙等网络设备，确保流量在家庭网、企业网与广域网间的顺畅传输。

本章主要聚焦于接入广域网的项目实践，介绍了两种不同的网络环境（家庭网和企业网）如何接入广域网（WAN）的过程和技术。

10.1　实验 10-1：家庭网接入广域网

10.1.1　背景知识

家庭网（智能家居）通常是指在家庭环境中建立的局域网，用于连接家庭内部的各种设备，例如计算机、智能手机、智能电视等，实现数据传输、设备控制和多媒体应用等功能。它通常由一个家用路由器提供网络连接。

广域网是指覆盖广大地理范围的计算机网络，它通过远程连接将不同地理位置的局域网（比如家庭网络）和企业网连接起来，例如连接不同城市、国家或大洲的网络，实现大范围的数据传输和资源共享。在家庭网接入广域网的过程中，需要使用到各种网络协议和技术，例如 IP 地址分配、路由协议、网络地址转换（NAT）等。同时，还需要考虑到网络安全、隐私保护等问题，采取相应的安全措施来保护用户的个人信息和数据安全。

实验 10-1：家庭网接入广域网

家用路由器是家庭网络的核心设备，它提供了局域网内设备之间的通信，同时也实现了与外部网络（如因特网）的连接。家用路由器通常提供了 NAT 功能，NAT 是一种网络协议转换技术，它将私有 IP 地址转换为公共 IP 地址，以便在局域网中的设备能够通过一个公共 IP 地址与广域网通信。

物联网（Internet of things，IoT）是指通过信息传感设备，如射频识别、红外感应器、全球定位系统、激光扫描器等，按照约定的协议，对任何物品进行信息交换和通信，以实现智能化识别、定位、跟踪、监管等功能的一个网络。它是在因特网基础上延伸和扩展的网络,其用户端延伸和扩展到了任何物品与物品之间,进行信息交换和通信。IoT的应用范围非常广泛,包括智能家居、智能交通、智能医疗、智能工业、智能农业等多个领域。例如,在智能家居领域,IoT技术可以实现家电设备的远程控制和智能化管理,提高生活的便捷性和舒适性;在智能交通领域,IoT技术可以实现车辆信息的实时监控和交通流量的智能调度,提高道路使用效率和交通安全。IoT服务器是专门为IoT应用而设计的服务器,用于处理和管理与IoT设备相关的数据、通信和请求。IoT服务器在IoT系统中扮演着核心的角色,确保设备之间的连接、数据的传输和存储,以及应用的运行。IoT服务器需要支持多种通信协议,以便与不同类型的物联网设备进行通信。这些协议可能包括MQTT、CoAP、HTTP等。

ISP(Internet service provider,因特网服务提供商)主要提供因特网接入服务和相关服务,例如数据传输、电子邮件、Web托管和域名注册等。选择ISP时,用户应考虑多个因素,包括价格、速度、稳定性、客户服务和技术支持等。同时,用户还需要注意ISP的隐私政策和数据使用条款,以确保其个人信息和网络安全得到保护。

10.1.2 实验目的

基于模拟器设计并实现小型家庭网(智能家居)系统,了解家庭网和广域网的基本概念和工作原理,掌握家庭网接入广域网的方式和协议。提高网络工程实践能力和解决实际问题的能力。通过模拟家庭网接入广域网的实践深入了解以下几个方面。

(1) 家庭网布线与配置:学习如何在家庭网中进行布线和配置,包括连接路由器、交换机、计算机等设备的过程。

(2) 路由器配置与管理:了解如何配置和管理家庭网中的路由器,包括设置IP地址、子网掩码、默认网关等参数,以及配置NAT以实现私有IP地址与公网IP地址之间的通信。

(3) DHCP服务配置:学习如何配置和管理家庭网中的DHCP服务,通过此服务为家庭网中的设备动态分配IP地址、网关和DNS服务器等网络配置信息。

通过完成这个实验,读者将能够了解和实践家庭网接入广域网的基本配置和管理,培养网络布线的技能,以及掌握一些常见网络协议和服务的配置方法。

10.1.3 实验步骤

1. 创建网络拓扑

在Cisco Packet Tracer中创建一个新的空白拓扑,然后添加所需的设备,包括路由器、交换机、计算机、智能设备等,使用相应的连线将它们连接起来。最终的网络拓扑如图10.1所示,共包含四部分:ISP机房、智能家居、普通家居、户外场所。ISP机房模拟广域网,智能家居、普通家居和户外场所三部分通过ISP机房互相连接。

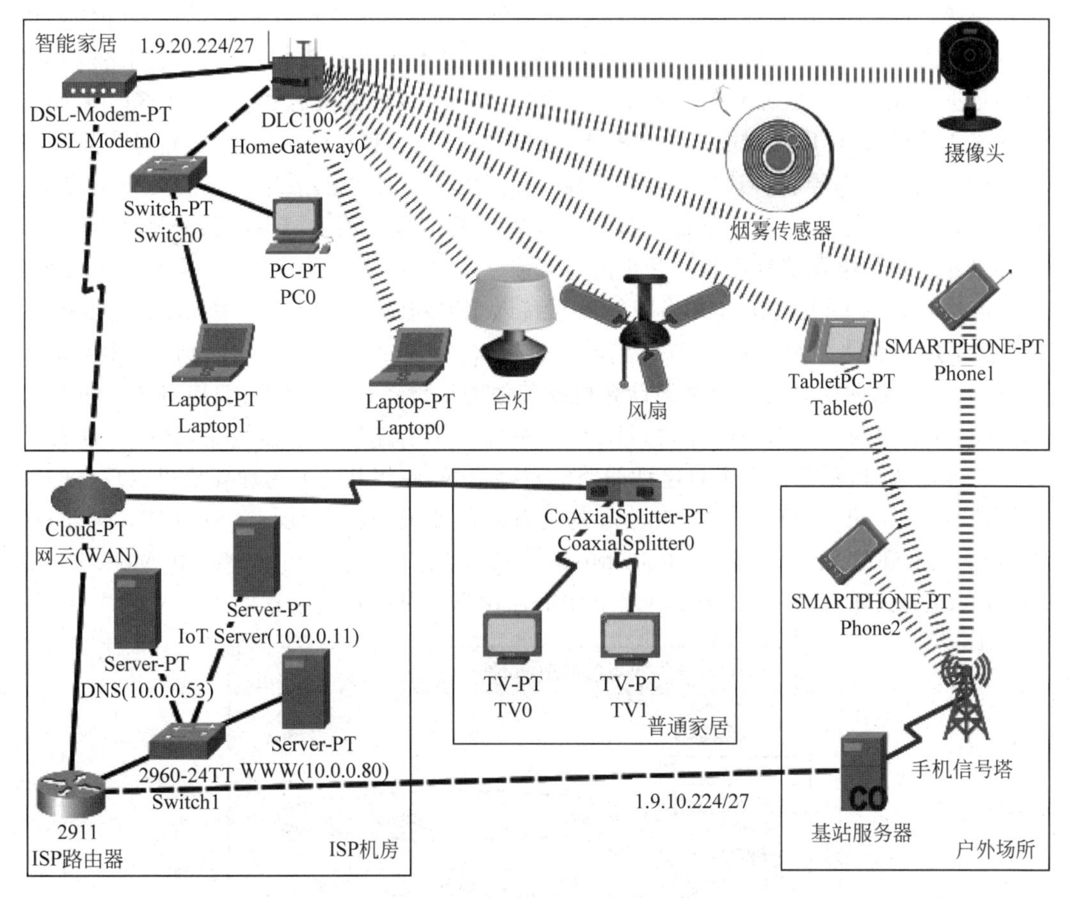

图 10.1　实验 10-1 的网络拓扑

2. 配置 ISP 机房部分

ISP 机房部分需要配置的设备有 Cloud-PT(也称网云)、ISP 路由器、DNS 服务器、WWW 服务器、IoT 服务器。Cloud-PT 是 Cisco Packet Tracer 中一个非常有用的工具，可以代表互联网，用于模拟和测试网络环境中的各种 ISP 设备和场景，从而提高网络设计和配置的效率。Cloud-PT 可以用来模拟诸如中国联通、中国移动等运营商的设备，如 DSL 的拨号服务器等。使用时，可以根据自己的需求或实际项目的设备来定制该"模拟设备"，以满足实验或网络设计的需要。

需要在 Cloud-PT 中设置 Modem(调制解调器)、Coaxial(同轴电缆)、Serial(串行端口)和 TV Settings(电视设置)，这些设置使得用户能够更真实地模拟不同的网络环境和配置，以便进行测试和验证。Modem 用于模拟拨号上网连接方式或 DSL(数字用户线路)连接方式。如果采用拨号上网连接方式(例如，使用 56kbit/s 的调制解调器)，那么需要设置电话号码，因为实际的拨号过程需要这个信息来建立连接。在这种情况下，还需要提供用户名和密码，以便成功完成拨号过程。如果采用 DSL 连接方式，由于 DSL 连接通常是固定连接，不需要手动拨号，因此，不需要设置拨号连接的参数，如电话号码、用户名和密码等。Coaxial 通常用于模拟有线电视网络。在 Cloud-PT 中配置 Coaxial 时,可以设置与有线电视网络相关的参数,如频道、频率等,这些设置将模拟有线电视网络的物理层和数据传输特性。Serial 端口通常用于模拟传统的串行通信方式。在 Cloud-PT 中配置 Serial 端口时,可以设置端口的波特率、数据位、停止位和校验位等参数,这些设置将模拟串行通信的物理层和协议特性。TV Settings 用于模拟电视信号接收和处理的参数。在 Cloud-PT 中配置 TV Settings 时,可以设置电视信号的输入源、频道、分辨率等参数,这些设置将模拟电视信号接收和处理的过程。

该项目采用 DSL 连接方式将智能家居接入 ISP 机房。智能家居中的 DSL-Modem-PT(数字用户线路调制解调器)默认包含 2 个接口:DSL 线路接口(port 0)和以太网接口(port 1)。以太网接口用于连接到计算机或其他网络设备(如路由器、交换机等),进行数据传输,并提供与本地网络的连接。DSL 线路接口用于连接到电话线路,该接口通常是一个特殊的接口,用于接收来自电话线路的数字信号,并将其转换为计算机可以理解的以太网信号。Cloud-PT(网云)中 Modem 的配置界面如图 10.2 所示。Cloud-PT(网云)通过 Modem4 和智能家居中的 DSL-Modem-PT 相连,通过 Cloud-PT 中 Modem4 和 Ethernet6 的关联将 DSL-Modem-PT 和 ISP 路由器进行间接连接。

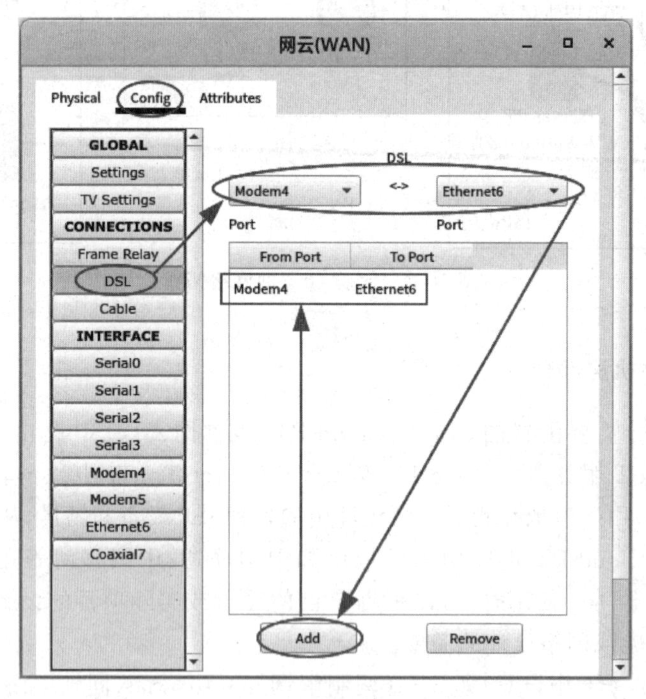

图 10.2 Cloud-PT 中 Modem 的配置界面

ISP 路由器连接 3 个网络:ISP 机房内部网络(10.0.0.0/24)、智能家居(1.9.20.224/27)、户外场所(1.9.10.224/27)。ISP 机房内部网络中 3 台服务器的网络参数采用静态配置方式,智能家居和户外场所的网络参数采用 DHCP 配置方式。ISP 路由器的具体配置如图 10.3 所示。

WWW 服务器的主要配置参考前文。DNS 服务器的主要配置如图 10.4 所示。

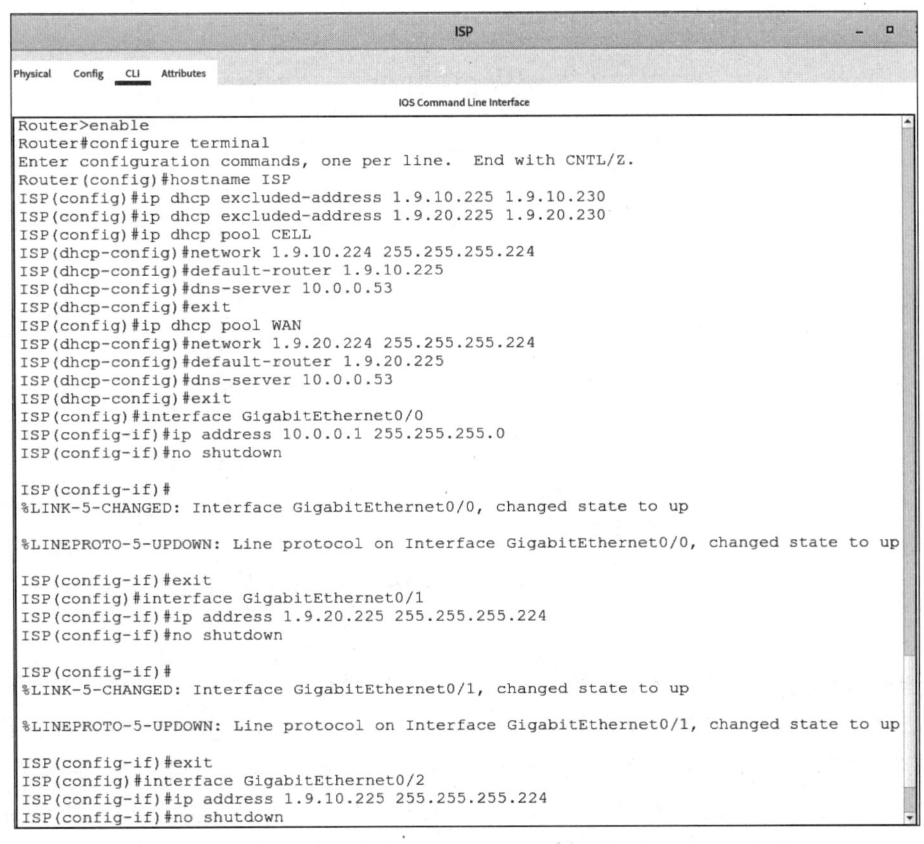

图 10.3 ISP 路由器的具体配置

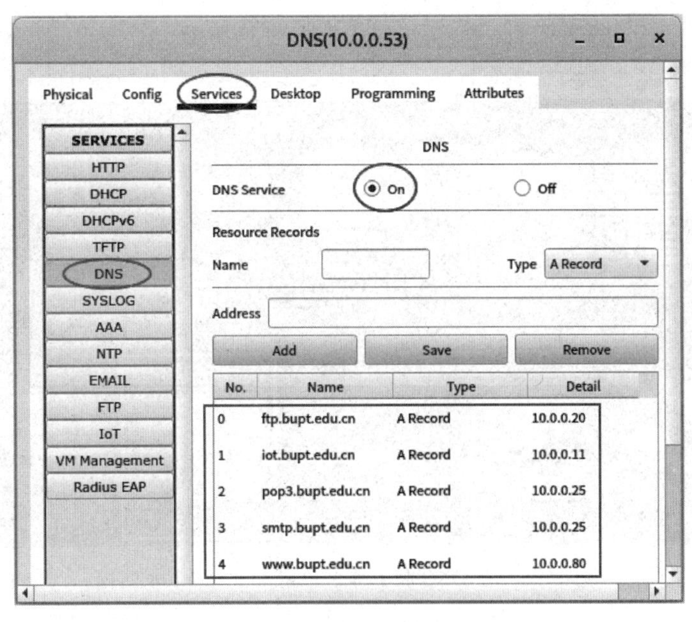

图 10.4 DNS 服务器的主要配置

如图 10.5 所示,开启 IoT 服务器。

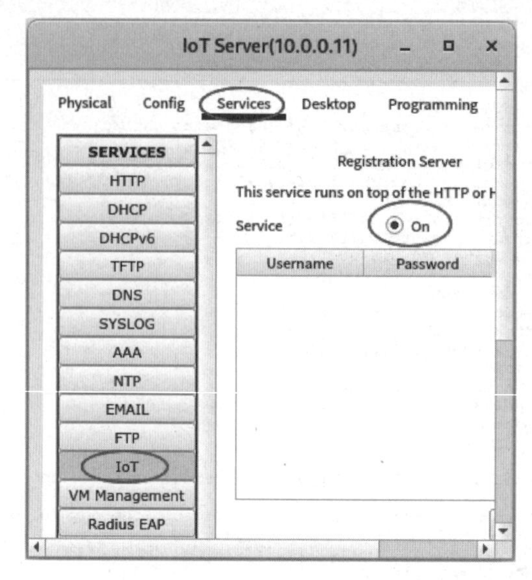

图 10.5　开启 IoT 服务器

选择任何一台能够连接 IoT 服务器的计算机或手机都可以,在此选择 DNS 服务器这台计算机,如图 10.6 所示,单击 IoT Monitor 图标,弹出 IoT 服务器的登录窗口,如图 10.7 所示,输入 IoT 服务器的 IP 地址 10.0.0.11,单击 login 按钮,然后单击图 10.8 下方的 Sign up now,在注册窗口进行注册,账号设置为 admin,密码设置为 admin,如图 10.9 所示。账号注册成功后,再次打开 IoT 服务器窗口,如图 10.10 所示,会看到账号注册信息。

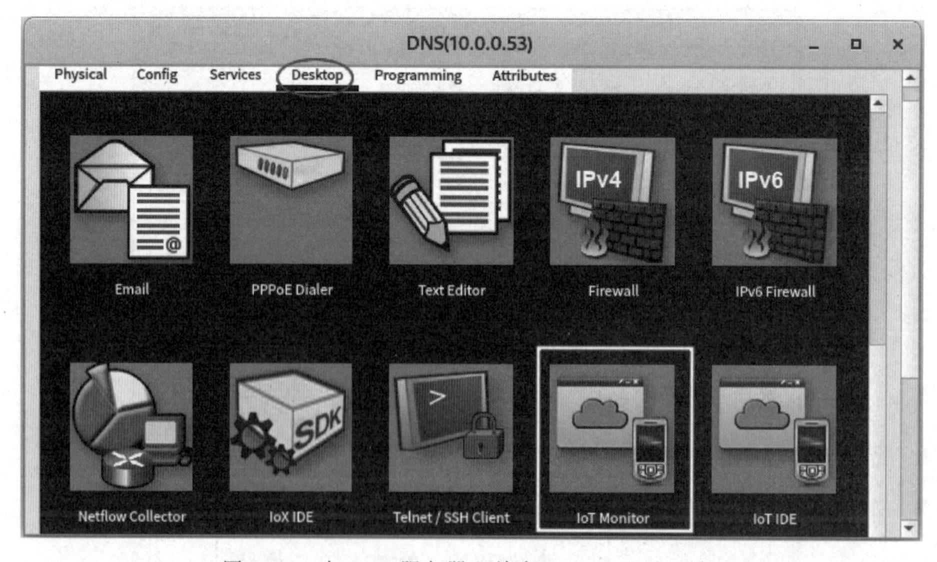

图 10.6　在 DNS 服务器上单击 IoT Monitor 图标

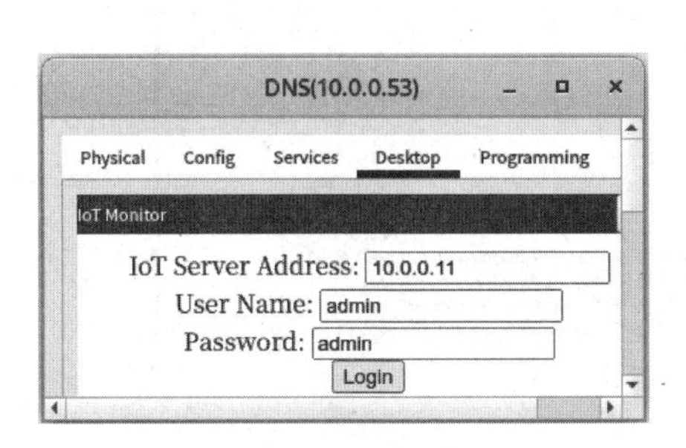

图 10.7 IoT 服务器的登录窗口

图 10.8 单击 Sign up now

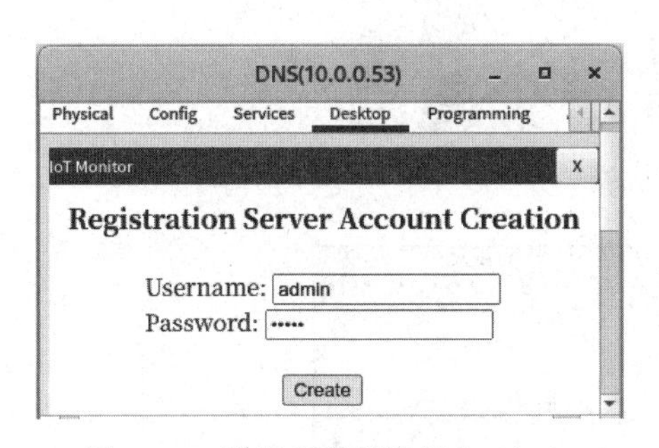

图 10.9 账号和密码设置为 admin

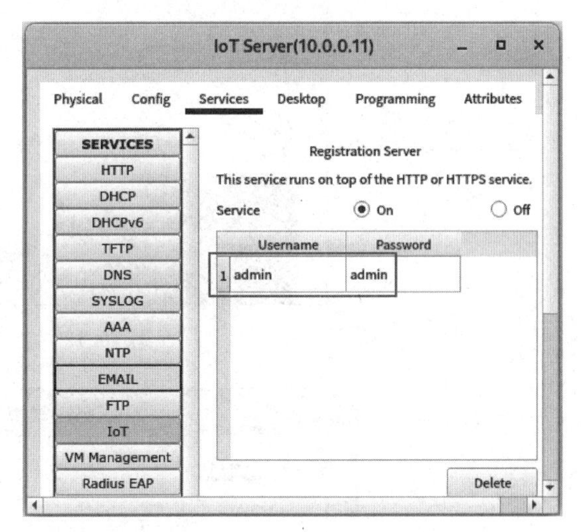

图 10.10 IoT 服务器窗口

3. 配置普通家居部分

CoAxialSplitter-PT(同轴分路器)用于模拟实际网络环境中的同轴分路器设备,其作用是将一个同轴电缆信号分割成多个输出信号,每个输出信号都可以分发到一个独立的接收设备。这样,多个设备就可以同时接收和处理来自同一同轴电缆的信号,而不需要为每个设备单独铺设电缆。同轴电缆常用于传输电视信号或宽带数据,而 CoAxialSplitter-PT 则允许这些信号被多个设备共享。CoAxialSplitter-PT 不需要进行任何配置,只需要连接电视机(TV-PT)和网云(Cloud-PT)即可。需要对网云进行配置,如图 10.11 所示,按照图示步骤添加 4 张 jpg 图片。然后单击图 10.1 中的 TV1,会看到电视播放的画面,如图 10.12 所示。

4. 配置户外场所部分

基站服务器的参数配置如图 10.13～图 10.15 所示。

手机信号塔的参数配置如图 10.16 所示。

手机 Phone2 的参数配置如图 10.17 和图 10.18 所示。网络参数由基站服务器动态分配。

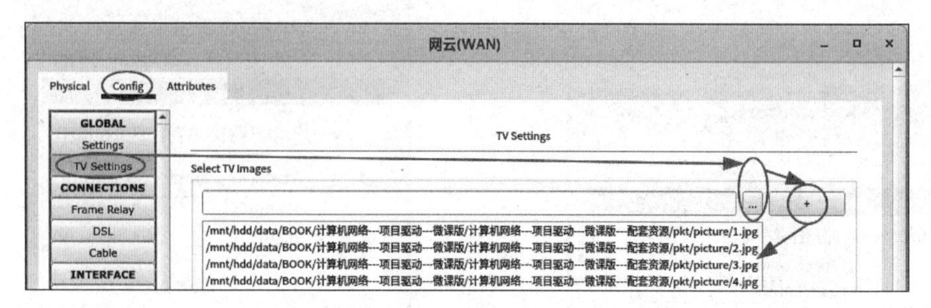

图 10.11　配置网云

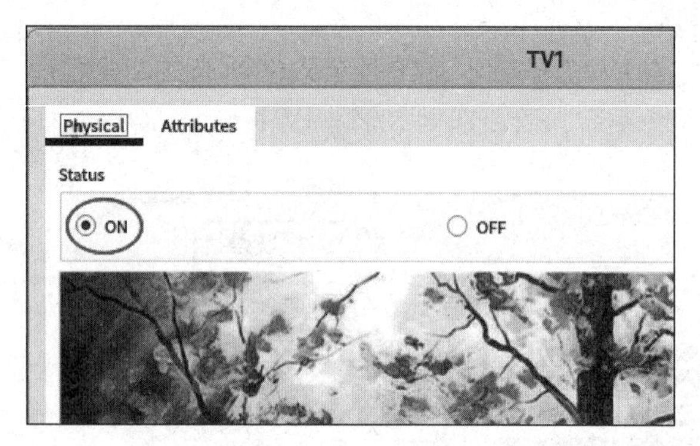

图 10.12　电视播放

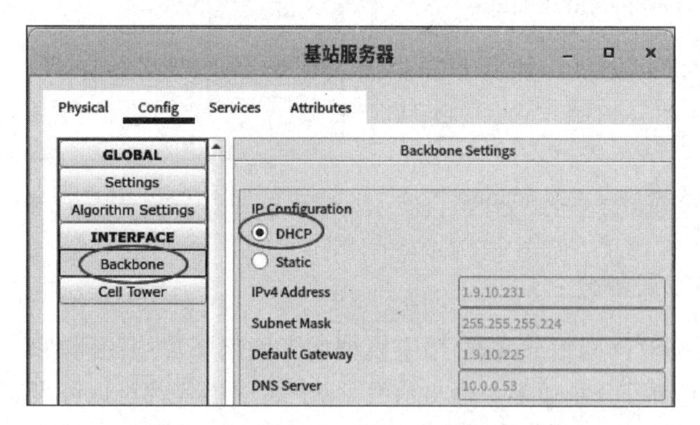

图 10.13　配置基站服务器(网络参数由 ISP 路由器动态分配)

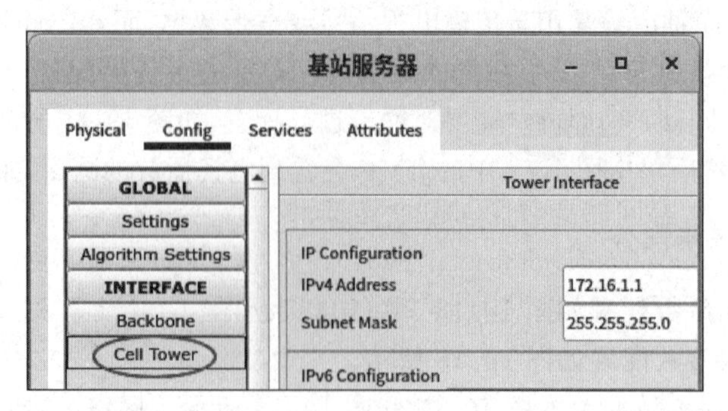

图 10.14　配置基站服务器(内网接口的 IP 地址使用默认值)

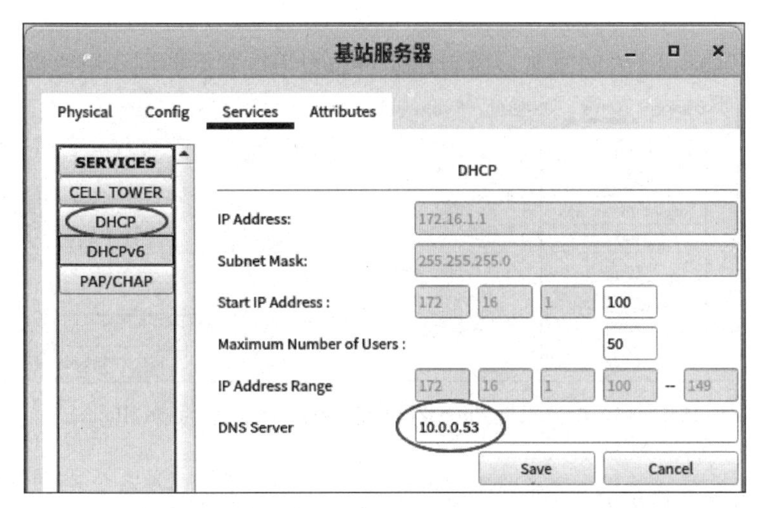

图 10.15　配置基站服务器(DHCP 参数使用默认值,填写 DNS 的 IP 地址)

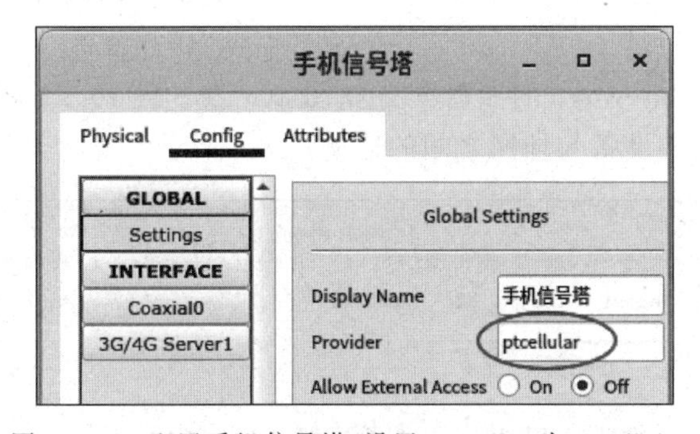

图 10.16　配置手机信号塔(设置 Provider 为 ptcellular)

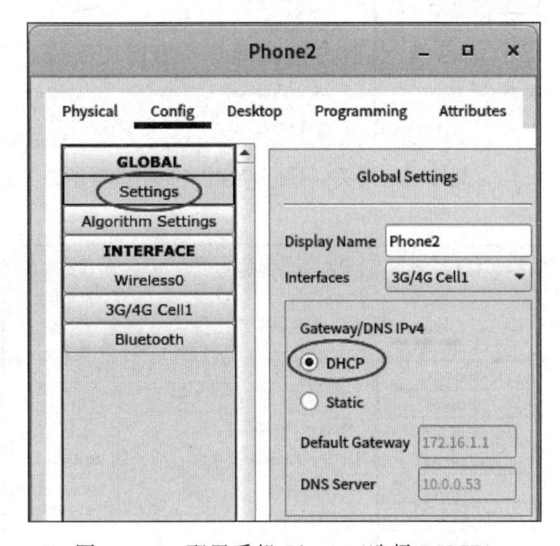

图 10.17　配置手机 Phone2(选择 DHCP)

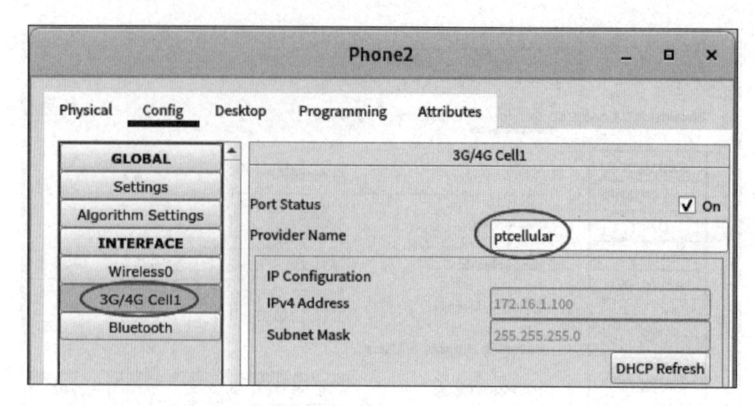

图 10.18　配置手机 Phone2(输入 Provider Name 为 ptcellular)

5. 配置智能家居部分

智能家居部分的配置主要是对家庭网关(HomeGateway0)、计算机以及物联网设备的配置。

家庭网关 HomeGateway0 的参数配置如图 10.19～图 10.21 所示。家庭网关具有 NAT 功能,以实现内网设备与外网之间的通信。

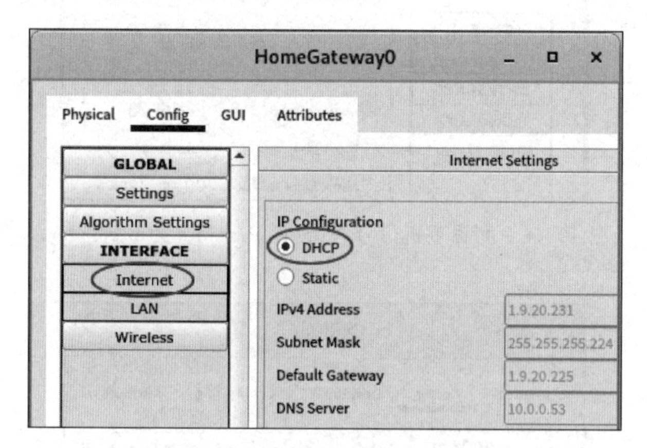

图 10.19　配置家庭网关(网络参数由 ISP 路由器动态分配)

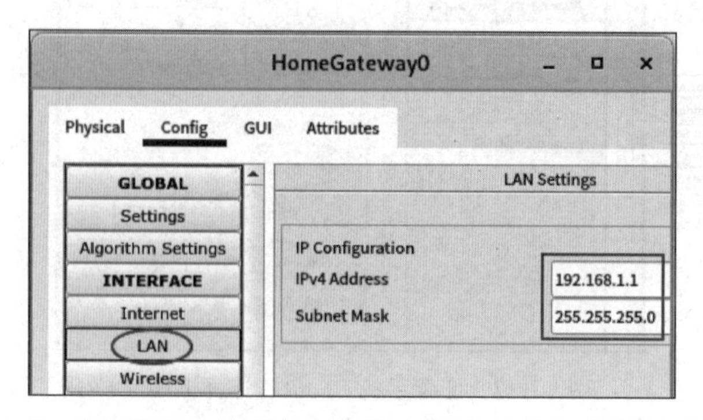

图 10.20　配置家庭网关(设置内网接口 IP 地址,作为内网默认网关)

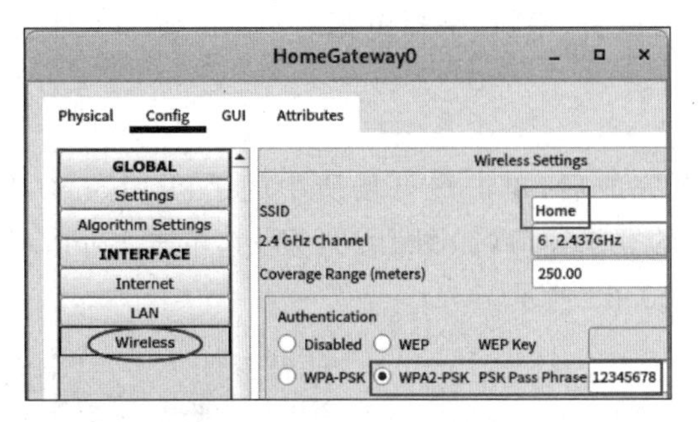

图 10.21 配置家庭网关(设置 Wi-Fi 的 SSID 和密码)

计算机 PC0 的参数配置如图 10.22 所示。计算机 PC0 将从家庭网关 HomeGateway0 自动获得 IP 地址、网关和 DNS 服务器等网络配置信息。

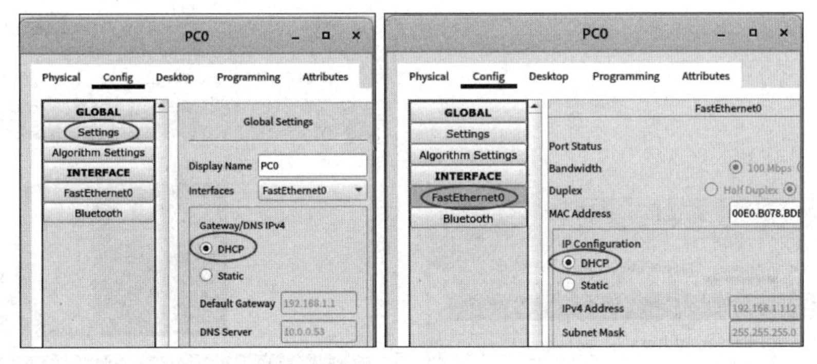

图 10.22 配置计算机 PC0

台灯的参数配置如图 10.23 所示。台灯将从家庭网关 HomeGateway0 自动获得 IP 地址、网关和 DNS 服务器等网络配置信息。

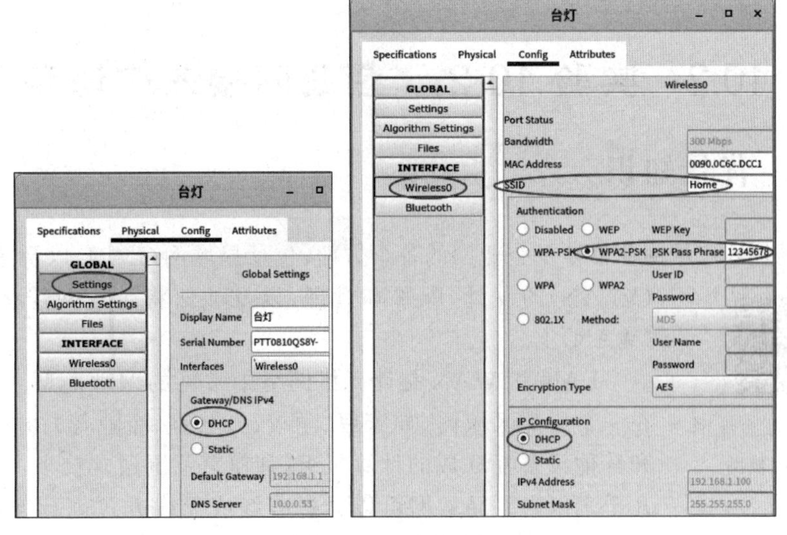

图 10.23 配置台灯

其他计算机、物联网设备、手机、平板电脑的参数配置和上述类似。

6. 测试

所有网络设备配置完成后,单击户外场所中的手机 Phone2,然后单击 IoT Monitor 图标,弹出 IoT 服务器的登录窗口,如图 10.24 所示,单击 Login 按钮后即可对物联网设备进行远程操控,如图 10.25 所示。

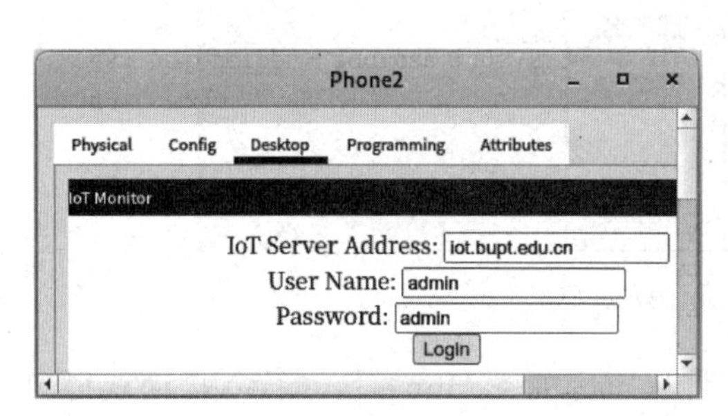

图 10.24　IoT 服务器的登录窗口

图 10.25　远程操控物联网设备

10.2　实验 10-2：企业网接入广域网

10.2.1　背景知识

企业网接入广域网项目涉及企业网的各个方面,包括局域网(LAN)以及虚拟局域网(VLAN)的设计、配置和管理,以及如何将企业网连接到广域网(WAN)上。

实验 10-2：企业网接入广域网

LAN 和 WAN 是计算机网络中常见的两种类型。LAN 是指在一个局部区域内(如家庭、学校、办公室、企业等)由多台计算机和其他设备互联成的计算机组,其覆盖范围通常较小,一般在方圆几千米以内。局域网可以通过有线或无线方式进行连接,常见的局域网设备包括交换机、路由器、无线接入点等。在局域网中,设备之间可以直接进行高速通信，无须经过公共网络，因此具有较高的安全性和传输速度。WAN 是指连接不同地区局域网或城域网计算机通信的远程网，其覆盖范围比局域网要大得多，可以跨越城市、国家甚至全球。广域网通常由多个局域网组成，并通过公共网络进行连接。在广域网中，通信需要经过多个网络节点和传输介质，因此传输速度可能较慢，并且存在一定的安全风险。

理解 IPv4 编址和子网划分的基础知识，知道如何为网络中的设备分配 IP 地址，以及如何设计和实现有效的子网划分策略。

VLAN 允许在物理网络上创建逻辑隔离的网段。了解如何配置和管理 VLAN，以及如何在 VLAN 之间实施路由，对于实验的成功至关重要。为了在企业网中实现不同子网之间的通信，需要配置路由协议。EIGRP（增强型内部网关路由协议）是一种常用的内部路由协议。

在企业网环境中，实施适当的安全策略是至关重要的，比如配置防火墙、访问控制列表（ACL）以及其他安全功能，以保护企业网不受未经授权的访问和攻击。

在 Cisco Packet Tracer 中，Security 5505 通常指的是 Cisco ASA 5505 自适应安全设备。Cisco ASA 5505 是一款企业级防火墙。可以将 Cisco ASA 5505 添加到网络中，以模拟和测试企业网的安全性、防火墙规则等。通过配置 Cisco ASA 5505 可以更好地了解如何保护企业网免受外部威胁，并确保内部数据的安全性和完整性。

10.2.2　实验目的

基于模拟器设计并实现企业网接入广域网，通过这个项目，读者可以了解企业网和广域网的基本概念和工作原理，加深对企业网结构和因特网接入的理解，掌握基本的网络配置技能，并培养解决网络问题的能力。掌握企业网接入广域网的方式和协议、CHAP 验证和 PAP 验证等。提高网络工程实践能力和解决实际问题的能力。了解网络安全和隐私保护的重要性，采取相应的安全措施保护用户数据安全。同时，还可以为进一步学习网络协议和网络安全打下基础。通过模拟企业网接入广域网的实践深入了解以下几个方面。

（1）理解企业网架构：通过搭建和配置企业网的模型，可以更深入地理解企业网的架构，包括局域网（LAN）和广域网（WAN）之间的连接和通信方式。

（2）网络拓扑设计：设计企业网与广域网之间的连接拓扑，了解使用路由器、交换机、防火墙等设备来实现不同网络之间的数据传输。

（3）IP 地址规划：理解 IP 地址分配和子网划分的重要性，学习如何进行正确的 IP 地址规划。

（4）路由和交换技术实践：实验会涵盖路由和交换技术的实践应用，包括动态路由协议的配置、VLAN 的划分和配置，以及交换机的安全设置等。

（5）WAN 连接配置：学习如何配置广域网连接，包括设置 WAN 接口、IP 地址、路由、VPN 等信息，以确保企业网可以访问远程资源或与其他分支机构进行通信。

（6）网络安全：在企业网接入广域网的过程中，需要考虑网络安全问题，会涉及防火墙、ACL、虚拟专用网络(VPN)的配置等,以确保网络的安全性和数据的保密性以及保护企业网内部资源免受来自广域网的不安全连接的威胁。

通过完成这个实验,读者可以加深对企业网架构、广域网连接以及网络安全等方面的理解,提高将理论知识(如 IP 编址、子网划分、VLAN 配置、路由协议等)应用到实践中的能力,为日后在实际情景中部署和管理企业网提供经验。

10.2.3 实验步骤

1. 创建网络拓扑

在 Cisco Packet Tracer 中创建一个新的空白拓扑,然后添加所需的设备,包括路由器、交换机、计算机等,使用相应的连线将它们连接起来。最终的网络拓扑如图 10.26 所示,共包含六部分:广域网、北京总公司网络、上海分公司网络、广州分公司网络、西藏分公司网络、户外场所。广域网模拟因特网的骨干网,包含多个 ISP 机房。北京总公司网络、上海分公司网络、广州分公司网络、西藏分公司网络和户外场所五部分通过广域网互相连接。上海分公司网络通过 VPN 和北京总公司网络连接。

2. 配置广域网部分

广域网部分需要配置的设备有 IN_Router_1、IN_Router_2～IN_DNS。IN_Router_1～IN_Router_3 三台路由器代表三个不同的 ISP 机房,IN_DNS 为 DNS 服务器,提供域名解析服务。

路由器 IN_Router_1 的配置命令如下。

```
 1: enable
 2: configure terminal
 3: hostname IN_Router_1
 4: !
 5: ip dhcp excluded - address 124.242.0.1
 6: !
 7: ip dhcp pool IN_Router_1
 8:   network 124.242.0.0 255.255.0.0
 9:   default - router 124.242.0.1
10:   dns - server 8.8.8.8
11: !
12: interface GigabitEthernet0/0
13:   ip address 124.242.0.1 255.255.0.0
14:   no shutdown
15: !
16: interface Serial0/0/0
17:   description To SH(ShangHai)
18:   ip address 76.212.236.1 255.255.255.248
19:   clock rate 56000
20:   no shutdown
21: !
22: interface Serial0/0/1
23:   description To IN_Router_2
```

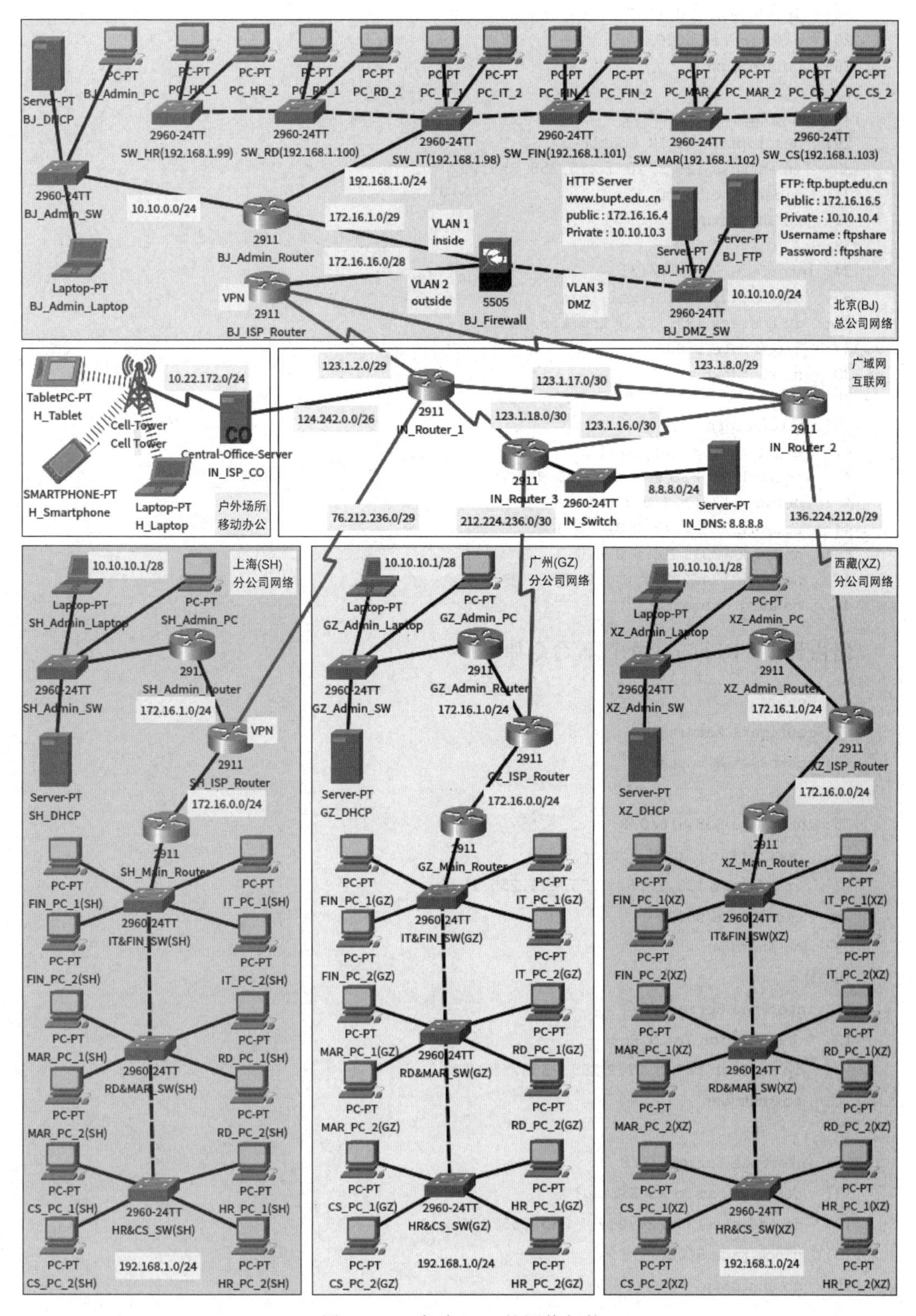

图 10.26　实验 10-2 的网络拓扑

```
24:  ip address 123.1.17.1 255.255.255.252
25:  clock rate 56000
26:  no shutdown
27: !
28: interface Serial0/1/0
29:  description To IN_Router_3
30:  ip address 123.1.18.1 255.255.255.252
31:  clock rate 56000
32:  no shutdown
33: !
34: interface Serial0/1/1
35:  description TO BJ(BeiJing)
36:  ip address 123.1.2.1 255.255.255.248
37:  clock rate 56000
38:  no shutdown
39: !
40: router eigrp 123
41:  eigrp router-id 1.1.1.1
42:  network 76.212.236.0 0.0.0.7
43:  network 123.1.2.0 0.0.0.7
44:  network 123.1.17.0 0.0.0.3
45:  network 123.1.18.0 0.0.0.3
46:  network 124.242.0.0 0.0.255.255
47:  no auto-summary
```

路由器 IN_Router_2 的配置命令如下。

```
 1: enable
 2: configure terminal
 3: hostname IN_Router_2
 4: !
 5: interface Serial0/0/0
 6:  description To IN_Router_3
 7:  ip address 123.1.16.1 255.255.255.252
 8:  clock rate 56000
 9:  no shutdown
10: !
11: interface Serial0/0/1
12:  description To IN_Router_1
13:  ip address 123.1.17.2 255.255.255.252
14:  no shutdown
15: !
16: interface Serial0/1/0
17:  description To XZ(XiZang)
18:  ip address 136.224.212.1 255.255.255.248
19:  clock rate 56000
20:  no shutdown
21: !
22: interface Serial0/1/1
```

```
23:  description TO BJ(BeiJing)
24:  ip address 123.1.8.1 255.255.255.248
25:  clock rate 56000
26:  no shutdown
27: !
28: router eigrp 123
29:  eigrp router-id 2.2.2.2
30:  network 136.224.212.0 0.0.0.7
31:  network 123.1.16.0 0.0.0.3
32:  network 123.1.17.0 0.0.0.3
33:  network 123.1.8.0 0.0.0.7
34:  no auto-summary
```

路由器 IN_Router_3 的配置命令如下。

```
 1: enable
 2: configure terminal
 3: hostname IN_Router_3
 4: !
 5: interface GigabitEthernet0/0
 6:  ip address 8.8.8.1 255.255.255.0
 7:  no shutdown
 8: !
 9: interface Serial0/0/0
10:  description To IN_Router_1
11:  ip address 123.1.18.2 255.255.255.252
12:  no shutdown
13: !
14: interface Serial0/0/1
15:  description To GZ(GuangZhou)
16:  ip address 212.224.236.1 255.255.255.252
17:  clock rate 56000
18:  no shutdown
19: !
20: interface Serial0/1/0
21:  description To IN_Router_2
22:  ip address 123.1.16.2 255.255.255.252
23:  no shutdown
24: !
25: router eigrp 123
26:  eigrp router-id 3.3.3.3
27:  network 212.224.236.0 0.0.0.3
28:  network 123.1.16.0 0.0.0.3
29:  network 123.1.18.0 0.0.0.3
30:  network 8.8.8.0 0.0.0.255
31:  redistribute static
32:  no auto-summary
```

DNS 服务器(IN_DNS)的主要配置如图 10.27 所示。

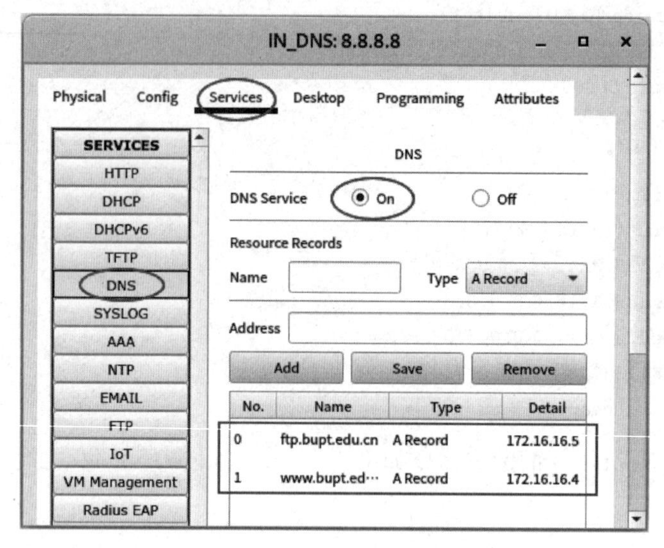

图 10.27　DNS 服务器的主要配置

3. 配置北京总公司网络部分

路由器 BJ_ISP_Router 的配置命令如下。

```
 1: enable
 2: configure terminal
 3: hostname BJ_ISP_Router
 4: !
 5: interface GigabitEthernet0/0
 6:   ip address 172.16.16.1 255.255.255.240
 7:   no shutdown
 8: !
 9: interface Serial0/0/0
10:   ip address 123.1.2.2 255.255.255.248
11:   no shutdown
12: !
13: interface Serial0/0/1
14:   ip address 123.1.8.2 255.255.255.248
15:   no shutdown
16: !
17: router eigrp 123
18:   eigrp router - id 5.5.5.5
19:   network 123.1.2.0 0.0.0.7
20:   network 123.1.8.0 0.0.0.7
21:   network 172.16.16.0 0.0.0.15
```

企业级防火墙 BJ_Firewall 的配置命令如下。

```
1: enable
2: ! [手动按 Enter 键]
```

```
 3: configure terminal
 4: hostname BJ_Firewall
 5: !enable password firewallpass
 6: no dhcpd address 192.168.1.5 - 192.168.1.36 inside
 7: no dhcpd enable inside
 8: !
 9: interface Ethernet0/0
10:   switchport access VLAN 2
11:   no shutdown
12: !
13: interface Ethernet0/2
14:   switchport access VLAN 3
15: !
16: interface VLAN1
17:   nameif inside
18:   security - level 100
19:   ip address 172.16.1.1 255.255.255.248
20: !
21: interface VLAN2
22:   nameif outside
23:   security - level 0
24:   ip address 172.16.16.2 255.255.255.240
25: !
26: interface VLAN3
27:   ip address 10.10.10.1 255.255.255.0
28:   no forward interface VLAN1
29:   nameif dmz
30:   security - level 70
31: !
32: object network dmz - server
33:   host 10.10.10.3
34:   nat (dmz,outside) static 172.16.16.4
35: object network dmz - server - ftp
36:   host 10.10.10.4
37:   nat (dmz,outside) static 172.16.16.5
38: object network inside - dmz
39: object network inside - net
40:   subnet 172.16.1.0 255.255.255.248
41:   nat (inside,outside) dynamic interface
42: object network test
43: !
44: access - list OUTSIDE - DMZ extended permit icmp any host 10.10.10.3
45: access - list OUTSIDE - DMZ extended permit tcp any host 10.10.10.3 eq www
46: access - list OUTSIDE - DMZ extended permit icmp host 76.212.236.2 host 10.10.10.4
47: access - list OUTSIDE - DMZ extended permit tcp host 76.212.236.2 host 10.10.10.4 eq ftp
48: access - list OUTSIDE - DMZ extended permit icmp host 212.224.236.2 host 10.10.10.4
49: access - list OUTSIDE - DMZ extended permit tcp host 212.224.236.2 host 10.10.10.4 eq ftp
50: access - list OUTSIDE - DMZ extended permit icmp host 136.224.212.2 host 10.10.10.4
51: access - list OUTSIDE - DMZ extended permit tcp host 136.224.212.2 host 10.10.10.4 eq ftp
```

```
52: access-group OUTSIDE-DMZ in interface outside
53: !
54: dhcpd auto_config outside
55: !
56: route outside 0.0.0.0 0.0.0.0 172.16.16.1 1
57: ! route outside 0.0.0.0 0.0.0.0 172.16.16.1
58: !
59: username sshuser password sshuserpass
60: aaa authentication ssh console LOCAL
61: crypto key generate rsa modulus 1024
62: ! [手动输入 yes]
63: ssh 172.16.1.0 255.255.255.248 inside
64: ssh timeout 5
65: !
66: class-map inspection_default
67:   match default-inspection-traffic
68: !
69: policy-map global_policy
70:   class inspection_default
71:    inspect dns
72:    inspect ftp
73:    inspect http
74:    inspect icmp
75: !
76: service-policy global_policy global
77: !
78: telnet timeout 5
```

路由器 BJ_Admin_Router 的配置命令如下。

```
 1: enable
 2: configure terminal
 3: hostname BJ_Admin_Router
 4: !
 5: interface GigabitEthernet0/0
 6:   ip address 172.16.1.2 255.255.255.248
 7:   ip nat outside
 8:   no shutdown
 9: !
10: interface GigabitEthernet0/1
11:   ip address 192.168.0.1 255.255.255.0
12:   ip helper-address 10.10.0.2
13:   ip access-group 100 in
14:   ip nat inside
15:   no shutdown
16: !
17: interface GigabitEthernet0/1.10
18:   description VLAN 10
19:   encapsulation dot1Q 10
20:   ip address 192.168.1.97 255.255.255.240
```

```
21:  ip helper-address 10.10.0.2
22:  ip access-group 100 in
23:  ip nat inside
24:  no shutdown
25: !
26: interface GigabitEthernet0/1.20
27:  description VLAN 20
28:  encapsulation dot1Q 20
29:  ip address 192.168.1.129 255.255.255.248
30:  ip helper-address 10.10.0.2
31:  ip access-group 100 in
32:  ip nat inside
33:  no shutdown
34: !
35: interface GigabitEthernet0/1.30
36:  description VLAN 30
37:  encapsulation dot1Q 30
38:  ip address 192.168.1.65 255.255.255.224
39:  ip helper-address 10.10.0.2
40:  ip access-group 100 in
41:  ip nat inside
42:  no shutdown
43: !
44: interface GigabitEthernet0/1.40
45:  description VLAN 40
46:  encapsulation dot1Q 40
47:  ip address 192.168.1.113 255.255.255.240
48:  ip helper-address 10.10.0.2
49:  ip access-group 100 in
50:  ip nat inside
51:  no shutdown
52: !
53: interface GigabitEthernet0/1.50
54:  description VLAN 50
55:  encapsulation dot1Q 50
56:  ip address 192.168.1.137 255.255.255.248
57:  ip helper-address 10.10.0.2
58:  ip access-group 100 in
59:  ip nat inside
60:  no shutdown
61: !
62: interface GigabitEthernet0/1.60
63:  description VLAN 60
64:  encapsulation dot1Q 60
65:  ip address 192.168.1.1 255.255.255.192
66:  ip helper-address 10.10.0.2
67:  ip access-group 100 in
68:  ip nat inside
69:  no shutdown
```

```
70: !
71: interface GigabitEthernet0/1.70
72:  description VLAN 70
73:  encapsulation dot1Q 70
74:  ip address 192.168.1.145 255.255.255.252
75:  ip access - group 100 in
76:  no shutdown
77: !
78: interface GigabitEthernet0/2
79:  ip address 10.10.0.1 255.255.255.0
80:  ip nat inside
81:  no shutdown
82: !
83: access - list 1 permit 10.10.0.0 0.0.0.255
84: access - list 1 permit 192.168.1.0 0.0.0.255
85: access - list 100 permit tcp 192.168.1.96 0.0.0.15 172.16.1.0 0.0.0.7 eq 22
86: access - list 100 permit tcp 10.10.0.0 0.0.0.255 172.16.1.0 0.0.0.7 eq 22
87: access - list 100 permit tcp 192.168.1.96 0.0.0.15 192.168.0.0 0.0.0.255 eq telnet
88: access - list 100 permit tcp 192.168.1.96 0.0.0.15 192.168.0.0 0.0.0.255 eq 22
89: access - list 100 permit tcp 192.168.1.96 0.0.0.15 host 192.168.1.98 eq telnet
90: access - list 100 permit tcp 192.168.1.96 0.0.0.15 host 192.168.1.98 eq 22
91: access - list 100 permit tcp 192.168.1.96 0.0.0.15 host 192.168.1.99 eq telnet
92: access - list 100 permit tcp 192.168.1.96 0.0.0.15 host 192.168.1.99 eq 22
93: access - list 100 permit tcp 192.168.1.96 0.0.0.15 host 192.168.1.100 eq telnet
94: access - list 100 permit tcp 192.168.1.96 0.0.0.15 host 192.168.1.100 eq 22
95: access - list 100 permit tcp 192.168.1.96 0.0.0.15 host 192.168.1.101 eq telnet
96: access - list 100 permit tcp 192.168.1.96 0.0.0.15 host 192.168.1.101 eq 22
97: access - list 100 permit tcp 192.168.1.96 0.0.0.15 host 192.168.1.102 eq telnet
98: access - list 100 permit tcp 192.168.1.96 0.0.0.15 host 192.168.1.102 eq 22
99: access - list 100 permit tcp 192.168.1.96 0.0.0.15 host 192.168.1.103 eq telnet
100: access - list 100 permit tcp 192.168.1.96 0.0.0.15 host 192.168.1.103 eq 22
101: access - list 100 deny tcp 192.168.1.0 0.0.0.255 any eq telnet
102: access - list 100 deny tcp 192.168.1.0 0.0.0.255 any eq 22
103: access - list 100 permit ip any any
104: !
105: ip nat pool net - server 172.16.1.3 172.16.1.6 netmask 255.255.255.248
106: ip nat inside source list 1 pool net - server overload
107: !ip classless
108: ip route 0.0.0.0 0.0.0.0 172.16.1.1
```

交换机 BJ_Admin_SW 的配置命令如下。

```
1: enable
2: configure terminal
3: hostname BJ_Admin_SW
4: !
5: interface FastEthernet0/1
6:  switchport access VLAN 1
7:  switchport mode access
8: !
```

```
 9: interface FastEthernet0/2
10:   switchport access VLAN 1
11:   switchport mode access
12: !
13: interface range FastEthernet0/3 - 23
14:   switchport access VLAN 10
15:   switchport mode access
16: !
17: interface FastEthernet0/24
18:   switchport mode access
19:   switchport port-security
20:   switchport port-security mac-address sticky
21:   switchport port-security violation restrict
22: !
23: interface range GigabitEthernet0/1 - 2
24:   switchport access VLAN 10
25:   switchport mode access
26:   switchport port-security
27:   switchport port-security mac-address sticky
28:   switchport port-security violation restrict
29: !
30: interface VLAN1
31:   ip address 10.10.0.4 255.255.255.0
32:   no shutdown
```

交换机 BJ_DMZ_SW 的配置命令如下。

```
1: enable
2: configure terminal
3: hostname BJ_DMZ_SW
4: !
5: interface VLAN1
6:   ip address 10.10.10.5 255.255.255.0
7:   no shutdown
8: !
```

交换机 SW_HR 的配置命令如下。

```
 1: enable
 2: configure terminal
 3: hostname SW_HR
 4: !
 5: interface range FastEthernet0/1 - 10
 6:   switchport access VLAN 20
 7:   switchport mode access
 8: !
 9: interface range FastEthernet0/23 - 24
10:   switchport mode trunk
11: !
12: VLAN 10
```

```
13: VLAN 20
14: VLAN 30
15: VLAN 40
16: VLAN 50
17: VLAN 60
18: VLAN 70
19: interface VLAN10
20:   ip address 192.168.1.99 255.255.255.240
21: !
22: !ip default-gateway 192.168.0.1
```

交换机 SW_RD 的配置命令如下。

```
 1: enable
 2: configure terminal
 3: hostname SW_RD
 4: !
 5: interface range FastEthernet0/1-10
 6:   switchport access VLAN 30
 7:   switchport mode access
 8: !
 9: interface range FastEthernet0/23-24
10:   switchport mode trunk
11: !
12: VLAN 10
13: VLAN 20
14: VLAN 30
15: VLAN 40
16: VLAN 50
17: VLAN 60
18: VLAN 70
19: interface VLAN10
20:   ip address 192.168.1.100 255.255.255.240
21: !
22: !ip default-gateway 192.168.0.1
```

交换机 SW_IT 的配置命令如下。

```
 1: enable
 2: configure terminal
 3: hostname SW_IT
 4: !
 5: interface FastEthernet0/1
 6:   switchport mode trunk
 7: !
 8: interface range FastEthernet0/2-10
 9:   switchport access VLAN 10
10:   switchport mode access
11: !
12: interface range FastEthernet0/23-24
```

```
13:   switchport mode trunk
14: !
15: VLAN 10
16: VLAN 20
17: VLAN 30
18: VLAN 40
19: VLAN 50
20: VLAN 60
21: VLAN 70
22: interface VLAN10
23:   ip address 192.168.1.98 255.255.255.240
24: !
25: !ip default-gateway 192.168.0.1
```

交换机 SW_FIN 的配置命令如下。

```
 1: enable
 2: configure terminal
 3: hostname SW_FIN
 4: !
 5: interface range FastEthernet0/1-10
 6:   switchport access VLAN 50
 7:   switchport mode access
 8: !
 9: interface range FastEthernet0/23-24
10:   switchport mode trunk
11: !
12: VLAN 10
13: VLAN 20
14: VLAN 30
15: VLAN 40
16: VLAN 50
17: VLAN 60
18: VLAN 70
19: interface VLAN10
20:   ip address 192.168.1.101 255.255.255.240
21: !
22: !ip default-gateway 192.168.0.1
```

交换机 SW_MAR 的配置命令如下。

```
 1: enable
 2: configure terminal
 3: hostname SW_MAR
 4: !
 5: interface range FastEthernet0/1-10
 6:   switchport access VLAN 40
 7:   switchport mode access
 8: !
 9: interface range FastEthernet0/23-24
```

```
10:   switchport mode trunk
11: !
12: VLAN 10
13: VLAN 20
14: VLAN 30
15: VLAN 40
16: VLAN 50
17: VLAN 60
18: VLAN 70
19: interface VLAN10
20:   ip address 192.168.1.102 255.255.255.240
21: !
22: !ip default - gateway 192.168.0.1
```

交换机 SW_CS 的配置命令如下。

```
 1: enable
 2: configure terminal
 3: hostname SW_CS
 4: !
 5: interface range FastEthernet0/1 - 10
 6:   switchport access VLAN 60
 7:   switchport mode access
 8: !
 9: interface range FastEthernet0/23 - 24
10:   switchport mode trunk
11: !
12: VLAN 10
13: VLAN 20
14: VLAN 30
15: VLAN 40
16: VLAN 50
17: VLAN 60
18: VLAN 70
19: interface VLAN10
20:   ip address 192.168.1.103 255.255.255.240
21: !
22: !ip default - gateway 192.168.0.1
```

DHCP 服务器 BJ_DHCP 的主要配置如图 10.28 所示。

4. 配置上海分公司网络部分

路由器 SH_ISP_Router 的配置命令如下。

```
 1: enable
 2: configure terminal
 3: hostname SH_ISP_Router
 4: !
 5: interface GigabitEthernet0/0
```

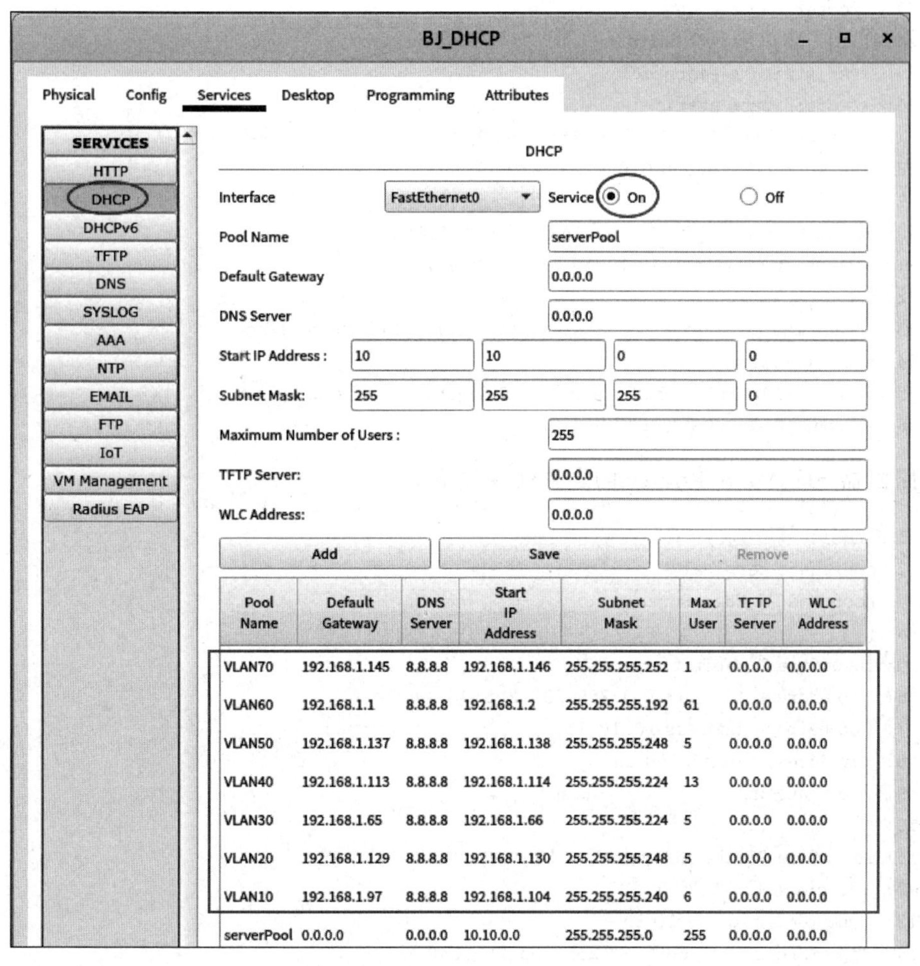

图 10.28　DHCP 服务器 BJ-DHCP 的主要配置

```
 6:   ip address 172.16.1.1 255.255.255.0
 7:   ip nat inside
 8:   no shutdown
 9: !
10: interface GigabitEthernet0/1
11:   ip address 172.16.0.1 255.255.255.0
12:   ip helper-address 10.10.10.2
13:   ip nat inside
14:   no shutdown
15: !
16: interface Serial0/0/0
17:   description To IN_Router_1
18:   ip address 76.212.236.2 255.255.255.248
19:   ip nat outside
20:   no shutdown
21: !
22: router ospf 1
```

```
23:   router - id 2.2.2.2
24:   log - adjacency - changes
25:   redistribute eigrp 123
26:   redistribute static
27:   network 172.16.1.0 0.0.0.255 area 0
28:   network 172.16.0.0 0.0.0.255 area 0
29: !
30: access - list 10 permit 192.168.1.0 0.0.0.255
31: access - list 10 permit 10.10.10.0 0.0.0.15
32: !
33: ip nat inside source list 10 interface Serial0/0/0 overload
34: !ip classless
35: ip route 192.168.1.0 255.255.255.0 GigabitEthernet0/1
36: ip route 0.0.0.0 0.0.0.0 Serial0/0/0
```

路由器 SH_Main_Router 的配置命令如下。

```
 1: enable
 2: configure terminal
 3: hostname SH_Main_Router
 4: !
 5: interface GigabitEthernet0/0
 6:   ip address 192.168.0.1 255.255.255.0
 7:   ip helper - address 10.10.10.2
 8:   ip access - group 100 in
 9:   no shutdown
10: !
11: interface GigabitEthernet0/0.10
12:   description VLAN 10
13:   encapsulation dot1Q 10
14:   ip address 192.168.1.97 255.255.255.240
15:   ip helper - address 10.10.10.2
16:   ip access - group 100 in
17:   no shutdown
18: !
19: interface GigabitEthernet0/0.20
20:   description VLAN 20
21:   encapsulation dot1Q 20
22:   ip address 192.168.1.129 255.255.255.248
23:   ip helper - address 10.10.10.2
24:   ip access - group 100 in
25:   no shutdown
26: !
27: interface GigabitEthernet0/0.30
28:   description VLAN 30
29:   encapsulation dot1Q 30
30:   ip address 192.168.1.65 255.255.255.224
31:   ip helper - address 10.10.10.2
32:   ip access - group 100 in
33:   no shutdown
```

```
34: !
35: interface GigabitEthernet0/0.40
36:  description VLAN 40
37:  encapsulation dot1Q 40
38:  ip address 192.168.1.113 255.255.255.240
39:  ip helper-address 10.10.10.2
40:  ip access-group 100 in
41:  no shutdown
42: !
43: interface GigabitEthernet0/0.50
44:  description VLAN 50
45:  encapsulation dot1Q 50
46:  ip address 192.168.1.137 255.255.255.248
47:  ip helper-address 10.10.10.2
48:  ip access-group 100 in
49:  no shutdown
50: !
51: interface GigabitEthernet0/0.60
52:  description VLAN 60
53:  encapsulation dot1Q 60
54:  ip address 192.168.1.1 255.255.255.192
55:  ip helper-address 10.10.10.2
56:  ip access-group 100 in
57:  no shutdown
58: !
59: interface GigabitEthernet0/0.70
60:  description VLAN 70
61:  encapsulation dot1Q 70
62:  ip address 192.168.1.145 255.255.255.252
63:  ip helper-address 10.10.10.2
64:  ip access-group 100 in
65:  no shutdown
66: !
67: interface GigabitEthernet0/1
68:  ip address 172.16.0.2 255.255.255.0
69:  no shutdown
70: !
71: router ospf 1
72:  router-id 3.3.3.3
73:  log-adjacency-changes
74:  redistribute static
75:  network 172.16.0.0 0.0.0.255 area 0
76:  network 192.168.0.0 0.0.0.255 area 0
77: !
78: access-list 100 permit tcp 192.168.1.96 0.0.0.15 192.168.0.0 0.0.0.255 eq telnet
79: access-list 100 permit tcp 192.168.1.96 0.0.0.15 192.168.0.0 0.0.0.255 eq 22
80: access-list 100 permit tcp 192.168.1.96 0.0.0.15 host 192.168.1.98 eq telnet
81: access-list 100 permit tcp 192.168.1.96 0.0.0.15 host 192.168.1.98 eq 22
82: access-list 100 permit tcp 192.168.1.96 0.0.0.15 host 192.168.1.99 eq telnet
```

```
83: access - list 100 permit tcp 192.168.1.96 0.0.0.15 host 192.168.1.99 eq 22
84: access - list 100 permit tcp 192.168.1.96 0.0.0.15 host 192.168.1.100 eq telnet
85: access - list 100 permit tcp 192.168.1.96 0.0.0.15 host 192.168.1.100 eq 22
86: access - list 100 deny tcp 192.168.1.0 0.0.0.255 any eq telnet
87: access - list 100 deny tcp 192.168.1.0 0.0.0.255 any eq 22
88: access - list 100 permit ip any any
89: !
90: !ip classless
91: ip route 0.0.0.0 0.0.0.0 GigabitEthernet0/1
```

路由器 SH_Admin_Router 的配置命令如下。

```
 1: enable
 2: configure terminal
 3: hostname SH_Admin_Router
 4: !
 5: interface GigabitEthernet0/0
 6:   ip address 172.16.1.2 255.255.255.0
 7:   ip helper - address 10.10.10.2
 8:   no shutdown
 9: !
10: interface GigabitEthernet0/1
11:   ip address 10.10.10.1 255.255.255.240
12:   no shutdown
13: !
14: router ospf 1
15:   router - id 1.1.1.1
16:   log - adjacency - changes
17:   redistribute static
18:   network 172.16.1.0 0.0.0.255 area 0
19:   network 10.10.10.0 0.0.0.15 area 0
20: !
21: !ip classless
22: ip route 0.0.0.0 0.0.0.0 GigabitEthernet0/0
```

交换机 SH_Admin_SW 的配置命令如下。

```
 1: enable
 2: configure terminal
 3: hostname SH_Admin_SW
 4: !
 5: interface range FastEthernet0/1,GigabitEthernet0/1 - 2
 6:   switchport mode access
 7:   switchport port - security
 8:   switchport port - security mac - address sticky
 9:   switchport port - security violation restrict
10: !
11: interface range FastEthernet0/2 - 24
12:   switchport access VLAN 10
13:   switchport mode access
```

```
14: !
15: interface VLAN1
16:   ip address 10.10.10.4 255.255.255.240
17:   no shutdown
18: !
19: !ip default-gateway 10.10.10.1
```

交换机 IT&FIN_SW(SH)的配置命令如下。

```
 1: enable
 2: configure terminal
 3: hostname IT&FIN_SW(SH)
 4: !
 5: interface range FastEthernet0/1-10
 6:   switchport access VLAN 10
 7:   switchport mode access
 8: !
 9: interface range FastEthernet0/11-20
10:   switchport access VLAN 50
11:   switchport mode access
12: !
13: interface FastEthernet0/24
14:   switchport mode trunk
15: !
16: interface GigabitEthernet0/1
17:   switchport mode trunk
18: !
19: VLAN 10
20: VLAN 20
21: VLAN 30
22: VLAN 40
23: VLAN 50
24: VLAN 60
25: VLAN 70
26: interface VLAN10
27:   ip address 192.168.1.98 255.255.255.240
28: !
29: !ip default-gateway 192.168.0.1
```

交换机 RD&MAR_SW(SH)的配置命令如下。

```
 1: enable
 2: configure terminal
 3: hostname RD&MAR_SW(SH)
 4: !
 5: interface range FastEthernet0/1-10
 6:   switchport access VLAN 30
 7:   switchport mode access
 8: !
 9: interface range FastEthernet0/11-20
```

```
10:   switchport access VLAN 40
11:   switchport mode access
12: !
13: interface range FastEthernet0/23 - 24
14:   switchport mode trunk
15: !
16: VLAN 10
17: VLAN 20
18: VLAN 30
19: VLAN 40
20: VLAN 50
21: VLAN 60
22: VLAN 70
23: interface VLAN10
24:   ip address 192.168.1.99 255.255.255.240
25: !
26: !ip default - gateway 192.168.0.1
```

交换机 HR&CS_SW(SH)的配置命令如下。

```
 1: enable
 2: configure terminal
 3: hostname HR&CS_SW(SH)
 4: !
 5: interface range FastEthernet0/1 - 10
 6:   switchport access VLAN 20
 7:   switchport mode access
 8: !
 9: interface range FastEthernet0/11 - 20
10:   switchport access VLAN 60
11:   switchport mode access
12: !
13: interface FastEthernet0/24
14:   switchport mode trunk
15: !
16: VLAN 10
17: VLAN 20
18: VLAN 30
19: VLAN 40
20: VLAN 50
21: VLAN 60
22: VLAN 70
23: interface VLAN10
24:   ip address 192.168.1.100 255.255.255.240
25: !
26: !ip default - gateway 192.168.0.1
```

DHCP 服务器 SH_DHCP 的主要配置和 BJ-DHCP 的配置一样。

5. 配置广州分公司网络部分

路由器 GZ_ISP_Router 的配置命令如下。

```
 1: enable
 2: configure terminal
 3: hostname GZ_ISP_Router
 4: !
 5: interface GigabitEthernet0/0
 6:   ip address 172.16.1.1 255.255.255.0
 7:   ip nat inside
 8:   no shutdown
 9: !
10: interface GigabitEthernet0/1
11:   ip address 172.16.0.1 255.255.255.0
12:   ip helper-address 10.10.10.2
13:   ip nat inside
14:   no shutdown
15: !
16: interface Serial0/0/0
17:   description To IN_Router_3
18:   ip address 212.224.236.2 255.255.255.252
19:   ip nat outside
20:   no shutdown
21: !
22: router ospf 1
23:   router-id 2.2.2.2
24:   log-adjacency-changes
25:   redistribute eigrp 123
26:   redistribute static
27:   network 172.16.1.0 0.0.0.255 area 0
28:   network 172.16.0.0 0.0.0.255 area 0
29: !
30: access-list 10 permit 192.168.1.0 0.0.0.255
31: access-list 10 permit 10.10.10.0 0.0.0.15
32: !
33: ip nat inside source list 10 interface Serial0/0/0 overload
34: !ip classless
35: ip route 192.168.1.0 255.255.255.0 GigabitEthernet0/1
36: ip route 0.0.0.0 0.0.0.0 Serial0/0/0
```

路由器 GZ_Main_Router 的配置命令如下。

```
 1: enable
 2: configure terminal
 3: hostname GZ_Main_Router
 4: !
 5: interface GigabitEthernet0/0
 6:   ip address 192.168.0.1 255.255.255.0
 7:   ip helper-address 10.10.10.2
 8:   ip access-group 100 in
 9:   no shutdown
10: !
11: interface GigabitEthernet0/0.10
```

```
12:  description VLAN 10
13:  encapsulation dot1Q 10
14:  ip address 192.168.1.97 255.255.255.240
15:  ip helper - address 10.10.10.2
16:  ip access - group 100 in
17:  no shutdown
18: !
19: interface GigabitEthernet0/0.20
20:  description VLAN 20
21:  encapsulation dot1Q 20
22:  ip address 192.168.1.129 255.255.255.248
23:  ip helper - address 10.10.10.2
24:  ip access - group 100 in
25:  no shutdown
26: !
27: interface GigabitEthernet0/0.30
28:  description VLAN 30
29:  encapsulation dot1Q 30
30:  ip address 192.168.1.65 255.255.255.224
31:  ip helper - address 10.10.10.2
32:  ip access - group 100 in
33:  no shutdown
34: !
35: interface GigabitEthernet0/0.40
36:  description VLAN 40
37:  encapsulation dot1Q 40
38:  ip address 192.168.1.113 255.255.255.240
39:  ip helper - address 10.10.10.2
40:  ip access - group 100 in
41:  no shutdown
42: !
43: interface GigabitEthernet0/0.50
44:  description VLAN 50
45:  encapsulation dot1Q 50
46:  ip address 192.168.1.137 255.255.255.248
47:  ip helper - address 10.10.10.2
48:  ip access - group 100 in
49:  no shutdown
50: !
51: interface GigabitEthernet0/0.60
52:  description VLAN 60
53:  encapsulation dot1Q 60
54:  ip address 192.168.1.1 255.255.255.192
55:  ip helper - address 10.10.10.2
56:  ip access - group 100 in
57:  no shutdown
58: !
59: interface GigabitEthernet0/0.70
60:  description VLAN 70
```

```
61:   encapsulation dot1Q 70
62:   ip address 192.168.1.145 255.255.255.252
63:   ip helper-address 10.10.10.2
64:   ip access-group 100 in
65:   no shutdown
66: !
67: interface GigabitEthernet0/1
68:   ip address 172.16.0.2 255.255.255.0
69:   no shutdown
70: !
71: router ospf 1
72:   router-id 3.3.3.3
73:   log-adjacency-changes
74:   redistribute static
75:   network 172.16.0.0 0.0.0.255 area 0
76:   network 192.168.0.0 0.0.0.255 area 0
77: !
78: access-list 100 permit tcp 192.168.1.96 0.0.0.15 192.168.0.0 0.0.0.255 eq telnet
79: access-list 100 permit tcp 192.168.1.96 0.0.0.15 192.168.0.0 0.0.0.255 eq 22
80: access-list 100 permit tcp 192.168.1.96 0.0.0.15 host 192.168.1.98 eq telnet
81: access-list 100 permit tcp 192.168.1.96 0.0.0.15 host 192.168.1.98 eq 22
82: access-list 100 permit tcp 192.168.1.96 0.0.0.15 host 192.168.1.99 eq telnet
83: access-list 100 permit tcp 192.168.1.96 0.0.0.15 host 192.168.1.99 eq 22
84: access-list 100 permit tcp 192.168.1.96 0.0.0.15 host 192.168.1.100 eq telnet
85: access-list 100 permit tcp 192.168.1.96 0.0.0.15 host 192.168.1.100 eq 22
86: access-list 100 deny tcp 192.168.1.0 0.0.0.255 any eq telnet
87: access-list 100 deny tcp 192.168.1.0 0.0.0.255 any eq 22
88: access-list 100 permit ip any any
89: !
90: !ip classless
91: ip route 0.0.0.0 0.0.0.0 172.16.0.1
```

路由器 GZ_Admin_Router 的配置命令如下。

```
 1: enable
 2: configure terminal
 3: hostname GZ_Admin_Router
 4: !
 5: interface GigabitEthernet0/0
 6:   ip address 172.16.1.2 255.255.255.0
 7:   ip helper-address 10.10.10.2
 8:   no shutdown
 9: !
10: interface GigabitEthernet0/1
11:   ip address 10.10.10.1 255.255.255.240
12:   no shutdown
13: !
14: router ospf 1
15:   router-id 1.1.1.1
16:   log-adjacency-changes
```

```
17:  redistribute static
18:  network 172.16.1.0 0.0.0.255 area 0
19:  network 10.10.10.0 0.0.0.15 area 0
20: !
21: ! ip classless
22: ip route 0.0.0.0 0.0.0.0 GigabitEthernet0/0
```

交换机 GZ_Admin_SW 的配置命令如下。

```
 1: enable
 2: configure terminal
 3: hostname GZ_Admin_SW
 4: !
 5: interface range FastEthernet0/1,GigabitEthernet0/1 - 2
 6:  switchport mode access
 7:  switchport port - security
 8:  switchport port - security mac - address sticky
 9:  switchport port - security violation restrict
10: !
11: interface range FastEthernet0/2 - 24
12:  switchport access VLAN 10
13:  switchport mode access
14: !
15: interface VLAN1
16:  ip address 10.10.10.4 255.255.255.240
17:  no shutdown
18: !
19: ! ip default - gateway 10.10.10.1
```

交换机 IT&FIN_SW(GZ)的配置命令如下。

```
 1: enable
 2: configure terminal
 3: hostname IT&FIN_SW(GZ)
 4: !
 5: interface range FastEthernet0/1 - 10
 6:  switchport access VLAN 10
 7:  switchport mode access
 8: !
 9: interface range FastEthernet0/11 - 20
10:  switchport access VLAN 50
11:  switchport mode access
12: !
13: interface FastEthernet0/24
14:  switchport mode trunk
15: !
16: interface GigabitEthernet0/1
17:  switchport mode trunk
18: !
19: VLAN 10
```

```
20: VLAN 20
21: VLAN 30
22: VLAN 40
23: VLAN 50
24: VLAN 60
25: VLAN 70
26: interface VLAN10
27:   ip address 192.168.1.98 255.255.255.240
28: !
29: !ip default-gateway 192.168.0.1
```

交换机 RD&MAR_SW(GZ)的配置命令如下。

```
 1: enable
 2: configure terminal
 3: hostname RD&MAR_SW(GZ)
 4: !
 5: interface range FastEthernet0/1-10
 6:   switchport access VLAN 30
 7:   switchport mode access
 8: !
 9: interface range FastEthernet0/11-20
10:   switchport access VLAN 40
11:   switchport mode access
12: !
13: interface range FastEthernet0/23-24
14:   switchport mode trunk
15: !
16: VLAN 10
17: VLAN 20
18: VLAN 30
19: VLAN 40
20: VLAN 50
21: VLAN 60
22: VLAN 70
23: interface VLAN10
24:   ip address 192.168.1.99 255.255.255.240
25: !
26: !ip default-gateway 192.168.0.1
```

交换机 HR&CS_SW(GZ)的配置命令如下。

```
 1: enable
 2: configure terminal
 3: hostname HR&CS_SW(GZ)
 4: !
 5: interface range FastEthernet0/1-10
 6:   switchport access VLAN 20
 7:   switchport mode access
 8: !
```

```
 9: interface range FastEthernet0/11 - 20
10:   switchport access VLAN 60
11:   switchport mode access
12: !
13: interface FastEthernet0/24
14:   switchport mode trunk
15: !
16: VLAN 10
17: VLAN 20
18: VLAN 30
19: VLAN 40
20: VLAN 50
21: VLAN 60
22: VLAN 70
23: interface VLAN10
24:   ip address 192.168.1.100 255.255.255.240
25: !
26: !ip default - gateway 192.168.0.1
```

DHCP 服务器 GZ_DHCP 的主要配置和 BJ-DHCP 的配置一样。

6. 配置西藏分公司网络部分

路由器 XZ_ISP_Router 的配置命令如下。

```
 1: enable
 2: configure terminal
 3: hostname XZ_ISP_Router
 4: !
 5: interface GigabitEthernet0/0
 6:   ip address 172.16.1.1 255.255.255.0
 7:   ip nat inside
 8:   no shutdown
 9: !
10: interface GigabitEthernet0/1
11:   ip address 172.16.0.1 255.255.255.0
12:   ip helper - address 10.10.10.2
13:   ip nat inside
14:   no shutdown
15: !
16: interface Serial0/0/0
17:   description To IN_Router_2
18:   ip address 136.224.212.2 255.255.255.248
19:   ip nat outside
20:   no shutdown
21: !
22: router ospf 1
23:   router - id 2.2.2.2
24:   log - adjacency - changes
25:   redistribute eigrp 123
```

```
26:   redistribute static
27:   network 172.16.1.0 0.0.0.255 area 0
28:   network 172.16.0.0 0.0.0.255 area 0
29: !
30: access-list 10 permit 192.168.1.0 0.0.0.255
31: access-list 10 permit 10.10.10.0 0.0.0.15
32: !
33: ip nat inside source list 10 interface Serial0/0/0 overload
34: !ip classless
35: ip route 192.168.1.0 255.255.255.0 GigabitEthernet0/1
36: ip route 0.0.0.0 0.0.0.0 Serial0/0/0
```

路由器 XZ_Main_Router 的配置命令如下。

```
 1: enable
 2: configure terminal
 3: hostname XZ_Main_Router
 4: !
 5: interface GigabitEthernet0/0
 6:   ip address 192.168.0.1 255.255.255.0
 7:   ip helper-address 10.10.10.2
 8:   ip access-group 100 in
 9:   no shutdown
10: !
11: interface GigabitEthernet0/0.10
12:   description VLAN 10
13:   encapsulation dot1Q 10
14:   ip address 192.168.1.97 255.255.255.240
15:   ip helper-address 10.10.10.2
16:   ip access-group 100 in
17:   no shutdown
18: !
19: interface GigabitEthernet0/0.20
20:   description VLAN 20
21:   encapsulation dot1Q 20
22:   ip address 192.168.1.129 255.255.255.248
23:   ip helper-address 10.10.10.2
24:   ip access-group 100 in
25:   no shutdown
26: !
27: interface GigabitEthernet0/0.30
28:   description VLAN 30
29:   encapsulation dot1Q 30
30:   ip address 192.168.1.65 255.255.255.224
31:   ip helper-address 10.10.10.2
32:   ip access-group 100 in
33:   no shutdown
34: !
35: interface GigabitEthernet0/0.40
36:   description VLAN 40
```

```
37:  encapsulation dot1Q 40
38:  ip address 192.168.1.113 255.255.255.240
39:  ip helper - address 10.10.10.2
40:  ip access - group 100 in
41:  no shutdown
42: !
43: interface GigabitEthernet0/0.50
44:  description VLAN 50
45:  encapsulation dot1Q 50
46:  ip address 192.168.1.137 255.255.255.248
47:  ip helper - address 10.10.10.2
48:  ip access - group 100 in
49:  no shutdown
50: !
51: interface GigabitEthernet0/0.60
52:  description VLAN 60
53:  encapsulation dot1Q 60
54:  ip address 192.168.1.1 255.255.255.192
55:  ip helper - address 10.10.10.2
56:  ip access - group 100 in
57:  no shutdown
58: !
59: interface GigabitEthernet0/0.70
60:  description VLAN 70
61:  encapsulation dot1Q 70
62:  ip address 192.168.1.145 255.255.255.252
63:  ip helper - address 10.10.10.2
64:  ip access - group 100 in
65:  no shutdown
66: !
67: interface GigabitEthernet0/1
68:  ip address 172.16.0.2 255.255.255.0
69:  no shutdown
70: !
71: router ospf 1
72:  router - id 3.3.3.3
73:  log - adjacency - changes
74:  redistribute static
75:  network 172.16.0.0 0.0.0.255 area 0
76:  network 192.168.0.0 0.0.0.255 area 0
77: !
78: access - list 100 permit tcp 192.168.1.96 0.0.0.15 192.168.0.0 0.0.0.255 eq telnet
79: access - list 100 permit tcp 192.168.1.96 0.0.0.15 192.168.0.0 0.0.0.255 eq 22
80: access - list 100 permit tcp 192.168.1.96 0.0.0.15 host 192.168.1.98 eq telnet
81: access - list 100 permit tcp 192.168.1.96 0.0.0.15 host 192.168.1.98 eq 22
82: access - list 100 permit tcp 192.168.1.96 0.0.0.15 host 192.168.1.99 eq telnet
83: access - list 100 permit tcp 192.168.1.96 0.0.0.15 host 192.168.1.99 eq 22
84: access - list 100 permit tcp 192.168.1.96 0.0.0.15 host 192.168.1.100 eq telnet
85: access - list 100 permit tcp 192.168.1.96 0.0.0.15 host 192.168.1.100 eq 22
```

```
86: access-list 100 deny tcp 192.168.1.0 0.0.0.255 any eq telnet
87: access-list 100 deny tcp 192.168.1.0 0.0.0.255 any eq 22
88: access-list 100 permit ip any any
89: !
90: !ip classless
91: ip route 0.0.0.0 0.0.0.0 GigabitEthernet0/1
```

路由器 XZ_Admin_Router 的配置命令如下。

```
 1: enable
 2: configure terminal
 3: hostname XZ_Admin_Router
 4: !
 5: interface GigabitEthernet0/0
 6:   ip address 172.16.1.2 255.255.255.0
 7:   ip helper-address 10.10.10.2
 8:   no shutdown
 9: !
10: interface GigabitEthernet0/1
11:   ip address 10.10.10.1 255.255.255.240
12:   no shutdown
13: !
14: router ospf 1
15:   router-id 1.1.1.1
16:   log-adjacency-changes
17:   redistribute static
18:   network 172.16.1.0 0.0.0.255 area 0
19:   network 10.10.10.0 0.0.0.15 area 0
20: !
21: !ip classless
22: ip route 0.0.0.0 0.0.0.0 GigabitEthernet0/0
```

交换机 XZ_Admin_SW 的配置命令如下。

```
 1: enable
 2: configure terminal
 3: hostname XZ_Admin_SW
 4: !
 5: interface range FastEthernet0/1,GigabitEthernet0/1-2
 6:   switchport mode access
 7:   switchport port-security
 8:   switchport port-security mac-address sticky
 9:   switchport port-security violation restrict
10: !
11: interface range FastEthernet0/2-24
12:   switchport access VLAN 10
13:   switchport mode access
14: !
15: interface VLAN1
16:   ip address 10.10.10.4 255.255.255.240
```

```
17:   no shutdown
18: !
19: !ip default-gateway 10.10.10.1
```

交换机 IT&FIN_SW(XZ)的配置命令如下。

```
 1: enable
 2: configure terminal
 3: hostname IT&FIN_SW(XZ)
 4: !
 5: interface range FastEthernet0/1 - 10
 6:   switchport access VLAN 10
 7:   switchport mode access
 8: !
 9: interface range FastEthernet0/11 - 20
10:   switchport access VLAN 50
11:   switchport mode access
12: !
13: interface FastEthernet0/24
14:   switchport mode trunk
15: !
16: interface GigabitEthernet0/1
17:   switchport mode trunk
18: !
19: VLAN 10
20: VLAN 20
21: VLAN 30
22: VLAN 40
23: VLAN 50
24: VLAN 60
25: VLAN 70
26: interface VLAN10
27:   ip address 192.168.1.98 255.255.255.240
28: !
29: !ip default-gateway 192.168.0.1
```

交换机 RD&MAR_SW(XZ)的配置命令如下。

```
 1: enable
 2: configure terminal
 3: hostname RD&MAR_SW(XZ)
 4: !
 5: interface range FastEthernet0/1 - 10
 6:   switchport access VLAN 30
 7:   switchport mode access
 8: !
 9: interface range FastEthernet0/11 - 20
10:   switchport access VLAN 40
11:   switchport mode access
12: !
```

```
13: interface range FastEthernet0/23 - 24
14:   switchport mode trunk
15: !
16: VLAN 10
17: VLAN 20
18: VLAN 30
19: VLAN 40
20: VLAN 50
21: VLAN 60
22: VLAN 70
23: interface VLAN10
24:   ip address 192.168.1.99 255.255.255.240
25: !
26: !ip default - gateway 192.168.0.1
```

交换机 HR&CS_SW(XZ)的配置命令如下。

```
 1: enable
 2: configure terminal
 3: hostname HR&CS_SW(XZ)
 4: !
 5: interface range FastEthernet0/1 - 10
 6:   switchport access VLAN 20
 7:   switchport mode access
 8: !
 9: interface range FastEthernet0/11 - 20
10:   switchport access VLAN 60
11:   switchport mode access
12: !
13: interface FastEthernet0/24
14:   switchport mode trunk
15: !
16: VLAN 10
17: VLAN 20
18: VLAN 30
19: VLAN 40
20: VLAN 50
21: VLAN 60
22: VLAN 70
23: interface VLAN10
24:   ip address 192.168.1.100 255.255.255.240
25: !
26: !ip default - gateway 192.168.0.1
```

DHCP 服务器 XZ_DHCP 的主要配置和 BJ-DHCP 的配置一样。

7. 配置户外场所部分

户外场所部分需要配置的主要设备有基站服务器(IN_ISP_CO)、信号塔(cell tower)、移动设备(比如手机)。

基站服务器(IN_ISP_CO)的参数配置如图 10.29～图 10.31 所示。

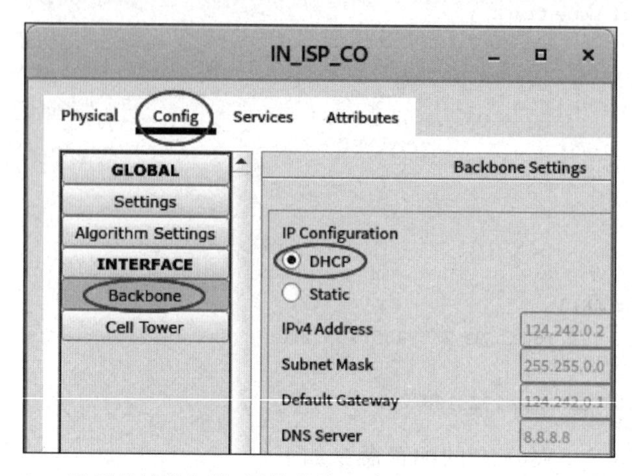

图 10.29　配置基站服务器(网络参数由路由器 IN_Router_1 动态分配)

图 10.30　配置基站服务器(内网接口的 IP 地址)

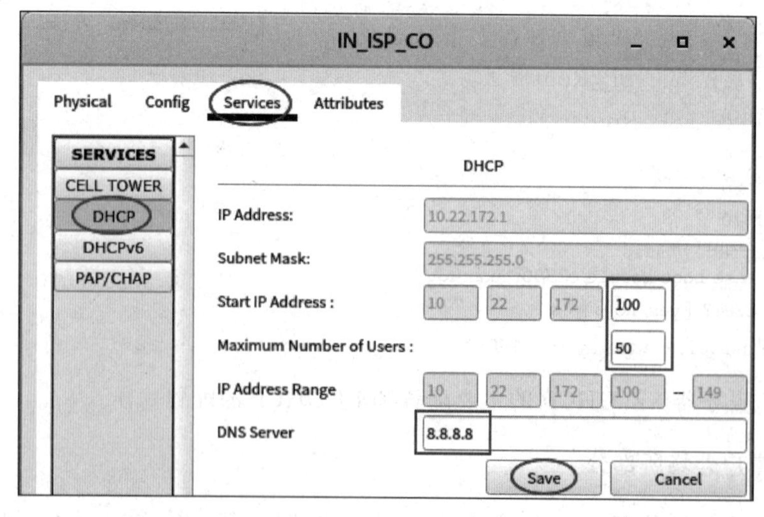

图 10.31　配置基站服务器(DHCP 参数使用默认值,填写 DNS 的 IP 地址)

手机信号塔的参数配置如图 10.32 所示。

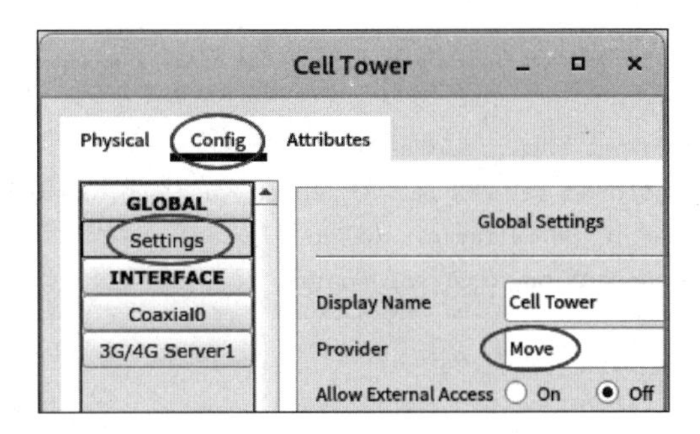

图 10.32　配置手机信号塔(设置 Provider 为 Move)

手机 H_Smartphone 的参数配置如图 10.33 所示。

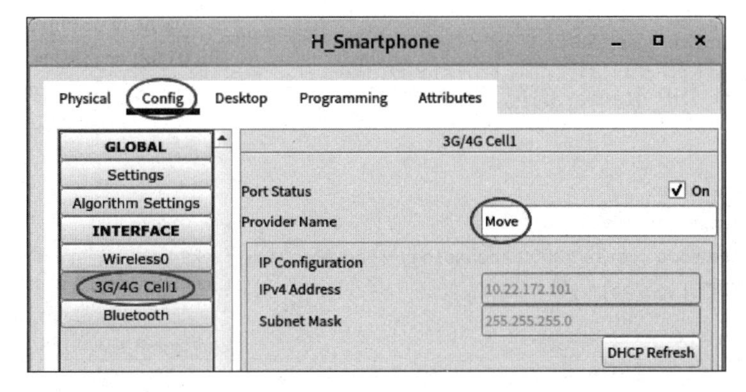

图 10.33　配置手机 H_Smartphone(网络参数由基站服务器动态分配)

8. 总公司和分公司之间的 VPN 连接

上海分公司网络通过 VPN 和北京总公司网络连接,需要配置路由器 SH_ISP_Router 和路由器 BJ_ISP_Router。

路由器 SH_ISP_Router 的配置命令如下。

```
 1: enable
 2: show version
 3: configure terminal
 4: license boot module c2900 technology-package securityk9
 5: !ACCEPT? [yes/no]: yes
 6: end
 7: write
 8: reload
 9: enable
10: show version
11: configure terminal
12: access-list 110 permit ip 76.212.236.0 0.0.0.7 172.16.16.0 0.0.0.15
13: crypto isakmp policy 10
```

```
14: encryption aes 256
15: authentication pre-share
16: group 5
17: exit
18: crypto isakmp key vpnbjshpass address 123.1.2.2
19: crypto ipsec transform-set VPN_SET_BJ_SH esp-aes esp-sha-hmac
20: crypto map VPN_MAP_BJ_SH 10 ipsec-isakmp
21: description VPN connection to BJ_ISP_Router
22: set peer 123.1.2.2
23: set transform-set VPN_SET_BJ_SH
24: match address 110
25: exit
26: interface Serial0/0/0
27: crypto map VPN_MAP_BJ_SH
28: end
29: show crypto ipsec sa
```

路由器 BJ_ISP_Router 的配置命令如下。

```
1: enable
2: show version
3: configure terminal
4: license boot module c2900 technology-package securityk9
5: !ACCEPT? [yes/no]: yes
6: end
7: write
8: reload
9: enable
10: show version
11: configure terminal
12: access-list 110 permit ip 172.16.16.0 0.0.0.15 76.212.236.0 0.0.0.7
13: crypto isakmp policy 10
14: encryption aes 256
15: authentication pre-share
16: group 5
17: exit
18: crypto isakmp key vpnbjshpass address 76.212.236.2
19: crypto ipsec transform-set VPN_SET_BJ_SH esp-aes esp-sha-hmac
20: crypto map VPN_MAP_BJ_SH 10 ipsec-isakmp
21: description VPN connection to SH_ISP_Router
22: set peer 76.212.236.2
23: set transform-set VPN_SET_BJ_SH
24: match address 110
25: exit
26: interface Serial0/0/0
27: crypto map VPN_MAP_BJ_SH
28: end
29: show crypto ipsec sa
```

9. 测试

配置好上面两个路由器后，在上海分公司的计算机 IT_PC_1(SH)中执行 ping www.bupt.edu.cn 命令，然后在路由器 BJ_ISP_Router 中执行 show crypto ipsec sa 命令，可以看到加密/解密数据包的个数，如图 10.34 所示，由此可以确定上海分公司网络和北京总公司网络之间的数据传输是安全的。

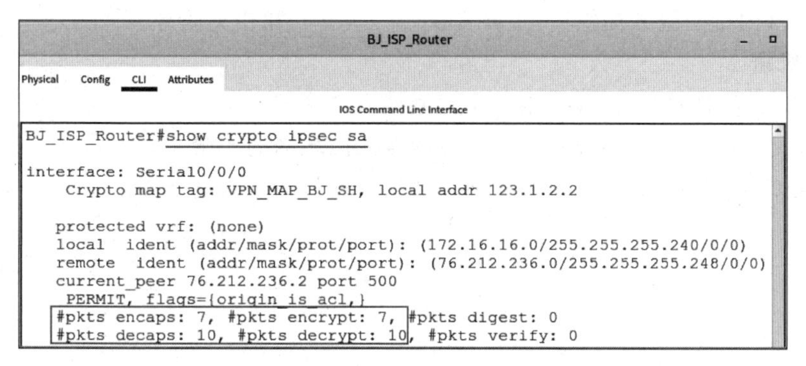

图 10.34　在路由器 BJ_ISP_Router 中查看捕获的数据包个数

(1) pkts encaps(封装的数据包数量)：已经通过加密和封装过程的数据包数量。封装是将数据包装在另一个协议头中，以便通过特定的网络层进行传输。在 VPN 连接中，数据包通常会被封装在 VPN 隧道协议(如 IPSec)中，以便安全地传输。

(2) pkts encrypt(加密的数据包数量)：已经通过加密算法的数据包数量。加密是一种将原始数据转换为不可读格式的过程，以便在传输过程中保护数据的机密性。在 VPN 或其他加密连接中，数据包通常会被加密以确保数据的安全性。

(3) pkts decaps(解封的数据包数量)：已经通过解封过程的数据包数量。解封是封装过程的逆过程，它移除在数据包上添加的外部协议头，以便将其还原为原始格式。在 VPN 连接中，当数据包到达目的地时，它们会经过解封过程以还原为原始数据。

(4) pkts decrypt(解密的数据包数量)：已经通过解密算法的数据包数量。解密是加密过程的逆过程，它将加密的数据转换回原始的可读格式。在 VPN 或其他加密连接中，当数据包到达目的地时，它们会经过解密过程以还原为原始数据。

至此，读者已经掌握了计算机网络多方面的技术和知识，接下来建议读者参考但不必严格按照如图 1.1 所示的网络拓扑，构建类似因特网的多场景复杂网络，将所学技术和知识都运用在这个网络中。

习　　题

1. 填空题

(1) ________通常是指在家庭环境中建立的局域网。

(2) ________是指覆盖广大地理范围的计算机网络，它通过远程连接将不同地理位置的局域网(比如家庭网络)和企业网连接起来。

(3) ________是家庭网络的核心设备,它提供了局域网内设备之间的通信,同时也实现了与外部网络(如因特网)的连接。

(4) 家用路由器通常提供了________功能,它将私有 IP 地址转换为公共 IP 地址。

(5) ________的应用范围非常广泛,包括智能家居、智能交通、智能工业等多个领域。

(6) IoT 服务器需要支持多种通信协议,可能包括________、CoAP、HTTP 等。

(7) ISP(因特网服务提供商)主要提供__________和相关服务。

2. 上机题

(1) 在 Cisco Packet Tracer 中做家庭网接入广域网的实验。

(2) 在 Cisco Packet Tracer 中做企业网接入广域网的实验。

(3) 在 Cisco Packet Tracer 中构建类似因特网的多场景复杂网络。

参 考 文 献

［1］谢希仁. 计算机网络[M]. 8 版. 北京：电子工业出版社，2021.

［2］安德鲁·S. 特南鲍姆. 计算机网络[M]. 6 版. 潘爱民，等译. 北京：清华大学出版社，2022.

［3］高军，陈君，唐秀明，等. 深入浅出计算机网络(微课视频版)[M]. 北京：清华大学出版社，2022.

［4］冯博琴，陈妍. 计算机网络[M]. 4 版. 北京：高等教育出版社，2023.

［5］基恩. 完全图解计算机网络原理[M]. 陈欢，译. 北京：中国水利水电出版社，2023.

［6］叶阿勇. 计算机网络实验与学习指导——基于 Cisco Packet Tracer 模拟器[M]. 3 版. 北京：电子工业出版社，2022.

［7］王秋华. 计算机网络技术实践教程——基于 Cisco Packet Tracer[M]. 西安：西安电子科技大学出版社，2022.

［8］刘彩凤. Packet Tracer 经典案例之路由交换综合篇[M]. 北京：电子工业出版社，2020.